ELEMENTE DER MATHEMATIK

11. Schuljahr

NORDRHEIN-WESTFALEN

Herausgegeben von

Heinz Griesel, Andreas Gundlach, Helmut Postel, Friedrich Suhr

Schroedel

ELEMENTE DER MATHEMATIK
11. Schuljahr
Nordrhein-Westfalen

Herausgegeben und bearbeitet von
Prof. Dr. Heinz Griesel, Dr. Andreas Gundlach, Prof. Helmut Postel, Friedrich Suhr,

Günter Cöster, Dr. Arnold Hermans, Heinz Klaus Strick

Unter beratender Mitwirkung von
Anke Horn, Dr. Reinhard Köhler, Angelika Müller, Prof. Dr. Lothar Profke

Im Buch verwendete Symbole

CAS Hier bietet sich der Einsatz eines Computer-Algebra-Systems an.

GTR Hier bietet sich der Einsatz eines Grafikrechners an.

TAB Hier bietet sich der Einsatz eines Tabellenkalkulationsprogramms an.

Zum Schülerband erscheint:
Lösungsband Best.-Nr. 83929

Druck A [2] / Jahr 2004

Alle Drucke der Serie A sind im Unterricht parallel verwendbar. Die letzte Zahl bezeichnet das Jahr des Druckes.

Lay-out und Umschlaggestaltung: Loeper & Wulf, Hannover
Zeichnungen: Michael Wojczak
Satz und Repro: Stürtz AG, Würzburg
Druck und Bindung: westermann druck GmbH, Braunschweig

ISBN 3-507-83928-8

Vorwort

Zur Zielsetzung und didaktischen Konzeption des Buches

Das vorliegende Unterrichtswerk realisiert Leitgedanken und inhaltliche Vorgaben des Lehrplans des Landes Nordrhein-Westfalen für das 11. Schuljahr. Bei der Entwicklung des vorliegenden Lehrgangs wurden die Erfahrungen aus der Unterrichtspraxis mit dem gültigen Lehrplan und mit dem Vorgängerband 11 von ELEMENTE DER MATHEMATIK berücksichtigt. Das Lehrbuch unterstützt einen schülerorientierten, offenen Unterricht. Der Lehrtext ist so klar und ausführlich gehalten, dass ein selbstständiges Nacharbeiten des Unterrichts gefördert und erleichtert wird. Darüber hinaus gibt es Lerneinheiten, welche besonders zum *selbst Lernen* oder für ein *Schülerreferat* empfohlen werden können. Solche Lerneinheiten sind im Inhaltsverzeichnis besonders gekennzeichnet. Hinweise zum Einsatz *neuer Technologien* sind durchgängig in diesen Band eingearbeitet und bieten so optional Hilfestellungen für einen Mathematikunterricht mit einem grafikfähigen Taschenrechner (GTR) oder einem Computer-Algebra-System (CAS).
Jedes Kapitel endet mit einem *Klausurtraining*. Dieses besteht aus drei Teilen:
(1) aus den *Fragen zum Basiswissen* für die Schülerinnen und Schüler,
(2) aus den *Aufgaben zum Basiswissen* und
(3) aus den *komplexen Aufgaben* der Art, wie sie später in Abiturprüfungen vorkommen.
Die Lösungen der Klausuraufgaben sind im Anhang abgedruckt. Außerdem findet man Blickpunkte und Exkurse in diesem Band. *Blickpunkte* verstehen sich als Anregung zur Öffnung des Unterrichts beim Behandeln eines Themas, welches mit den vorhandenen mathematischen Mitteln an der jeweiligen Stelle des Lehrgangs bearbeitet werden kann. *Exkurse* sind außerhalb des Lehrgangs angesiedelt. Sie enthalten Reflexionen über zentrale Ideen der Mathematik und ihrer Geschichte.

Zum Inhalt des Buches

Das ausführliche Inhaltsverzeichnis, welches auf den folgenden zwei Seiten abgedruckt ist, gibt einen guten Überblick über die inhaltliche Gliederung und über eine mögliche Abfolge des Stoffes.

Kapitel 1: Funktionen und Koordinatengeometrie
Im Zentrum der Betrachtung stehen Funktionen sowie ausgewählte Aspekte aus der Koordinatengeometrie, welche besonders auch das Tangentenproblem in der Differentialrechnung vorbereiten. Der Begriff der ganzrationalen Funktion wird hier als neue Funktionenklasse eingeführt, Potenzfunktionen werden dabei als einfache Bausteine solcher Funktionen aufgefasst. Weiterhin werden auch Quadratwurzelfunktionen und die allgemeine Sinusfunktion behandelt. Bei der Behandlung von Halbkreisen als Graphen von Funktionen und deren Verschiebung gelangt man auch zu Kreisgleichungen.

Kapitel 2: Differentialrechnung
Die geometrische Vorstellung von der Ableitung einer Funktion f an einer Stelle a als Steigung der Tangente an den Graphen im Punkt $P(a\,|\,f(a))$ erfährt hier besondere Beachtung, da diese Vorstellung tragend ist für das Verständnis der Differentialrechnung und für ihre Anwendungen. Ausgehend von dieser Vorstellung wird ein Verfahren zur Bestimmung der Tangentensteigung entwickelt und angewandt, bevor die analytische Definition der Ableitung einer Funktion an einer Stelle folgt. Der Begriff der Änderungsrate wird eingeführt und an verschiedenen Beispielen behandelt. Nach den Ableitungsfunktionen und höheren Ableitungen werden erste Regeln zur Bestimmung von Ableitungen erarbeitet.

Kapitel 3: Funktionsuntersuchungen
In diesem Kapitel werden ganzrationale Funktionen mit den Mitteln der Differentialrechnung untersucht. Dazu werden notwendige und hinreichende Kriterien für die Bestimmung von Extrem- und Wendestellen erarbeitet und die Zusammenhänge zwischen der Monotonie einer Funktion und dem Vorzeichen ihrer ersten Ableitung aufgezeigt. Diese Kriterien werden dann bei der Untersuchung ganzrationaler Funktionen angewandt, sowohl ohne, als auch mit einem GTR oder CAS.

Kapitel 4: Beschreibende Statistik
In diesem Kapitel werden wichtige Grundbegriffe der beschreibenden Statistik erarbeitet. Es werden verschiedene Möglichkeiten der Darstellung von Häufigkeitsverteilungen von Merkmalen behandelt und Mittelwerte zur Bewertung solcher Verteilungen eingeführt. Um verschiedene Häufigkeitsverteilungen miteinander zu vergleichen, wird die Darstellungsform Boxplot behandelt und es werden Streumaße eingeführt. Das letzte Unterkapitel behandelt Regression und Korrelation als Möglichkeit, einen vorhandenen Zusammenhang für gemessene Wertepaare durch eine Funktionsgleichung zu beschreiben.

Inhaltsverzeichnis

1. FUNKTIONEN UND KOORDINATENGEOMETRIE

Der Planet Mars umläuft die Sonne in 1,88 Jahren. Sein mittlerer Abstand zur Sonne ist dabei 1,52-mal so groß wie der mittlere Abstand der Erde zur Sonne.

Man sagt auch: Der Bahnradius des Mars beträgt 1,52 Astronomische Einheiten (wobei 1 AE = 149,6 Millionen km).

Der deutsche Astronom JOHANNES KEPLER (1571–1630) vermutete schon zu Beginn des 17. Jahrhunderts, dass es zwischen den Umlaufzeiten und den Bahnradien der Planeten einen gesetzmäßigen Zusammenhang gibt.

Stellt man die Abhängigkeit der Umlaufzeit t_u vom Bahnradius a in einem Koordinatensystem dar, so hat man den Eindruck, dass die Punkte auf einer „Kurve" liegen.

- Welche Eigenschaften des Graphen sprechen gegen einen proportionalen Zusammenhang zwischen der Umlaufzeit t_u und dem Bahnradius a, also gegen eine Funktionsgleichung der Form $t_u = k \cdot a$?
- Welche Eigenschaften des Graphen lassen eine Funktionsgleichung der Form $t_u = k \cdot a^n$ mit $n > 1$ vermuten?

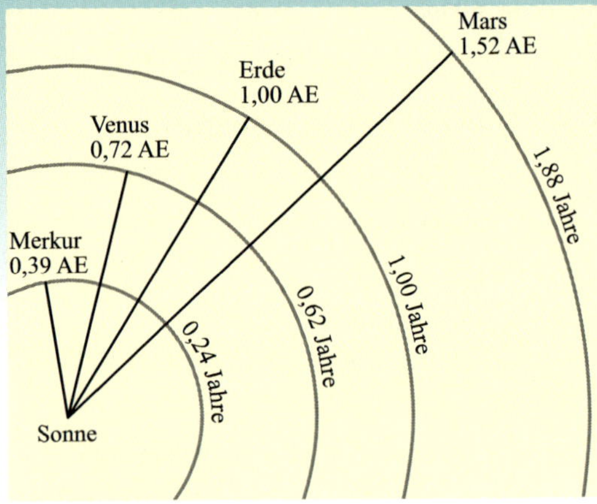

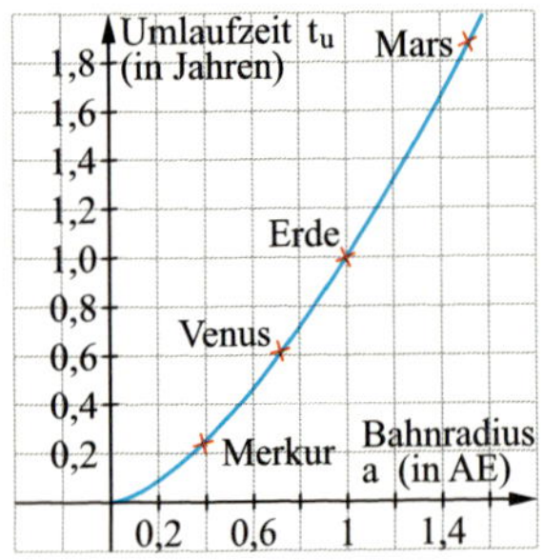

Zur Klärung der Frage, mit welcher Funktionsgleichung man den Sachverhalt besonders gut beschreiben kann, bilden wir die Quotienten $t_u : a^3$; $t_u : a^{2,5}$; $t_u : a^2$; $t_u : a^{1,5}$.

	Bahnradius a	Umlaufzeit t_u	$\frac{t_u}{a^3}$	$\frac{t_u}{a^{2,5}}$	$\frac{t_u}{a^2}$	$\frac{t_u}{a^{1,5}}$
Merkur	0,39	0,24	4,05	2,53	1,58	0,99
Venus	0,72	0,62	1,66	1,41	1,20	1,01
Erde	1,00	1,00	1,00	1,00	1,00	1,00
Mars	1,52	1,88	0,54	0,66	0,81	1,00

- Wie kann man an den Werten für die Quotienten erkennen, dass die Gleichungen $t_u = k \cdot a^3$, $t_u = k \cdot a^{2,5}$ und $t_u = k \cdot a^2$ den Sachverhalt schlecht beschreiben, die Funktionsgleichung $t_u = a^{1,5} = a^{\frac{3}{2}}$ den Sachverhalt jedoch besonders gut darstellt?

$t_u = a^{\frac{3}{2}}$ lässt sich durch Quadrieren beider Seiten umformen zu $t_u^2 = a^3$.

Johannes Kepler erkannte diesen funktionalen Zusammenhang im Jahr 1618. Er beschrieb ihn unabhängig von den Einheiten für Bahnradius und Umlaufzeit:

Kepler'sches Gesetz:
„Die Quadrate der Umlaufzeiten der Planeten sind den dritten Potenzen der mittleren Entfernungen von der Sonne proportional."

Dieses Beispiel zeigt, dass man den Zusammenhang zwischen den Umlaufzeiten und den Bahnradien mithilfe einer **Funktion** beschreiben kann.

1.1 Funktionsbegriff – Modellieren von Sachverhalten

Aufgabe 1 Auf einer Teststrecke gilt die Höchstgeschwindigkeit von 130 km/h.
Für einen Personenkraftwagen wurde für unterschiedliche Geschwindigkeiten gemessen, wie lang der zugehörige Bremsweg ist.

Geschwindigkeit v (in km/h)	20	40	60	80	100
Bremsweg (in m)	1,5	6,4	14,4	27,2	40,0

a) Veranschauliche diese Messreihe im Koordinatensystem. Versuche bei diesem Fahrzeug den funktionalen Zusammenhang zwischen der Geschwindigkeit v $\left(\text{in } \frac{\text{km}}{\text{h}}\right)$ und der Länge s des Bremsweges (in m) durch eine passende Gleichung auszudrücken.

b) Berechne zu selbst gewählten Ausgangsgeschwindigkeiten v $\left(\text{in } \frac{\text{km}}{\text{h}}\right)$ die Länge s des Bremsweges (in m). Wie lang kann der Bremsweg auf der Teststrecke bei diesem PKW höchstens sein?

Lösung **a)** Der Graph ist nicht geradlinig. Der funktionale Zusammenhang zwischen der Geschwindigkeit v und der Länge s des Bremsweges ist sicherlich nicht linear, d. h. er wird nicht durch eine Gleichung der Form $s = m \cdot v + b$ beschrieben.
Daher untersuchen wir jetzt, ob es einen quadratischen Zusammenhang zwischen v und s gibt.
Die Lage der Messpunkte lässt vermuten, dass der Graph Teil einer Parabel mit der Gleichung $s = a \cdot v^2$ ist.
Um zu prüfen, ob dieser Ansatz gerechtfertigt ist, bilden wir zu den Wertepaaren der gegebenen Tabelle die Quotienten $s : v^2$. Die Quotienten sind nahezu konstant. Daher wählen wir als geeigneten Wert für den Faktor a den (gerundeten) Mittelwert aus allen Quotienten: 0,004.
Ergebnis: Der funktionale Zusammenhang zwischen der Geschwindigkeit v $\left(\text{in } \frac{\text{km}}{\text{h}}\right)$ und der Länge s des Bremsweges (in m) wird dargestellt durch die Gleichung $s = 0{,}004 \cdot v^2$.

Graph im Koordinatensystem:

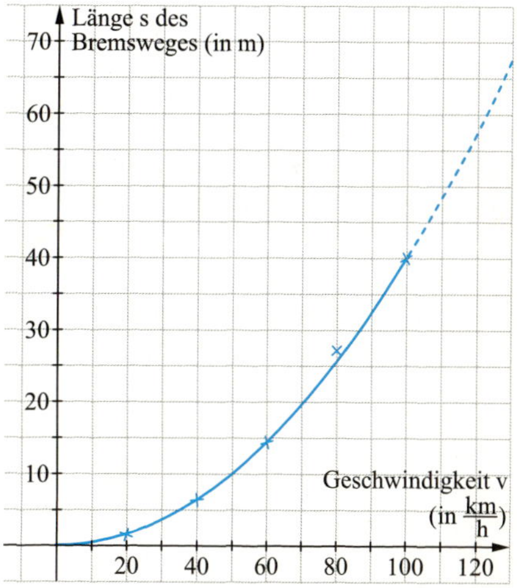

v $\left(\text{in } \frac{\text{km}}{\text{h}}\right)$	s (in m)	$s : v^2 \left(\text{in } \frac{\text{m}}{\text{km}^2/\text{h}^2}\right)$
20	1,5	0,00375
40	6,4	0,00400
60	14,4	0,00400
80	27,2	0,00425
100	40,0	0,00400

b) Wir nehmen an, dass der gefundene funktionale Zusammenhang immer gilt. Dann liefert die Rechnung:

Für z. B. $10\,\frac{km}{h}$: $s = 0{,}004 \cdot 10^2 = 0{,}004 \cdot 100 = 0{,}4$

Für z. B. $80\,\frac{km}{h}$: $s = 0{,}004 \cdot 80^2 = 0{,}004 \cdot 6400 = 25{,}6$

Ebenso erhält man die Länge s des Bremsweges für andere Geschwindigkeiten v. Wir notieren die Ergebnisse der Rechnung in einer *Wertetabelle:*

Geschwindigkeit v $\left(\text{in } \frac{km}{h}\right)$	10	20	30	40	50	60	70	80	90	100	110	120	130
Länge des Bremsweges (in m)	0,4	1,6	3,6	6,4	10	14,4	19,6	25,6	32,4	40	48,4	57,6	67,6

Ergebnis: Man darf auf der Teststrecke nicht schneller als $130\,\frac{km}{h}$ fahren. Daher kann der Bremsweg bei diesem PKW höchstens 67,6 m lang sein. Dabei handelt es sich um einen Schätzwert.

Information

(1) Angabe einer Funktion; Definitions- und Wertebereich

Die Gleichung $s = 0{,}004 \cdot v^2$ in Aufgabe 1 liefert zu jeder zulässigen Geschwindigkeit v einen ganz bestimmten Bremsweg s. Die *Zuordnung* $v \mapsto s$ ist also eindeutig und daher eine *Funktion.*

Anstelle der Variablen s und v in der Funktionsgleichung $s = 0{,}004 \cdot v^2$ kann man auch z. B. die Variablen y und x verwenden. Man erhält dann die Gleichung $y = 0{,}004 \cdot x^2$.

Man kann diese Funktion auch durch einen *Funktionsterm* wie $0{,}004 \cdot x^2$ oder durch eine *Zuordnungsvorschrift* wie $x \mapsto 0{,}004 \cdot x^2$ (gelesen: x zugeordnet $0{,}004 \cdot x^2$) angeben.

Für x sind nur nichtnegative Zahlen bis 130 zugelassen. Das bedeutet:

$\{x \in \mathbb{R} \mid 0 \leq x \leq 130\}$ ist der *Definitionsbereich* (die Definitionsmenge) der Funktion.

gelesen: Menge aller reellen Zahlen x, für die gilt: $0 \leq x \leq 130$

Alle zugehörigen Werte für y bilden den *Wertebereich* (die Wertemenge) der Funktion: $\{y \in \mathbb{R} \mid 0 \leq y \leq 67{,}6\}$.

Definition 1: *Funktion*

Eine Zuordnung, die jeder Zahl x aus einer Menge D genau eine reelle Zahl y zuordnet, heißt **Funktion**.

Die einer Zahl x aus D eindeutig zugeordnete Zahl y heißt *Funktionswert* von x (an der *Stelle* x).

Die Menge D nennt man den **Definitionsbereich** der Funktion.

Die Menge W aller Funktionswerte heißt **Wertebereich** (Wertemenge) der Funktion.

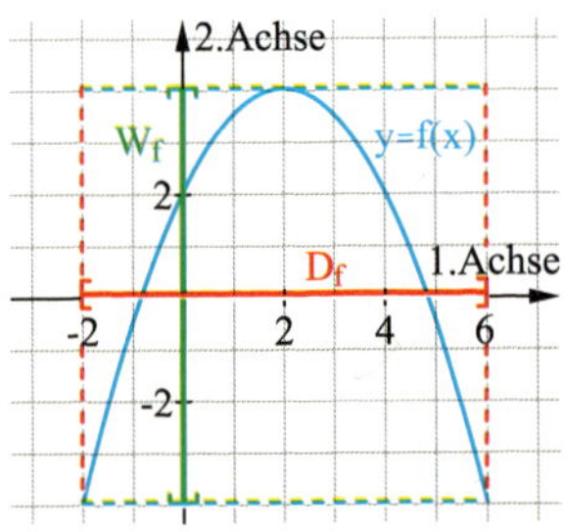

Eine Funktion f kann man angeben durch ihren Definitionsbereich D_f wie z. B. durch $\{x \in \mathbb{R} \mid -2 \leq x \leq 6\}$ und mithilfe

(1) einer *Funktionsgleichung* $y = f(x)$, z. B. $y = -0{,}5(x-2)^2 + 4$

(2) eines *Funktionsterms* $f(x)$, z. B. $-0{,}5(x-2)^2 + 4$

(3) einer *Zuordnungsvorschrift* $x \mapsto f(x)$, z. B. $x \mapsto -0{,}5(x-2)^2 + 4$

Als Kurzbezeichnung für eine Funktion verwendet man häufig Buchstaben wie f, g, h. Den Funktionsterm einer Funktion bezeichnet man dann mit f(x), g(x) und h(x), Definitionsbereich und Wertebereich entsprechend mit D_f, D_g, D_h bzw. W_f, W_g, W_h.

(2) Begriff des Intervalls

Definitions- und Wertebereich einer Funktion lassen sich oft in Form von Intervallen angeben.

Definition 2: *Intervall*

Ein **Intervall** ist eine spezielle Untermenge (Teilmenge) von $\mathbb{R}$.

(a) *abgeschlossenes* Intervall von a bis b
$[a; b] = \{x \in \mathbb{R} \mid a \le x \le b\}$

(b) *offenes* Intervall von a bis b
$]a; b[= \{x \in \mathbb{R} \mid a < x < b\}$

(c) *rechtsoffenes* Intervall von a bis b
$[a; b[= \{x \in \mathbb{R} \mid a \le x < b\}$

(d) *linksoffenes* Intervall von a bis b
$]a; b] = \{x \in \mathbb{R} \mid a < x \le b\}$

(e) *offenes* Intervall von $-\infty$ bis a

$]-\infty; a[= \{x \in \mathbb{R} \mid x < a\}$

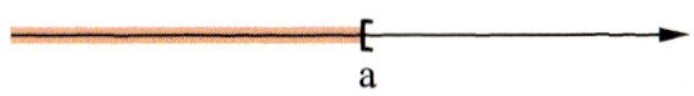

(f) *linksabgeschlossenes* Intervall von a bis ∞
$[a; +\infty[= \{x \in \mathbb{R} \mid a \le x\}$

(3) Maximaler Definitionsbereich

Die Zuordnungsvorschrift $x \mapsto 0{,}004 \cdot x^2$ kann man auf alle (auch negative) reelle Zahlen anwenden. Der *maximale Definitionsbereich* ist also die Menge $\mathbb{R}$ aller reellen Zahlen.

Der Wertebereich W ist dann die Menge $\mathbb{R}_0^+$ aller positiven reellen Zahlen zuzüglich null.

In Aufgabe 1 auf Seite 7 war der Definitionsbereich gegenüber dem maximalen eingeschränkt. Das lag daran, dass die Geschwindigkeiten (die nicht negativ waren) die Höchstgeschwindigkeit $130\,\frac{km}{h}$ nicht überschritten.

Andere Teststrecken können zu anderen Definitionsbereichen führen.

Wir vereinbaren:

Wenn über den Definitionsbereich nichts anderes vorgeschrieben ist, soll dieser aus allen reellen Zahlen bestehen, auf die man die Zuordnungsvorschrift anwenden kann (für die also ein Funktionswert definiert ist). Der Definitionsbereich ist dann *maximal*.

(4) Graph im Koordinatensystem

Die Zuordnungsvorschrift $x \mapsto x^2$ ordnet jeder reellen Zahl x (auch negativen) eindeutig ihre Quadratzahl x^2 zu. Der maximale Definitionsbereich ist also die Menge $\mathbb{R}$ aller reellen Zahlen.

Die Quadratfunktion lässt sich durch ihren *Graphen im Koordinatensystem* veranschaulichen.

Wertetabelle:

Stelle x	Funktionswert x^2
-2	4
-1	1
0	0
1	1
2	4

Graph:

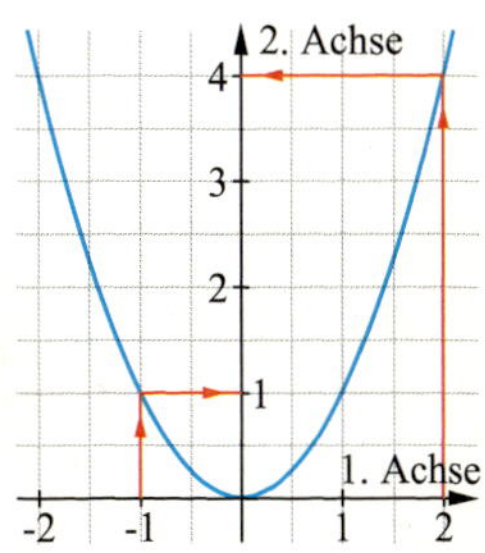

(5) Funktionale Zusammenhänge – Modellieren

In Aufgabe 1 sind wir von Messungen an einem Pkw auf einer Teststrecke mit der Höchstgeschwindigkeit $130\,\frac{km}{h}$ ausgegangen. Die Zusammenstellung der Ergebnisse in einer Tabelle legte einen Zusammenhang zwischen einer erlaubten Geschwindigkeit und der Länge des Bremsweges nahe.

Um diesen Zusammenhang besser zu beschreiben, haben wir die Ergebnisse mit mathematischen Mitteln bearbeitet (Graph, Quotientenbildung usw.). Dann wurde eine Gleichung aufgestellt, die den Sachverhalt beschreibt.

Wir haben zu dem Sachverhalt ein **mathematisches Modell** gebildet. Wesentlicher Bestandteil dieses Modells ist eine Funktion. Man sagt auch, wir haben den Sachverhalt mithilfe einer Funktion **modelliert**. Mithilfe der gefundenen Gleichung wurden anschließend Längen von Bremswegen (z. B. der größtmögliche) berechnet.

Wir haben unser mathematisches Modell angewandt. Diese berechneten Werte kann man abschließend mit denen vergleichen, die man bei einer weiteren Testserie durch Messen gewinnen kann. Auf diese Weise lässt sich das mathematische Modell überprüfen.

Wir werden später noch weitere Aspekte des Modellierens kennen lernen.

Weiterführende Aufgaben

2. *Punktprobe*

Die Quadratwurzelfunktion hat die Funktionsgleichung $y = \sqrt{x}$. Aus einer negativen Zahl lässt sich keine Wurzel ziehen, wohl aber aus allen anderen reellen Zahlen. Daher ist $\mathbb{R}_0^+$ der maximale Definitionsbereich.

Prüfe, ob die Punkte zum Graphen der Wurzelfunktion gehören:

$P_1(0{,}25\,|\,0{,}5)$, $P_2(0\,|\,0)$, $P_3(2\,|\,1{,}5)$, $P_4(5\,|\,\sqrt{5})$, $P_5(1\,|\,-1)$, $P_6(-9\,|\,3)$.

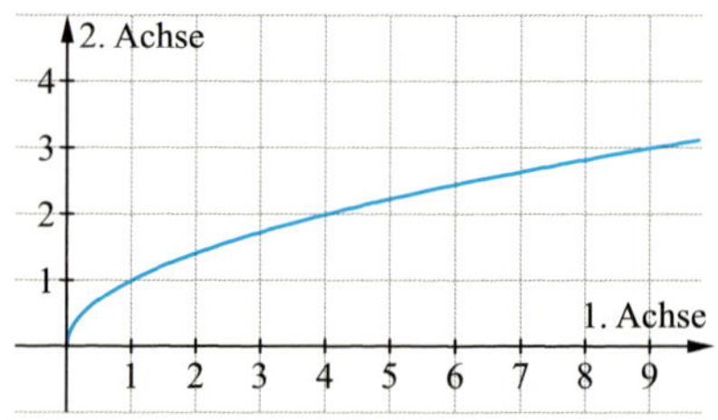

$A(2{,}25\,|\,1{,}5)$ gehört zum Graphen, denn $1{,}5 = \sqrt{2{,}25}$ ist wahr.
$B(1\,|\,0{,}5)$ gehört nicht zum Graphen, denn $0{,}5 = \sqrt{1}$ ist falsch.

3. *Funktionen, die abschnittsweise definiert sind*

a) Die Firma Heizöl-Rennert macht folgendes Sommer-Angebot:

Bis zu 3000 Liter 40 € je 100 Liter, bei höherer Abnahme 5 % Rabatt.

Zeichne mithilfe einer Wertetabelle den Graphen der Funktion *Heizölvolumen → Preis*. Unterscheide beim Volumen zwei Abschnitte (Intervalle).

b) Die Funktion f, die jeder reellen Zahl x ihren Betrag $|x|$ zuordnet, heißt **Betragsfunktion**. So gilt: $f(-3) = |-3| = 3$, $f(1{,}8) = |1{,}8| = 1{,}8$.

(1) Zeichne den Graphen der Betragsfunktion.

(2) f kann man auch abschnittsweise definieren. Erläutere.

c) Zeichne den Graphen der **Signumfunktion** mit dem Term sgn(x).

d) Zeichen den Graphen der **Ganzteilfunktion** mit dem Term INT(x).

Betrag von x: $|x| = \begin{cases} x & \text{für } x \ge 0 \\ -x & \text{für } x < 0 \end{cases}$

$\text{sgn}(x) = \begin{cases} 1 & \text{für } x > 0 \\ 0 & \text{für } x = 0 \\ -1 & \text{für } x < 0 \end{cases}$

$\text{INT}(x) = \begin{cases} x, & \text{falls } x \text{ ganzzahlig;} \\ & \text{sonst die zu } x \text{ nächst-} \\ & \text{kleinere ganze Zahl} \end{cases}$

4. *Nicht jede Gleichung mit zwei Variablen ist eine Funktionsgleichung*
Gegeben sind die Gleichungen: (1) $-y+1=x^2$; (2) $y^2=x$; (3) $2\cdot x+0\cdot y=6$.

a) Prüfe, ob durch die Gleichung eine Funktion $x\mapsto y$ gegeben ist. Setze dazu einmal oder mehrmals für x eine reelle Zahl ein und ermittle, ob sich für y eine reelle Zahl eindeutig finden lässt. Prüfe das an mehreren Beispielen.

b) Zeichne den Graphen zu jeder Gleichung. Wie kann man am Graphen erkennen, ob die Zuordnung $x\mapsto y$ eindeutig ist?

5. *Kreis um den Ursprung des Koordinatensystems*
Gegeben ist die Gleichung $x^2+y^2=25$.

a) Zeige, dass die Koordinaten der Punkte $P_1(4\,|\,3)$ und $P_2(-5\,|\,0)$ diese Gleichung erfüllen. Suche weitere Punkte, deren Koordinaten die Gleichung erfüllen.

b) Zeige, dass alle diese Punkte auf einem Kreis liegen. Welchen Mittelpunkt und welchen Radius hat dieser Kreis?

c) Erläutere, dass der Kreis mit der Gleichung $x^2+y^2=25$ nicht der Graph einer Funktion ist.

d) Begründe entsprechend den folgenden Satz.

Der Kreis ist kein Graph einer Funktion.

Satz 1: *Kreis um den Ursprung mit dem Radius r*
Zu der Gleichung $x^2+y^2=r^2$ gehört ein Kreis um den Koordinatenursprung mit dem Radius r.
Die Kreisgleichung ist *keine* Funktionsgleichung.

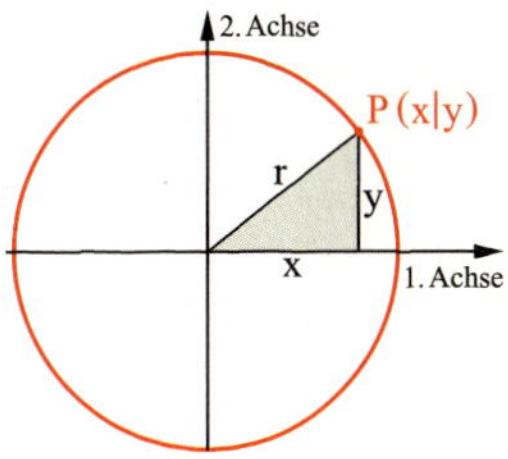

Übungsaufgaben

6.
Die Funktion f hat den Term:

a) $f(x)=3x$

b) $f(x)=\sqrt{x+4}$

c) $f(x)=\frac{6}{x^2}$

d) $f(x)=\sqrt{25-x^2}$

$f(x)=\sqrt{x\cdot(6-x)}$
Funktionswert an der Stelle 4,8
$f(4{,}8)=\sqrt{4{,}8\cdot(6-4{,}8)}=\sqrt{5{,}76}=2{,}4$

Berechne: $f(1)$, $f(3)$, $f(6)$, $f(-4)$, $f(0{,}41)$, $f\left(-\frac{3}{2}\right)$, $f(a)$, $f(3+h)$, $f(3-h)$.
Zeichne den Graphen und bestimme den maximalen Definitionsbereich sowie den Wertebereich der Funktion.

7.
Verwende die Intervallschreibweise und veranschauliche das Intervall auf der Zahlengeraden.
Das Intervall geht von

a) a bis b, ist rechtsoffen

b) a bis b, ist linksoffen

c) $-\infty$ bis a, ist offen

d) a bis $+\infty$, ist offen

e) $-\infty$ bis a, ist rechtsabgeschlossen

f) a bis $+\infty$, ist linksabgeschlossen

8.
Zeichne den Graphen der Funktion. Bestimme den Wertebereich und notiere ihn auch in der Intervallschreibweise, falls möglich.

a) $y = 2 - \frac{x}{2}$ für $x \in [0; 4]$
b) $f(x) = x \cdot (x - 4)$ für $x \in [-1; 5]$
c) $x \mapsto \frac{6}{x}$ für $x \in [1; 6]$
d) $r \mapsto 5$ für $r \in [-2; 4]$
e) $g(t) = \frac{3}{1 + t^2}$ für $t \in [-3; 3]$
f) $w = v^3 - 2v$ für $v \in [-2; 2]$

9.
a) Welche der Punkte $P_1(0|0)$, $P_2(0|1)$, $P_3(1|0)$, $P_4(1|1)$, $P_5(8|2)$, $P_6(-0{,}5|3)$, $P_7(27|-3)$, $P_8(-1|9)$, $P_9(-1|2)$ liegen auf dem Graphen der Funktion mit der Gleichung
(1) $y = x^3$; (2) $y = \sqrt[3]{x}$; (3) $y = \frac{1 - x}{1 + x}$; (4) $y = 1$?

b) Die Punkte $Q_1(4|\square)$, $Q_2(-8|\square)$, $Q_3(\square|1)$, $Q_4(\square|27)$, $Q_5(\square|0)$, $Q_6(\square|-8)$ sollen auf dem Funktionsgraphen liegen. Fülle für die in Teilaufgabe a) angegebenen Funktionsgleichungen – soweit möglich – die Lücken aus.

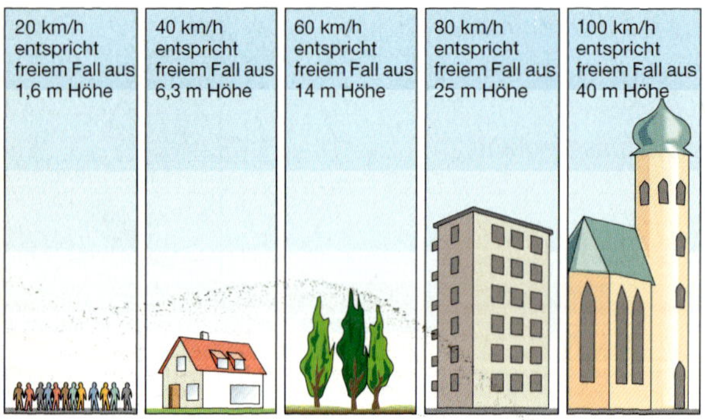

10.
Das Bild links veranschaulicht die Bedeutung der Geschwindigkeit eines Fahrzeugs für die Schwere eines Unfalls.

a) Zeichne den Graphen der Zuordnung *Geschwindigkeit v* $\left(in\ \frac{km}{h}\right)$ → *Höhe s beim Fall (in m).*

b) Bestimme eine passende Funktionsgleichung.

c) Übertrage die Wertetabelle ins Heft und ergänze sie mithilfe der Funktionsgleichung.

$v\left(\text{in } \frac{km}{h}\right)$	10	20	30	40	50	60	70	80	90	100	110
s (in m)											

11.
a) Beschreibe, was sich von 1995 bis 2002 am Rohkaffeemarkt der Welt abgespielt hat.

b) Wie wird sich der Rohkaffeepreis in diesem Zeitraum wohl entwickelt haben?
Stelle eine Vermutung auf.

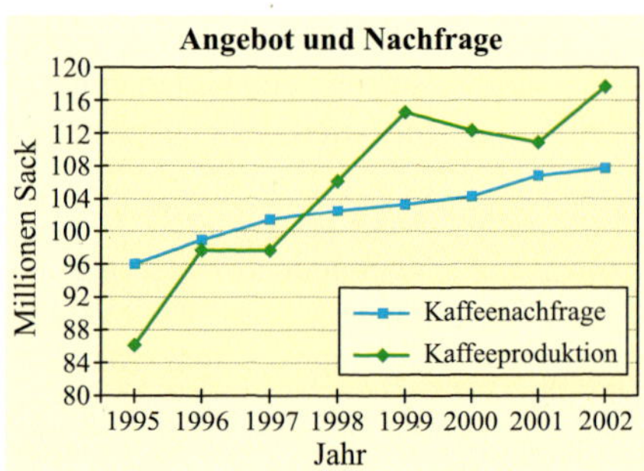

12.

Vom Altenberger Dom ins Bergische Land:

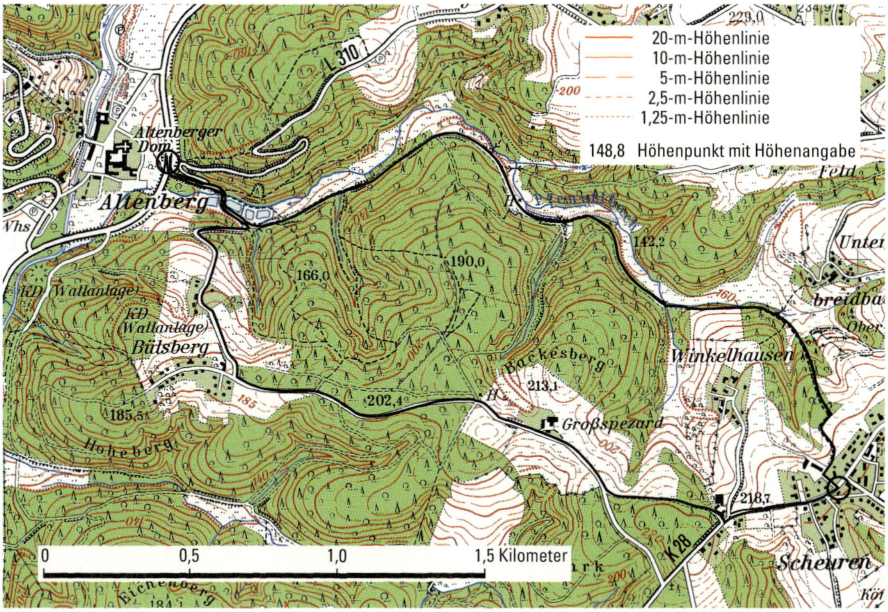

a) Auf welchen Wanderweg trifft das angegebene Höhenprofil zu?

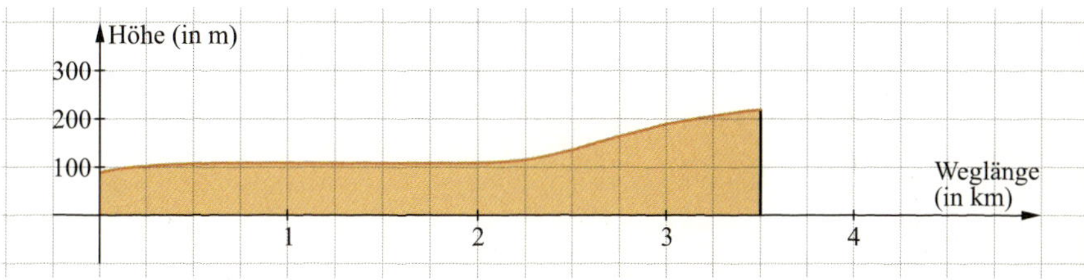

b) Zeichne für den anderen Wanderweg das Höhenprofil.

13.

Bei älteren Kameras kann man die Filmempfindlichkeit auf DIN- und ASA-Werte einstellen.

a) Zeichne den Graphen der Funktion *Filmempfindlichkeit d (in DIN) → Filmempfindlichkeit a (in ASA).*

b) Welche der Gleichungen (1) bis (3) passt am besten für die Funktion d → a?

(1) $a = 5 \cdot d^2 - 175 \cdot d + 1500$

(2) $a = 10^{\frac{d}{10}}$ (3) $a = 10^{\frac{d-1}{10}}$

Lege Tabellen an (Taschenrechner). Zeichne die Graphen.

c) Wie bekommt man die DIN-Werte aus den ASA-Werten?
Verwende die Funktionsgleichung aus Teilaufgabe b), die am besten passt.

Funktionen, die abschnittsweise definiert sind

14.

An dem Graphen kann man die Gebühren für den Paketversand durch einen Paketdienst ablesen.

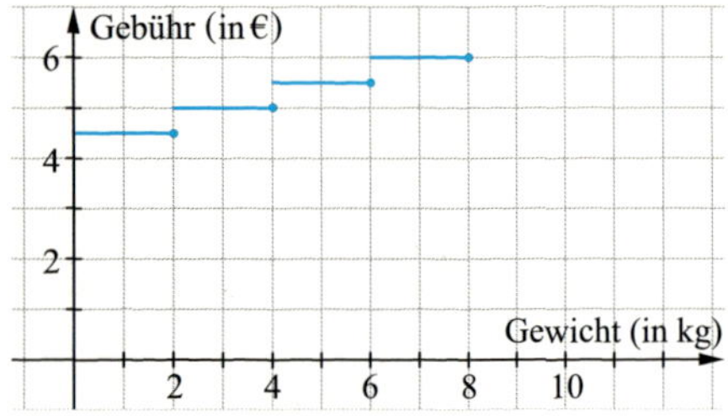

a) Fülle die Tabelle aus.

Paketgewicht	Paketgebühr
bis 2 kg	□ €
über 2 bis 4 kg	□ €
über 4 bis 6 kg	□ €
über 6 bis 8 kg	□ €

b) Zeichne den Graphen ins Heft und ergänze ihn mithilfe der Tabelle rechts.

Paketgebühren	
über 8 bis 10 kg	6,25 €
über 10 bis 12 kg	6,50 €
über 12 bis 14 kg	7,00 €
über 14 bis 16 kg	7,50 €
über 16 bis 18 kg	9,00 €
über 18 bis 20 kg	9,25 €

c) Ist die Zuordnung
Paketgewicht → Gebühr
[Gebühr → Paketgewicht]
eine Funktion? Begründe.

15.

Notiere den Funktionsterm ohne Betragszeichen. Zeichne den Graphen.

a) $g(x) = |-x|$ **b)** $h(x) = -|x|$ **c)** $r(x) = |x| - 5$ **d)** $s(x) = |x - 5|$

16.

Notiere den Funktionsterm $f(x) = |x| \cdot \operatorname{sgn}(x)$ abschnittsweise und zeichne den Graphen.

17.

Notiere den Funktionsterm abschnittsweise. Zeichne auch den Graphen.

a) $f(x) = |x| + 2$ **d)** $g(x) = |x| + x$ **g)** $h(x) = \operatorname{sgn}(\operatorname{INT}(x))$

b) $f(x) = |x + 2|$ **e)** $g(x) = |\operatorname{sgn}(x)|$ **h)** $h(x) = \operatorname{INT}\left(\frac{1}{2}\operatorname{sgn}(x)\right)$

c) $g(x) = |2x + 1|$ **f)** $h(x) = |x| + \operatorname{sgn}(x)$ **i)** $f(x) = x - |x|$

18.

Die Giebelwand eines Gartencenters soll vom Erdboden bis zur Höhe x mit grüner Fassadenfarbe gestrichen werden.

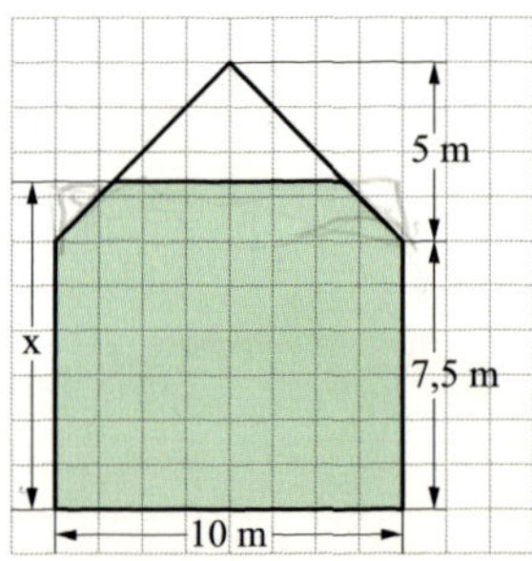

a) Wie groß ist die grüne Fläche bei einer Höhe von 4,5 m [9,5 m]?

b) Bei welchem Wert für x ist die grüne Fläche $65\,m^2$ [$84\,m^2$] groß? Bei welchem Wert für x ist nur noch 4 % der Gesamtfläche nicht grün?

c) Zeichne den Graphen der Funktion *Höhe → Flächeninhalt der grünen Fläche.*

19.

In das Schwimmbecken wird gleichmäßig Wasser eingelassen. Der Wasserstand lässt sich an der Skala ablesen.

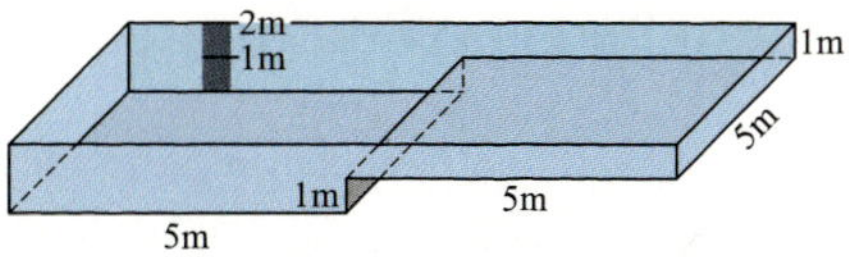

a) Welcher der Graphen (1) bis (4) passt?

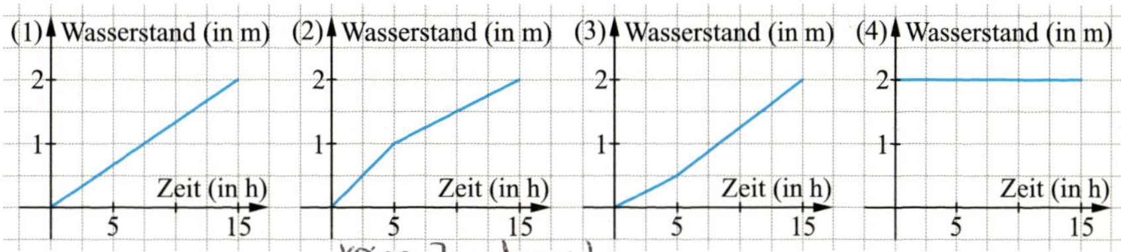

b) Stündlich werden $5\,m^3$ Wasser eingeleitet. Welcher Term (1) bis (3) ist der richtige?

(1) $h(x) = \begin{cases} \frac{1}{10}t & \text{für } 0 \le t \le 5 \\ \frac{1}{2} + \frac{3}{20}(t-5) & \text{für } 5 \le t \le 15 \end{cases}$

(2) $h(x) = \begin{cases} \frac{1}{5}t & \text{für } 0 \le t \le 5 \\ \frac{t}{10} + \frac{1}{2} & \text{für } 5 \le t \le 15 \end{cases}$

(3) $h(x) = \frac{2}{15}t$ für $0 \le t \le 15$

Funktionen – Gegenbeispiele

20.

Kann der Graph zu einer Funktion gehören? Begründe.

a)

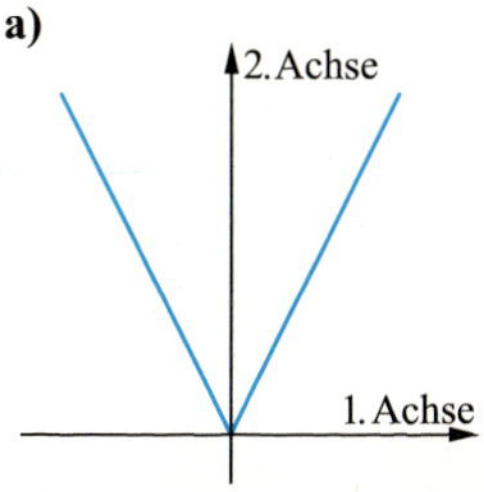

b)

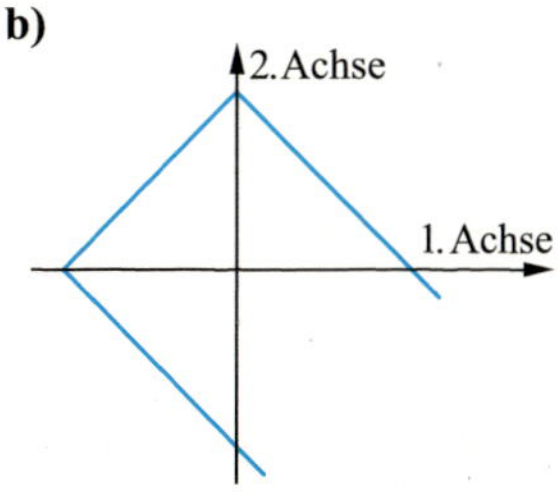

c)

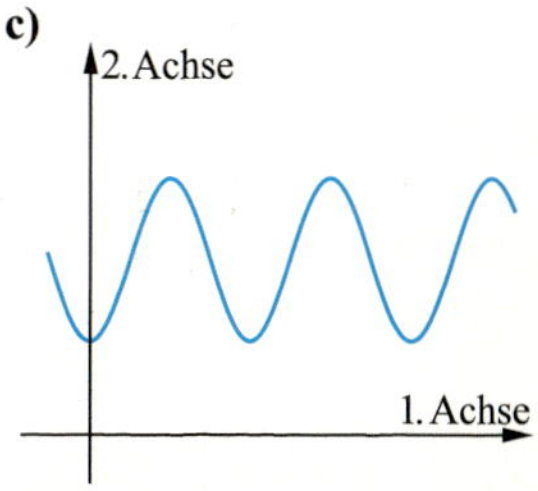

21.

Prüfe, ob durch die Gleichung eine Funktion gegeben ist. Setze dazu einmal oder mehrmals für x eine (reelle) Zahl ein und ermittle, ob sich der Wert für y eindeutig finden lässt. Falls die Zuordnung $x \mapsto y$ eindeutig ist, gib die Funktionsgleichung an.

a) $-y = x^2$ **c)** $y^2 = x - 1$ **e)** $0 \cdot x + 3y = -12$ **g)** $x \cdot y = 1$

b) $3x - 0 \cdot y = -9$ **d)** $(x+y)^2 = 36$ **f)** $(x-2) \cdot y = 0$ **h)** $x \cdot y = x + y$

Kreis um den Ursprung

22.

Welcher der Punkte $A(4|-3)$, $B(1|1)$, $C(3|-1)$, $D(5|2)$ und $E(-1|5)$ liegt auf dem Kreis, welcher innerhalb und welcher außerhalb des Kreises?

a) $x^2 + y^2 = 25$ **b)** $x^2 + y^2 = 10$

23.

Der Kreis hat $M(0|0)$ als Mittelpunkt und geht durch P. Bestimme seine Gleichung.

a) $P(5|-12)$ **b)** $P(-3|-4)$ **c)** $P(3|\sqrt{7})$ **d)** $P(0|6)$

Blickpunkt

Darstellen von Funktionen mit einem GTR

Das Zeichnen von Graphen mithilfe von Wertetabellen kann mühsam und zeitaufwendig sein. Spezielle Computerprogramme oder grafikfähige Taschenrechner (GTR) erledigen dies sehr schnell. Bearbeite die folgenden Aufgaben jeweils mit deinem Programm oder Taschenrechner. Informiere dich dabei jeweils im Handbuch über die nötigen Eingaben und Tastenfolgen.

1. *Graph einer Funktion anzeigen und Funktionswerte ablesen*

Um den Graph einer Funktion anzuzeigen, sind bei den meisten Rechnern folgende Schritte nötig:

1. Eingabe des Funktionsterms in den Funktioneneditor. Hier wurde z. B. $f(x) = \frac{1}{x}$ eingegeben.
2. Festlegen des Ansichtsfensters (bei vielen Rechnern „Window“ genannt).
3. Anzeigen des Graphen (der Befehl hierzu heißt bei vielen Rechnern GRAPH).

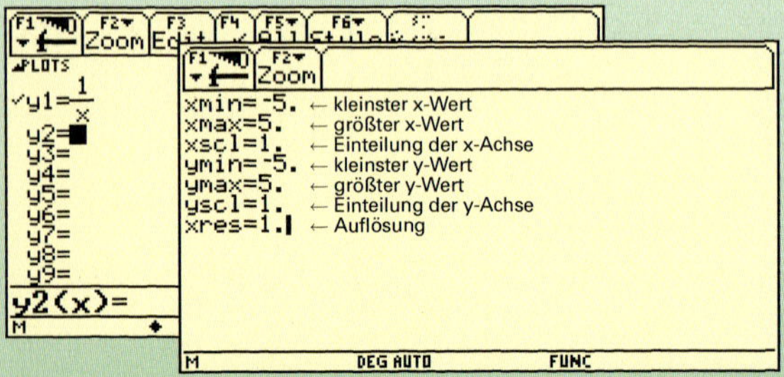

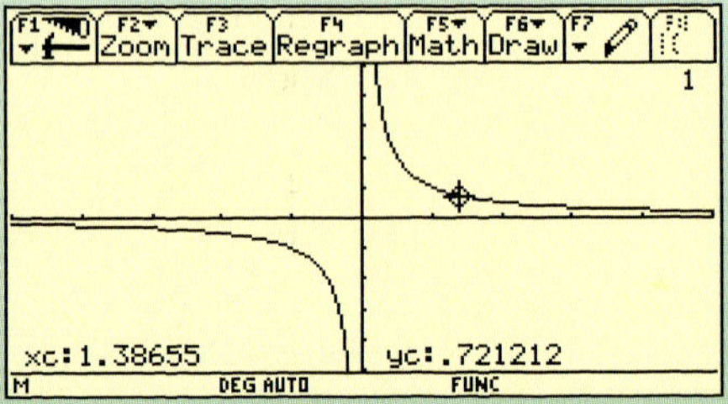

Lasse dir die Graphen zu den Funktionen mit den angegebenen Gleichungen von deinem Rechner anzeigen. Wähle jeweils ein geeignetes Ansichtsfenster. Arbeite auch mit dem Befehl ZOOM (zoom, engl. für heranholen, nah herangehen).

(1) $y = 3x - 2$ (2) $y = -4x^2 + 3$ (3) $y = \sqrt{x+4}$ (4) $y = |x^2 - 2|$

Manche Rechner haben einen Befehl TRACE (engl. für Spur oder aufspüren), mit dem man die Koordinaten von Punkten auf dem Graphen im angezeigten Ansichtsfenster bestimmen kann.
Führe dies für die Funktionen mit den Gleichungen (1)–(4) durch.

2. *Wertetabellen anzeigen*

Um die Wertetabelle einer Funktion anzuzeigen, sind folgende Schritte nötig:

1. Eingabe des Funktionsterms. Hier wurde wie in Aufgabe 1 wieder $f(x) = \frac{1}{x}$ eingegeben.
2. Im Tabellenmenü (oft TBLSET genannt) Anfangswert (TblStart) und Schrittweite (ΔTbl) festlegen. Bei manchen Rechnern kann man auch eine Einstellung finden, die es ermöglicht, selbst Werte für x in die Tabelle einzugeben.
3. Tabelle anzeigen lassen (oft heißt der Befehl hierzu TABLE).

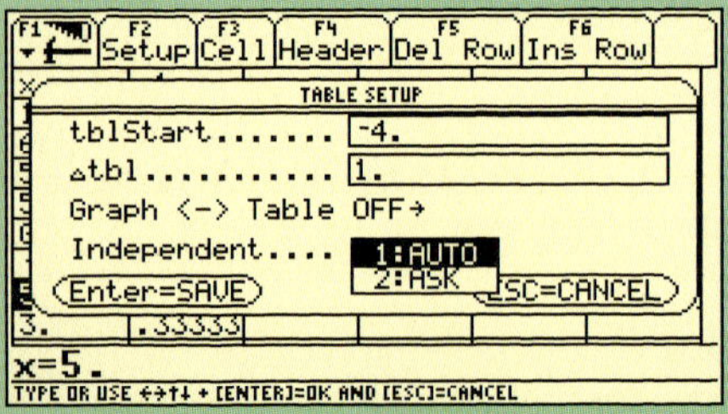

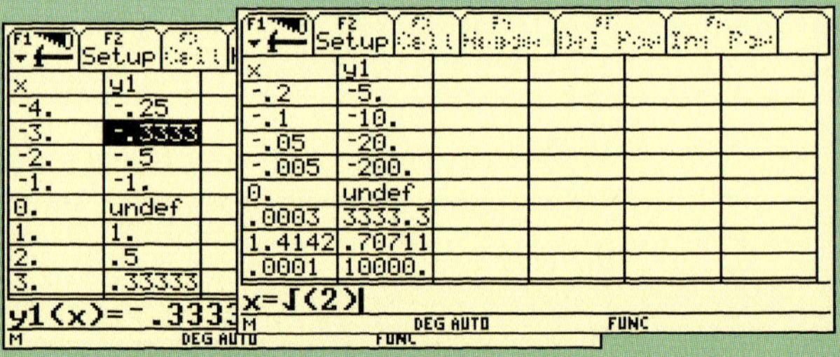

Erstelle für die Funktionen aus Aufgabe 1 Wertetabellen mit dem Rechner. Lasse dir auch Tabellen für mehrere Funktionen gleichzeitig anzeigen.

1.2 Lineare Funktionen

1.2.1 Begriff der linearen Funktion

Aufgabe 1 Bei Quecksilberthermometern verlängert sich der Quecksilberfaden gleichmäßig mit der Temperatur. Ein solches Thermometer soll geeicht werden. Dazu wurde zunächst die Länge s des Quecksilberfadens bei der Temperatur $t = 0\,°C$ und dann bei der Temperatur $t = 100\,°C$ gemessen.

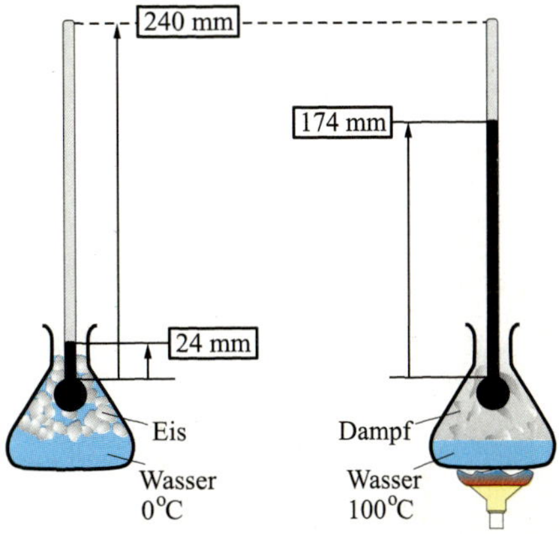

a) Das Röhrchen ist 240 mm lang. Kann man mit diesem Thermometer eine Temperatur von 136 °C messen?

b) Aus einem Kartonstreifen soll für dieses Thermometer eine Temperaturskala hergestellt werden.
Lege dazu eine Tabelle an (1. Zeile: Temperatur in °C; 2. Zeile: Länge des Quecksilberfadens in mm).

c) Bis zu welcher Temperatur lässt sich die Skala nach unten fortsetzen?

Lösung **a)** Bei 0 °C ist der Faden schon 24 mm lang.
Erhöht man die Temperatur von 0 °C auf 100 °C, so wird der Quecksilberfaden um 174 mm – 24 mm, also 150 mm länger.
Das bedeutet:
Immer wenn die Temperatur um 1 °C zunimmt, wird der Faden um 1,5 mm länger.

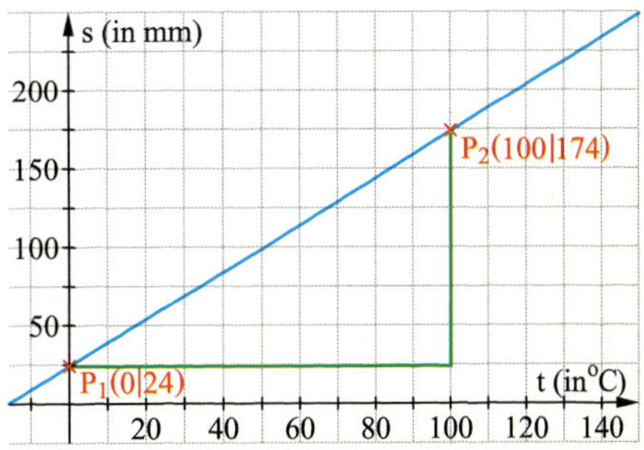

Der Funktionsterm der Funktion f: *Temperatur t (in °C) → Länge s (in mm)* lautet also:
$f(t) = 1{,}5 \cdot t + 24$
Für t = 136 erhält man: $f(136) = 1{,}5 \cdot 136 + 24 = 228$.
Da $228 < 240$, kann man mit diesem Thermometer eine Temperatur von 136 °C messen.

b) Mithilfe des Funktionsterms $f(t) = 1{,}5 \cdot t + 24$ lässt sich die Tabelle anlegen.

t (in °C)	–10	0	10	20	30	40	50	60	70	80	90	100	110
s (in mm)	9	24	39	54	69	84	99	114	129	144	159	174	189

c) Man kann die Skala nach unten fortsetzen, bis die Länge des Quecksilberfadens 0 mm ist. Aus $1{,}5 \cdot t + 24 = 0$ erhält man $t = -16$.
Die Skala lässt sich also bis –16 °C nach unten fortsetzen.

Information **(1) Begriff der linearen Funktion**

Definition 3: *Lineare Funktion*

Eine Funktion f, deren Funktionsterm in der Form $f(x) = m \cdot x + b$ geschrieben werden kann, heißt **lineare Funktion**.

$y = m \cdot x + b$ ist die zugehörige Funktionsgleichung.

Beispiel: $f(x) = 2x + 3$ ist der Funktionsterm einer linearen Funktion mit $m = 2$ und $b = 3$.
Als Definitionsbereich einer linearen Funktion wird meist $\mathbb{R}$ gewählt.

(2) Achsenabschnitt b, Steigung m

Gegeben ist eine lineare Funktion mit $y = m \cdot x + b$, $x \in \mathbb{R}$.
Welche Bedeutung hat b?
Wir setzen 0 für x und erhalten: $m \cdot 0 + b = b$.
b gibt den Achsenabschnitt auf der 2. Koordinatenachse an.
Welche Bedeutung hat m?

Wir wandern auf dem Graphen von einem Punkt $P_1(x_1 | y_1)$ zu einem anderen Punkt $P_2(x_2 | y_2)$. Dabei kommen wir von der Stelle x_1 zu einer neuen Stelle x_2 und vom Funktionswert y_1 zum Funktionswert y_2. Wir berechnen die Steigung des Graphen und erhalten, da $x_2 \neq x_1$:

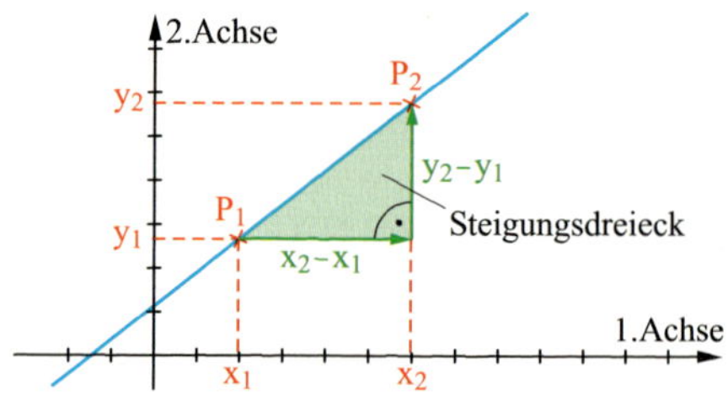

$$\frac{y_2 - y_1}{x_2 - x_1} = \frac{m \cdot x_2 + b - (m \cdot x_1 + b)}{x_2 - x_1} = \frac{m \cdot (x_2 - x_1)}{x_2 - x_1} = m$$

m gibt die Steigung des Graphen an.

Satz 2

Der Graph einer linearen Funktion f mit dem Definitionsbereich $\mathbb{R}$ ist eine Gerade mit der Gleichung $y = m \cdot x + b$ (**Normalform** der Geradengleichung).
b gibt den Achsenabschnitt, m die Steigung an.

$m = \frac{y_2 - y_1}{x_2 - x_1}$ für $x_2 \neq x_1$.

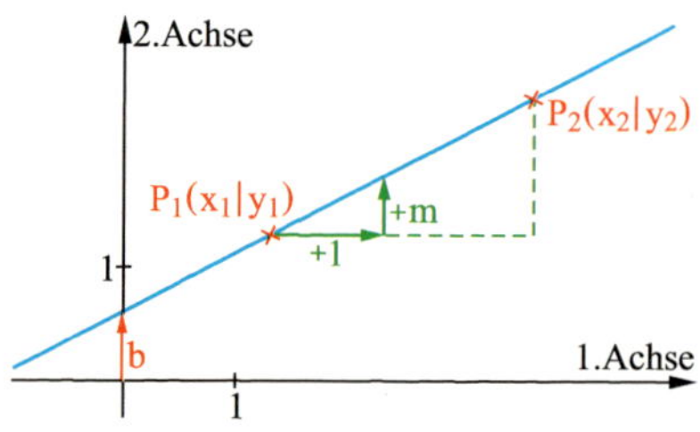

Weiterführende Aufgaben

2. *Besondere Lage von Geraden im Koordinatensystem*
Der Graph einer jeden linearen Funktion ist eine Gerade. Ist auch jede Gerade im Koordinatensystem Graph einer linearen Funktion?
Vereinfache die gegebene Gleichung. Welche besondere Lage hat die Gerade g?
Ist die Gerade g Graph einer Funktion? Gib, falls möglich, die Steigung von g an.

a) $0 \cdot x + 2 \cdot y = 6$ **b)** $0 \cdot x - 4 \cdot y = 0$ **c)** $-2 \cdot x + 0 \cdot y = 4$ **d)** $-4 \cdot x + 0 \cdot y = 0$

selbst lernen

3. *Steigungswinkel*

a) Zeichne die Gerade zu $y = -\frac{2}{3}x - 6$ in ein Koordinatensystem mit gleicher Skalierung auf beiden Achsen. Bestimme den Schnittpunkt mit der 1. Achse. Denke dir die 1. Achse um diesen Schnittpunkt gegen den Uhrzeigersinn gedreht, bis sie mit der Geraden zusammenfällt. Den dabei überstrichenen Winkel bezeichnet man als Steigungswinkel der Geraden. Berechne den Steigungswinkel.

b) Begründe allgemein:

Für den **Steigungswinkel** α einer Geraden mit der Gleichung $y = mx + b$ gilt bei gleicher Skalierung der Achsen:
$\tan\alpha = m$

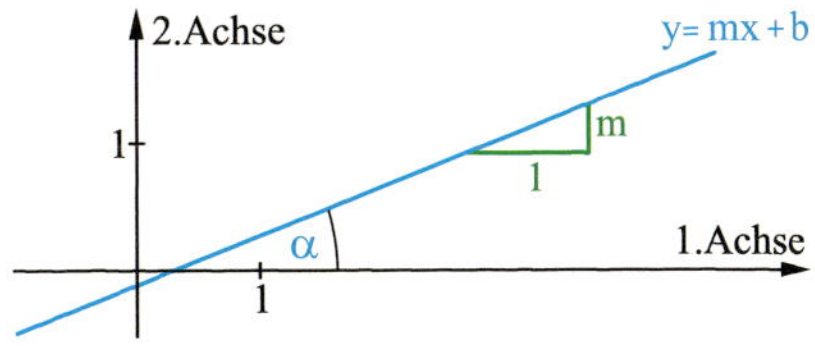

4. *Festlegung einer linearen Funktion durch zwei Punkte des Graphen*

Die Punkte P_1 und P_2 liegen auf dem Graphen der linearen Funktion mit $y = m \cdot x + b$.
Bestimme m und b mithilfe eines Gleichungssystems. Gib die Funktionsgleichung an.

a) $P_1(1|2), P_2(5|4)$

b) $P_1(-1|-6), P_2(2|0)$

c) $P_1(-3{,}5|-1)$, $P_2(0{,}5|-1)$

d) $P_1(0|8), P_2(-2|16)$

e) $P_1\left(\frac{1}{4}\middle|\frac{2}{5}\right), P_2\left(\frac{5}{4}\middle|\frac{8}{3}\right)$

f) $P_1(\sqrt{8}|\sqrt{2})$, $P_2(\sqrt{2}|\sqrt{18})$

$P_1(5|9), P_2(2|3), y = m \cdot x + b$

$\left|\begin{matrix} 5m + b = 9 \\ 2m + b = 3 \end{matrix}\right|$ *Subtraktionsverfahren*

$\left|\begin{matrix} 3m \quad = 6 \\ 2m + b = 3 \end{matrix}\right|$ *Löse die 1. Gleichung nach m auf. Setze den Wert für m in die 2. Gleichung ein.*

$\left|\begin{matrix} m = \quad 2 \\ b = \quad -1 \end{matrix}\right|$

Gleichung: $y = 2x - 1$

5. *Schar von Funktionen*

Der Term $f_b(x) = -0{,}5 \cdot x + b$ enthält zusätzlich zur Variablen x noch den Parameter b. Gibt man b einen Wert, z. B. 2, entsteht der Funktionsterm $f_2(x) = -0{,}5 \cdot x + 2$.
Durch $f_b(x) = -0{,}5 \cdot x + b$ ist eine Menge von Funktionen, eine **Funktionenschar** gegeben. Setze in $f_b(x) = -0{,}5 \cdot x + b$ für b Werte ein und zeichne in ein Koordinatensystem einzelne Graphen der Schar oder verwende den GTR. Vergleiche die Graphen.

Übungsaufgaben

Lineare Funktionen

6.

Bestimme zu den Geraden Gleichungen der Form $y = m \cdot x + b$.

a)

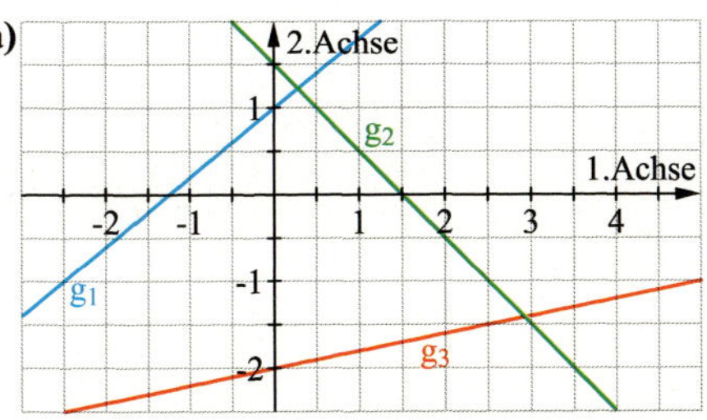

b)

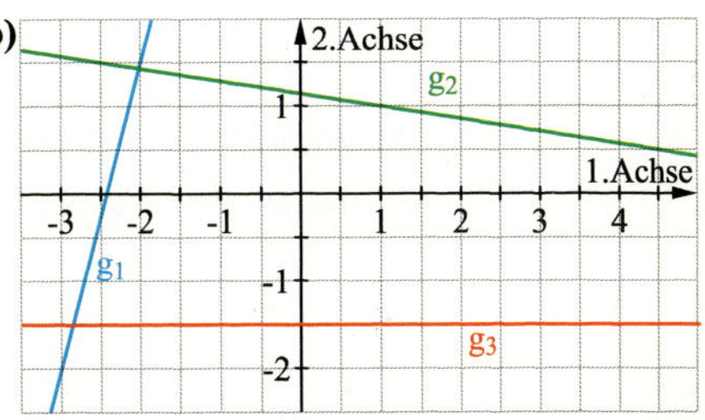

selbst lernen

7.

Gegeben sind die Funktionsgleichungen

(1) $y = x - 3$, (2) $y = 2{,}4x + 2{,}6$, (3) $y = \frac{x}{4} + 5$,

(4) $y = -\frac{x}{2} - 1$, (5) $y = 2 - 3x$ (6) $y = -x$

a) Welche der Punkte $P_1(-8|3)$, $P_2(2|-2)$, $P_3(-1|-4)$, $P_4(-4|-7)$, $P_5(-4|4)$, $P_6(1|5)$, $P_7(0{,}8|-2{,}2)$ gehören zum Graphen der linearen Funktion?

b) $Q_1(2|\square)$, $Q_2(\square|2{,}5)$, $Q_3(\square|0)$ und $Q_4(0|\square)$ liegen auf dem Graphen der Funktion. Bestimme die fehlenden Koordinaten.
Zeichne auch den Graphen.

8. *Besondere Lage von Geraden im Koordinatensystem*

Notiere die Geradengleichung ausführlich als Gleichung mit beiden Variablen x, y. Zeichne die Gerade. Welche der Punkte $P_0(-4|3)$, $P_1(0|-2)$, $P_2(0|2)$, $P_3(3|-2{,}5)$, $P_4(-2|0)$, $P_5(0|0)$ liegen auf dieser Geraden?
Vergleiche mit Aufgabe 2 auf Seite 18.

a) $x = 3$ **b)** $x = -2$ **c)** $x = 0$ **d)** $y = 3$ **e)** $y + 2 = 0$ **f)** $y = 0$

9. *Steigungswinkel*

Die Punkte P_1, P_2 und P_3 liegen auf dem Graphen einer linearen Funktion. Bestimme die Steigung m. Berechne für P_3 die fehlende Koordinate und bestimme den Steigungswinkel für die Gerade.

a) $P_1(2|3)$, $P_2(7|5)$, $P_3(10|\square)$

b) $P_1(3|5)$, $P_2(7|-1)$, $P_3(9|\square)$

c) $P_1(-3|-3)$, $P_2(3|-2)$, $P_3(\square|1{,}5)$

d) $P_1(-4|3)$, $P_2(1|-2)$, $P_3(\square|6)$

10.

Unter welchem Winkel schneiden sich die beiden Geraden?
Gib den spitzen Winkel an. Berechne auch den Schnittpunkt.

a) $y = 1{,}5x - 3$
$y = 0{,}6x - 1{,}2$

b) $y = \frac{5}{4}x + \frac{7}{4}$
$y = \frac{3}{10}x + \frac{27}{10}$

c) $y = -0{,}75x - 0{,}25$
$y = 2{,}5x + 9{,}5$

d) $y = \frac{\sqrt{3}}{3}x + 1$
$y = \sqrt{3}\,x - 1$

11.

Ein Segelflugzeug verliert ohne störende Auf- und Abwinde pro Minute 50 m Höhe. Der Pilot setzt in einer Höhe von 2000 m über dem Erdboden zum Gleitflug an. Die Geschwindigkeit über Grund beträgt stets $72\,\frac{km}{h}$.

a) Zeichne den Graphen der Funktion *Zeit t → Höhe h* und auch den Graphen der Funktion *Streckenlänge s → Höhe h.*

b) Entnimm den Graphen Informationen über diesen Flug. Bestätige die Ergebnisse durch Rechnung.

selbst lernen

12. *Aufstellen der Gleichung einer linearen Funktion aus zwei Punkten ihres Graphen*
Die Punkte P_1 und P_2 liegen auf dem Graphen der linearen Funktion mit $y = m \cdot x + b$. Bestimme die Funktionsgleichung. Gib zwei weitere Punkte des Graphen an.

a) $P_1(3\,|\,1)$, $P_2(5\,|\,5)$
b) $P_1(2\,|\,7)$, $P_2(5\,|\,1)$
c) $P_1(-6{,}6\,|\,-4{,}3)$, $P_2(2\,|\,0)$
d) $P_1(3\,|\,3)$, $P_2\left(-\frac{1}{3}\,\middle|\,-\frac{1}{3}\right)$
e) $P_1(0\,|\,3)$, $P_2(5\,|\,0)$
f) $P_1\left(-\frac{26}{5}\,\middle|\,-\frac{3}{5}\right)$, $P_2\left(-\frac{6}{5}\,\middle|\,\frac{2}{5}\right)$

13. *Schar von Geraden*
Gegeben ist eine Schar von Geraden durch $f_m(x) = m \cdot (x - 4) + 3$ mit $m \in \mathbb{R}$.

Man kann auch einen GTR verwenden.

a) Setze für den Scharparameter m die Werte -2, -1, 0, 1, 2 ein und zeichne die Geraden in *einem* Koordinatensystem. Was fällt auf?

b) Welche Gerade der Schar geht durch den Punkt
(1) $(9\,|\,5{,}5)$ (2) $(2\,|\,6)$ (3) $(-6\,|\,-0{,}5)$ (4) $(7\,|\,3)$?

c) Welche Gerade der Schar hat einen Neigungswinkel von
(1) 60° (2) 30° (3) 15° (4) 135°?

14.
Die ICE-Strecke Hannover–Würzburg fällt von Kilometer 113 bis zum Kilometer 120 gleichmäßig ab. Bei Kilometer 114,5 (Einfahrt Rauheberg-Tunnel) beträgt die Höhe 264,5 m über NN, bei Kilometer 119,5 (Ausfahrt Rauheberg-Tunnel) 199,5 m über NN.

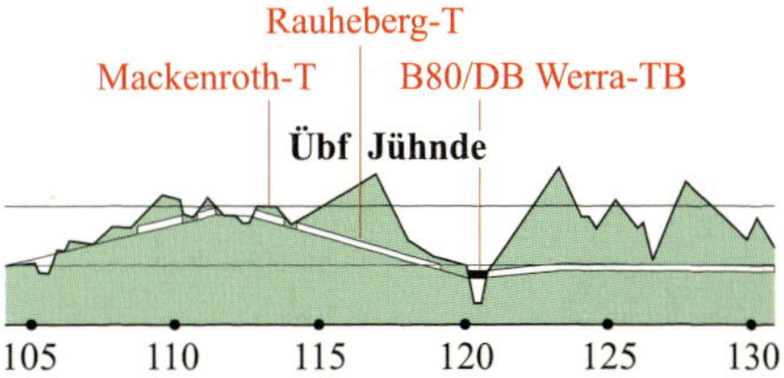

a) Welche Höhe über NN hat die Bahnstrecke
(1) in der Mitte des Rauheberg-Tunnels (bei Kilometer 117);
(2) an der Einfahrt des Mackenrodt-Tunnels (bei Kilometer 113);
(3) kurz vor der Werrabrücke (bei Kilometer 120)?

b) An welcher Stelle beträgt die Höhe 245 m [271 m] über NN?

c) Gib die Steigung in Promille an. Berechne den Steigungswinkel.

15.
Nach einer Operation soll einem Patienten 50 ml Infusionslösung in eine Ader des Arms eingeleitet werden. Der Krankenpfleger hat das Infusionsgerät für die ersten drei Stunden auf $10\,\frac{\text{ml}}{\text{h}}$ eingestellt. Die Infusion soll nach insgesamt 8 Stunden abgeschlossen sein. Wie muss der Krankenpfleger das Infusionsgerät dann einstellen? Zeichne den Graphen der Funktion *Zeit → Volumen*.

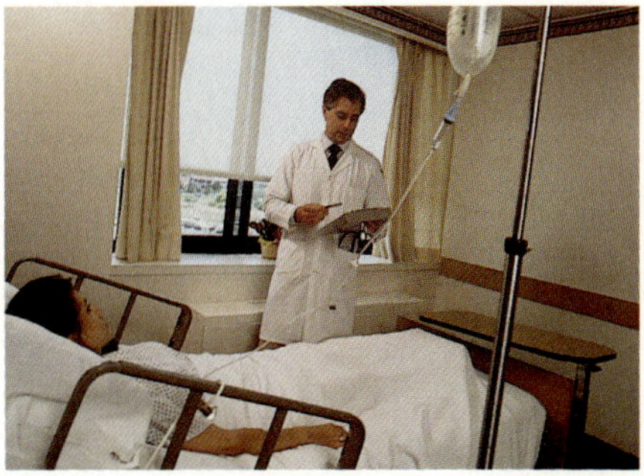

selbst lernen

1.2.2 Koordinatengeometrie mit Geraden

Aufgabe 1 *Parallelität und Orthogonalität von Geraden*

Gegeben ist die Gerade g mit $y = 2x - 16$. Stelle eine Gleichung auf für

a) die Parallele p zur Geraden g durch den Punkt $C(1\,|\,6)$;

b) die Orthogonale k zur Geraden g durch den Punkt $A(9\,|\,2)$.

Lösung

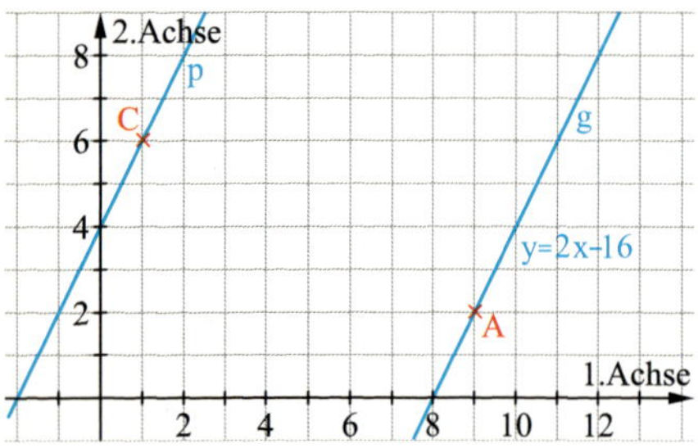

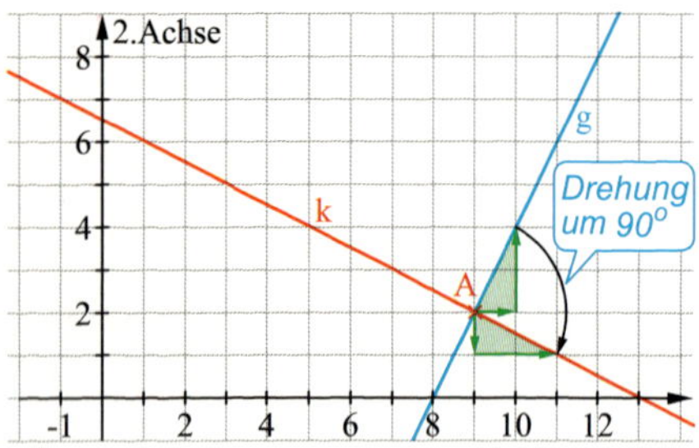

a) Die Geraden p und g sollen parallel zueinander sein. Daher haben p und g dieselbe Steigung $m = 2$:

$y = 2 \cdot x + b$

Die Gerade p soll durch $C(1\,|\,6)$ laufen. Das liefert eine Gleichung für b:

$2 \cdot 1 + b = 6$, also: $b = -2 \cdot 1 + 6 = 4$

Wir setzen ein: $y = 2 \cdot x + 4$

Ergebnis: $y = 2 \cdot x + 4$ ist eine Gleichung für die Parallele p.

b) Da $2 = 2 \cdot 9 - 16$, liegt A auf g.

Wir legen ein geeignetes Steigungsdreieck für die Gerade g an. Wenn wir dieses Steigungsdreieck um 90° rechtsherum drehen mit A als Drehpunkt, erhalten wir ein Dreieck, an dem wir die Steigung für die Gerade k ablesen können: $m = \frac{-1}{2} = -\frac{1}{2}$

In der Gleichung $y = -\frac{1}{2} \cdot x + b$ für die Orthogonale ist jetzt noch der Wert für b mithilfe der Koordinaten des Punktes $A(9\,|\,2)$ zu bestimmen. Die Gleichung für b lautet: $2 = -\frac{1}{2} \cdot 9 + b$, also: $b = 2 + 4{,}5 = 6{,}5$

Ergebnis: $y = -\frac{1}{2} \cdot x + 6{,}5$ ist eine Gleichung für die Orthogonale k.

Information **Parallelität und Orthogonalität von Geraden**

Wir wissen schon:

> Zwei Geraden mit den Steigungen m_1 und m_2 sind genau dann **parallel** zueinander, wenn $m_1 = m_2$ gilt.

Die Lösung von Teilaufgabe b) in der Aufgabe 1 lässt folgenden Satz vermuten:

> Wenn zwei Geraden mit den Steigungen m_1 und m_2 orthogonal zueinander sind, dann gilt für die Steigungen die Beziehung $m_2 = -\frac{1}{m_1}$ bzw. $m_1 \cdot m_2 = -1$.

Beweis:

Aus dem Steigungsdreieck für die Gerade s lesen wir ihre Steigung m_2 ab: $m_2 = \frac{-1}{m_1} = -\frac{1}{m_1}$

Dann gilt auch $m_1 \cdot m_2 = -1$.

Bisher haben wir gezeigt: Wenn zwei Geraden mit den Steigungen m_1 und m_2 orthogonal zueinander sind, dann gilt die Beziehung $m_1 \cdot m_2 = -1$. ■

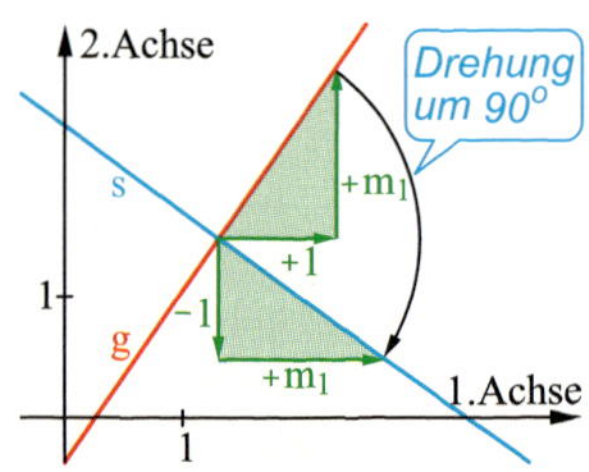

Jetzt wollen wir die *Umkehrung* dieses Satzes beweisen:

> Wenn für die Steigungen m_1 und m_2 zweier Geraden die Beziehung $m_2 = -\frac{1}{m_1}$ bzw. $m_1 \cdot m_2 = -1$ gilt, dann sind die Geraden orthogonal zueinander.

Beweis:
Wir gehen davon aus, dass $m_1 \cdot m_2 = -1$ (also $m_1 \neq 0$).
g_3 sei eine zu g_1 orthogonale Gerade mit der Steigung m_3. Nach dem Satz oben gilt also: $m_1 \cdot m_3 = -1$.
Dann gilt auch: $m_1 \cdot m_2 = m_1 \cdot m_3$.
Da $m_1 \neq 0$, darf man durch m_1 dividieren.
Also: $m_2 = m_3$.
Daraus folgt: g_2 und g_3 sind parallel zueinander.
Damit ist g_1 auch orthogonal zu g_2. ■

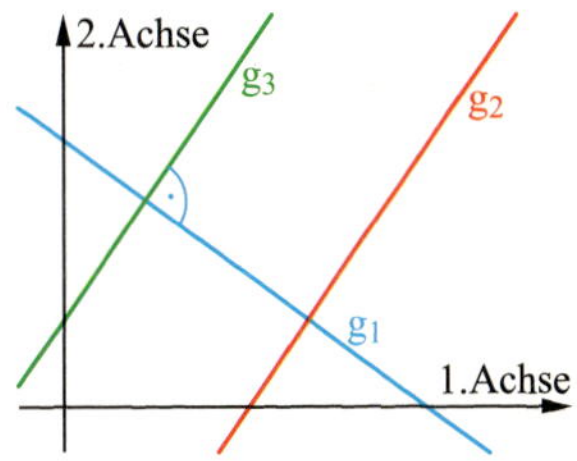

Wir können zusammenfassen:

> **Satz 3:** *Orthogonalitätsbedingung*
> Zwei Geraden mit den Steigungen m_1 und m_2 sind genau dann **orthogonal** zueinander, wenn $m_1 \cdot m_2 = -1$ ist.

Aufgabe 2 *Mittelpunkt und Länge einer Strecke*
Gegeben sind die Punkte $P_1(3\,|\,1)$ und $P_2(7\,|\,4)$.

a) Bestimme den Mittelpunkt M der Strecke $\overline{P_1P_2}$.

b) Berechne die Länge d der Strecke $\overline{P_1P_2}$.

Lösung

a) $M(x_M\,|\,y_M)$ soll der Mittelpunkt der Strecke $\overline{P_1P_2}$ sein, also $|MP_1| = |MP_2|$. Ferner stimmen bei den beiden blauen Dreiecken alle Winkel überein. Nach dem Kongruenzsatz wsw sind die beiden Dreiecke kongruent zueinander.
Also gilt:

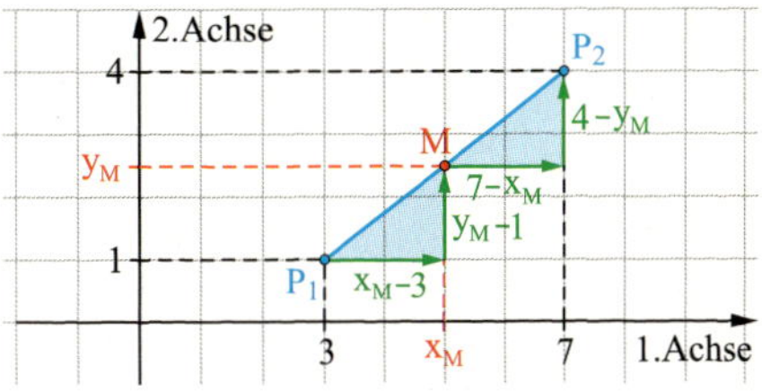

$x_M - 3 = 7 - x_M$ $\quad$ $y_M - 1 = 4 - y_M$

$2x_M = 7 + 3$ $\quad$ $2y_M = 4 + 1$

$x_M = \frac{7+3}{2} = 5$ $\quad$ $y_M = \frac{4+1}{2} = 2{,}5$

Ergebnis: $M(5\,|\,2{,}5)$ ist der Mittelpunkt der Strecke $\overline{P_1P_2}$.

b) Nach dem Satz des Pythagoras gilt:

$d^2 = (7-3)^2 + (4-1)^2$

$d = \sqrt{(7-3)^2 + (4-1)^2} = \sqrt{16+9} = 5$

Ergebnis:
Für die Länge d der Strecke $\overline{P_1P_2}$ erhält man: $d = 5$.

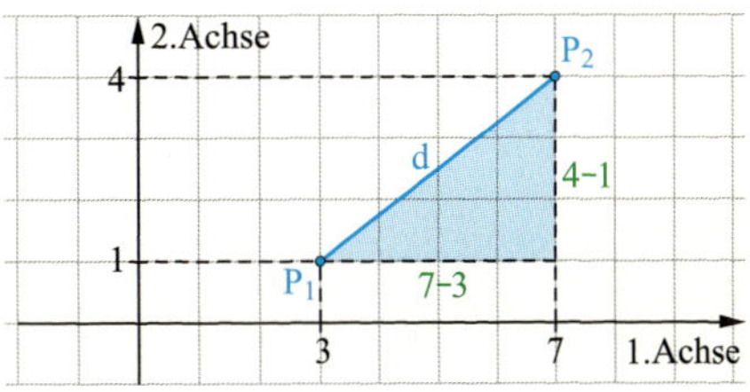

Die Ergebnisse der Aufgabe 2 lassen sich unabhängig von der Lage von P_1 und P_2 verallgemeinern:

Information **(1) Mittelpunkt und Länge einer Strecke**

Satz 4: *Mittelpunkt und Länge einer Strecke*
Für eine Strecke mit den Endpunkten $P_1(x_1 \mid y_1)$ und $P_2(x_2 \mid y_2)$ gilt:
(1) Der **Mittelpunkt M** der Strecke $\overline{P_1P_2}$ hat die Koordinaten
$x_M = \frac{x_1 + x_2}{2}$; $y_M = \frac{y_1 + y_2}{2}$.
(2) Die **Länge d** der Strecke $\overline{P_1P_2}$ ist $d = \sqrt{(x_2 - x_1)^2 + (y_2 - y_1)^2}$.

(2) Grundidee der analytischen Geometrie

PIERRE FERMAT

RENÉ DESCARTES

Gegeben sind die Punkte P_1 und P_2.
Gesucht ist der Mittelpunkt M der Strecke $\overline{P_1P_2}$.
Früher lösten wir eine solche Aufgabe durch Konstruktion.
Jetzt haben wir gelernt, wie man eine geometrische Fragestellung mithilfe der Algebra, also auf rechnerischem Wege, lösen kann. Die wesentlichen Gedanken dieser **analytischen Geometrie** gehen auf PIERRE FERMAT (1601–1665) und RENÉ DESCARTES (1596–1650) zurück.
Fermat und Descartes haben durch die Verknüpfung von Algebra und Geometrie einen entscheidenden Beitrag zum Fortschritt der Mathematik geleistet.

Weiterführende Aufgaben

3. *Punkt-Steigungs-Form der Geradengleichung*

a) Bestimme die Gleichung der Geraden aus einem ihrer Punkte P_1 und ihrer Steigung m.

(1) $P_1(4 \mid 1), m = 2$ (2) $P_1(1 \mid 2),\ m = -\frac{1}{5}$ (3) $P_1(-3 \mid -2),\ m = \frac{2}{3}$

b) Zeige allgemein:

Punkt-Steigungs-Form
Ist eine Gerade festgelegt durch den Punkt $P_1(x_1 \mid y_1)$ und die Steigung m, so hat sie die Gleichung
$y - y_1 = m \cdot (x - x_1)$

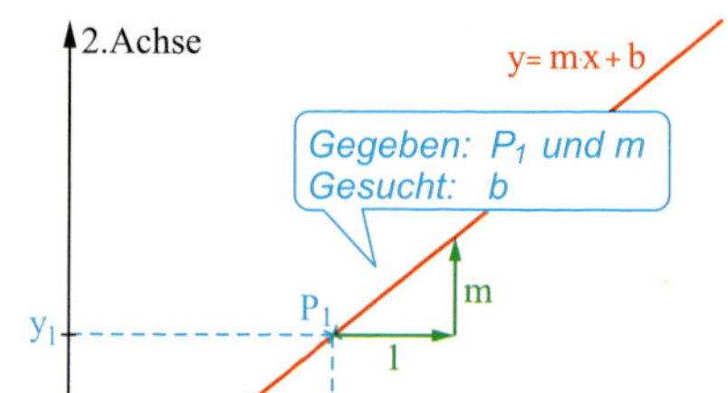

4. *Berechnung eines besonderen Schnittpunktes am Dreieck*
Zeige, dass sich bei dem Dreieck mit $A(1 \mid 4), B(9 \mid 0), C(10 \mid 7)$ die Mittelsenkrechten der Dreiecksseiten in einem Punkt M schneiden. Berechne dessen Koordinaten. Weise nach, dass die Strecken $\overline{AM}$, $\overline{BM}$ und $\overline{CM}$ gleich lang sind. Interpretiere das Ergebnis.

Übungsaufgaben

Parallelität und Orthogonalität

5.
Welche der Geraden sind zueinander parallel, welche zueinander orthogonal?

a) $g_1\colon\ y = \frac{4}{3}x - 5$; $g_2\colon\ y = -0{,}75x - 5$; $g_3\colon\ y = \frac{8x+1}{6}$; $g_4\colon\ y = 5 - x$

b) $g_1\colon\ y = 8x - 1$; $g_2\colon\ y = \frac{x}{3} + 7$; $g_3\colon\ y = -3x + 1$; $g_4\colon\ y = -0{,}125x + 7$

6.
Die Gerade g hat die Steigung m_1. Bestimme die Steigung m_2 einer Orthogonalen zu g.

a) $m_1 = \frac{3}{5}$ **b)** $m_1 = \frac{1}{4}$ **c)** $m_1 = 2$ **d)** $m_1 = -3$ **e)** $m_1 = -0{,}75$ **f)** $m_1 = -0{,}1$

7.
Bestimme die Gleichung in der Normalform für diejenige Gerade, die durch den Punkt P geht und zu der Geraden mit der angegebenen Gleichung parallel [orthogonal] ist.

a) $P(-2\,|\,1)$, $y = 2x$
b) $P(0\,|\,6)$, $y = 4x + 2$
c) $P(0\,|\,5)$, $y = -5x + 1$
d) $P(2\,|\,-4)$, $y = -\frac{x}{3} - 2$
e) $P(-1{,}5\,|\,0{,}4)$, $y = 1{,}2x + 0{,}8$
f) $P(-3\,|\,0)$, $y = -x$

8.
Bestimme eine Gleichung für diejenige Gerade, die durch den Punkt P geht und zu der Geraden mit der angegebenen Gleichung parallel [orthogonal] ist.

a) $P(-4\,|\,2)$, $y = -\frac{1}{3}x - 5$
b) $P(0\,|\,0)$, $y = -x - 2$
c) $P(\sqrt{2}\,|\,3)$, $y = 4$
d) $P(-2\,|\,5)$, $x = 3$
e) $P(0\,|\,0)$, $x = -1$
f) $P(-1\,|\,-2)$, $y = -1{,}5$

Mittelpunkt und Länge einer Strecke

9.
M ist der Mittelpunkt der Strecke $\overline{AB}$. Bestimme die fehlenden Koordinaten.

a) $A(8\,|\,-5), B(-2\,|\,7), M(\square\,|\,\square)$
b) $A(0{,}5\,|\,-1), B(4{,}3\,|\,-6{,}6), M(\square\,|\,\square)$
c) $A(2\,|\,4), B(\square\,|\,\square), M(3\,|\,6)$
d) $A(\square\,|\,\square), B(-1\,|\,-2), M(2\,|\,-4)$
e) $A(-3\,|\,4), B(\square\,|\,\square), M(-4\,|\,-2)$
f) $A(7\,|\,\square), B(\square\,|\,-1), M(0\,|\,0)$

10.
Bestimme den Mittelpunkt und den fehlenden Eckpunkt des Parallelogramms ABCD.

a) $A(-2\,|\,-2), B(4\,|\,1), C(2\,|\,6)$
b) $A(1\,|\,0), B(7\,|\,3), C(6\,|\,5)$

11.
Berechne die Längen der Seiten und der Diagonalen des Vierecks ABCD.

a) $A(-4\,|\,1), B(-1\,|\,-3), C(11\,|\,2), D(3\,|\,6)$
b) $A(1\,|\,-3), B(9\,|\,-3), C(13\,|\,0), D(1\,|\,9)$

12.
Ein Eisenhüttenwerk W soll kostengünstig an einen Schifffahrtskanal S angeschlossen werden. Wie lang wird der Stichkanal? Eine Kästchenlänge entspricht 1 km. Wähle ein günstiges Koordinatensystem.

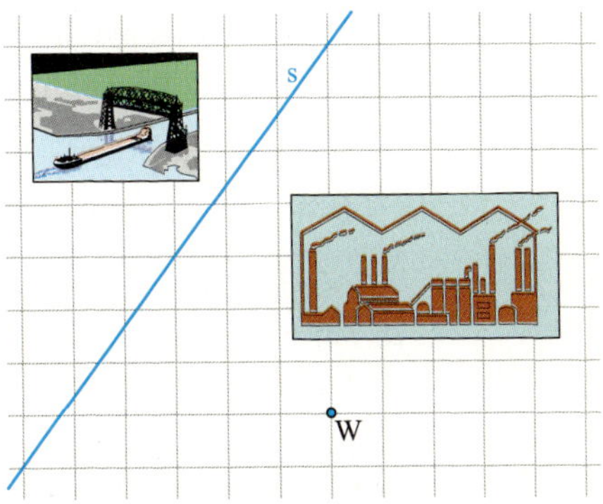

Von der Punkt-Steigungs-Form zur Normalform

13.

Die Gerade g geht durch den Punkt P_1 und hat die Steigung m. Stelle mithilfe der Punkt-Steigungs-Form eine Gleichung für g auf und führe diese in die Normalform über. P_2 soll auch auf g liegen. Bestimme die fehlende Koordinate.

$m = -2;\quad P_1(4\,|\,-3), P_2(-2\,|\,\square)$
$y-(-3) = -2\cdot(x-4)$
$y+3 = -2x+8$
$y = -2x+5$
$P_2(-2\,|\,9)$

a) $m = \frac{3}{4};\quad P_1(4\,|\,1), P_2(2\,|\,\square)$

b) $m = -\frac{1}{2};\quad P_1(6\,|\,-1{,}5), P_2(-4\,|\,\square)$

c) $m = \frac{4}{5};\quad P_1(-10\,|\,0), P_2(\square\,|\,8)$

d) $m = -0{,}8;\quad P_1(-1\,|\,-6), P_2(\square\,|\,5)$

e) $m = \frac{1}{3};\quad P_1(-6\,|\,0), P_2(6\,|\,\square)$

f) $m = 1;\quad P_1(0\,|\,7{,}5), P_2(2{,}5\,|\,\square)$

g) $m = -\frac{3}{2};\quad P_1\left(\frac{16}{5}\,\middle|\,-\frac{24}{5}\right), P_2\left(\square\,\middle|\,\frac{3}{2}\right)$

h) $m = \sqrt{2};\quad P_1(\sqrt{2}\,|\,1), P_2(-\sqrt{2}\,|\,\square)$

14.

Ein Schuppen soll das nebenstehende Dach bekommen. Der First soll durch Stützbalken getragen werden. Wie lang müssen die Stützbalken sein? Wähle selbst ein geeignetes Koordinatensystem.

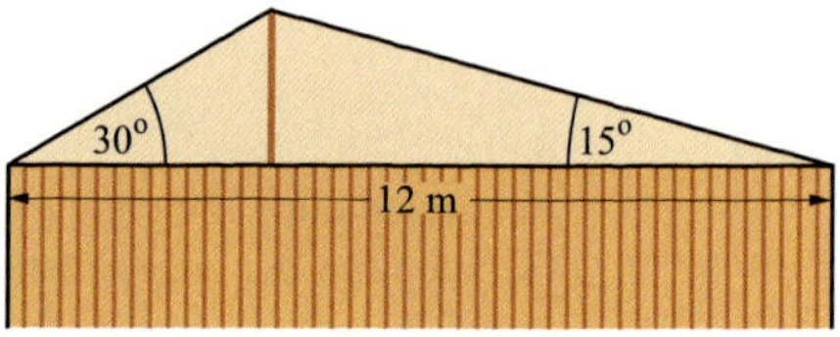

Aus der analytischen Geometrie

15.

Die Gerade g hat die Steigung m und geht durch den Punkt P_1. Die Gerade h geht durch die Punkte P_2 und P_3. Bestimme den Schnittpunkt und den Schnittwinkel beider Geraden.

a) $m = 0{,}5;\quad P_1(6\,|\,0), P_2(5\,|\,-2), P_3(-1\,|\,4)$

b) $m = \frac{5}{8};\quad P_1(-4\,|\,-1{,}5), P_2(6\,|\,2), P_3(8\,|\,0{,}5)$

c) $m = \frac{1}{3};\quad P_1(-4\,|\,3), P_2(7\,|\,1{,}5), P_3(8\,|\,-0{,}75)$

d) $m = -\frac{1}{3};\quad P_1(3\,|\,-2), P_2(1\,|\,2{,}4), P_3\left(\sqrt{5}\,\middle|\,\frac{12}{5}\right)$

16.

Bestimme den Schnittpunkt S der Diagonalen des Vierecks mit den Eckpunkten

a) $A(2\,|\,1), B(7\,|\,2), C(7\,|\,6), D(4\,|\,5)$; **b)** $A(-3\,|\,-2), B(3\,|\,-1), C(6\,|\,3{,}4), D(-1\,|\,7)$.

Unter welchem Winkel schneiden die Diagonalen einander?

17.

Gegeben ist ein Dreieck mit den Eckpunkten A, B und C. Durch jeden Eckpunkt geht eine Gerade, die dieselbe Steigung hat wie die gegenüberliegende Dreiecksseite.
Gib für jede dieser Geraden eine Gleichung an.
In welchen Punkten S_1, S_2, und S_3 schneiden diese Geraden einander?

a) $A(1\,|\,-2), B(3\,|\,1), C(-1\,|\,3)$ **b)** $A(-2{,}6\,|\,0{,}4), B(1\,|\,-2{,}7), C(0{,}6\,|\,-0{,}4)$

Zeige, dass die Punkte A, B und C die Mittelpunkte der Seiten des Dreiecks mit den Eckpunkten S_1, S_2, S_3 sind.

18.
Von einem Parallelogramm ABCD kennt man die angegebenen Eckpunkte.
Bestimme den fehlenden Eckpunkt. Zeige, dass sich die Diagonalen halbieren.

a) $A(4|1), B(9|3), D(5|7)$ **b)** $A(2|2), B(10|2), C(7|8)$ **c)** $A(1|2), C(11|5), D(1|7)$

19.
A, B und C sind die Eckpunkte eines Dreiecks. Zeige rechnerisch, dass sich die Höhengeraden in einem Punkt H schneiden. Bestimme dessen Koordinaten.

a) $A(12|-21), B(27|-18), C(0|9)$ **b)** $A(2|3), B(7|1), C(8|6)$

20.
Von einem Dreieck ABC kennt man die Eckpunkte $A(3|1)$ und $B(12{,}6|8{,}2)$ und den Schnittpunkt $H(4|8)$ der Höhengeraden.
Bestimme rechnerisch den dritten Eckpunkt C des Dreiecks.

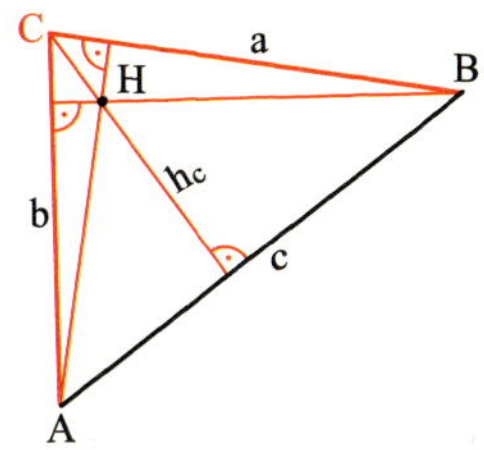

21.
Zeige rechnerisch, dass sich bei einem Dreieck ABC die Mittelsenkrechten der Dreiecksseiten in einem Punkt M schneiden. Bestimme dessen Koordinaten.

a) $A(-2|2), B(6|-4), C(8|7)$ **b)** $A(-12|2), B(13|7), C(-4|14)$

Weise nach, dass die Strecken $\overline{AM}$, $\overline{BM}$ und $\overline{CM}$ gleich lang sind, dass M also der Umkreismittelpunkt des Dreiecks ABC ist.

22.
Durch die Punkte $A(9|2), B(12|8)$ und $C(1|6)$ ist ein Dreieck gegeben.

a) Weise rechnerisch nach, dass sich die Seitenhalbierenden des Dreiecks ABC in einem Punkt S schneiden.

b) Der Punkt S teilt jede Seitenhalbierende in zwei Teilstrecken. Zeige, dass die am Eckpunkt liegende Teilstrecke doppelt so lang ist wie die andere.

23.
$A(-2|-1), B(6|-3)$ und $C(-2|5)$ sind Eckpunkte eines Dreiecks.
Bestimme für dieses Dreieck Gleichungen
(1) der Seitenhalbierenden; (2) der Mittelsenkrechten.
Zeige, dass sich die drei Geraden jeweils in einem Punkt schneiden.

24.
M_1, M_2, M_3 und M_4 sollen die Mittelpunkte der Seiten eines Vierecks $P_1(x_1|y_1)$ $P_2(x_2|y_2)$ $P_3(x_3|y_3)$ $P_4(x_4|y_4)$ sein. Verbinde die Punkte M_1, M_2, M_3 und M_4 zu einem neuen Viereck.
Was fällt auf?
Weise deine Vermutung nach.

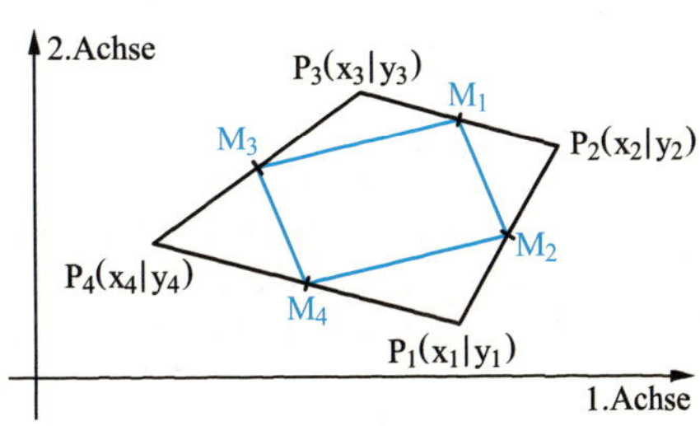

1.3 Quadratische Funktionen

1.3.1 Begriff der quadratischen Funktion

Aufgabe 1 *Gleichung einer Parabel bestimmen*

Die Eisenbahnlinie zwischen den Städten Solingen und Remscheid im Bergischen Land führt über eine Stahlbrücke, die das tief eingeschnittene Tal der Wupper überspannt.

Diese Brücke wurde in den Jahren 1894 bis 1897 gebaut.

Das Bild unten zeigt, dass der parabelförmige Brückenbogen von einer Behelfsbrücke aus zusammengesetzt wurde. Zur Kontrolle wurden während der Montage die Abstände zur Behelfsbrücke laufend gemessen und mit zuvor berechneten Werten im Bauplan verglichen.

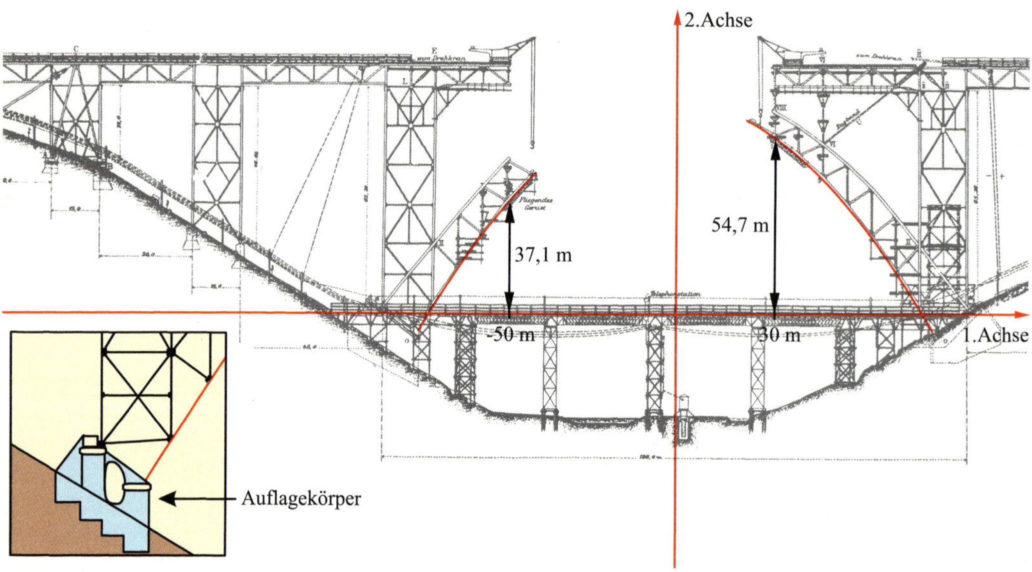

Es sollen nun die Abstände des unteren Parabelbogens zur Behelfsbrücke an einigen Stellen berechnet werden. Dazu brauchen wir eine passende Funktionsgleichung in einem Koordinatensystem.

Die Gleichung für die Parabel wird besonders einfach, wenn wir ein günstiges Koordinatensystem wählen.

Legt man das Koordinatensystem so, dass die 1. Achse von der Behelfsbrücke gebildet wird und die 2. Achse durch den Scheitelpunkt der Parabel geht, dann kann man für die Parabel eine Gleichung der Form $y = a \cdot x^2 + c$ ansetzen.

a) Bestimme für den unteren Parabelbogen der Brücke die Parameter a und c in der Gleichung $y = a \cdot x^2 + c$. Nutze dabei das angegebene Koordinatensystem und die in der Zeichnung angegebenen Maße.
Gib auch die Gleichung an.

b) Berechne die Höhe unter dem Parabelbogen bei 10 m, – 20 m, 0 m.
Bei – 80 m und bei 80 m ruht der Bogen auf großen Auflagekörpern. Wie viel m unterhalb der Behelfsbrücke ist das der Fall?

Lösung

a) Die Punkte $P_1(-50\,|\,37{,}1)$ und $P_2(30\,|\,54{,}7)$ liegen auf dem Parabelbogen. Setzt man jeweils die Koordinaten eines Punktes für x und y in die Gleichung $y = a \cdot x^2 + c$ ein, so bekommt man zwei Gleichungen. Diese bilden zusammen ein lineares Gleichungssystem zur Bestimmung der Parameter a und c:

$$\left| \begin{array}{r} a \cdot 30^2 + c = 54{,}7 \\ a \cdot (-50)^2 + c = 37{,}1 \end{array} \right|, \quad \text{also} \quad \left| \begin{array}{r} 900\,a + c = 54{,}7 \\ 2500\,a + c = 37{,}1 \end{array} \right|$$

Subtraktionsverfahren anwenden

$$\left| \begin{array}{r} -1600\,a = 17{,}6 \\ c = -2500\,a + 37{,}1 \end{array} \right|, \quad \text{also} \quad \left| \begin{array}{l} a = -0{,}011 \\ c = 64{,}6 \end{array} \right|$$

Ergebnis: Die Parabelgleichung lautet: $y = -0{,}011 \cdot x^2 + 64{,}6$

b) Wir berechnen mithilfe der Parabelgleichung die Funktionswerte an den Stellen 10; –20; 0; 80; –80 und erhalten nacheinander:
63,5; 60,2; 64,6; –5,8; –5,8.

Ergebnis: Die Höhen sind 63,5 m, 60,2 m und 64,6 m.
5,8 m unterhalb der Behelfsbrücke ruht der Bogen auf den Auflagekörpern.

Information

Begriff der quadratischen Funktion

$f(x) = -0{,}011 \cdot x^2 + 64{,}6$ ist der Term einer speziellen *quadratischen Funktion.*
Er hat die Form $f(x) = a \cdot x^2 + c$.
Im Funktionsterm nennt man $a \cdot x^2$ das quadratische Glied, c das absolute Glied. Nehmen wir noch ein lineares Glied $b \cdot x$ hinzu, können wir allgemein definieren:

Definition 4: *Quadratische Funktion*

Eine Funktion f mit einem Term der Form $f(x) = a \cdot x^2 + b \cdot x + c$ mit $a \neq 0$ heißt **quadratische Funktion**.
$y = a \cdot x^2 + b \cdot x + c$ ist die zugehörige Funktionsgleichung.
Der maximale Definitionsbereich einer quadratischen Funktion ist die Menge $\mathbb{R}$ aller reellen Zahlen.
Den Graphen einer quadratischen Funktion mit dem Definitionsbereich $\mathbb{R}$ nennt man eine **Parabel**.
Der Punkt mit dem größten bzw. kleinsten Funktionswert der Funktion f heißt **Scheitelpunkt** der Parabel.

Beispiel: $f(x) = 2x^2 + 5x - 3$ ist der Funktionsterm einer quadratischen Funktion mit $a = 2$, $b = 5$ und $c = -3$.
Der Graph der quadratischen Funktion mit dem Definitionsbereich $\mathbb{R}$ und dem besonders einfachen Term $f(x) = x^2$ heißt **Normalparabel**.
Der Scheitelpunkt der Normalparabel ist der Koordinatenursprung.

Aufgabe 2 *Bestimmen von Funktionsstellen*

Gegeben ist die Funktion f mit $f(x) = x^2 - 2x - 1$

(1) Wo nimmt f den Wert 1 an? (2) Wo nimmt f den Wert 0 an?

a) Untersuche die Fragen (1) und (2) ohne GTR und CAS.

GTR **b)** Untersuche die Fragen (1) und (2) mithilfe eines GTR.

CAS **c)** Untersuche die Fragen (1) und (2) mithilfe eines CAS.

Als Gruppenarbeit geeignet. Stellt die verschiedenen Lösungswege übersichtlich zusammen.

Lösung **a)** *Algebraisch exakte Bestimmung von Funktionsstellen mit quadratischer Ergänzung*

(1) Für welche Stellen x gilt $f(x) = 1$?

$x^2 - 2x - 1 = 1$

$x^2 - 2x = 2$

$x^2 - 2x + 1 = 2 + 1$

$(x-1)^2 = 3$

$x - 1 = -\sqrt{3}$ oder $x - 1 = \sqrt{3}$

$x_1 = 1 - \sqrt{3},\ x_2 = 1 + \sqrt{3}$

Quadratische Ergänzung

(2) Für welche Stellen x gilt $f(x) = 0$?

$x^2 - 2x - 1 = 0$

$x^2 - 2x = 1$

$x^2 - 2x + 1 = 1 + 1$

$(x-1)^2 = 2$

$x - 1 = -\sqrt{2}$ oder $x - 1 = \sqrt{2}$

$x_1 = 1 - \sqrt{2},\ x_2 = 1 + \sqrt{2}$

Algebraisch exakte Bestimmung von Funktionsstellen mithilfe der Lösungsformel

Für eine Gleichung der Form $x^2 + p \cdot x + q = 0$ kennen wir Lösungsformeln:

$$x_1 = -\frac{p}{2} - \sqrt{\left(\frac{p}{2}\right)^2 - q} \quad \text{und} \quad x_2 = -\frac{p}{2} + \sqrt{\left(\frac{p}{2}\right)^2 - q}$$

Wir müssen nur die gegebenen Gleichungen auf die obige Form bringen:

(1) Für die gesuchte Stelle x gilt $f(x) = 1$, also:

$x^2 - 2x - 1 = 1 \quad | -1$

$x^2 - 2x - 2 = 0$; dies entspricht der obigen Form, mit $p = -2$ und $q = -2$.

Aus den Lösungsformeln erhalten wir damit

$$x_1 = -\frac{(-2)}{2} - \sqrt{\left(\frac{-2}{2}\right)^2 - (-2)} = 1 - \sqrt{1+2} = 1 - \sqrt{3} \quad \text{und}$$

$$x_2 = -\frac{(-2)}{2} + \sqrt{\left(\frac{-2}{2}\right)^2 - (-2)} = 1 + \sqrt{1+2} = 1 + \sqrt{3}.$$

(2) Für die gesuchte Stelle x gilt $f(x) = 0$, also $x^2 - 2x - 1 = 0$. Dies entspricht der obigen Form, mit $p = -2$ und $q = -1$. Mithilfe der Lösungsformeln erhalten wir $x_1 = 1 - \sqrt{2}$ und $x_2 = 1 + \sqrt{2}$.

GTR **b)** *Näherungsweises Bestimmen von Funktionsstellen mithilfe eines GTR*

(1) Man gibt in den Funktioneneditor des GTR (siehe Blickpunkt S. 16) die Funktionsgleichungen $y_1 = x^2 - 2x - 1$ und $y_2 = 1$ ein und lässt die Graphen zeichnen. Abhängig vom Rechnermodell findet man im MATH-Menü oder im CALC-Menü einen Befehl INTERSECTION, mit dem man die Schnittpunkte der beiden Graphen *näherungsweise* bestimmen kann. Dazu müssen zunächst die beiden Kurven ausgewählt werden. Außerdem muss ein Intervall oder eine erste Näherung angegeben werden, in dem bzw. in deren Nähe der Schnittpunkt gesucht werden soll. Für die zweite Lösung geht man ebenso vor und erhält schließlich näherungsweise die Funktionsstellen $x_1 \approx -0{,}732051$ und $x_2 \approx 2{,}73205$.

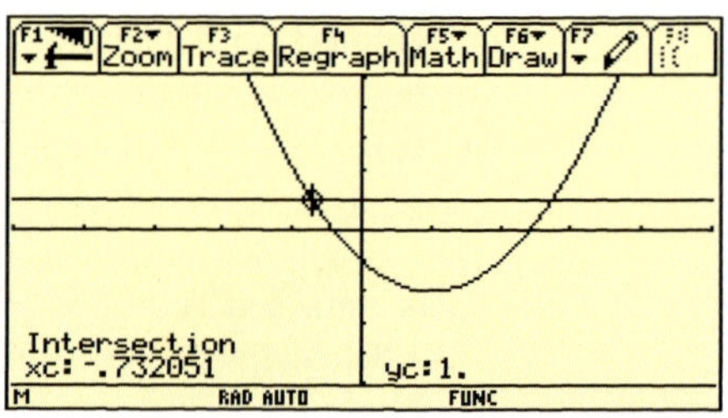

(2) Man gibt in den Funktioneneditor des GTR nur die Funktionsgleichung $y_1 = x^2 - 2x - 1$ ein, lässt den Graphen anzeigen und bestimmt mithilfe des Befehls ZERO näherungsweise nacheinander zwei Schnittpunkte des Graphen mit der 1. Achse. Auch bei diesem Befehl benötigt der Rechner zuvor Angaben zum Intervall, in dem er nach dem Schnittpunkt suchen soll. Einige Rechner benötigen zusätzlich noch einen Startwert. Man erhält so näherungsweise die Funktionsstellen $x_1 \approx -0{,}414214$ und $x_2 \approx 2{,}41421$.

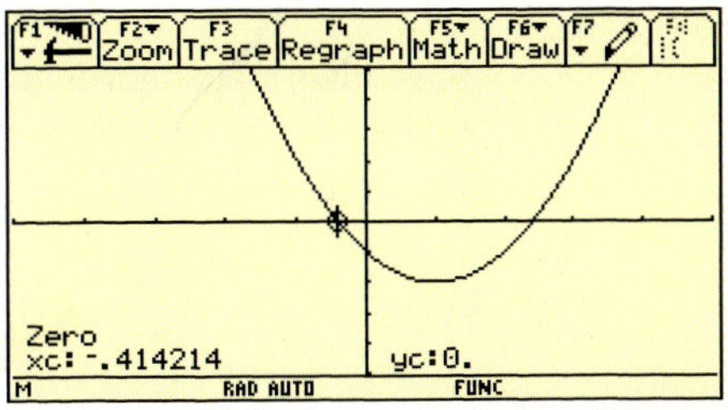

CAS **c)** *Algebraisch exakte oder näherungsweise Bestimmung von Funktionsstellen mithilfe eines CAS*

Mithilfe des solve-Befehls kann ein CAS die gesuchten Funktionsstellen einer quadratischen Funktion exakt ermitteln. Mit dem Befehl nSolve steht auch die Möglichkeit zur Verfügung, die Funktionsstellen näherungsweise zu bestimmen. Hierbei muss ein Startwert angegeben werden.

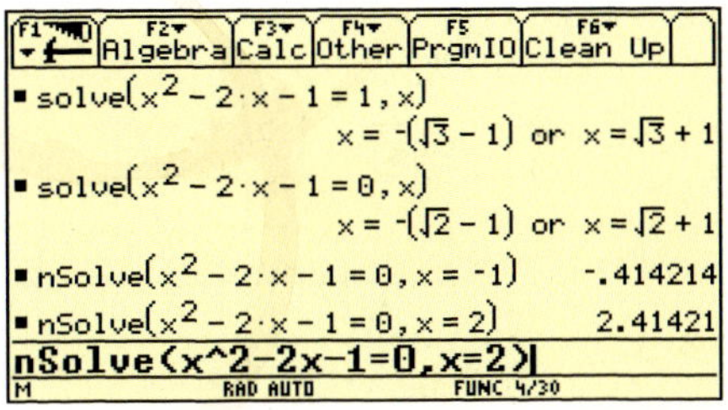

Definition 5: *Nullstelle*

Eine Stelle x_0, an der eine Funktion f den Wert 0 annimmt, heißt **Nullstelle** der Funktion.

Für eine Nullstelle x_0 der Funktion f gilt: $f(x_0) = 0$

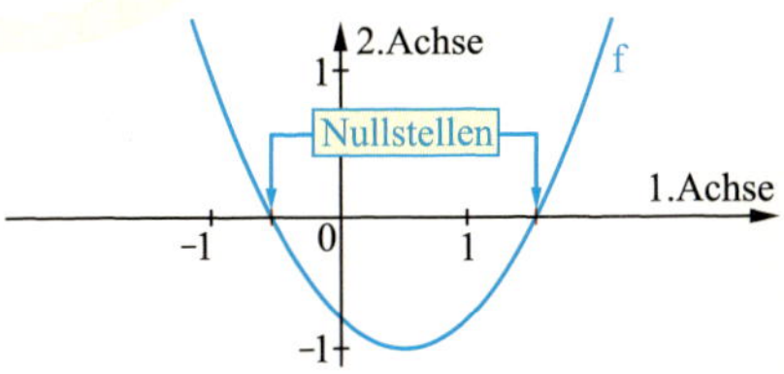

Übungsaufgaben

3.

Die Funktionsgleichung einer quadratischen Funktion hat die Form $y = a \cdot x^2 + c$. Der Graph geht durch die Punkte A und B.

Bestimme die Parameter a und c. Handelt es sich um die Normalparabel?

a) $A(-0{,}5\,|\,5{,}5)$, $B(1\,|\,7)$ **b)** $A(2\,|\,0{,}5)$, $B(4\,|\,-5{,}5)$ **c)** $A(-2\,|\,4)$, $B(0{,}5\,|\,0{,}25)$

4.

Die Funktion f hat den Term $f(x) = -0{,}011\,x^2 + 64{,}6$.

a) Berechne die Stellen, an denen die Funktion f den Wert null annimmt.

b) Zeige, dass für $x \neq 0$ alle Funktionswerte kleiner sind als der Funktionswert $f(0)$.

c) Begründe, dass der Funktionsgraph symmetrisch zur 2. Koordinatenachse ist. Vergleiche dazu die Funktionswerte an den Stellen x und $-x$.

d) Welche Bedeutung haben die Ergebnisse von a) und b) für die Aufgabe 1?

5.

Zeige, dass f eine quadratische Funktion ist. An welchen Stellen tritt ein Vorzeichenwechsel der Funktionswerte auf? Untersuche dazu das Verhalten der Funktionswerte in der Umgebung der Nullstellen.

a) $f(x) = (x-2) \cdot (x-5)$

b) $f(x) = -(x+3) \cdot (x+1)$

c) $f(x) = (x+4)^2$

d) $f(x) = \left(x - \frac{1}{\sqrt{5}}\right) \cdot \left(x + \frac{1}{\sqrt{5}}\right)$

e) $f(x) = 3 \cdot (x+1) \cdot (4-x)$

f) $f(x) = x^3 - 3 + 0{,}5\,x^2 - x^3 + 0{,}5\,x$

g) $f(x) = 3\,x^3 + x^2 \cdot (2 - 3\,x) + 3\,x - 2$

h) $f(x) = \frac{x^3 - 7\,x^2 + 10\,x}{x}$

6.

Welche Gleichung passt zu welcher Parabel? Begründe.

(1) $y = (x+1) \cdot (x-3)$

(2) $y = -(x-2)^2 - 1$

(3) $y = x^2 - 6\,x + 9$

(4) $y = -\frac{1}{4}x^2 + x + 3$

(5) $y = x^2 - 2\,x - 2$

(6) $y = -0{,}5\,x^2 + x + 1{,}5$

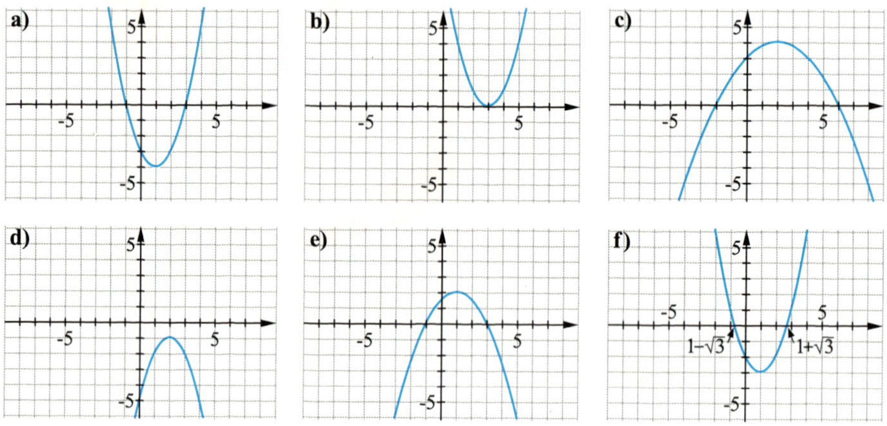

7.

Berechne die Nullstellen der Funktion f und bestimme ihren Wertebereich. Gib den Scheitelpunkt der Funktion f an.

a) $f(x) = x^2 + 2\,x - 3$

b) $f(x) = -x^2 + 2\,x + 8$

c) $f(x) = -x^2 + 4\,x - 4$

d) $f(x) = -x^2 + 4\,x - 6$

e) $f(x) = -0{,}2\,x^2 - 0{,}4\,x + 1{,}6$

f) $f(x) = 0{,}1\,x^2 - 0{,}2\,x - 4{,}8$

8.

Gegeben ist eine Schar von quadratischen Funktionen durch $f_c(x) = x^2 + 5\,x + c$. Untersuche, wie viele Nullstellen vorliegen. Begründe mithilfe einer Fallunterscheidung beim Parameter c.

9.

Ist die Parabel nach oben oder nach unten geöffnet? Berechne ihren Scheitelpunkt.

a) $y = 0{,}5\,x^2 - 5\,x + 8{,}5$

b) $y = -2\,x^2 + 10\,x - 9{,}5$

c) $y = 1{,}5\,x^2 + 18\,x + 52{,}5$

d) $y = -0{,}5\,x^2 - 5\,x - 16$

e) $y = -0{,}75\,x^2 - 3\,x - 2{,}5$

f) $y = x^2 + \frac{2}{3}x - \frac{5}{9}$

Extremwert *bedeutet: größter oder kleinster Funktionswert;* **Extremstelle** *ist eine Stelle, an der ein Extremwert vorliegt*

10. *Extremstelle und Extremwert einer quadratischen Funktion*

An der Südseite einer Wand soll ein rechteckiges Kräuterbeet abgegrenzt werden. Es stehen 16 m Beetumrandung zur Verfügung.
Der Flächeninhalt des Beets soll möglichst groß werden. Wie viel Meter muss man dann für die Seitenlänge wählen? Welches ist der größte Flächeninhalt?

Hinweis: Stelle zunächst eine Funktionsgleichung auf.

11.
An welcher Stelle hat die Funktion den kleinsten bzw. größten Funktionswert? Welches ist der Extremwert?

a) $y = 2x^2 - 14x + 27$ **c)** $y = 0{,}5x^2 - 4x + 5{,}5$ **e)** $y = -x^2 - x + 4{,}75$
b) $y = -0{,}5x^2 - x + 5{,}5$ **d)** $y = 4x^2 + 16x + 8$ **f)** $y = -x^2 - 12x - 36$

12.
Eine Gerade geht durch die Punkte $S_1(4|0)$ und $S_2\left(0\,|\,2\frac{1}{3}\right)$. Für welchen Punkt P der Geraden g hat das Rechteck OAPB den größten Flächeninhalt? Berechne diesen Extremwert.

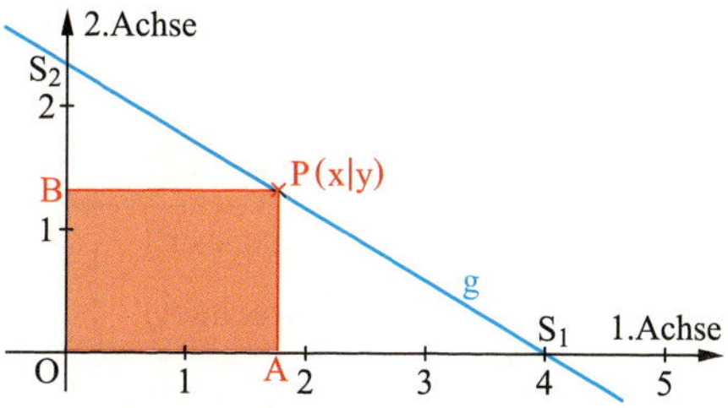

GTR **13.**
Gegeben ist eine Schar von Parabeln durch $f_r(x) = x \cdot (2r - x)$.
a) Skizziere die Graphen von $f_0, f_1, f_2, f_{-1}, f_{-2}$.
b) Welche Parabel der Schar hat den Scheitelpunkt $S(1{,}5\,|\,2{,}25)$?
c) Welchen Punkt haben alle Parabeln der Schar gemeinsam?
d) Die Scheitelpunkte dieser Parabeln liegen alle auf dem Graphen einer Funktion g. Bestimme g(x). Skizziere auch den Graphen von g. Wie heißt der Graph von g?

14.
Die quadratische Funktion f mit dem Term $f(x) = a \cdot x^2 + bx + c$ hat die Nullstellen -1 und 3. An der Stelle 0 hat f den Wert:

a) 3 **b)** -3 **c)** $-0{,}6$ **d)** 1,5

Bestimme die Parameter a, b und c. Skizziere den Graphen.

15.
Bestimme rechnerisch die gemeinsamen Punkte von Parabel und Gerade. Skizziere auch den Graphen.

a) $y = x^2 - x - 6$; $y = 2x - 2$
b) $y = -0{,}2x^2 + 0{,}2x + 2{,}4$; $y = -0{,}2x + 2{,}15$
c) $y = 0{,}8x^2 + 1{,}2x - 8$; $y = 2x - 8{,}2$

16.

Von den vier gegebenen Punkten liegen zwei auf der Parabel. Gib für die Gerade (Sekante) durch diese beiden Punkte die Gleichung in Normalform an.

a) $y = x^2 - 2x - 5$
$A(-2|3), B(0{,}5|-6), C(0|0), D(3|-2)$

b) $y = 2x^2 + 4x - 8$
$A(-4|7), B(-1|-10), C(1|-2), D(2|-8)$

c) $y = -0{,}5x^2 + x + 5$
$A(-4|7), B(-1|3{,}5), C(3|3{,}5), D(4|1{,}2)$

17.

Bestimme rechnerisch die gemeinsamen Punkte der beiden Parabeln.

a) $y = -0{,}5x^2 + 3x + 0{,}5$
$y = 0{,}25\,x^2 - 1{,}5x + 4{,}25$

b) $y = -0{,}5x^2 + 2$
$y = 0{,}5x^2 - 2x + 2$

c) $y = x^2 + 2x + 2$
$y = -x^2 + 2x + 2$

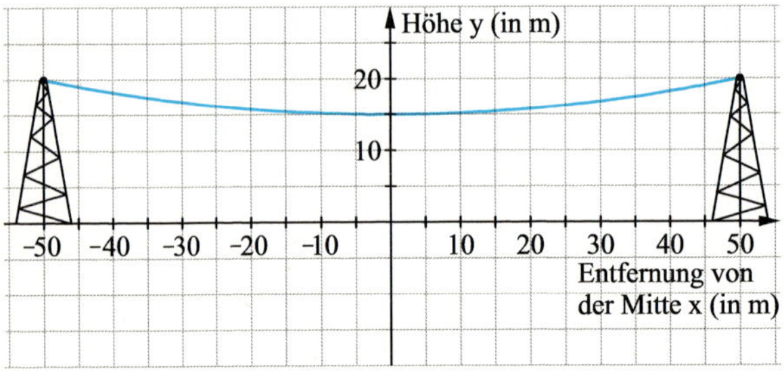

18.

Die Masten einer Freileitung stehen 100 m voneinander entfernt. Das Leiterseil ist an den Masten in einer Höhe von 20 m befestigt. Es hängt 5 m durch. Die Kurve sieht wie eine Parabel aus.

a) Bestimme eine Parabelgleichung.

b) Ergänze die Tabelle und vergleiche die Werte (Angaben in m).

Entfernung x	0	10	20	30	40	50
Höhe y (gemessen)	15,00	15,19	15,77	16,74	18,14	20,00
Höhe y (berechnet)						
Abweichung						

GTR **19.**

Der Kraftstoffverbrauch eines Personenkraftwagens ist eine Funktion seiner Geschwindigkeit. Angenähert handelt es sich um eine quadratische Funktion.
Ein Autohersteller gibt für zwei Varianten eines Mittelklassewagens an:
Geschwindigkeit (in km/h): x   Verbrauch (in l/100 km): y
Typ A (45 kW): $y = 0{,}0009x^2 - 0{,}09x + 6{,}9$; $50 \le x \le 150$
Typ B (75 kW): $y = 0{,}0007x^2 - 0{,}07x + 7{,}1$; $50 \le x \le 150$

a) Stelle die Funktionen auf einem GTR dar (Graphen, Tabellen). Vergleiche.

b) Welcher Typ hat bei kleinen Geschwindigkeiten den geringeren Verbrauch, welcher bei großen? Wann ist der Verbrauch beider Typen gleich groß?

GTR **20.**

Eine Kugel wird mit 18,6 m/s senkrecht nach oben geschleudert.
Für die Höhe h (in m), die die Kugel zum Zeitpunkt t (in s) hat, gilt die Näherungsformel $h = 18{,}6t - 4{,}9t^2$.
Welche Höhe erreicht die Kugel maximal? Welche Zeit benötigt sie dazu?

a) Lass von einem GTR den Graphen im Intervall [0; 4] zeichnen. Verwende den Spurmodus, um Näherungswerte für die Extremstelle und den Extremwert zu finden.

b) Untersuche weitere Möglichkeiten eines GTR zum Bestimmen von Extremstellen und Extremwerten, z. B. Wertetabellen.

1.3.2 Tangente an eine Parabel – Brennpunkt

Einführung **(1) Tangente – Sekante**

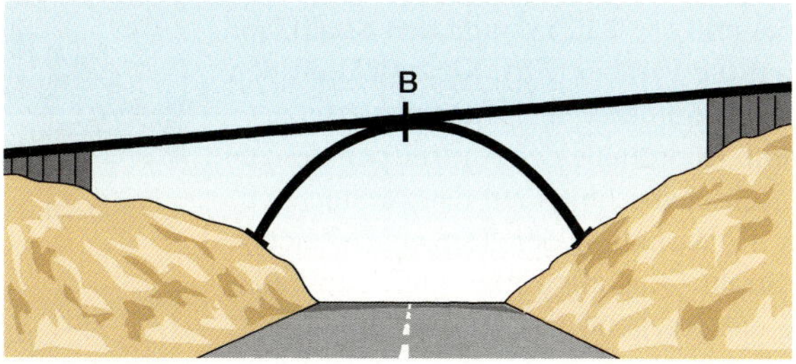

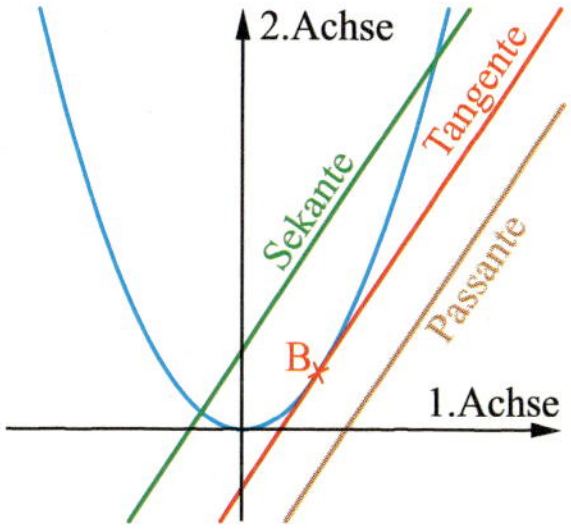

Ein ansteigender Wirtschaftsweg wurde über eine Straße geführt. Die Fahrbahnplatte liegt dem parabelförmigen Brückenbogen auf, berührt ihn also im Punkt B.
Die entsprechende Gerade ist somit eine *Tangente* an die Parabel. Sie hat mit ihr nur einen Punkt gemeinsam.
Eine Gerade, die mit der Parabel zwei gemeinsame Punkte (Schnittpunkte) hat, ist eine *Sekante*. Denkt man sich die Sekante parallel zu sich selbst verschoben, sodass die beiden Schnittpunkte mit der Parabel aufeinander zuwandern, erhält man schließlich eine Tangente.

(2) Steigung der Tangente im Parabelpunkt $P_1(x_1 \mid y_1)$

Gegeben sind eine Parabel mit $y = a \cdot x^2$ und ein Parabelpunkt $P_1(x_1 \mid y_1)$.
Gesucht sind die Steigung m und der Achsenabschnitt b der Tangente der Parabel im Punkt $P_1(x_1 \mid y_1)$.

Gleichung der Parabel: $y = a \cdot x^2$
Gleichung der Geraden: $y = m \cdot x + b$

Für gemeinsame Punkte stimmen die zweiten Koordinaten überein.
Durch Gleichsetzen bekommt man:

$$a \cdot x^2 = m \cdot x + b$$

$$x^2 - \frac{m}{a} \cdot x - \frac{b}{a} = 0$$

$$x_1 = \frac{m}{2a} + \sqrt{\frac{m^2}{4a^2} + \frac{b}{a}}; \quad x_2 = \frac{m}{2a} - \sqrt{\frac{m^2}{4a^2} + \frac{b}{a}}$$

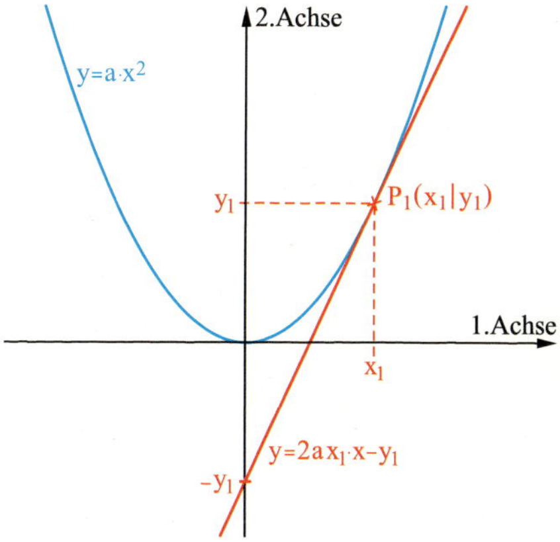

Wenn die Gerade zur Tangente wird, gilt: $x_1 = x_2$. Es muss dann $\sqrt{\frac{m^2}{4a^2} + \frac{b}{a}} = 0$ sein.

Daraus erhält man: $x_1 = \frac{m}{2a}$ und $\frac{b}{a} = -\frac{m^2}{4a^2}$

Also: $m = 2a \cdot x_1$ und $b = -\frac{m^2}{4a} = -\frac{4a^2 x_1^2}{4a} = -a x_1^2 = -y_1$

> **Satz 4:** *Tangentensteigung – Tangentengleichung*
> Die *Tangente* im Parabelpunkt $P_1(x_1 \mid y_1)$ an die Parabel mit der Gleichung $y = a \cdot x^2$ hat die Steigung: $m = 2a \cdot x_1$ und die Gleichung: $y = 2a x_1 \cdot x - y_1$

Aufgabe 1 Ein Sonnenkollektor mit parabelförmigem Querschnitt wird so der Sonne nachgeführt, dass die Sonnenstrahlen stets parallel zur Parabelachse einfallen. In einer Leitung wird Wasser erhitzt. Wo ist diese Leitung installiert?
Zeichne die Parabel mit $y = 0{,}125\,x^2$ und den Strahl, der an der Stelle -5 auf die Parabel trifft. Sie reflektiert den Strahl so, als wäre sie dort durch ihre Tangente ersetzt. Verwende die zweite Koordinate des Auftreffpunktes zur Konstruktion des Achsenabschnitts auf der zweiten Achse und damit zur Konstruktion der Tangente. Zeichne den reflektierten Strahl (Ausfallswinkel gleich Einfallswinkel). Verfahre entsprechend an den Stellen -3, -1, 1, 3, 5.

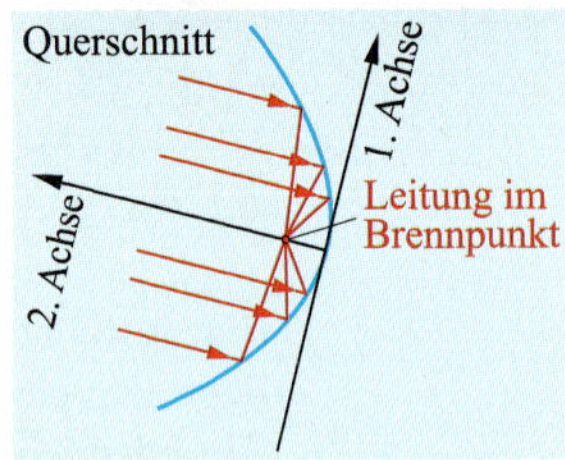

Lösung

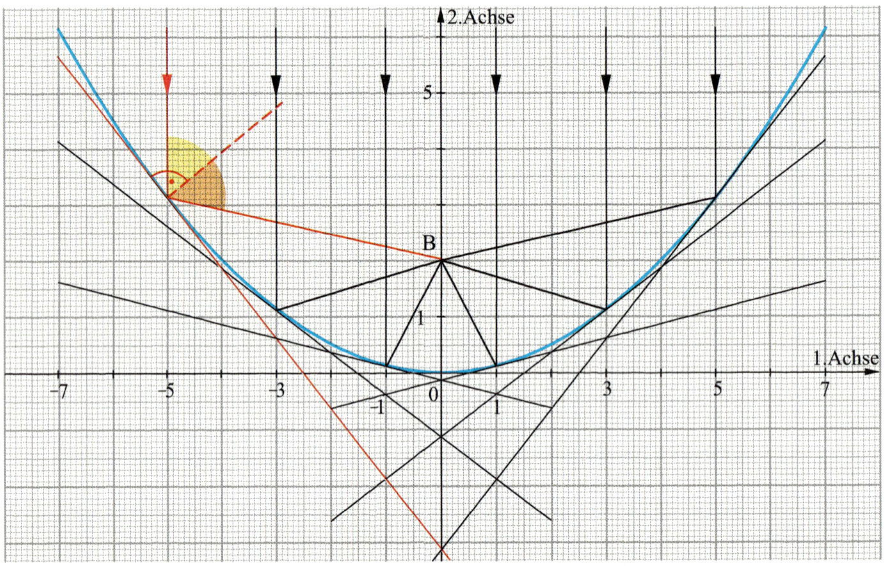

Wir sehen: Alle reflektierten Strahlen gehen durch B(0 | 2), den *Brennpunkt* der Parabel. Dort ist die Leitung für das Wasser installiert.

Information **(1) Brennpunktseigenschaft der Parabel**

Das zeichnerisch gewonnene Ergebnis von Aufgabe 1 gilt nicht nur für die Parabel mit der Gleichung $y = 0{,}125\,x^2$, sondern für beliebige Parabeln. Es gilt der folgende Satz:

Satz 5

Bei einer Parabel werden alle parallel zur Symmetrieachse einfallenden Strahlen so reflektiert, dass die reflektierten Strahlen durch einen Punkt B, den **Brennpunkt** der Parabel, gehen.

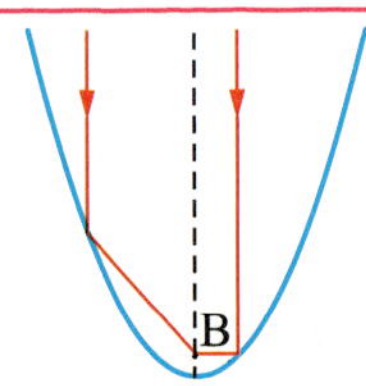

Wir wissen: In einem Koordinatensystem heißt der Graph einer allgemeinen quadratischen Funktion Parabel. Ist eine Parabel gegeben, dann kann man immer das Koordinatensystem so verschieben, dass der Koordinatenursprung des verschobenen Koordinatensystems mit dem Scheitelpunkt der Parabel übereinstimmt.

In dem neuen Koordinatensystem hat die Parabel dann eine Gleichung der Form $y = ax^2$.

Wird der Satz für Parabeln mit $y = ax^2$ $(a \neq 0)$ bewiesen, gilt er für alle anderen Parabeln auch. Wir zeigen außerdem: $B\left(0 \,\middle|\, \frac{1}{4a}\right)$ ist der Brennpunkt.

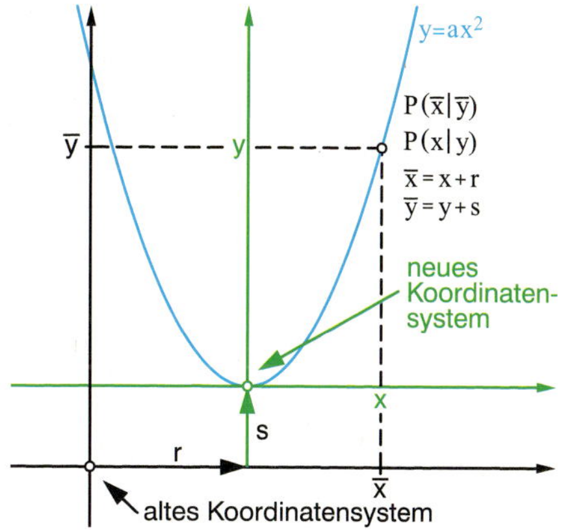

(2) Beweis des Satzes 5

Die Parabel soll die Gleichung $y = ax^2$ $(a \neq 0)$ haben. Wir greifen einen beliebigen Strahl parallel zur Symmetrieachse heraus. Er trifft im Punkt $A(x_1 \mid y_1)$ auf die Parabel. Zur Konstruktion des reflektierten Strahls können wir die Parabel durch ihre Tangente im Punkt A ersetzen.

Daher gilt: $\alpha = \alpha^*$.

Wir wollen untersuchen, in welchem Punkt $B(0 \mid b)$ der reflektierte Strahl auf die 2. Achse trifft.

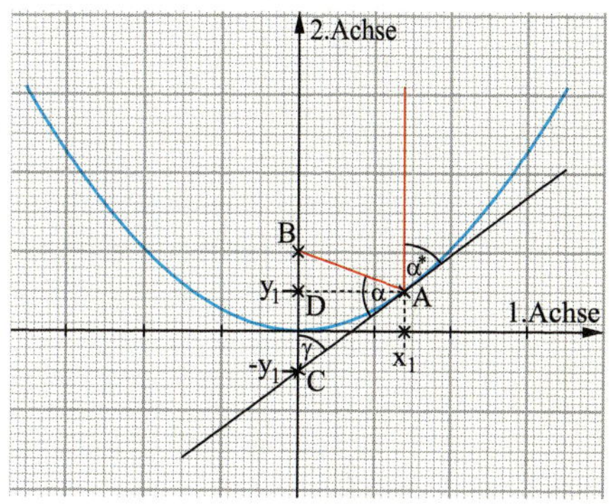

Die Tangente hat die Gleichung
$y = 2ax_1x - y_1$.

Sie schneidet die 2. Achse im Punkt $C(0 \mid -y_1)$.

Da $\alpha = \alpha^*$ (Reflexionsgesetz) und $\gamma = \alpha^*$ (Stufenwinkelsatz), gilt auch $\gamma = \alpha$.

Das Dreieck ABC ist also gleichschenklig: $|AB| = |BC|$. Wir wollen b bestimmen.

Es gilt:

$|AB| = \sqrt{x_1^2 + (y_1 - b)^2} = \sqrt{x_1^2 + y_1^2 - 2by_1 + b^2} = \sqrt{b^2 + \frac{y_1}{a} - 2by_1 + y_1^2}$, denn $y_1 = a \cdot x_1^2$ und $x_1^2 = \frac{y_1}{a}$.

Da $|BC| = |AB|$ und $|BC| = b + y_1$, gilt auch:

$$b + y_1 = \sqrt{b^2 + \frac{y_1}{a} - 2by_1 + y_1^2}$$

Beide Seiten quadrieren

$$b^2 + 2by_1 + y_1^2 = b^2 + \frac{y_1}{a} - 2by_1 + y_1^2$$

$$4by_1 = \frac{1}{a} \cdot y_1 \qquad |:4y_1 \qquad (y_1 \neq 0)$$

$$b = \frac{1}{4a} \quad \blacksquare$$

Die 2. Koordinate b von B ist also nur von a abhängig. Das bedeutet: Jeder Strahl parallel zur Symmetrieachse (einfallender Strahl) wird so reflektiert, dass der reflektierte Strahl durch $B\left(0 \,\middle|\, \frac{1}{4a}\right)$ geht. Das gilt auch für den Strahl, der auf der 2. Achse einfällt.

Übungsaufgaben

Tangente an eine Parabel mit der Gleichung $y = ax^2$

2.
Gib für die Tangente an die Parabel im Punkt P_1 die Gleichung in Normalform an.

a) $y = x^2$; $P_1(2|\square)$
b) $y = \frac{1}{8}x^2$; $P_1(-4|\square)$
c) $y = -\frac{1}{2}x^2$; $P_1(2{,}5|\square)$
d) $y = -0{,}2x^2$; $P_1(-5|\square)$
e) $y = \frac{3}{4}x^2$; $P_1(\square|0)$
f) $y = \frac{4}{3}x^2$; $P_1(2{,}5|\square)$

Lege auch eine Zeichnung an. Bestimme dabei die Parabeltangente in P_1 durch Konstruktion (vergleiche Satz 4, Seite 35).

3.
Gib für die Parabeltangente parallel [orthogonal] zu der gegebenen Geraden den Berührungspunkt und die Gleichung in Normalform an.

a) $y = x^2$; $y = \frac{1}{2}x - 2$
b) $y = \frac{1}{4}x^2$; $y = 2x + 4$
c) $y = -x^2$; $y = \frac{3}{4}x$
d) $y = -2x^2$; $y = \frac{2}{5}x + 1$

4.
Gegeben ist eine Schar von Geraden durch $f_m(x) = m \cdot x - 2m + 4$ mit $m \in \mathbb{R}$.

a) Setze für den Scharparameter m die Werte -1; $-0{,}5$; 0; $0{,}5$; 1 ein und zeichne die Geraden in ein Koordinatensystem.
Zeichne auch die Normalparabel ein.

b) Welche Gerade der Schar hat mit der Normalparabel genau einen Punkt gemeinsam? Welcher Punkt ist das?

5.

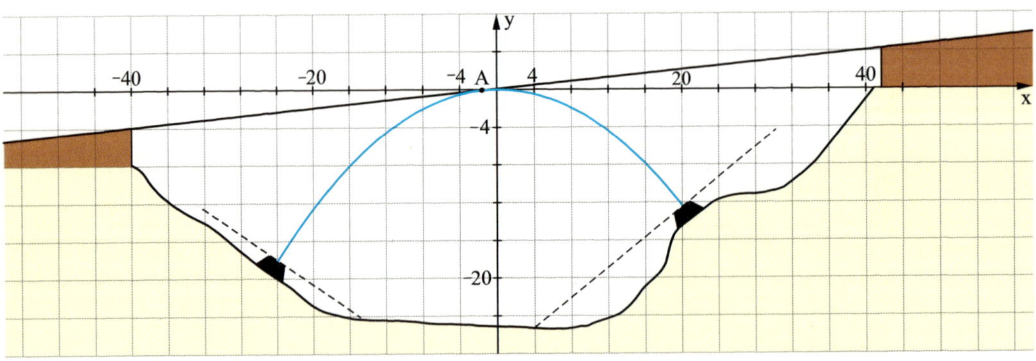

Ein Wirtschaftsweg wurde über eine Landstraße geführt. Er hat eine konstante Steigung von 10 %. Die Fahrbahnplatte liegt auf dem Bogen auf (Angaben in m).

a) Berechne die Koordinaten des Punktes A, bei dem die Platte am Bogen aufliegt.

b) Gib eine Gleichung für die Unterkante der Fahrbahnplatte an.

c) Die Stellen, bei denen der Brückenbogen orthogonal auf die Auflagekörper trifft, sind rechts 20 m und links 24 m von der Achse entfernt.
Gib die Gleichungen für die Oberseite der Auflagekörper an.

Brennpunktseigenschaft der Parabel

6.

Der Reflektor eines Autoscheinwerfers hat die Form eines Rotationsparaboloids. Ein solches entsteht durch Rotation einer Parabel um ihre Achse. Der Glühfaden befindet sich im Brennpunkt B.
Wegen der Rotationssymmetrie reicht es, den parabelförmigen Längsschnitt zu betrachten.
Zeichne ein, wie Strahlen, die vom Brennpunkt kommen, reflektiert werden.
Welchen Abstand muss der Glühfaden vom Scheitelpunkt haben?

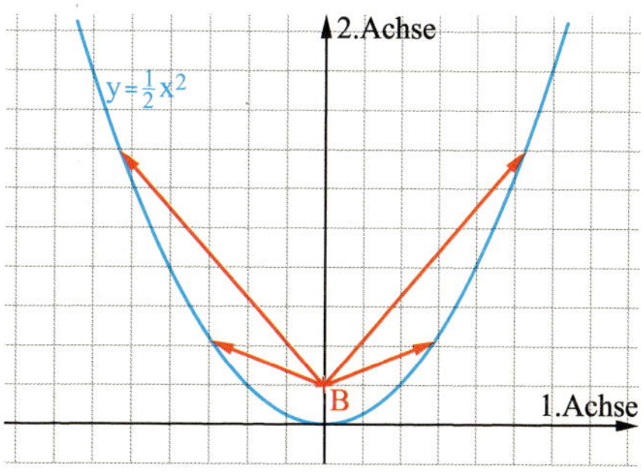

7.

Es soll eine Antenne mit parabelförmigem Querschnitt für den Empfang von Satellitenprogrammen entworfen werden.
Bei diesem Modell soll der Empfänger 50 cm vor dem Scheitelpunkt liegen.
Das Paraboloid soll am Rand einen Durchmesser von 80 cm haben.
Welche Tiefe muss das Paraboloid haben?

8.

Gegeben ist eine Schar von Parabeln durch $y = ax^2$ $(a \neq 0)$.

GTR verwenden

a) Setze für den Scharparameter a Werte ein. Skizziere die Parabeln in einem Koordinatensystem.

b) Welche Parabel der Schar geht durch $A\left(5 \middle| -\frac{25}{4}\right)$?

c) Welche Parabel der Schar berührt die Gerade mit der Gleichung $y = 2x - 4$? Welche Koordinaten hat der Berührpunkt?

d) Welche Parabel der Schar hat den Punkt $B(0\,|\,0{,}5)$ als Brennpunkt?

9.

Die Reflektorschale des Radioteleskops Effelsberg (Eifel) ist als Paraboloid gestaltet. Sie hat am Rand einen Durchmesser von 100 m und eine Tiefe von 20 m.
Wo befindet sich der Brennpunkt?

Schülerreferat

1.3.3 Lineare Gleichungssysteme zur Bestimmung von Parabeln

Beachte: Die Sinkgeschwindigkeit wird nach oben abgetragen, obwohl das Flugzeug Höhe verliert.

Aufgabe 1 Ein Segelflugzeug verliert beim Gleitflug (ohne Auf- und Abwinde) ständig an Höhe. Das liegt am Luftwiderstand. Da der Widerstand im Quadrat zur Geschwindigkeit des Flugzeugs wächst und dieser das Sinken verursacht, ist die Funktion *Fluggeschwindigkeit x* $\left(in\ \frac{km}{h}\right)$ $\rightarrow$ *Sinkgeschwindigkeit y* $\left(in\ \frac{m}{s}\right)$ angenähert eine quadratische Funktion mit einer Gleichung der Form $y = a \cdot x^2 + b \cdot x + c$.

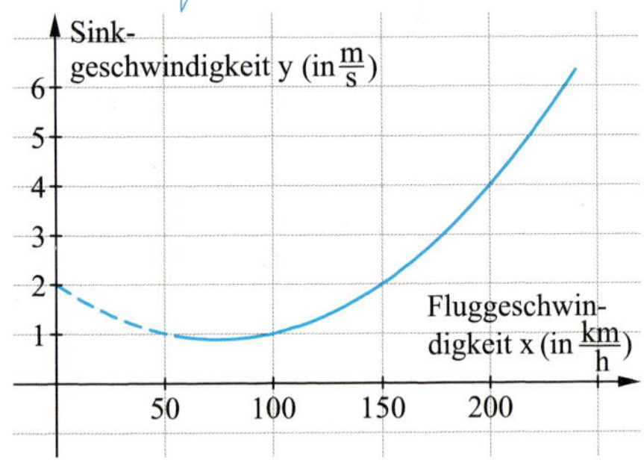

Ein Testflug ergab bei einem bestimmten Flugzeug:

Fluggeschwindigkeit x $\left(\frac{km}{h}\right)$	100	150	200
Sinkgeschwindigkeit y $\left(\frac{m}{s}\right)$	1	2	4

a) Bestimme die Funktionsgleichung dieser quadratischen Funktion $\left(\text{Mindestgeschwindigkeit: } 60\,\frac{km}{h};\quad \text{Höchstgeschwindigkeit: } 240\,\frac{km}{h}\right)$.

b) Bei welcher Fluggeschwindigkeit ist das Sinken am geringsten?
Wie groß ist das geringste Sinken?
Wie viel Minuten kann man sich dann mit 1400 m Höhe in der Luft halten?

Lösung **a)** Weil $P_1(100|1)$, $P_2(150|2)$ und $P_3(200|4)$ auf dem Graphen der quadratischen Funktion liegen, erfüllen die Koordinaten dieser Punkte die Gleichung $y = a \cdot x^2 + b \cdot x + c$. Das liefert das lineare Gleichungssystem:

$$\left|\begin{array}{l} 10000a + 100b + c = 1 \\ 22500a + 150b + c = 2 \\ 40000a + 200b + c = 4 \end{array}\right|$$

Unser Ziel ist es, die Parameter (Variablen) c, b und a freizustellen. Wir wollen das gegebene System umformen in ein Gleichungssystem mit derselben Lösungsmenge und der Gestalt:

$$\left|\begin{array}{rrrl} & & c & = r_1 \\ & b & & = r_2 \\ a & & & = r_3 \end{array}\right|$$

Wir verwenden eine besondere Form des *Additionsverfahrens:* Man hält *eine* Gleichung fest. Durch Addition geeigneter Vielfacher dieser Gleichung zu allen anderen Gleichungen wird aus diesen anderen Gleichungen eine bestimmte Variable eliminiert.

Schülerreferat

$$\left|\begin{array}{rcl} 10000\,a + 100\,b + c &=& 1 \\ 22500\,a + 150\,b + c &=& 2 \\ 40000\,a + 200\,b + c &=& 4 \end{array}\right| \begin{array}{l} \cdot(-1) \quad \cdot(-1) \\ \oplus \\ \oplus \end{array}$$

Eliminieren von c: Wir halten die erste Gleichung fest. Durch Addition des (-1)-fachen dieser Gleichung zur zweiten und dritten erhält man Gleichungen ohne c.

$$\left|\begin{array}{rcl} 10000\,a + 100\,b + c &=& 1 \\ 12500\,a + 50\,b &=& 1 \\ 30000\,a + 100\,b &=& 3 \end{array}\right| \begin{array}{l} \oplus \\ \cdot(-2) \quad \cdot(-2) \\ \oplus \end{array}$$

Eliminieren von b: Wir halten die zweite Gleichung fest und addieren ihr (-2)-faches zu den anderen Gleichungen.

Dreiecksform

$$\left|\begin{array}{rcl} -15000\,a + c &=& -1 \\ 12500\,a + 50\,b &=& 1 \\ 5000\,a &=& 1 \end{array}\right| \begin{array}{l} \oplus \\ \oplus \\ \cdot\left(-\frac{5}{2}\right) \quad \cdot 3 \end{array}$$

Eliminieren von a: Wir halten die dritte Gleichung fest und eliminieren a aus den anderen Gleichungen.

$$\left|\begin{array}{rcl} c &=& 2 \\ 50\,b &=& -1{,}5 \\ 5000\,a &=& 1 \end{array}\right|$$

Wir vereinfachen.

Diagonalform

$$\left|\begin{array}{rcl} c &=& 2 \\ b &=& -\frac{3}{100} \\ a &=& \frac{2}{10000} \end{array}\right|$$

Das Gleichungssystem hat also genau eine Lösung.
Lösungsmenge $L = \{(2 \mid -0{,}03 \mid 0{,}0002)\}$

Ergebnis: Die Funktion hat die Gleichung $y = 0{,}0002\,x^2 - 0{,}03\,x + 2$ $(60 \le x \le 240)$.

b) An den Koordinaten des Scheitelpunktes der Parabel kann man erkennen, bei welcher Geschwindigkeit das Sinken am geringsten ist. Es gibt viele Wege, den Scheitelpunkt zu bestimmen.
Wir wollen benutzen, dass er auf der Symmetrieachse der Parabel liegt.
Um die Gleichung der Parabelachse zu bestimmen, verwenden wir die Stellen, an denen die quadratische Funktion den Wert 1 hat.
Die quadratische Gleichung $0{,}0002\,x^2 - 0{,}03\,x + 2 = 1$ hat die Lösungen $x_1 = 100$ und $x_2 = 50$.
Die Punkte $P_1(100 \mid 1)$ und $P_1'(50 \mid 1)$ liegen symmetrisch zur Parabelachse. Diese hat also die Gleichung $x = (100 + 50) : 2 = 75$.
Da $0{,}0002 \cdot 75^2 - 0{,}03 \cdot 75 + 2 = 0{,}875$, ist $S(75 \mid 0{,}875)$ der Scheitelpunkt der nach oben geöffneten Parabel.
Das bedeutet: Bei der Fluggeschwindigkeit $75\,\frac{\text{km}}{\text{h}}$ ist das Sinken am geringsten. Es beträgt $0{,}875\,\frac{\text{m}}{\text{s}} \approx 0{,}9\,\frac{\text{m}}{\text{s}}$.
Wenn das Flugzeug für 0,875 m Höhe 1 s braucht, dann braucht es für 1 400 m Höhe $\frac{1400}{0{,}875}\,\text{s} = 1600\,\text{s} = 26\frac{2}{3}\,\text{min}$.

Ergebnis: Bei $75\,\frac{\text{km}}{\text{h}}$ ist das Sinken am geringsten, es beträgt etwa $0{,}9\,\frac{\text{m}}{\text{s}}$. Mit 1 400 m Höhe kann man sich fast 27 min in der Luft halten.

Schülerreferat

Weiterführende Aufgaben

2. *Sonderfälle bei Gleichungssystemen*
Verwende zum Umformen des Gleichungssystems das Additionsverfahren von Aufgabe 1 und zeige, dass das Gleichungssystem (1) keine Lösung und das Gleichungssystem (2) unendlich viele Lösungen hat.

(1) $\left|\begin{array}{rcrcrcl} 3x & + & y & + & 2z & = & 0 \\ -x & + & 3y & + & z & = & 5 \\ x & + & y & + & z & = & 2 \end{array}\right|$ (2) $\left|\begin{array}{rcrcrcr} -7x & + & 4y & + & 3z & = & 10 \\ -4x & + & 3y & + & 2z & = & 7 \\ -x & + & 2y & + & z & = & 4 \end{array}\right|$

3. *Weitere Möglichkeiten eine Parabelgleichung aufzustellen*
Ein Fußgängersteg wird von einem parabelförmigen Brückenbogen getragen.

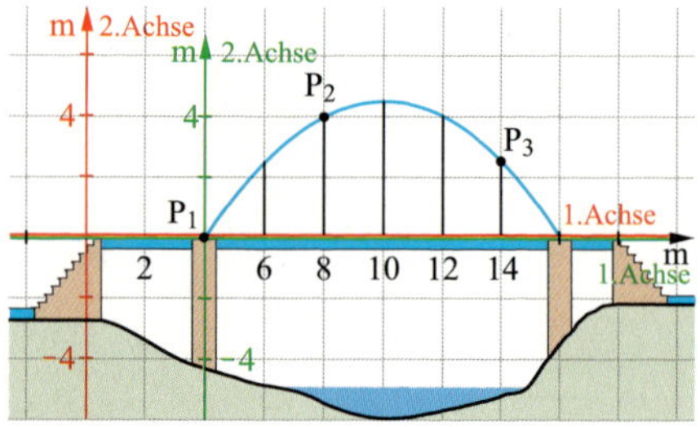

a) Bestimme für den Parabelbogen die Gleichung in dem roten Koordinatensystem.
Gib die Koordinaten von P_1, P_2 und P_3 in dem grünen Koordinatensystem an. Bestimme die Gleichung des Parabelbogens im grünen Koordinatensystem.
Wie viel Meter überspannt der Brückenbogen? Wie viel Meter oberhalb der Laufbahn für die Fußgänger befindet sich der höchste Punkt des Bogens?

b) Beantworte die Fragen der Teilaufgabe a) auch bei den folgenden Beispielen (eine Kästchenlänge entspricht 2 m). Wähle ein günstiges Koordinatensystem.

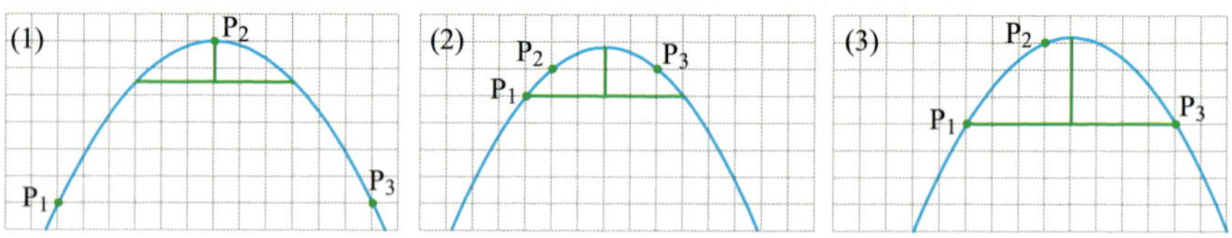

Information **(1) Gauß'scher Algorithmus zum Lösen eines linearen Gleichungssystems**
Das in Aufgabe 1 angewandte Verfahren, die Lösungsmenge eines linearen Gleichungssystems zu bestimmen, wird **Gauß'scher Algorithmus** genannt, benannt nach dem deutschen Mathematiker KARL FRIEDRICH GAUSS (1777–1855).
Beim Umformen wendet man das Additionsverfahren wiederholt an.

- Beide Seiten einer Gleichung werden mit einer Zahl ungleich null multipliziert.
  Die anderen Gleichungen bleiben unverändert.
- Eine Gleichung wird zu einer anderen addiert, sodass eine Variable wegfällt.
  Die anderen nicht veränderten Gleichungen werden weiter mitgeführt.

Dabei wird die Lösungsmenge des Gleichungssystems *nicht* verändert.
Das Ziel ist, zunächst das Gleichungssystem in eine Dreiecksform zu überführen und dann die Variablen freizustellen.

(2) Keine Lösung, unendlich viele Lösungen
Wenn man beim Umformen auf eine Gleichung mit der linken Seite $0 \cdot x + 0 \cdot y + 0 \cdot z$ und einer rechten Seite ungleich null stößt, dann hat das Gleichungssystem *keine* Lösung. Wenn man im letzten System für eine oder mehrere Variablen beliebige Zahlen einsetzen darf, gibt es *unendlich viele* Lösungen.

Schülerreferat

Übungsaufgaben

4.
Bestimme die Lösungsmenge.

a) $\left|\begin{array}{l} 3x-2y+5z=13 \\ -x+3y+4z=-1 \\ 5x+6y-z=3 \end{array}\right|$ **c)** $\left|\begin{array}{r} 4x+9y+5z=13 \\ -5x+6y+3z=17 \\ 6x+3y-10z=23 \end{array}\right|$ **e)** $\left|\begin{array}{l} 4x+5y+6z=32 \\ 2x-3y+5z=11 \\ 4x+y-6z=-12 \end{array}\right|$

b) $\left|\begin{array}{r} 6x+4y-z=0 \\ -7x-8y-3z=5 \\ 4x-2y+z=22 \end{array}\right|$ **d)** $\left|\begin{array}{l} 4x-3y+2z=16 \\ 8x-6y+5z=37 \\ 2x+5y-8z=-24 \end{array}\right|$ **f)** $\left|\begin{array}{r} -3x+4y-z=-4 \\ 6x+5z=2 \\ 4y-3z=6 \end{array}\right|$

5.

a) $\left|\begin{array}{l} x+y=1 \\ x+z=6 \\ z-y=5 \end{array}\right|$ **c)** $\left|\begin{array}{r} x-2y+3z=9 \\ 3x+8y+9z=5 \\ 2x+3y+6z=7 \end{array}\right|$ **e)** $\left|\begin{array}{l} 3x+2y+4z=6 \\ 4x+3y+5z=7 \\ 5x+4y+6z=4 \end{array}\right|$

b) $\left|\begin{array}{r} x+y-3z=2 \\ 2x+2y-6z=5 \\ -3x-3y+9z=-6 \end{array}\right|$ **d)** $\left|\begin{array}{l} 6x+4y+5z=8 \\ 4x+2y+3z=7 \\ 5x+3y+4z=9 \end{array}\right|$ **f)** $\left|\begin{array}{l} x-2y-3z=1 \\ 2x+3y-z=4 \\ 7x+14y-z=15 \end{array}\right|$

6.

a) $\left|\begin{array}{r} 3u+4x-5y+6z=39 \\ 6u+5x-6y+5z=43 \\ 9u-4x+2y+3z=6 \\ 2x-3y+z=13 \end{array}\right|$ **b)** $\left|\begin{array}{l} u+y=5 \\ x-z=-3 \\ y+z=4 \\ u+z=7 \end{array}\right|$ **c)** $\left|\begin{array}{r} u+x+y+z=10 \\ -x+2y=3 \\ -2y+3z=5 \\ 4u-3z=7 \end{array}\right|$ **d)** $\left|\begin{array}{r} x+4y=5 \\ 2y-3z=2 \\ 6z+5u=8 \\ 3x+u=11 \end{array}\right|$

7.
Bestimme die Gleichung der Parabel durch die Punkte A, B und C.

a) $A(2|8), B(1|2), C(-1|-4)$

b) $A(0{,}5|1), B(-1|4), C(2|7)$

c) $A(-3|12{,}5), B(-2|8), C(2|2)$

d) $A(-4|5), B\left(3\,\middle|\,6\frac{3}{4}\right), C(2|2)$

8.
Die Parabel hat S als Scheitelpunkt, eine zur 2. Achse parallele Symmetrieachse und geht durch den Punkt P.
Bestimme für die Parabel eine Gleichung. Wähle einen geschickten Ansatz.
Gib für die Parabel auch die Gleichung in der Form $y = ax^2 + bx + c$ an.

a) $S(3|-0{,}5), P(5|5{,}5)$ **b)** $S(-1|-0{,}5), P\left(2\,\middle|\,-11\frac{3}{4}\right)$ **c)** $S(-4|-8), P(0|4{,}8)$

9.
Gib mithilfe der angegebenen Informationen über die Parabel eine Gleichung der Form $y = a\cdot x^2 + b\cdot x + c$ für die Parabel an.

a) Gemeinsame Punkte mit den Achsen sind $P_1(-5|0)$, $P_2(-1|0)$ und $P_3(0|2{,}5)$.

b) Die Parabel hat mit den Achsen nur die Punkte $P_1(2|0)$ und $P_2(0|-8)$ gemeinsam.

c) Zwischen den Stellen 4 und 6 verläuft die Parabel unterhalb der 1. Achse. Die Gerade mit der Gleichung $y = -2$ berührt die Parabel.

d) Der Ursprung des Koordinatensystems ist Scheitelpunkt. Die Tangente im Parabelpunkt mit der 1. Koordinate 5 hat die Steigung 2.

10.

Eine Sekante verläuft orthogonal zur Parabelachse. Ihre Schnittpunkte mit der Parabel haben den angegebenen Abstand d. Bestimme den Abstand des Scheitelpunktes der Parabel zu dieser Sekante. Wähle ein günstiges Koordinatensystem. Auf beiden Koordinatenachsen soll die Einheit 1 Kästchenlänge betragen.

a)

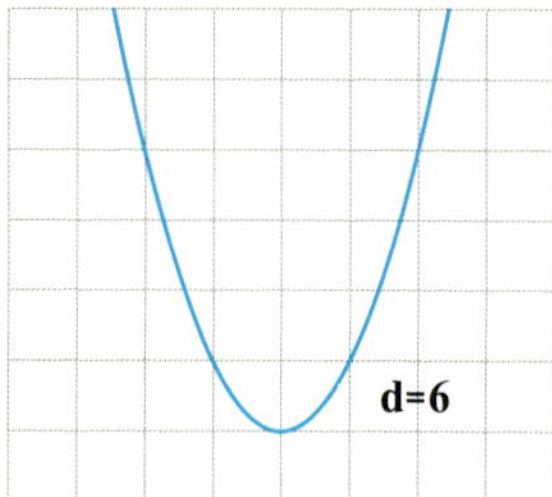

b)

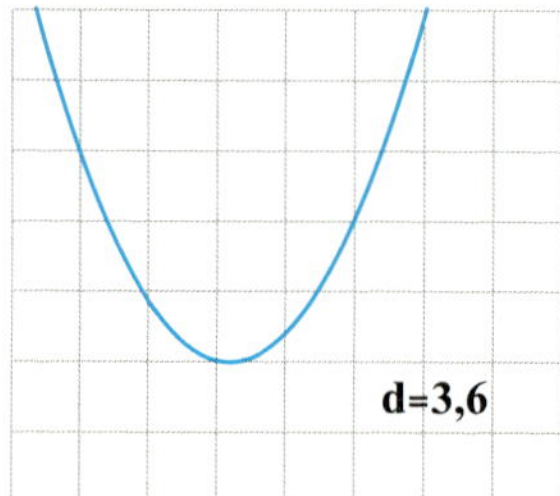

c)

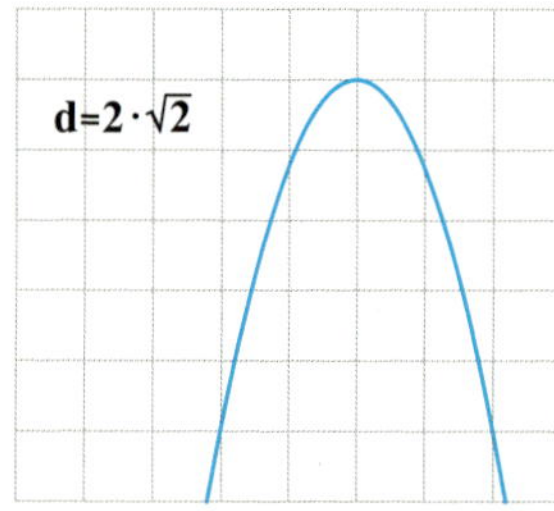

11.

Gegeben sind die Punkte A und B. Gib für die Gerade durch A und B die Gleichung in Normalform an.

a) $A(6|2), B(4|1)$

b) $A(3|5), B(1|-2)$

c) $A(0|0), B(-3|-5)$

d) $A(-1|5), B(4|6)$

12.

In einer Zeitschrift für Oldtimerfreunde wurden die Ergebnisse eines Tests veröffentlicht. Bei einem bestimmten Modell fand man für den Benzinverbrauch bei verschiedenen konstanten Geschwindigkeiten:

Geschwindigkeit	50 km/h	80 km/h	100 km/h
Benzinverbrauch auf 100 km	7,1 l	8,6 l	11 l

a) Mit welchem Benzinverbrauch (in l/100 km) muss man bei konstanter Geschwindigkeit von 70 km/h, 90 km/h und 110 km/h rechnen?

b) Angenommen, man fährt im Bereich von 100 km/h bis 125 km/h um 10 km/h schneller. Um wie viel Liter auf 100 km erhöht sich dann der Benzinverbrauch durchschnittlich?

13.

Ein Weingut bietet vier Geschenksortimente mit je 12 Flaschen der Sorten Riesling (R), Silvaner (S), Bacchus (B) und Dornfelder (D) an.

1. Sortiment:	5 R,	4 S,	1 B,	2 D;	Preis: 45,5 €
2. Sortiment:	3 R,	8 S,		1 D;	Preis: 41 €
3. Sortiment:	2 R,	2 S,	2 B,	6 D;	Preis: 51 €
4. Sortiment:		3 S,	4 B,	5 D;	Preis: 48 €

Wie teuer ist eine Flasche von jeder Sorte?

Schülerreferat

Blickpunkt

Lösen linearer Gleichungssysteme mit einem GTR oder CAS

Das Lösen linearer Gleichungssysteme wird schnell rechenaufwändig; insbesondere dann, wenn mehr als zwei Gleichungen und Variable vorliegen oder sich keine ganzzahligen Lösungen ergeben. Heutzutage kann man dafür Rechenhilfsmittel wie GTR oder CAS einsetzen. Möchte man z. B. das rechts angegebene Gleichungssystem lösen, so kann man statt der ausführlichen Schreibweise nur die Koeffizienten der Variablen und die Zahlen der rechten Seiten notieren, um Schreibarbeit zu sparen.

$$\left|\begin{array}{rcl} 2x+\ y+\ z &=& 22 \\ -x+2y+3z &=& 3 \\ -3x+2y+4z &=& -14 \end{array}\right|$$

Ausführliche Schreibweise:

$$\left|\begin{array}{rcl} 2x+\ y+\ z &=& 22 \\ -x+2y+3z &=& 3 \\ -3x+2y+4z &=& -14 \end{array}\right| \begin{array}{l} \\ \cdot 2 \\ \\ \end{array} \Big\} \oplus$$

$$\left|\begin{array}{rcl} 2x+\ y+\ z &=& 22 \\ 5y+7z &=& 28 \\ -3x+2y+4z &=& -14 \end{array}\right| \leftarrow$$

Verkürzte Schreibweise:

$$\left|\begin{array}{rrrr} 2 & 1 & 1 & 22 \\ -1 & 2 & 3 & 3 \\ -3 & 2 & 4 & -14 \end{array}\right| \begin{array}{l} \\ \cdot 2 \\ \\ \end{array} \Big\} \oplus$$

$$\left|\begin{array}{rrrr} 2 & 1 & 1 & 22 \\ 0 & 5 & 7 & 28 \\ -3 & 2 & 4 & -14 \end{array}\right| \leftarrow$$

Nach mehreren Umformungsschritten gelangt man schließlich zu

$$\left|\begin{array}{rcl} x &=& 8 \\ y &=& 7 \\ z &=& -1 \end{array}\right| \qquad \left|\begin{array}{rrrr} 1 & 0 & 0 & 8 \\ 0 & 1 & 0 & 7 \\ 0 & 0 & 1 & -1 \end{array}\right|$$

1.
Führe die Umformungsschritte parallel nebeneinander sowohl in der auführlichen als auch in der verkürzten Schreibweise durch.

2.
Die verkürzte Schreibweise eines linearen Gleichungssystems bezeichnet man als *erweiterte Koeffizientenmatrix*. Man kann sie in einen GTR oder in ein CAS eingeben. Mithilfe des Befehls **rref** (**r**ow **re**duced **f**orm) kann man das lineare Gleichungssystem auf Diagonalgestalt umformen. Aus dieser kann man sofort die Lösung ablesen. Löse das obige Gleichungssystem mit einem GTR oder CAS.

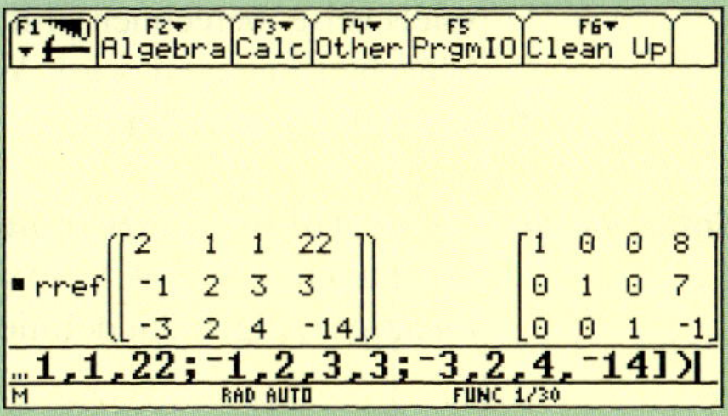

3.
Bestimme die Lösungsmenge mithilfe eines GTR oder CAS.

a) $\left|\begin{array}{rcl} 3x+2y-4z &=& -4 \\ x-\ y+5z &=& 13 \\ 2x+\ y-3z &=& -3 \end{array}\right|$

b) $\left|\begin{array}{rcl} 2x-6y+\ z &=& -10 \\ 3x+4y-3z &=& -11 \\ x+\ y-2z &=& -6 \end{array}\right|$

c) $\left|\begin{array}{rcl} 2x-3y+\ z-\ w &=& 19 \\ 4x+5y-2z+\ w &=& -1 \\ -x+\ y-2z+3w &=& -16 \\ 3x-2y+\ z+2w &=& 13 \end{array}\right|$

d) $\left|\begin{array}{rcl} -2x-6y+5z+6w &=& 5 \\ -4x+\ y+\ z-2w &=& 3 \\ -3x+2y-9z-4w &=& 7 \\ 3x+5y+7z+\ w &=& 0 \end{array}\right|$

e) $\left|\begin{array}{rcl} 2a-\ b+3c+4d &=& 1 \\ a+4b+3c-\ d &=& 2 \\ -a+2b+3c+\ d &=& 4 \\ 4a+3b+2c+\ d &=& 1 \end{array}\right|$

f) $\left|\begin{array}{rcl} b+2c &=& 6 \\ 4a+\ c+\ d &=& 8 \\ 2a+2b-\ c-\ d &=& 0 \\ 3a+2c-3d &=& 5 \end{array}\right|$

b) Aufgrund der Verschiebung um 2 in Richtung der 1. Achse wird jeder Punkt des Graphen zu $f_1(x) = x^3$ um $+2$ parallel in Richtung der 1. Achse verschoben.

Als Wertetabellen für f_1 und f_2 erhält man:

x	−2	−1	0	1	2	3	4
$f_1(x)$	−8	−1	0	1	8	27	64
$f_2(x)$	−64	−27	−8	−1	0	1	8

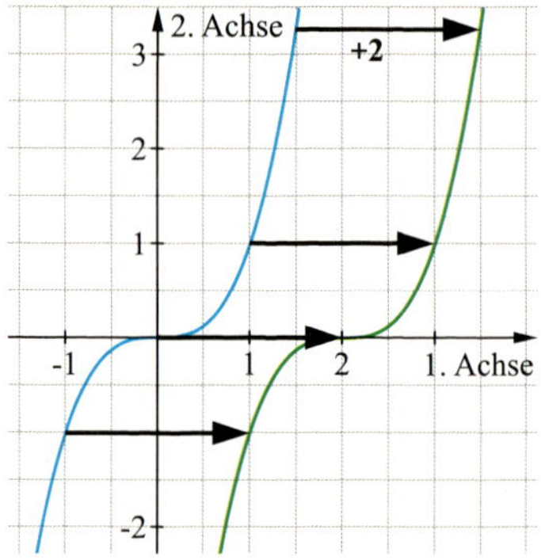

also $f_2(3) = f_1(1)$, $f_2(2) = f_1(0)$, $f_2(1) = f_1(-1)$, $f_2(0) = f_1(-2)$, bzw. allgemein $f_2(x) = f_1(x-2)$.
Damit erhalten wir $f_2(x) = (x-2)^3$

Die Lösungswege zur Aufgabe 1 waren unabhängig von den konkreten Funktionstermen. Wir können daher die Ergebnisse verallgemeinern:

Information

Gegeben ist der Graph einer Funktion f.

(1) Wird der Graph von f mit dem Faktor c von der 1. Achse aus in Richtung der 2. Achse gestreckt, so gehört zum Bildgraphen die Funktionsgleichung $y = c \cdot f(x)$.

(2) Wird der Graph von f um b in Richtung der 2. Achse verschoben, so gehört zum Bildgraphen die Funktionsgleichung $y = f(x) + b$.

(3) Wird der Graph von f um a in Richtung der 1. Achse verschoben, so gehört zum Bildgraphen die Funktionsgleichung $y = f(x-a)$.

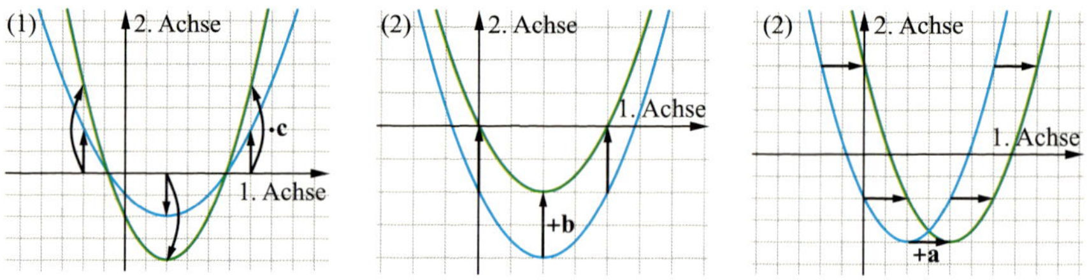

Aufgabe 2 *Erzeugen eines Graphen als Summe bzw. Differenz von zwei Funktionen*

a) Zeichne die Graphen der Funktion f_1 mit $f_1(x) = -x^2 + 3$ und f_2 mit $f_2(x) = \frac{1}{4}x^3$ in ein gemeinsames Koordinatensystem.
Erzeuge aus den Graphen dieser beiden Funktionen den Graphen der *Summenfunktion* g mit $g(x) = f_1(x) + f_2(x) = \frac{1}{4}x^3 - x^2 + 3$, indem jeweils punktweise im Koordinatensystem zu den Funktionswerten $f_1(x)$ die Funktionswerte $f_2(x)$ addiert werden.
Kennzeichne Punkte des Graphen von g, die sich in besonderer Weise aus den Punkten der Graphen von f_1 und f_2 ergeben.

b) Zeichne in ein Koordinatensystem die Graphen zu den Funktionen f_1 mit $f_1(x) = x^3$ und f_2 mit $f_2(x) = x^2$.
Überlege, in welchen Bereichen $f_1(x)$ größer als $f_2(x)$ ist und zeichne anschließend in das Koordinatensystem die Stellen ein, an denen die *Differenzfunktion* g mit $g(x) = f_1(x) - f_2(x) = x^3 - x^2$ die 1. Achse schneidet.
Überlege, ob g zwischen diesen Stellen jeweils positive oder negative Werte annimmt und skizziere dann den Graphen von g.

Lösung

a) Der Graph zu f_1 ist eine nach unten geöffnete und um $+3$ in Richtung der 2. Achse verschobene Normalparabel. Den Graphen von f_2 erhält man, indem man den Graphen zu $y = x^3$ mit dem Faktor $\frac{1}{4}$ in Richtung der 2. Achse streckt.
Wir erhalten aus diesen beiden Graphen den Graphen zur Summe $g(x) = (x) + f_2(x)$, indem wir zu den Funktionswerten $f_1(x)$ jeweils die Funktionswerte $f_2(x)$ addieren, in der Zeichnung angedeutet durch Pfeile.

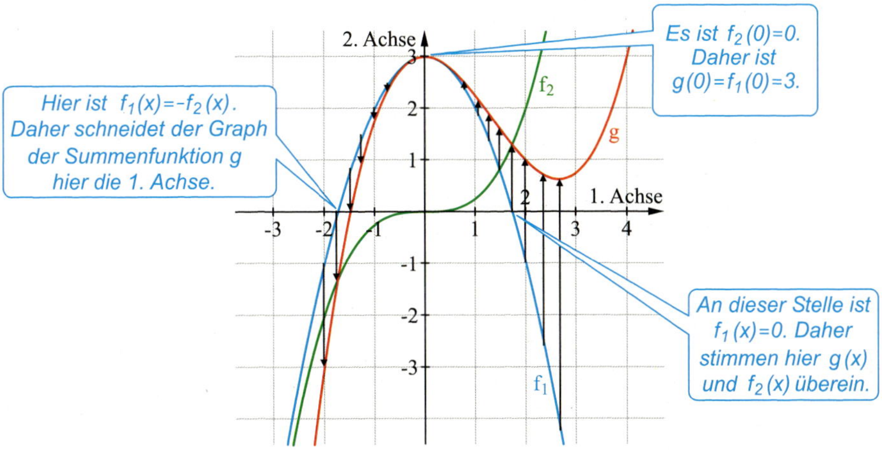

b) Die Differenzfunktion g mit $g(x) = f_1(x) - f_2(x) = x^3 - x^2$ schneidet an den Stellen die 1. Achse, an denen $f_1(x) = f_2(x)$ ist, also an den Stellen, an denen sich die Graphen von f_1 und f_2 schneiden. Das sind die Stellen 0 und 1.

Wir betrachten jetzt die Funktionswerte nicht mehr punktweise, sondern in verschiedenen Bereichen.

$x < 0$: Es ist $f_1(x) < 0$ und $f_2(x) > 0$, also $f_1(x) - f_2(x) < 0$

$x = 0$: Es ist $f_1(x) = f_2(x)$, also $g(0) = 0$

$0 < x < 1$: Es ist $f_1(x) < f_2(x)$ und daher $f_1(x) - f_2(x) < 0$

$x = 1$: Es ist $f_1(1) = f_2(1)$, also $g(1) = 0$

$1 < x$: Es ist $f_1(x) > f_2(x)$ und daher $f_1(x) - f_2(x) > 0$

Hieraus ergibt sich, dass der Graph von g den Punkt $O(0\,|\,0)$ als Hochpunkt hat.

Die zeichnerische Ermittlung des Graphen der Differenzfunktion g mit $g(x) = f_1(x) - f_2(x) = x^3 - x^2$ erfolgt analog zur Ermittlung des Graphen einer Summenfunktion, indem man von den Funktionswerten $f_1(x)$ jeweils die Funktionswerte $f_2(x)$ *subtrahiert*.

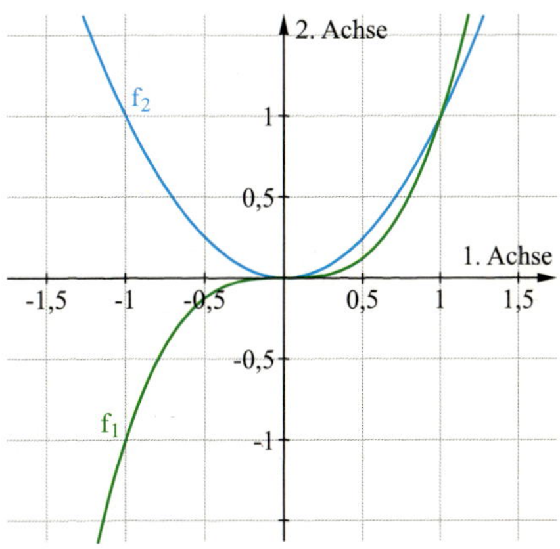

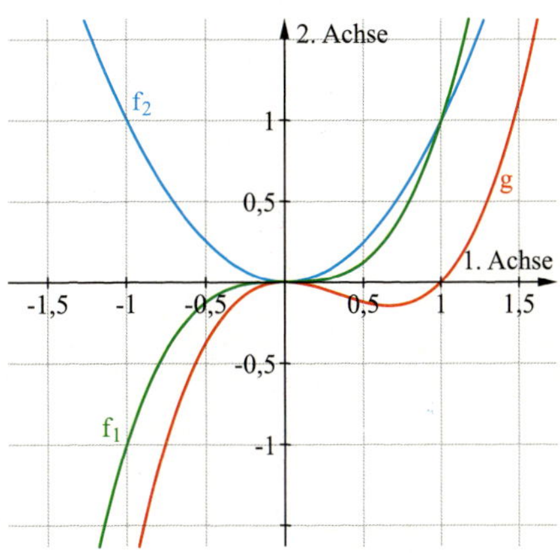

Information **(1) Begriff der Überlagerung**

Sind die Graphen von zwei Funktionen f_1 und f_2 gegeben, dann gilt:
Man erhält den Graphen der Funktion g mit $g(x) = f_1(x) + f_2(x)$ bzw. $g(x) = f_1(x) - f_2(x)$, indem man die Funktionswerte der Funktion f_1 und f_2 stellenweise graphisch addiert bzw. subtrahiert.
Man nennt dieses Verfahren *„Überlagerung der Graphen von f_1 und f_2"*.

(2) Strategien zur Überlagerung $f_1 + f_2$ von zwei Funktionsgraphen

Um einen groben Überblick über den Graphen der Summenfunktion $f_1 + f_2$ von zwei Funktionen f_1 und f_2 zu bekommen, betrachtet man diejenigen Stellen x, an denen $f_1(x) = 0$ oder $f_2(x) = 0$ oder $f_1(x) = f_2(x)$ oder $f_1(x) = -f_2(x)$ ist.
An diesen Stellen gilt für den Graphen der Summenfunktion $f_1 + f_2$:

- Ist $f_1(x) = 0$, so ist an dieser Stelle der Funktionswert von $f_1 + f_2$ gleich dem Wert von f_2.
- Ist $f_2(x) = 0$, so ist an dieser Stelle der Funktionswert von $f_1 + f_2$ gleich dem Wert von f_1.
- Ist $f_1(x) = f_2(x)$, so ist an dieser Stelle der Funktionswert von $f_1 + f_2$ gleich dem doppelten Wert von f_1.
- Ist $f_1(x) = -f_2(x)$, so ist an dieser Stelle der Funktionswert von $f_1 + f_2$ gleich 0.
  Zwischen zwei derartigen Stellen verläuft der Graph der Summenfunktion von zwei ganzrationalen Funktionen stets oberhalb oder stets unterhalb der 1. Achse.

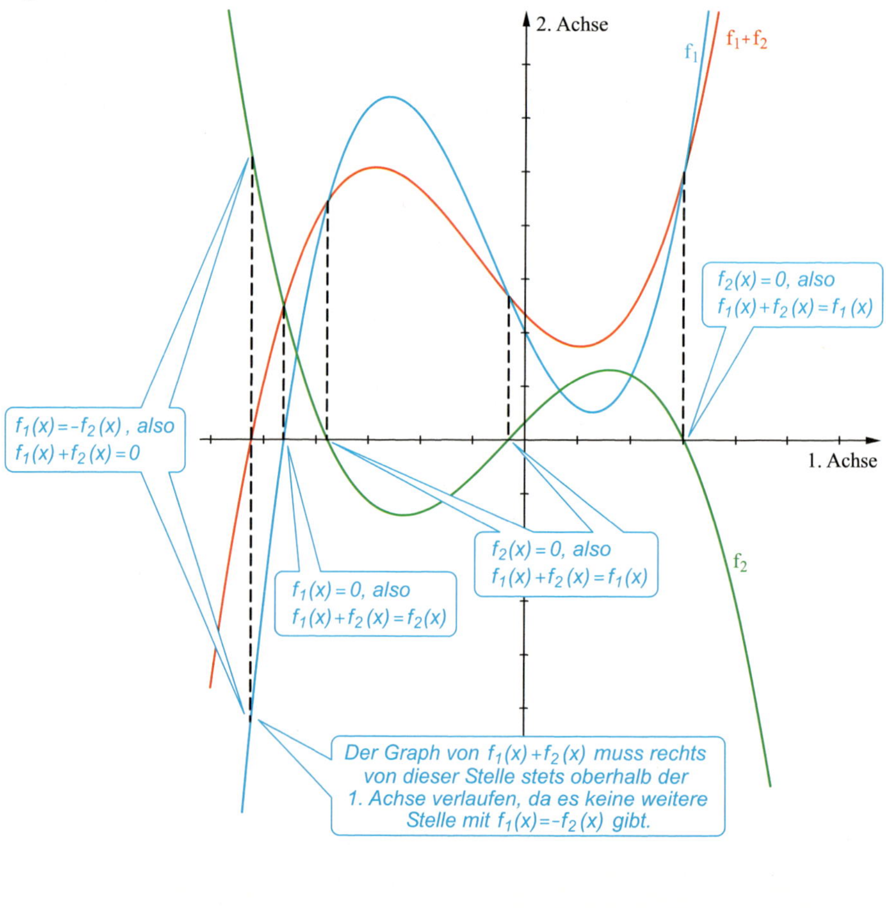

Weiterführende Aufgaben

3. *Zu einem verschobenen bzw. gestreckten Funktionsgraphen einen Funktionsterm finden*
Der abgebildete Graph der Funktion f ist durch eine Verschiebung bzw. durch eine Verknüpfung einer Verschiebung mit einer Streckung aus dem Graphen einer Potenzfunktion hervorgegangen. Gib die Abbildungen an und finde einen Funktionsterm f(x).

a)

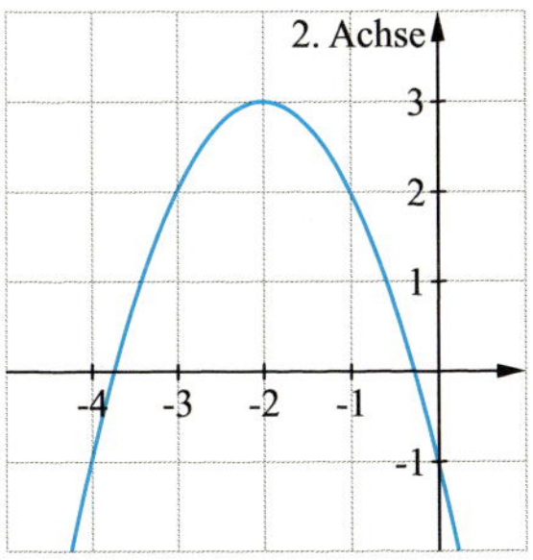

b)

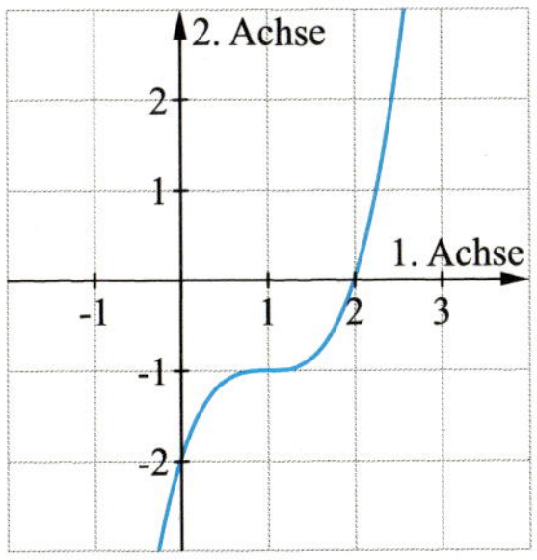

c)

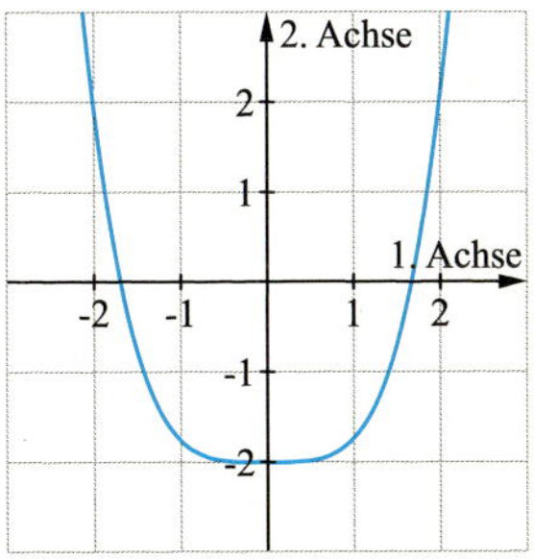

4. *Beachten der Reihenfolge von Verschieben und Strecken*

a) Strecke den Graphen der Funktion f mit $f(x) = x^2$ zunächst mit dem Faktor $\frac{1}{2}$ von der 1. Achse aus in Richtung der 2. Achse und verschiebe anschließend das Bild um -4 in Richtung der 2. Achse.

b) Verschiebe den Graphen der Funktion f mit $f(x) = x^2$ zunächst um -4 in Richtung der 2. Achse und strecke anschließend das Bild mit dem Faktor $\frac{1}{2}$ von der 1. Achse aus in Richtung der 2. Achse.

c) Vergleiche die Ergebnisse.

5. *Durch Verschieben einer Ursprungsgeraden zur Punktsteigungsform einer Geraden*
Begründe, dass man die Punktsteigungsform einer Geradengleichung $y - y_1 = m \cdot (x - x_1)$ als Gleichung einer verschobenen Ursprungsgeraden auffassen kann.
Gib die Gleichung der Ursprungsgeraden sowie die Art der Verschiebung an.

6. *Zu einer vorgegebenen Überlagerung von zwei Funktionsgraphen den Funktionsterm finden*
Der Graph von f ist durch Überlagerung der angegebenen Potenzfunktionen entstanden. Finde den Funktionsterm f(x). Man kann das Ergebnis mithilfe eines GTR überprüfen.

a) $f_1(x) = x^3$, $f_2(x) = x$

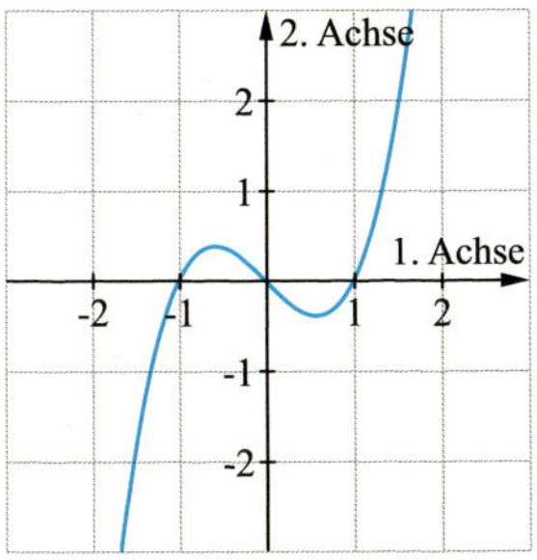

b) $f_1(x) = x^4$, $f_2(x) = x^2$

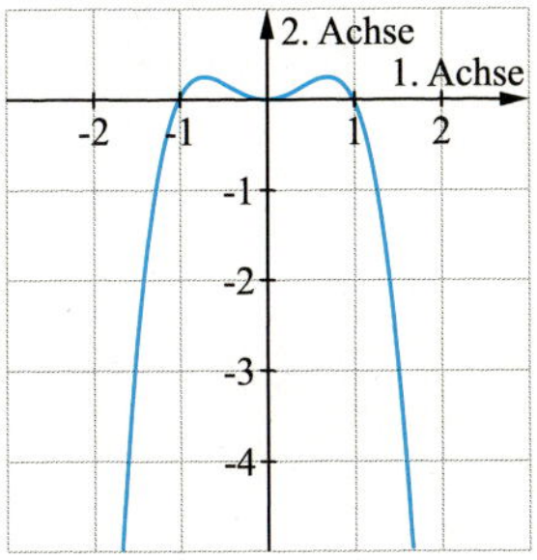

c) $f_1(x) = x^4$, $f_2(x) = x$

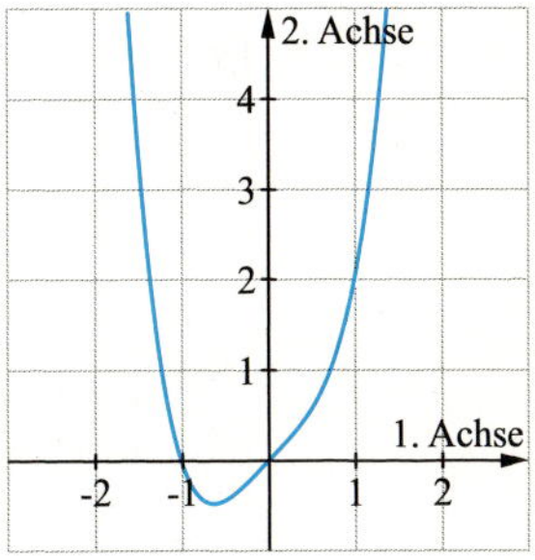

Übungsaufgaben

7.

Ist f eine ganzrationale Funktion? Falls dies zutrifft, schreibe f(x) als Polynom.

a) $f(x)=\frac{x^3-4x+1}{3}$ **b)** $f(x)=\left(x+\sqrt{2}\right)^3$ **c)** $f(x)=\frac{1}{x^2+5}$ **d)** $f(x)=10^x-4$

8.

Forme den Funktionsterm in ein Polynom um. Gib auch den Grad des Polynoms an.

a) $f(x)=(2x^2+1)\cdot(3x^3-x)$

b) $f(x)=(-x^3+x^2+2)\cdot(x^3+1)$

c) $f(x)=(0{,}5x^4-x^2+4x)\cdot(x^3+5x-1{,}5)$

d) $f(x)=(x+1)^2\cdot(x^3+x^2+x+1)$

e) $f(x)=\left(\frac{1}{3}x^3+-3\right)\cdot\left(x^3-x^2+\frac{2}{3}x+1\right)$

f) $f(x)=\frac{x^2-x-1}{4}\cdot\left(x^3-1\right)^3$

9.

Skizziere ausgehend vom Graphen von f den Graphen von g. Beschreibe, wie der Graph von g aus dem Graphen von f hervorgeht. Man kann das Ergebnis mit einem GTR überprüfen.

a) $f(x)=x^2$
$g(x)=(x+3)^2$

b) $f(x)=x^2$
$g(x)=2(x-0{,}5)^2-2$

c) $f(x)=x^2$
$g(x)=-(x-2)^2+3$

d) $f(x)=x$
$g(x)=2x-4$

e) $f(x)=x^3$
$g(x)=-0{,}25(x-2)^3$

f) $f(x)=x^4$
$g(x)=-(x-4)^4+6$

g) $f(x)=x^3$
$g(x)=0{,}5x^3-3$

h) $f(x)=x^2$
$g(x)=x^2-4x+5$

i) $f(x)=x^2$
$g(x)=-x^2-3x+1$

Bestimme zu nächst den Scheitelpunk

10.

Der abgebildete Graph von g ist aus dem Graphen von f durch Verschieben und/oder Strecken hervorgegangen. Finde einen Funktionsterm g(x).

Man kann das Ergebnis mit einem GTR überprüfen.

a) $f(x)=x^2$

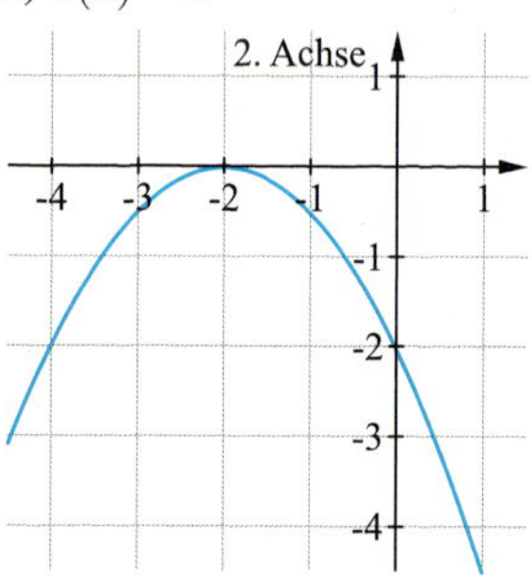

c) $f(x)=x^3$

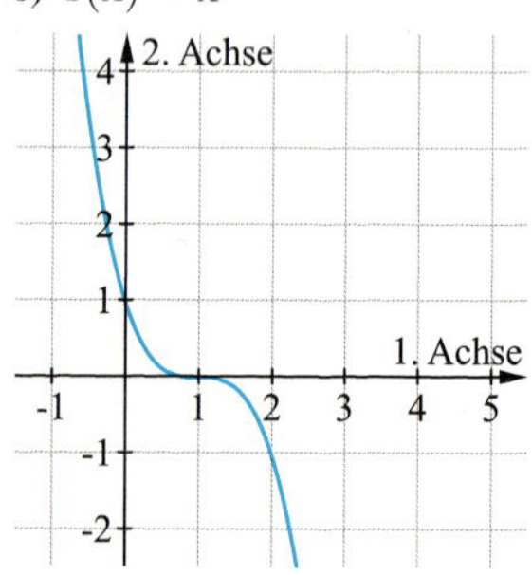

e) $f(x)=x^4$

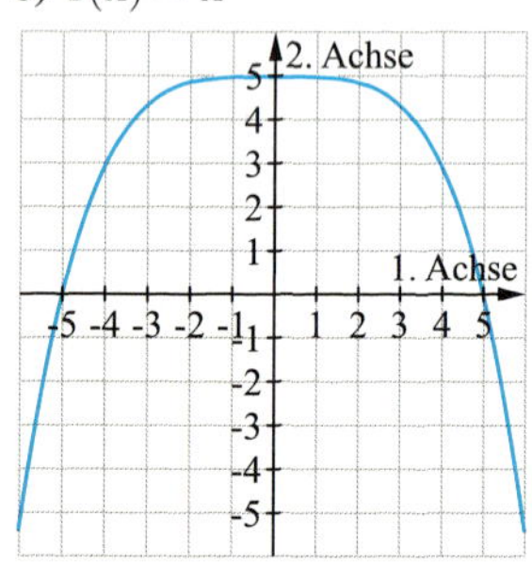

b) $f(x)=x^2$

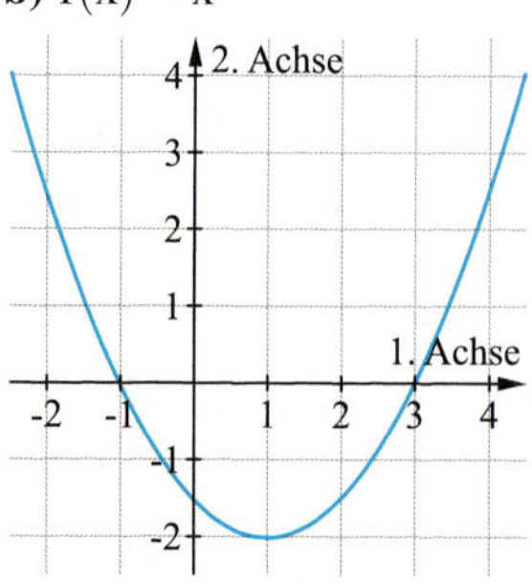

d) $f(x)=x^3$

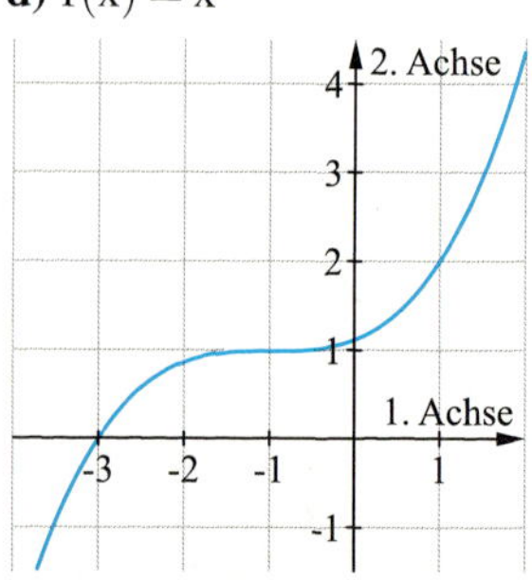

f) $f(x)=x^3$

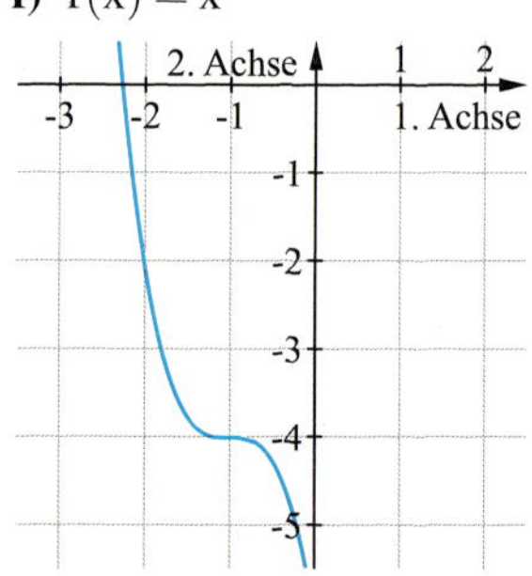

11.

Formuliere Strategien zur Überlagerung der Differenz $f_1 - f_2$ von zwei Funktionsgraphen.

12.

Skizziere den Graphen von f durch Überlagerung von Potenzfunktionen. Man kann das Ergebnis mithilfe eines GTR überprüfen.

a) $f(x) = x^2 - x$ **c)** $f(x) = x^3 - x^2$ **e)** $f(x) = -x^3 + x^2$

b) $f(x) = x^3 + x$ **d)** $f(x) = x^3 + x^2$ **f)** $f(x) = x^4 - x^2$

13.

Der Graph von f ist durch Überlagerung von zwei Potenzfunktionen entstanden. Finde einen Funktionsterm. Überprüfe das Ergebnis mithilfe eines GTR.

a)

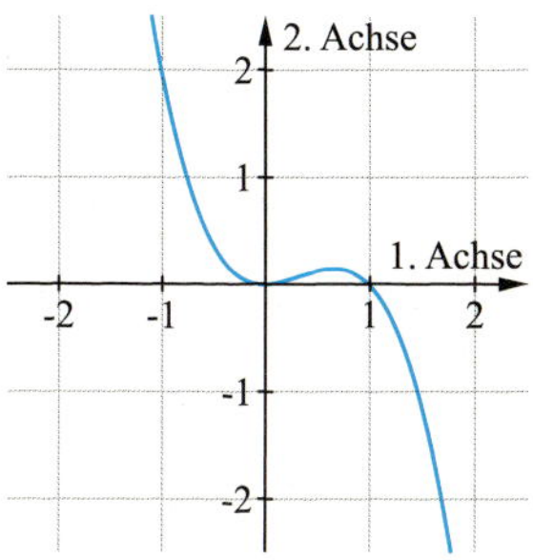

b)

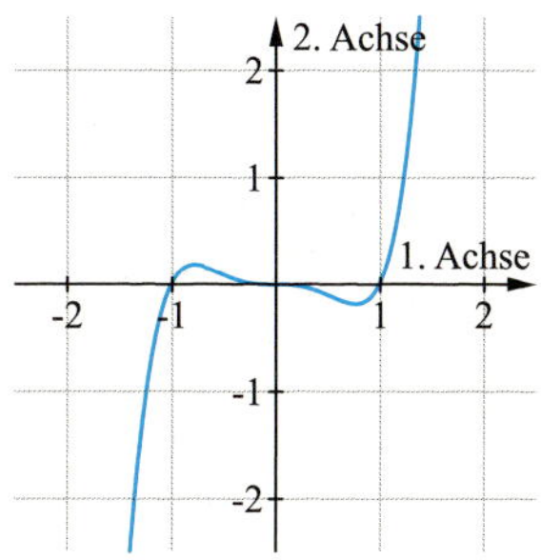

c)

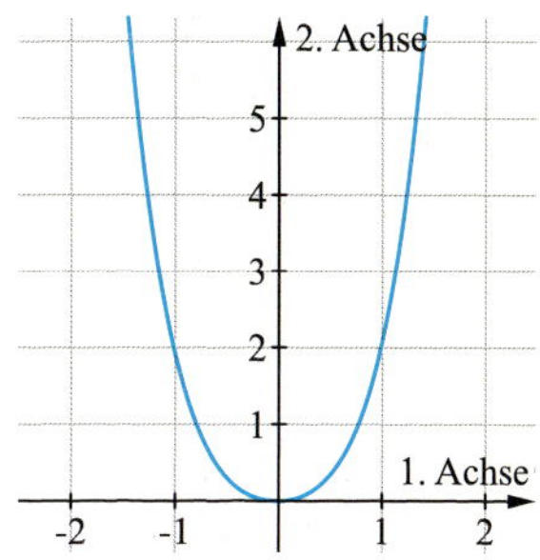

14.

Im Computer- und Filmbereich bezeichnet der Begriff *Morphing* eine schrittweise Verwandlung eines Objektes, Körpers oder eines Gesichts in ein anderes. Der Begriff wurde abgeleitet aus dem Begriff Metamorphose (Umgestaltung, Verwandlung). Damit eine solche Verwandlung schrittweise vor sich geht, werden von einem Computer Zwischenbilder berechnet, die durch verschiedene Überlagerungen des Ausgangsbildes und des Endbildes erzeugt werden. Im Internet findet man unter dem Stichwort *Morphing* Hinweise auf entsprechende Computerprogramme und auch fertige Animationen, zum Beispiel die Verwandlung einer Katze in einen Menschen.

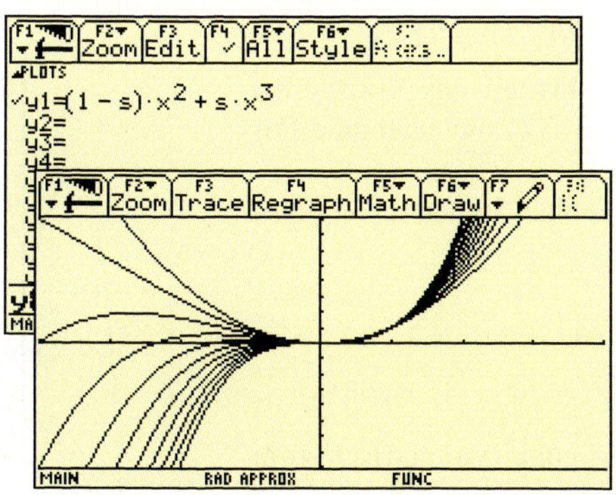

Mithilfe eines GTR kann man Funktionsgraphen überlagern und sich dadurch eine Vorstellung verschaffen, wie Morphing funktioniert. Im Rechner-Fenster links wurde der Funktionsgraph zu $y = x^2$ schrittweise in den Graphen zu $y = x^3$ verwandelt. Der Parameter s im Funktioneneditor durchläuft dabei die Werte 0; 0,1; 0,2; … bis 1. Erkläre, wie die Graphen dieser Funktionenschar aus der Ausgangsfunktion und der Endfunktion entstanden sind. Führe selbst mit einem GTR ein solches Morphing durch und wähle dazu beliebige Funktionen. Welche Gemeinsamkeiten der Funktionen einer solchen Schar kannst du dabei entdecken?

selbst lernen

1.4.2 Symmetrie und Globalverlauf des Graphen einer ganzrationalen Funktion

Aufgabe 1 *Symmetrie von Funktionsgraphen*

Verwende gegebenenfalls einen GTR oder ein CAS.

Untersuche den Graphen der Funktion auf Symmetrie.
Skizziere dazu den Graphen und vergleiche die Funktionswerte an Stellen, die symmetrisch zur 2. Achse liegen.

a) $f_1(x) = x^4 - 3x^2 - 1$ **b)** $f_2(x) = x^5 + 2x^3 - 4x$

Lösung

a) Der Graph der Funktion f_1 scheint achsensymmetrisch zur 2. Achse zu sein. Um diesen Eindruck zu überprüfen, betrachten wir Funktionswerte an Stellen, die symmetrisch zur 2. Achse liegen:

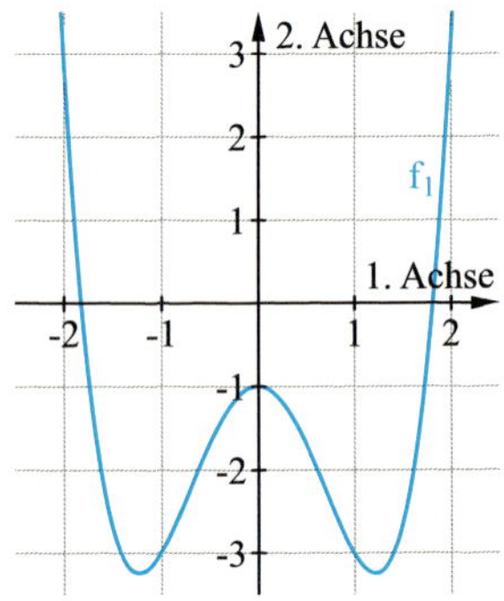

Es ist z. B.

$$f_1(-2) = (-2)^4 - 3\cdot(-2)^2 - 1 = 2^4 - 3\cdot 2^2 - 1 = 3 \quad\Big|\quad f_1(2) = 2^4 - 3\cdot 2^2 - 1 = 3$$

also $\quad f_1(-2) = f_1(2)$

Wir erkennen, dass die Funktionswerte übereinstimmen, da der Funktionsterm f(x) nur gerade Potenzen von x enthält.
Aus diesem Grund stimmen nicht nur die Funktionswerte an den Stellen 2 und -2 überein, sondern an allen Stellen x, die sich nur durch das Vorzeichen unterscheiden:
Es ist

$$f_1(-x) = (-x)^4 - 3(-x)^2 - 1 = x^4 - 3x^2 - 1 = f_1(x)$$

Daher ist der Graph von f_1 achsensymmetrisch zur 2. Achse.

b) Der Graph der Funktion f_2 scheint punktsymmetrisch zum Koordinatenursprung zu sein. Um diesen Eindruck zu überprüfen, betrachten wir Funktionswerte an Stellen, die symmetrisch zum Koordinatenursprung liegen:
Es ist z. B.

$$f_2(-1) = (-1)^5 + 2\cdot(-1)^3 - 4\cdot(-1) = -1 - 2\cdot 1 + 4\cdot 1 = 1 \quad\Big|\quad f_2(1) = 1^5 + 2\cdot 1^3 - 4\cdot 1 = 1 + 2\cdot 1 - 4\cdot 1 = -1$$

also $\quad f_2(-1) = -f_2(1)$

Die Funktionswerte stimmen bis auf das Vorzeichen überein, da der Funktionsterm f(x) nur ungerade Potenzen von x enthält.
Auch dies lässt sich für beliebige Stellen x verallgemeinern:
Es ist

$$f_2(-x) = (-x)^5 + 2\cdot(-x)^3 - 4\cdot(-x) = -\left(x^5 + 2x^3 - 4x\right) = -f_2(x)$$

Daher ist der Graph von f_2 punktsymmetrisch zum Koordinatenursprung $O(0|0)$.

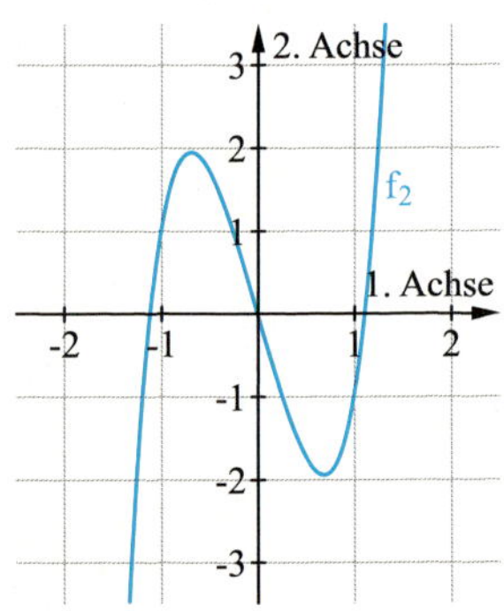

selbst lernen

Satz 6: *Symmetrieeigenschaften des Graphen*

Der Graph einer Funktion f ist **achsensymmetrisch** zur 2. Achse, falls gilt:

$$f(-x) = f(x)$$

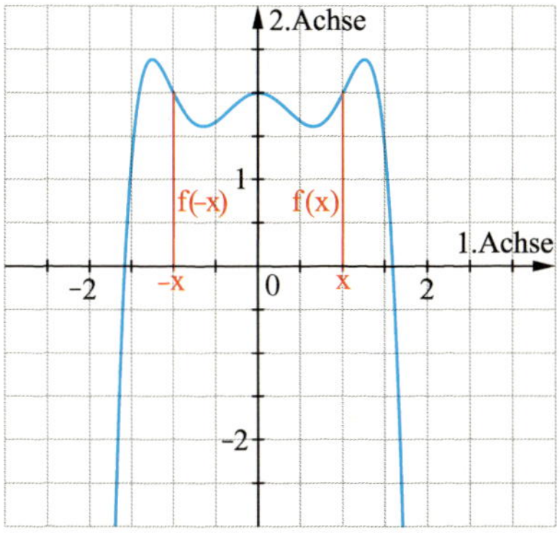

Haben die Summanden einer ganzrationalen Funktion f nur *gerade Exponenten,* so ist der Graph von f *achsensymmetrisch zur 2. Achse.*

Der Graph einer Funktion f ist **punktsymmetrisch** zum Koordinatenursprung, falls gilt:

$$f(-x) = -f(x).$$

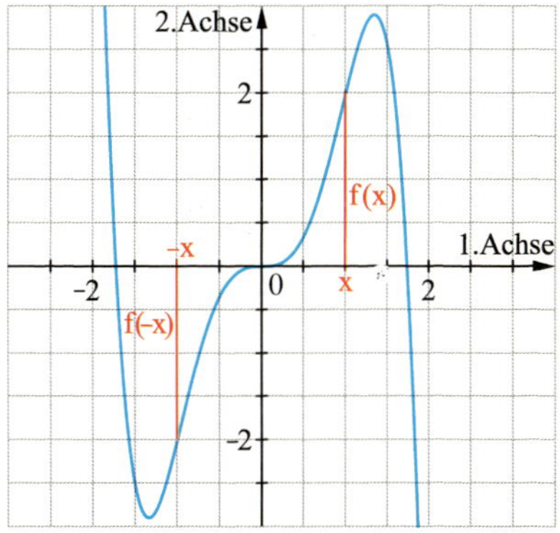

Haben die Summanden einer ganzrationalen Funktion f nur *ungerade Exponenten,* so ist der Graph von f *punktsymmetrisch zum Ursprung* O(0 | 0).

Aufgabe 2 *Globalverlauf*

Gegeben ist die Funktion f mit $f(x) = 2x^4 - 10x^3 - 28$.

Als *Globalverlauf* bezeichnet man das Verhalten von f(x), wenn x unbegrenzt größer wird bzw. wenn x unbegrenzt kleiner (niedriger) wird. Untersuche den Globalverlauf des Graphen von f.

Klammere dazu im Funktionsterm den Summanden mit dem höchsten Exponenten aus.

Lösung Wird x unbegrenzt größer, so schreiben wir abkürzend: $x \to \infty$. Wird x unbegrenzt kleiner, so schreiben wir abkürzend: $x \to -\infty$

Der Globalverlauf von f ist also das Verhalten von f(x) für $x \to \infty$ bzw. $x \to -\infty$.

Für $x \to \infty$ zeigt schon die Berechnung von wenigen Funktionswerten, dass offenbar f(x) ebenfalls unbegrenzt größer wird:

x	1 000	10^6	10^9	10^{12}
f(x)	$1.989999999 \cdot 10^{12}$	$1.999989999 \cdot 10^{24}$	$1.999999989 \cdot 10^{36}$	$1.999999999 \cdot 10^{48}$

Um diese Vermutung allgemein nachzuweisen, klammern wir den Summanden mit dem höchsten Exponenten aus: $2x^4 - 10x^3 - 28 = 2x^4 \cdot \left(1 - \frac{10x^3}{2x^4} - \frac{28}{2x^4}\right) = 2x^4 \cdot \left(1 - \frac{5}{x} - \frac{14}{x^4}\right)$.

Für $x \to \infty$ wächst auch $2x^4$ über alle Grenzen und $\left(1 - \frac{5}{x} - \frac{14}{x^4}\right)$ strebt gegen 1.

Daher gilt für $x \to \infty$ auch $f(x) \to \infty$.

Für $x \to -\infty$ folgt entsprechend $f(x) \to \infty$.

Beachte: Da x unbegrenzt wächst, streben $\frac{5}{x}$ und $\frac{14}{x^4}$ gegen 0.

selbst lernen

Information **Globalverlauf einer ganzrationalen Funktion**

> **Satz 7:** *Globalverlauf einer ganzrationalen Funktion*
> Bei einer ganzrationalen Funktion f mit $f(x) = a_n x^n + a_{n-1} x^{n-1} + \ldots + a_2 x^2 + a_1 x + a_0$, $a_n \neq 0$, entscheidet der Summand $a_n x^n$ über das Verhalten für $x \to \infty$ bzw. $x \to -\infty$.

Man kann den Globalverlauf einer jeden ganzrationalen Funktion f mit
$f(x) = a_n x^n + a_{n-1} x^{n-1} + \ldots + a_2 x^2 + a_1 x + a_0$
vom Grade n also auf einen der folgenden Grundtypen zurückführen:

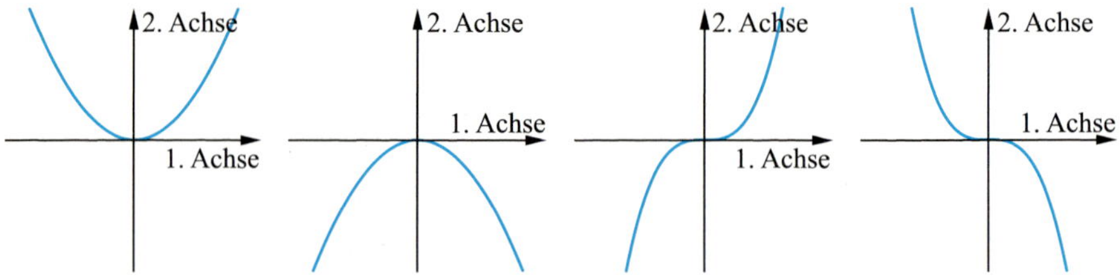

n gerade, $a_n > 0$ | n gerade, $a_n < 0$ | n ungerade, $a_n > 0$ | n ungerade, $a_n < 0$

Dies wird auch deutlich, wenn man den Graphen einer ganzrationalen Funktion in einem geeignet skalierten Koordinatensystem betrachtet, hier zum Beispiel den Graphen von f mit $f(x) = \frac{1}{10}x^3 - \frac{3}{10}x + \frac{1}{10}$.

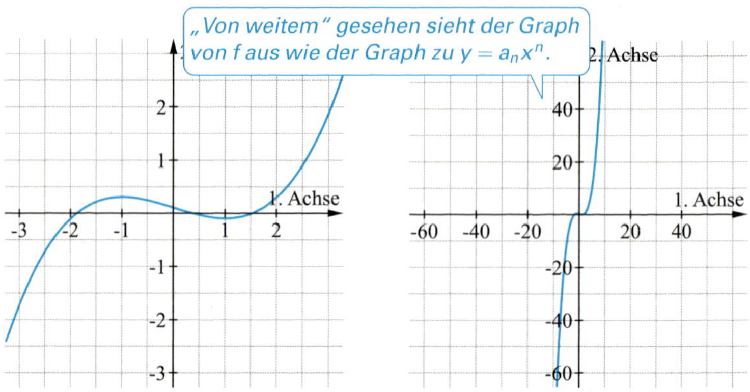

Weiterführende Aufgaben

3. *Punktsymmetrie zu einem beliebigen Punkt*

a) Die Funktion f ist gegeben durch $f(x) = 3x^5 + 3x^3 - x + 4$.
Begründe, dass der Graph von f punktsymmetrisch zum Punkt $P(0\,|\,4)$ ist.

b) Die Funktion f ist gegeben durch $f(x) = 2 \cdot (x-1)^7 - 3 \cdot (x-1)^3 + 5$.
Begründe, dass der Graph von f punktsymmetrisch zum Punkt $P(1\,|\,5)$ ist.

4. *Achsensymmetrie zu einer Parallelen zur 2. Achse*

a) Die Funktion f ist gegeben durch $f(x) = (x-4)^4 + 3$.
Begründe, dass der Graph von f symmetrisch in Bezug auf die Gerade zu $x = 4$ ist.

b) Die Funktion f ist gegeben durch $f(x) = x^2 + 6x - 4$.
Begründe, dass der Graph von f symmetrisch in Bezug auf die Gerade zu $x = -3$ ist.

selbst lernen

Übungsaufgaben

5.
Ist f eine ganzrationale Funktion? Falls dies zutrifft, schreibe f(x) als Polynom.

a) $f(x) = \frac{x^4+2}{8}$ **b)** $f(x) = \frac{1}{x}$ **c)** $f(x) = \sqrt{x}$ **d)** $f(x) = (x+\sqrt{2})^2$ **e)** $f(x) = 2^x$

6.
Kann der Graph einer ganzrationalen Funktion symmetrisch zur Geraden mit $y = x$ sein? Begründe!

7. *Symmetrie*
Wähle einen Wert für den Parameter a so, dass der Graph der Funktion f entweder achsensymmetrisch zur 2. Koordinatenachse oder punktsymmetrisch zum Koordinatenursprung ist. Gib auch die Art der Symmetrie an. Welche Nullstellen hat dann f?

a) $f(x) = \frac{2}{3}(x+a)^4$ **c)** $f(x) = 3x^5 + ax^4 + ax^3 - 12x$ **e)** $f(x) = x(x^4+a)$

b) $f(x) = x^3 + a$ **d)** $f(x) = (x-a)(x+2)$ **f)** $f(x) = ax^8 - x$

8. *Verhalten für $x \to \infty$ bzw. $x \to -\infty$*
Nach Satz 7 kann man vier Typen des Globalverlaufs einer ganzrationalen Funktion für $x \to \infty$ bzw. $x \to -\infty$ unterscheiden.

a) Gib zu jedem Typ zwei Beispiele einer ganzrationalen Funktion mit dem entsprechenden Globalverlauf an.

b) Ordne die folgenden ganzrationalen Funktionen jeweils den einzelnen Typen zu.
$f_1(x) = -3x^5 + 12x^3 - 8$ $f_3(x) = 4x^3 + 2x^2 - 7x + 12$
$f_2(x) = \frac{1}{2}x^4 - 28x^3 + 6x^2 - 34$ $f_4(x) = -2x^4 + x^3 + 21x^2 + 45x + 205$

9.
Abgebildet ist ein Ausschnitt des Funktionsgraphen der Funktion f.
Skizziere den Globalverlauf.

a)

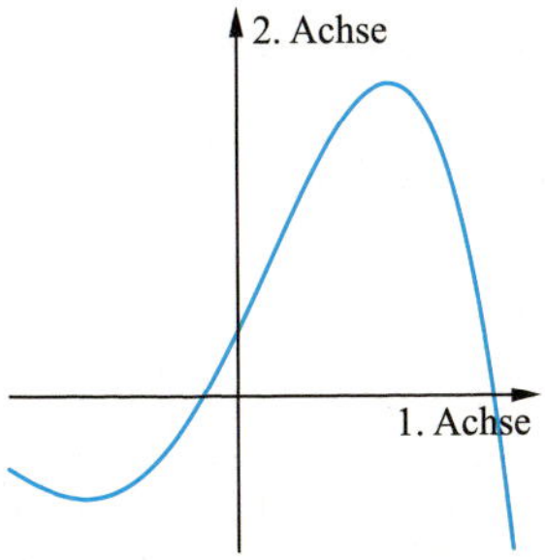

$f(x) = -\frac{1}{4}x^4 - \frac{2}{3}x^3 + \frac{1}{2}x^2 + 2x + \frac{5}{12}$

b)

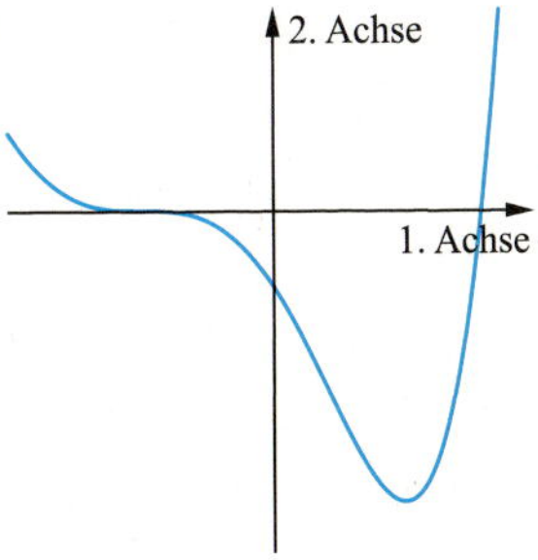

$f(x) = \frac{1}{5}x^5 + x^4 + \frac{2}{3}x^3 - 2x^2 - 3x - \frac{17}{15}$

10.
Untersuche das Verhalten der Funktion f für $x \to \infty$ und für $x \to -\infty$ sowie die Symmetrie des Graphen.

a) $f(x) = -\frac{2}{3} \cdot x + x^5$ **c)** $f(x) = 3x^4 - 2x^2 + 1$ **e)** $f(x) = -\frac{x^4}{3} + x^2 + 2$

b) $f(x) = x^3 + 2x^2 + 5$ **d)** $f(x) = -4x^5 - x^3 + 7x$ **f)** $f(x) = -\sqrt{2}x^8 - 4x$

selbst lernen

1.4.3 Nullstellen einer ganzrationalen Funktion – Polynomdivision

Einführung **Zerlegung von Polynomen in Linearfaktoren**

Um einen ersten Überblick über den Graphen einer Funktion f zu gewinnen, ist es sinnvoll, neben der Frage nach der Symmetrie des Funktionsgraphen und der Frage nach dem Globalverlauf auch zu untersuchen, wo der Graph oberhalb bzw. unterhalb der 1. Achse verläuft. Dazu bestimmt man die Nullstellen der Funktion, d.h. diejenigen Stellen x, für die $f(x) = 0$ ist.

Daher wollen wir uns im Folgenden mit Strategien zum Bestimmen der Nullstellen einer ganzrationalen Funktion beschäftigen.

Satz von Vieta:
x_1 und x_2 sind genau dann Lösungen der quadratischen Gleichung $x^2 + px + q = 0$, wenn $x_1 + x_2 = -p$ und $x_1 \cdot x_2 = q$.

Ist f eine *quadratische* Funktion, so sind uns bereits verschiedene, einfache Verfahren bekannt, wie man die Nullstellen von f bestimmen kann: z.B. mithilfe der quadratischen Ergänzung, mithilfe einer Lösungsformel für quadratische Gleichungen oder mithilfe des Satzes von Vieta.

Wenn man bereits weiß, dass x_1 und x_2 die Nullstellen von f sind, so erhält man aufgrund des Satzes von Vieta für $f(x) = x^2 + p \cdot x + q$ die folgende Faktorisierung in ein Produkt von linearen Termen:

$$\begin{aligned} f(x) &= x^2 + p \cdot x + q = x^2 - (x_1 + x_2) \cdot x + x_1 \cdot x_2 \\ &= x^2 - x_1 \cdot x - x_2 \cdot x + x_1 \cdot x_2 \\ &= x \cdot (x - x_1) - x_2 \cdot (x - x_1) \\ &= (x - x_1) \cdot (x - x_2) \end{aligned}$$

Die linearen Terme $x - x_1$ und $x - x_2$ nennt man auch **Linearfaktoren.**

Um die Nullstellen einer ganzrationalen Funktion 3. Grades oder höheren Grades zu bestimmen, kennen wir keine Lösungsformel so wie für eine quadratische Gleichung.

Ist aber die Zerlegung des Funktionsterms in Linearfaktoren bekannt, so lassen sich die Nullstellen direkt ablesen. So hat beispielsweise die Funktion f mit $f(x) = (x - 3) \cdot (x + 1) \cdot (x - 1{,}4)$ die Nullstellen 3; -1; und 1,4, da das Produkt $(x - 3) \cdot (x + 1) \cdot (x - 1{,}4)$ genau dann 0 ist, wenn einer der Faktoren 0 ist.

Daher soll nun untersucht werden, wie man den Funktionsterm einer ganzrationalen Funktion in Linearfaktoren zerlegen kann, um damit alle Nullstellen zu bestimmen:

Gegeben ist die Funktion f mit $f(x) = 10 \cdot x^3 - 31 \cdot x^2 + x + 6$.
Wie kann man eine Zerlegung von f(x) in Linearfaktoren finden?

1. Schritt: Bestimmen einer Nullstelle durch Probieren

Um einen Überblick über die Lage von Nullstellen zu bekommen, legen wir eine Wertetabelle an:

x	−4	−3	−2	−1	0	1	2	3	4
f(x)	−1 134	−546	−200	−36	6	−14	−36	0	154

Mithilfe der Wertetabelle haben wir schon eine Nullstelle gefunden, nämlich 3. Außerdem sehen wir, dass f noch mindestens zwei weitere Nullstellen hat, und zwar zwischen -1 und 0 sowie zwischen 0 und 1.

2. Schritt: Polynomdivision – Abspalten eines Linearfaktors

Da 3 eine Nullstelle von f ist, versuchen wir aufgrund unserer Vorüberlegungen, f(x) in Linearfaktoren zu zerlegen.

Zur Nullstelle 3 gehört der Linearfaktor $x - 3$. Daher wählen wir den Ansatz:

$10 \cdot x^3 - 31 \cdot x^2 + x + 6 = (x - 3) \cdot g(x)$

mit einem Polynom g(x), das wir noch bestimmen müssen.

Das Polynom $g(x)$ können wir bestimmen, indem wir $f(x)$ durch $(x-3)$ dividieren:
$g(x) = (10 \cdot x^3 - 31 \cdot x^2 + x + 6) : (x-3)$.
Das Rechenverfahren, mit dem man die Division $(10 \cdot x^3 - 31 \cdot x^2 + x + 6) : (x-3)$ durchführt, heißt *Polynomdivision* und erfolgt analog zum Divisionsverfahren bei ganzen Zahlen:

Division ganzer Zahlen ausführlich dargestellt

$6552 : 21 = 312$

$$
\begin{array}{ll}
(6\cdot 10^3+5\cdot 10^2+5\cdot 10^1+2):(2\cdot 10^1+1)=3\cdot 10^2+1\cdot 10^1+2 & \\
\underline{-(6\cdot 10^3+3\cdot 10^2)} & \longleftarrow \cdot(2\cdot 10^1+1) \\
\quad 2\cdot 10^2+5\cdot 10^1 & \\
\quad \underline{-(2\cdot 10^2+1\cdot 10^1)} & \longleftarrow \cdot(2\cdot 10^1+1) \\
\qquad 4\cdot 10^1+2 & \\
\qquad \underline{-(4\cdot 10^1+2)} & \longleftarrow \cdot(2\cdot 10^1+1) \\
\qquad\qquad 0 &
\end{array}
$$

Bei der Division durch eine natürliche Zahl erhält man die einzelnen Ziffern des Ergebnisses schrittweise durch Subtraktion geeigneter Vielfacher:

1. Schritt: $6000 : 20 = 300$
2. Schritt: $200 : 20 = 10$
3. Schritt: $40 : 20 = 2$

Polynomdivision

$$
\begin{array}{ll}
(10\cdot x^3-31\cdot x^2+x+6):(x-3)=10\cdot x^2-1\cdot x-2 & \\
\underline{-(10\cdot x^3-30\cdot x^2)} & \longleftarrow \cdot(x-3) \\
\quad -1\cdot x^2+x & \\
\quad \underline{-(-1\cdot x^2+3\cdot x)} & \longleftarrow \cdot(x-3) \\
\qquad -2\cdot x+6 & \\
\qquad \underline{-(-2\cdot x+6)} & \longleftarrow \cdot(x-3) \\
\qquad\qquad 0 &
\end{array}
$$

Analog erhält man bei der Polynomdivision die einzelnen Summanden des Ergebnisses durch Subtraktion geeigneter Vielfacher:

1. Schritt: $10 \cdot x^3 : x = 10 \cdot x^2$
2. Schritt: $-1 \cdot x^2 : x = -1 \cdot x$
3. Schritt: $-2 \cdot x : x = -2$

Mithilfe der Polynomdivision haben wir den Funktionsterm $f(x)$ in ein Produkt
$10 \cdot x^3 - 31 \cdot x^2 + x + 6 = (x-3) \cdot (10 \cdot x^2 - 1 \cdot x - 2)$
zerlegt, bei dem der erste Faktor der Linearfaktor zur bereits gefundenen Nullstelle ist.
Der zweite Faktor ist ein Polynom 2. Grades.
Wir können also die Gleichung $10 \cdot x^3 - 31 \cdot x^2 + x + 6 = 0$
schreiben als $(x-3) \cdot (10 \cdot x^2 - 1 \cdot x - 2) = 0$.

Ein Produkt ist genau dann gleich 0, wenn mindestens ein Faktor gleich 0 ist.

3. Schritt: Bestimmen der restlichen Nullstellen

Wegen $(x-3) \cdot (10 \cdot x^2 - 1 \cdot x - 2) = 0$ liefert die Gleichung $10 \cdot x^2 - 1 \cdot x - 2 = 0$ die restlichen Nullstellen. Als Lösungen dieser quadratischen Gleichung erhält man mit den bekannten Verfahren $x_1 = -\frac{2}{5}$ und $x_2 = \frac{1}{2}$. (Vergleiche dazu auch die Lösung von Aufgabe 2 auf Seite 30.)
Damit können wir den Funktionsterm in Linerafaktoren zerlegen. Es gilt:

$$10x^3 - 31x^2 + x + 6 = (x-3) \cdot \left(x + \frac{2}{5}\right) \cdot \left(x - \frac{1}{2}\right) \cdot 10$$

Information **(1) Zur Begründung der Polynomdivision**

Das Verfahren der Polynomdivision besteht hier im Wesentlichen darin, dass man schrittweise den Divisor $(x-3)$ ausklammert.

$$
\begin{array}{l}
10\cdot x^3-31\cdot x^2+x+6 \\
=\underbrace{10\cdot x^3-30\cdot x^2}-x^2+x+6 \\
=10\cdot x^2\cdot(x-3)-x^2+x+6 \\
=10\cdot x^2\cdot(x-3)\underbrace{-x^2+3\cdot x}-2\cdot x+6 \\
=10\cdot x^2\cdot(x-3)-x\cdot(x-3)\underbrace{-2\cdot x+6} \\
=10\cdot x^2\cdot(x-3)-x\cdot(x-3)-2\cdot(x-3) \\
=(10\cdot x^2-x-2)\cdot(x-3)
\end{array}
$$

$$
\begin{array}{ll}
(10\cdot x^3-31\cdot x^2+x+6):(x-3)=10\cdot x^2-1\cdot x-2 & \\
\underline{-(10\cdot x^3-30\cdot x^2)} & \longleftarrow \cdot(x-3) \\
\quad -1\cdot x^2+x+6 & \\
\quad \underline{-(-1\cdot x^2+3\cdot x)} & \longleftarrow \cdot(x-3) \\
\qquad -2\cdot x+6 & \\
\qquad \underline{-(-2\cdot x+6)} & \longleftarrow \cdot(x-3) \\
\qquad\qquad 0 &
\end{array}
$$

Die Rechenschritte sind im linken Kasten die gleichen wie im rechten Kasten. Die Rechnung lässt sich im Prinzip genauso bei anderen Beispielen durchführen.

(2) Abspalten eines Linearfaktors

Das in der Einführung behandelte Beispiel lässt folgenden Satz vermuten:

> **Satz 8:** *Abspalten eines Linearfaktors durch Polynomdivision*
>
> Ist x_0 Nullstelle einer ganzrationalen Funktion f mit
> $f(x) = a_n x^n + a_{n-1} x^{n-1} + \ldots + a_2 x^2 + a_1 x + a_0,\ a_n \neq 0,$
> so lässt sich der Funktionsterm mithilfe der Polynomdivision als Produkt schreiben:
> $f(x) = g(x) \cdot (x - x_0)$, wobei g(x) ein Polynom mit dem Grad n – 1 ist.

Beweis:

Wir können die Polynomdivision $f(x) : (x - x_0)$ in jedem Falle so weit durchführen, bis sich als ein Rest eine reelle Zahl ergibt: $f(x) : (x - x_0) = g(x) + c : (x - x_0),\ c \in \mathbb{R}$. Dabei ergibt sich aus dem Verfahren der Polynomdivision, dass g(x) ein Polynom vom Grad n – 1 ist.

Wir formen die Gleichung $f(x) : (x - x_0) = g(x) + c : (x - x_0)$ durch Multiplizieren mit $(x - x_0)$ um zu $f(x) = (x - x_0) \cdot g(x) + c$.

Setzt man in diese Gleichung x_0 ein, so folgt: $0 = f(x_0) = (x_0 - x_0) \cdot g(x) + c$, also $0 = c$.

Daher ist $f(x) = (x - x_0) \cdot g(x)$, die Polynomdivision „geht auf“.

(3) Existenz und größtmögliche Anzahl der Nullstellen einer ganzrationalen Funktion in Abhängigkeit vom Grad der Funktion

Es gibt ganzrationale Funktionen, die keine Nullstellen haben. So haben beispielsweise die Funktionen f mit $f(x) = x^2 + 1$, $f(x) = x^4 + 1$, $f(x) = x^6 + 1$, … keine Nullstellen. Andererseits ist die Anzahl der Nullstellen einer ganzrationalen Funktion auch durch den Grad der Funktion nach oben beschränkt.

> **Satz 9:** *Existenz und größtmögliche Anzahl von Nullstellen einer ganzrationalen Funktion*
>
> Für eine ganzrationale Funktion f mit $f(x) = a_n x^n + a_{n-1} x^{n-1} + \ldots + a_2 x^2 + a_1 x + a_0$ vom Grad n gilt:
> (1) Ist der Grad der Funktion f eine ungerade Zahl, so hat f mindestens eine Nullstelle.
> (2) Die Funktion f hat höchstens n Nullstellen.

Beweis:

(1) Ist der Grad n einer ganzrationalen Funktion eine ungerade Zahl, so ergibt sich aus dem Globalverlauf von f, dass der Graph von f die 1. Achse (mindestens einmal) schneiden muss.

(2) Ist f mit $f(x) = a_n x^n + a_{n-1} x^{n-1} + \ldots + a_2 x^2 + a_1 x + a_0$ eine ganzrationale Funktion n-ten Grades, so kann man schrittweise zu jeder Nullstelle $x_1, x_2, x_3, \ldots$ den zugehörigen Linearfaktor abspalten:

$$\begin{aligned} f(x) &= (x - x_1) \cdot g_1(x) \\ &= (x - x_2) \cdot (x - x_1) \cdot g_2(x) \\ &= (x - x_3) \cdot (x - x_2) \cdot (x - x_1) \cdot g_3(x) \\ &= \ldots \end{aligned}$$

Das kann aber höchstens n Mal erfolgen, da sonst der Grad des Polynoms auf der rechten Seite der Gleichung größer als n wäre.

Daher kann f höchstens n Nullstellen haben.

(4) Nullstellen einer ganzrationalen Funktion durch Probieren finden
Hilfreich für das Auffinden von Nullstellen ist der folgende Satz.

> **Satz 10**
> Für eine ganzrationale Funktion f mit $f(x) = a_n x^n + a_{n-1} x^{n-1} + \ldots + a_2 x^2 + a_1 x + a_0$, deren Koeffizienten alle ganzzahlig sind, gilt:
> Jede ganzzahlige Nullstelle von f ist ein Teiler des absoluten Gliedes a_0.

Beweis:
Ist x_0 eine Nullstelle von f, so gilt:
$0 = f(x_0) = a_n x_0^n + a_{n-1} x_0^{n-1} + \ldots + a_2 x_0^2 + a_1 x_0 + a_0 = x_0 \cdot \left(a_n x_0^{n-1} + a_{n-1} x_0^{n-2} + \ldots + a_2 x_0 + a_1\right) + a_0.$
Hieraus folgt: $-x_0 \cdot (a_n x_0^{n-1} + a_{n-1} x_0^{n-2} + \ldots + a_2 x_0 + a_1) = a_0$.
Da x_0 und alle Koeffizienten ganzzahlig sind, ist auch $a_n x_0^{n-1} + a_{n-1} x_0^{n-2} + \ldots + a_2 x_0 + a_1$ ganzzahlig und daher x_0 ein Teiler von a_0.

(5) Für ganzrationale Gleichungen höheren als 4. Grades gibt es keine Lösungsformel
Um Nullstellen von ganzrationalen Funktionen zu bestimmen, muss man Gleichungen lösen. Für jede Gleichung 2. Grades $x^2 + p \cdot x + q = 0$ kann man die Lösungen exakt durch die Formel $x_{1,2} = -\frac{p}{2} \pm \sqrt{\left(\frac{p}{2}\right)^2 - q}$ angeben. Für Gleichungen 3. Grades wurde eine solche Formel von TARTAGLIA (1500–1557), Professor in Venedig, und für Gleichungen 4. Grades von L. FERRARI (1522–1565), Professor in Bologna, gefunden. Sie sind jedoch nach G. CARDANO (1501–1576), Professor in Venedig, benannt, der sie als Erster veröffentlichte.
Drei Jahrhunderte später konnte der norwegische Mathematiker N. H. ABEL (1802–1829) beweisen, dass es für Gleichungen 5. und höheren Grades prinzipiell keine solche Formel geben kann. Andererseits gibt es Gleichungen wie $x^6 + p \cdot x^3 + q = 0$, deren Lösungen durch eine Formel angegeben werden können. Eine Theorie, welche dieses Ergebnis in einen größeren Zusammenhang einordnet, schrieb der zwanzigjährige Franzose GALOIS (1811–1832) in der Nacht vor einem Duell nieder, in dem er tödlich verletzt wurde.

Die französische Post ehrte ÉVARISTE GALOIS 1984 mit einer Briefmarke.

Aufgabe 1 Stelle $f(x) = x^3 - \frac{8}{5}x^2 - \frac{27}{5}x + \frac{18}{5}$ als Produkt von Linearfaktoren dar und bestimme so die Nullstellen der Funktion f.

Lösung Die Funktion f_1 mit $f_1(x) = 5 \cdot f(x) = 5x^3 - 8x^2 - 27x + 18$ besitzt dieselben Nullstellen wie f, denn $f(x) = 0$ ist äquivalent zu $5 \cdot f(x) = 0$.
„Nullstellenkandidaten" sind nach Satz 10 die Teiler von 18, also $+1$; -1; $+2$; -2; $+3$; -3; $+6$; -6; $+9$; -9; $+18$; -18.
Man stellt fest, dass $f_1(-2) = 0$ ist. Also kann man den Linearfaktor $(x+2)$ durch Polynomdivision abspalten:

$$\begin{array}{l} (5x^3 - 8x^2 - 27x + 18) : (x+2) = 5x^2 - 18x + 9 \\ \underline{-(5x^3 + 10x^2)} \\ \quad -18x^2 - 27x + 18 \\ \quad \underline{-(-18x^2 - 36x)} \\ \qquad\qquad 9x + 18 \\ \qquad\qquad \underline{-(9x + 18)} \\ \qquad\qquad\quad 0 \end{array}$$

Die Lösungen der quadratischen Gleichung $5x^2 - 18x + 9 = 0$ sind 3 und $\frac{3}{5}$.
Damit lautet die Faktorisierung
$f(x) = \frac{1}{5} f_1(x) = (x+2) \cdot (x-3) \cdot \left(x - \frac{3}{5}\right)$.
Ergebnis: Nullstellen sind -2, 3 sowie $\frac{3}{5}$.

Weiterführende Aufgaben

2. *Biquadratische Gleichungen*

a) Für *beliebige* ganzrationale Gleichungen höheren als 4. Grades gibt es keine *allgemeine* Lösungsformel. Dennoch lassen sich bestimmte Gleichungstypen mit elementaren Verfahren lösen. Hierzu gehören die biquadratischen Gleichungen; das sind Gleichungen, in denen die Lösungsvariable nur in der 2. und in der 4. Potenz vorkommt.
Löse die biquadratische Gleichung $x^4 - 11x^2 + 18 = 0$. Substituiere dazu zunächst $z = x^2$ und löse die zugehörige quadratische Gleichung nach z auf. Bestimme anschließend x aus den Lösungen für z.

b) Löse die Gleichung.
(1) $x^4 - 6x^2 + 5 = 0$ (2) $x^8 - 2x^4 - 3 = 0$ (3) $x^6 + 4x^3 - 5 = 0$

3. *Wiederholtes Abspalten eines linearen Terms – Mehrfache Nullstellen und ihre Bedeutung*

a) Die ganzrationale Funktion f hat den Term $f(x) = x^4 - 8x^3 + 17x^2 - 8x + 16$.
Zeige mithilfe der Polynomdivision, dass sich der Linearfaktor $(x - 4)$ genau zweimal abspalten lässt: $f(x) = (x - 4) \cdot (x - 4) \cdot g(x)$, wobei $g(4) \neq 0$ ist. Man nennt die zugehörige Nullstelle 4 eine doppelte Nullstelle.

b) Zeige, dass die ganzrationale Funktion f_1 mit $f_1(x) = x^2 - 4x + 4$ eine doppelte und die Funktion f_2 mit $f_2(x) = x^3 - 6x^2 + 12x - 8$ eine dreifache Nullstelle hat. Gib jeweils an, wie oft sich der zugehörige Linearfaktor abspalten lässt.

c) Wie kann man bei einer mehrfachen Nullstelle erkennen, ob die Funktionswerte an der Nullstelle das Vorzeichen wechseln oder nicht? Überlege dazu, welche Vorzeichen die Funktionswerte unmittelbar links und rechts von der Nullstelle haben. Prüfe an geeigneten Beispielen. Formuliere einen Satz.

4. *Nicht immer lassen sich alle Nullstellen erraten*
Gegeben ist die Funktion f mit $f(x) = x^4 + 4x^3 + 4x^2 - 4$.

a) Zeige anhand der Wertetabelle, dass f mindestens zwei Nullstellen hat. Begründe, dass keine Nullstelle von f ganzzahlig sein kann.

b) Rechne nach, dass $f(x) = (x^2 + 2 \cdot x - 2)(x^2 + 2 \cdot x + 2)$ ist und bestimme alle Nullstellen von f exakt.

Information **Fundamentalsatz der Algebara**

Aufgabe 4 macht deutlich, dass man nicht immer *jede* Nullstelle einer ganzrationalen Funktion durch Erraten finden kann.

CARL FRIEDRICH GAUSS
1777–1855

Nur falls die Zerlegung des Funktionsterms einer ganzrationalen Funktion in Linearfaktoren und evtl. auch quadratische Faktoren vollständig bekannt ist, kann man sicher sein, alle Nullstellen der Funktion gefunden zu haben.
Dass man tatsächlich jedes Polynom in ein Produkt von Linearfaktoren und quadratischen Faktoren zerlegen kann, hat erstmals CARL FRIEDRICH GAUSS mit seinem berühmten „Fundamentalsatz der Algebra“ bewiesen.

Übungsaufgaben

5.
Führe die Polynomdivision aus.

a) $(x^3 - 8x^2 + 22x - 21):(x-3)$
b) $(x^3 - 8x - 8):(x+2)$
c) $(x^4 - 1{,}5x^3 - x^2 + 5{,}5x - 6):(x-1{,}5)$
d) $(2x^4 - 5x^3 + 6x^2 - 9x + 2):(x-2)$
e) $(3x^5 - 1{,}5x^4 + 1{,}5x^3 + 0{,}5x^2 - 0{,}5x):(x+0{,}5)$
f) $(x^3 - 1):(x-1)$
g) $(x^{10} - 1):(x-1)$
h) $(x^n - 1):(x-1)$

6.
Prüfe für geeignete ganze Zahlen, ob sie Nullstellen der ganzrationalen Funktion f sind. Bestimme dann durch Polynomdivision die weiteren Nullstellen.

a) $f(x) = x^5 - x^4 - 5x^3 - 5x^2 + 4x + 6$
b) $f(x) = x^5 - 6x^4 + 4x^3 + 4x^2 + 3x + 10$

7.
Bestimme die Nullstellen der Funktion f mit:

a) $f(x) = (x-4)(x+2)(x+1)$
b) $f(x) = x(x-3)(x+5)$
c) $f(x) = (x^2 - 9)(x^2 + 9)$
d) $f(x) = (x-3)^2\left(x + \frac{1}{2}\right)$
e) $f(x) = x^5 - x^3$
f) $f(x) = x^3 + 3x^2 + 2x$

8.
Ermittle alle Nullstellen.

a) $f(x) = x^3 - 5x^2 + 2x + 8$
b) $f(x) = 2 \cdot x^3 - 3x^2 - 23x + 12$
c) $f(x) = x^3 + 4x^2 + 13x + 10$
d) $f(x) = 4x^3 + 8x^2 - x - 2$
e) $f(x) = 3x^3 - 7x^2 + 4$
f) $f(x) = x^4 + \frac{9}{2}x^3 - \frac{53}{2}x^2 + 12x$

9.
Gib einen möglichen Term für die Funktionen mit folgenden Graphen an.

Kontrolliere mit dem GTR.

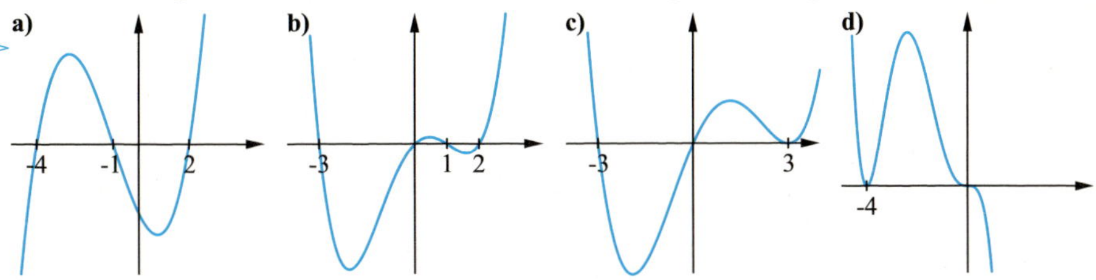

10.
Bestimme die Nullstellen der Funktion f. Gib auch das Verhalten für $x \to +\infty$ und $x \to -\infty$ an. Bestimme die Intervalle, in denen die Funktionswerte positiv bzw. negativ sind. Kontrolliere mit einem GTR.

a) $f(x) = 2x^3 + 5x^2 + x - 2$
b) $f(x) = x^3 - 7x + 6$
c) $f(x) = x^4 + x^3 - 4x^2 - 4x$
d) $f(x) = x^5 - \frac{1}{3}x^4 - 13x^3 + \frac{13}{3}x^2 + 36x - 12$

11. *Biquadratische Gleichungen*
Löse die Gleichung. Substituiere zunächst geeignet.

a) $x^4 - 9x^2 + 20 = 0$ **b)** $x^5 - \frac{19}{2}x^3 + \frac{9}{2}x = 0$ **c)** $x^6 - 35x^3 + 216 = 0$

Mehrfache Nullstellen

12.

Gib alle Nullstellen der ganzrationalen Funktion f an und notiere jeweils, ob es sich um eine einfache, doppelte oder dreifache Nullstelle handelt. Gib auch jeweils an, ob an der Nullstelle ein Vorzeichenwechsel der Funktionswerte auftritt.

a) $f(x) = (x-4)(x+3)^2$ **c)** $f(x) = \left(x - \frac{2}{3}\right)^2 (x + \sqrt{2})$ **e)** $f(x) = x^3 - 3x + 2$

b) $f(x) = x^3(x-0{,}6)(x+1)^2$ **d)** $f(x) = (x^2 - 6x + 9)(x+3)$ **f)** $f(x) = x^4 - x^3$

13.

CAS

Im Fenster des CAS-Rechners ist zu sehen, wie mithilfe des Befehls **factor()** die folgenden ganzrationalen Funktionsterme in Produkte umgewandelt wurden.

$f_1(x) = x^3 - 2x^2 + x - 2$

$f_2(x) = x^4 - 4x^3 + 5x^2 - 4x + 4$

$f_3(x) = x^5 - 6x^4 + 13x^3 - 14x^2 + 12x - 8$

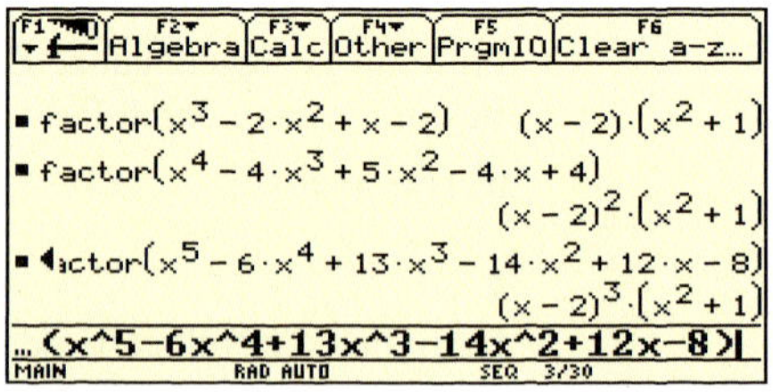

a) Überprüfe die Ergebnisse mit einem CAS-Rechner.
Zerlege ebenso den Term $f_4(x) = x^6 - 8x^5 + 25x^4 - 40x^3 + 40x^2 - 32x + 16$.

b) Begründe, dass Folgendes gilt:

(1) 2 ist einfache Nullstelle von f_1

(2) 2 ist zweifache Nullstelle von f_2

(3) 2 ist dreifache Nullstelle von f_3

(4) 2 ist vierfache Nullstelle von f_4

c) Zeichne auch die Graphen von f_1, f_2, f_3 und f_4 im Intervall $[-3; 3]$.

14.

Skizziere grob qualitativ – ohne einen GTR zu verwenden – den Verlauf des Graphen mit dem angegebenen Funktionsterm. Kontrolliere die Skizze mit einem GTR.

a) $f(x) = (x-1)(x-2)(x+2)$

b) $f(x) = (x-2)^2(x+3)$

c) $f(x) = x^3(x-1{,}5)(x+2)$

d) $f(x) = (x-1)^3(x+5)(x-0{,}5)^2$

e) $f(x) = (x^3-9)(x-1)x^2$

f) $f(x) = (x^2-4)(x^2+1)$

15.

Gib einen möglichen Funktionsterm für die Funktion f an.

a) f ist eine ganzrationale Funktion 4. Grades und hat nur 2 und -3 als Nullstellen.

b) f ist eine ganzrationale Funktion 3. Grades und hat drei Nullstellen.

c) f ist eine ganzrationale Funktion 3. Grades und hat genau zwei Nullstellen.

d) f ist eine ganzrationale Funktion 5. Grades und hat genau drei Nullstellen.

16.

Gib einen möglichen Term für die Funktionen mit den folgenden Graphen an. Kontrolliere mit einem GTR.

a)

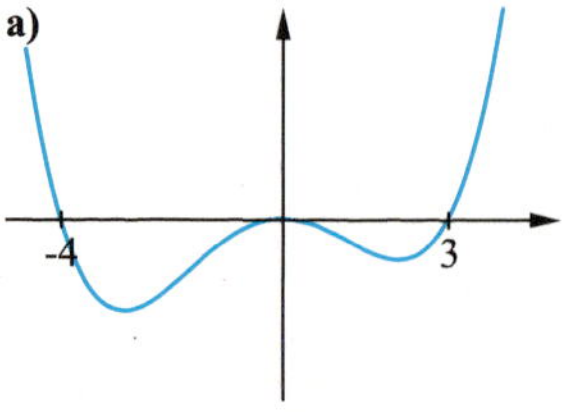

b)

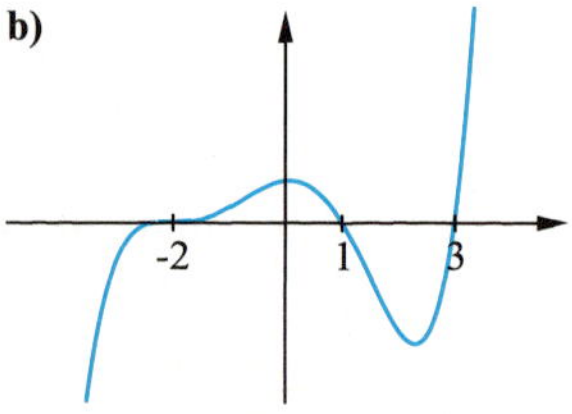

c)

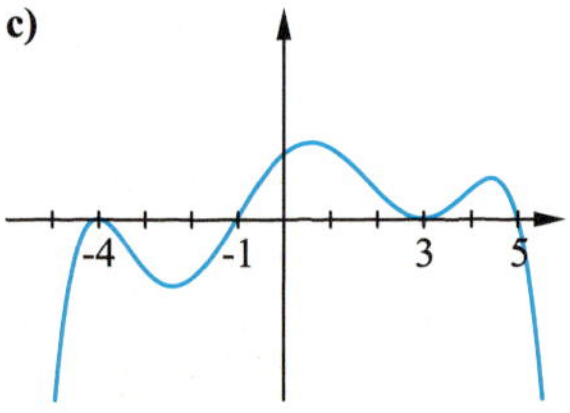

1.5 Weitere Funktionen

1.5.1 Quadratwurzelfunktionen

Aufgabe 1 Spiegele den Graphen zu $y = \frac{1}{8}x^2$ an der Hauptwinkelhalbierenden w der Koordinatenachsen. Welche Gleichung und welche Eigenschaften hat der neue Graph?

Lösung w ist Symmetrieachse der Koordinatenachsen. Beim Spiegeln an w geht ein Skalenpunkt der 1. Achse in den entsprechenden der 2. Achse über und umgekehrt. Von P zu P′ werden also die Koordinaten vertauscht.
Aus $P(x\,|\,y)$ wird $P'(y\,|\,x)$. Aus x wird y und aus y wird x.
Aus $y = \frac{1}{8}x^2$ wird $x = \frac{1}{8}y^2$, also $y^2 = 8x$. Das ist die Gleichung des neuen Graphen. Da er durch Spiegeln aus einer Parabel entstanden ist, bezeichnen wir auch ihn als Parabel.
Diese Parabel hat die 1. Achse als Symmetrieachse. Ihr Scheitelpunkt ist $S(0\,|\,0)$.

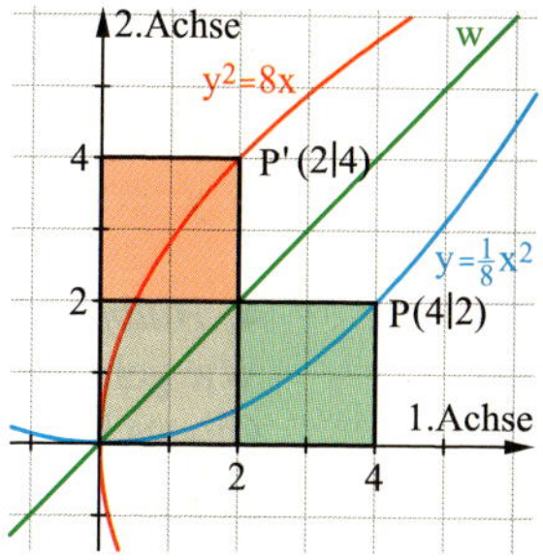

Information **(1) Parabeln symmetrisch zur 1. Achse mit dem Scheitel im Ursprung**
Spiegelt man die Parabel mit der Gleichung $y = \frac{1}{a}x^2$ $(a \neq 0)$ an der Hauptwinkelhalbierenden w, so beschreibt die Gleichung $y^2 = a \cdot x$ die gespiegelte Parabel.

Satz 11: *Parabeln symmetrisch zur 1. Achse*
Zu der Gleichung $y^2 = a \cdot x$ $(a \neq 0)$ gehört eine Parabel, die symmetrisch zur 1. Achse und deren Scheitelpunkt der Koordinatenursprung ist.

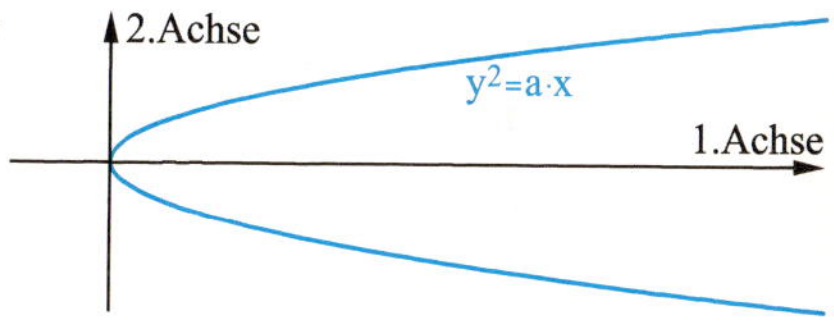

(2) Halbparabeln als Graphen von Funktionen
Die Parabel mit $y^2 = a \cdot x$ $(a \neq 0)$ kann nicht Graph einer Funktion sein, denn die Zuordnung $x \mapsto y$ ist nicht eindeutig. Beschränkt man sich bei der Parabel mit $y^2 = x$ auf eine der beiden *Halbparabeln*, so erhält man Graphen von Funktionen.

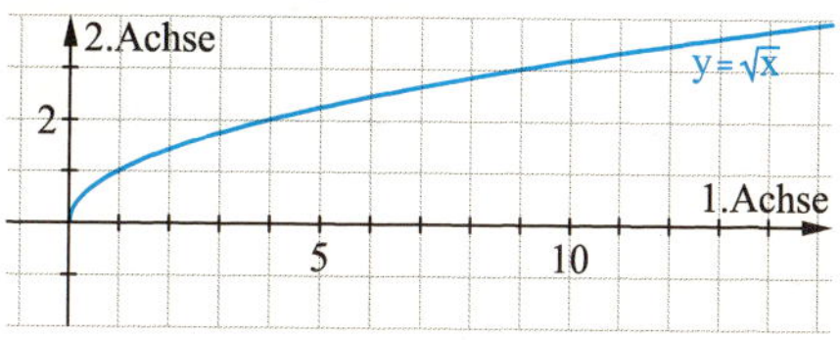

$y = \sqrt{x}$ (Quadratwurzelfunktion)
$D = \mathbb{R}_0^+ = [0; \infty[$; $W = \mathbb{R}_0^+ = [0; \infty[$

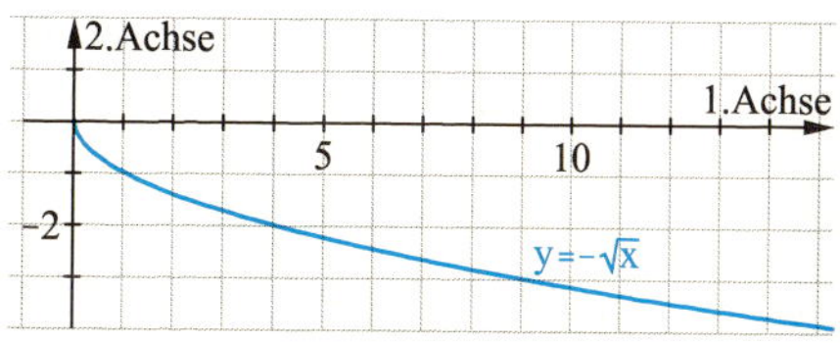

$y = -\sqrt{x}$
$D = \mathbb{R}_0^+ = [0; \infty[$; $W = \mathbb{R}_0^- =]-\infty; 0]$

Satz 12: *Graph der Quadratwurzelfunktion*
Man erhält den Graphen zu $y = \sqrt{x}$ (**Quadratwurzelfunktion**) durch Spiegeln des Graphen zu $y = x^2$ mit $x \geq 0$ an der Hauptwinkelhalbierenden w der Koordinatenachsen.

Lösung

a) Wir betrachten die Abbildung rechts: Das grüne Dreieck ist rechtwinklig, seine Katheten haben die Längen $x - d$ und $y - e$. Die Hypotenuse ist der Radius r des Kreises.
Nach dem Satz des Pythagoras gilt somit
$(x - d)^2 + (y - e)^2 = r^2$

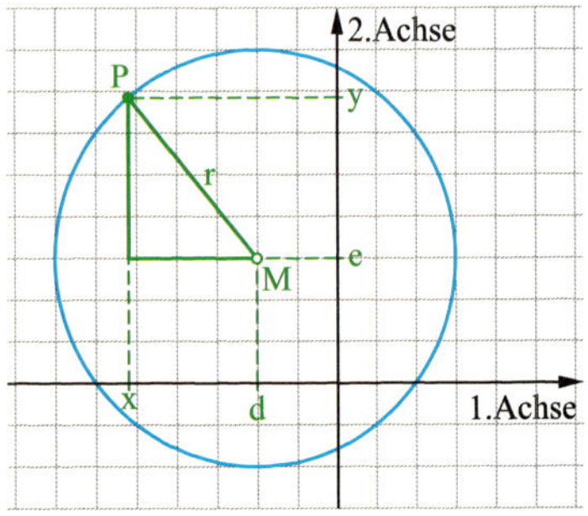

b) Nach der Lösung von Teilaufgabe a) gilt:
$(x + 2)^2 + (y - 3)^2 = 25$
Wir lösen diese Kreisgleichung nach y auf und erhalten zunächst $(y - 3)^2 = 25 - (x + 2)^2$.
Dies führt auf $y - 3 = \sqrt{25 - (x + 2)^2}$ oder $y - 3 = -\sqrt{25 - (x + 2)^2}$.
Es müssen daher die Funktionsterme zu den Funktionen mit $y = \sqrt{25 - (x + 2)^2} + 3$ und $y = -\sqrt{25 - (x + 2)^2} + 3$ eingegeben werden.

Weiterführende Aufgaben

3. *Steigung der Tangente an den unteren Halbkreis*
Erläutere: Bei der Funktion mit $y = -\sqrt{r^2 - x^2}$; $x \in [-r; r]$ hat die Tangente an den Graphen im Punkt $P_1(x_1 \mid -\sqrt{r^2 - x_1^2})$ mit $x_1 \neq -r$ und $x_1 \neq r$ die Steigung $m_t = \frac{x_1}{\sqrt{r^2 - x_1^2}}$.

4. *Steigung der Tangente an einen Kreis mit beliebigem Mittelpunkt*

a) Gegeben ist der Kreis aus Aufgabe 2. Bestimme die Steigungen der Tangenten an den Kreis im Punkt $P_1(2 \mid 6)$ und im Punkt $P_2(2 \mid 0)$.

b) Verallgemeinere die Ergebnisse aus Teilaufgabe a) für Kreise mit beliebigen Mittelpunkten.

Übungsaufgaben

GTR **5.**
Der Graph der Funktion g entsteht aus dem Graphen der Funktion f mit $f(x) = \sqrt{16 - x^2}$ durch

a) Verschieben um 2 Einheiten nach oben [3 Einheiten nach unten];

b) Verschieben um 4 Einheiten nach rechts [1 Einheit nach links];

c) Strecken von der 1. Achse aus in Richtung der 2. Achse mit dem Streckfaktor $1\frac{1}{2}$;

d) Verschieben um 1 Einheit nach links und anschließendes Spiegeln an der 1. Achse.

Skizziere schrittweise die einzelnen Graphen oder verwende zum Veranschaulichen den GTR. Notiere den Funktionsterm g(x). Gib auch den Definitionsbereich D_g und den Wertebereich W_g an.

6.
Bestimme die Gleichung für die Tangente an den Graphen der Funktion f im Punkt P_1. Kontrolliere die Rechnung durch eine Zeichnung.

a) $f(x) = \sqrt{25 - x^2}$; $P_1(3 \mid 4)$

b) $f(x) = \sqrt{6{,}25 - x^2}$; $P_1(-2 \mid 1{,}5)$

c) $f(x) = -\sqrt{100 - x^2}$; $P_1(-8 \mid -6)$

d) $f(x) = -\sqrt{20 - x^2}$; $P_1(4 \mid -2)$

1.5 Weitere Funktionen

1.5.1 Quadratwurzelfunktionen

Aufgabe 1 Spiegele den Graphen zu $y = \frac{1}{8}x^2$ an der Hauptwinkelhalbierenden w der Koordinatenachsen. Welche Gleichung und welche Eigenschaften hat der neue Graph?

Lösung w ist Symmetrieachse der Koordinatenachsen. Beim Spiegeln an w geht ein Skalenpunkt der 1. Achse in den entsprechenden der 2. Achse über und umgekehrt. Von P zu P′ werden also die Koordinaten vertauscht.
Aus $P(x \mid y)$ wird $P'(y \mid x)$. Aus x wird y und aus y wird x.
Aus $y = \frac{1}{8}x^2$ wird $x = \frac{1}{8}y^2$, also $y^2 = 8x$. Das ist die Gleichung des neuen Graphen. Da er durch Spiegeln aus einer Parabel entstanden ist, bezeichnen wir auch ihn als Parabel.
Diese Parabel hat die 1. Achse als Symmetrieachse. Ihr Scheitelpunkt ist $S(0 \mid 0)$.

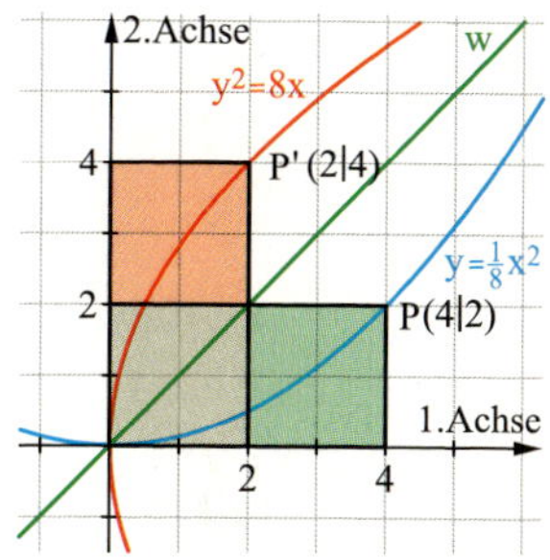

Information **(1) Parabeln symmetrisch zur 1. Achse mit dem Scheitel im Ursprung**

Spiegelt man die Parabel mit der Gleichung $y = \frac{1}{a}x^2$ $(a \neq 0)$ an der Hauptwinkelhalbierenden w, so beschreibt die Gleichung $y^2 = a \cdot x$ die gespiegelte Parabel.

Satz 11: *Parabeln symmetrisch zur 1. Achse*
Zu der Gleichung $y^2 = a \cdot x$ $(a \neq 0)$ gehört eine Parabel, die symmetrisch zur 1. Achse und deren Scheitelpunkt der Koordinatenursprung ist.

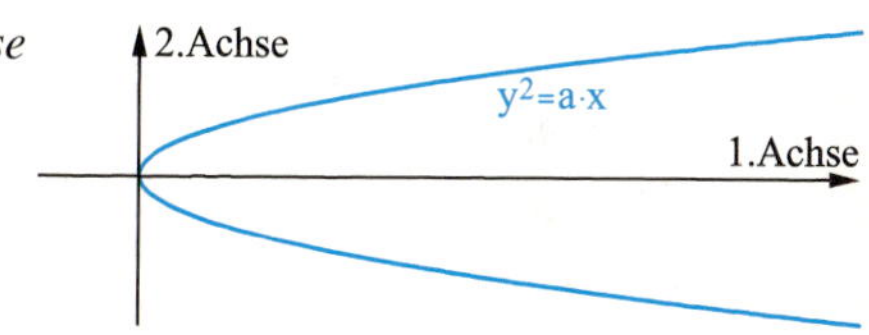

(2) Halbparabeln als Graphen von Funktionen

Die Parabel mit $y^2 = a \cdot x$ $(a \neq 0)$ kann nicht Graph einer Funktion sein, denn die Zuordnung $x \mapsto y$ ist nicht eindeutig. Beschränkt man sich bei der Parabel mit $y^2 = x$ auf eine der beiden *Halbparabeln*, so erhält man Graphen von Funktionen.

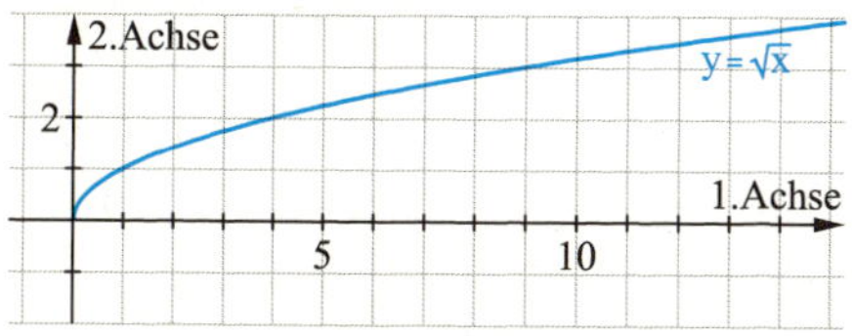

$y = \sqrt{x}$ (Quadratwurzelfunktion)
$D = \mathbb{R}_0^+ = [0; \infty[$; $W = \mathbb{R}_0^+ = [0; \infty[$

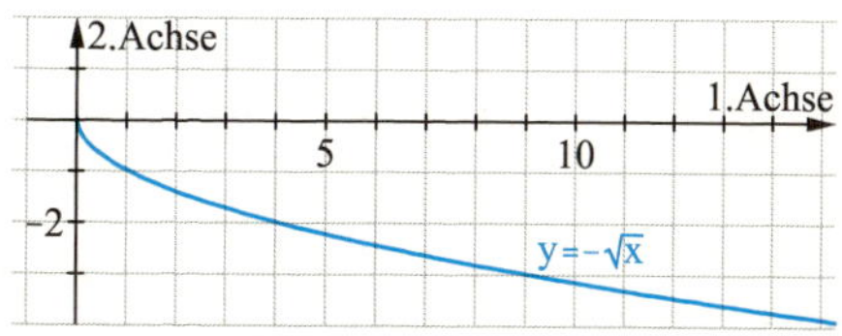

$y = -\sqrt{x}$
$D = \mathbb{R}_0^+ = [0; \infty[$; $W = \mathbb{R}_0^- =]-\infty; 0]$

Satz 12: *Graph der Quadratwurzelfunktion*
Man erhält den Graphen zu $y = \sqrt{x}$ (**Quadratwurzelfunktion**) durch Spiegeln des Graphen zu $y = x^2$ mit $x \geq 0$ an der Hauptwinkelhalbierenden w der Koordinatenachsen.

Weiterführende Aufgabe

2. *Steigung einer Tangente an den Graphen der Wurzelfunktion*
Zeige: Bei der Funktion mit $y = \sqrt{x}$ hat die Tangente im Punkt $A(x_1 | \sqrt{x_1})$; $x_1 > 0$ an den Graphen die Steigung $m = \frac{1}{2 \cdot \sqrt{x_1}}$.

Übungsaufgaben

3. *Parabeln symmetrisch zur 1. Achse mit dem Scheitelpunkt im Ursprung*
Bestimme rechnerisch die gemeinsamen Punkte von Parabel und Gerade.

a) $y^2 = 9x$
$y = x + 2$

b) $y^2 = 0{,}18x$
$y = 0{,}3x - 1{,}2$

c) $y^2 = 0{,}64x$
$y = 0{,}8x - 1{,}6$

4. *Halbparabeln als Graphen von Funktionen*
Wie geht der Graph von f aus dem Graphen der Quadratwurzelfunktion hervor?
Gib auch den Definitionsbereich und den Wertebereich von f an.

a) $f(x) = \sqrt{x} + 1{,}5$
b) $f(x) = \sqrt{x - 4}$
c) $f(x) = \sqrt{x + 3}$
d) $f(x) = 1{,}5 \cdot \sqrt{x}$
e) $f(x) = -0{,}5 \cdot \sqrt{x - 1}$
f) $f(x) = -2 \cdot \sqrt{x - 3} + 4$

GTR Skizziere schrittweise die einzelnen Graphen oder verwende den GTR.

GTR **5.**
Gegeben ist eine Schar von Geraden durch $y = \frac{x}{2 \cdot \sqrt{s}} + \frac{1}{2} \cdot \sqrt{s}$ mit $s > 0$.

a) Setze $\frac{1}{9}$, $\frac{1}{4}$, 1, 4, 9 für s ein und zeichne die Geraden in ein Koordinatensystem.
b) Begründe, dass jede Gerade der Schar Tangente an den Graphen zu $y = \sqrt{x}$ ist.
c) Welche Zahl muss man für s setzen, damit die Tangente durch den Punkt $Q(10 | 3{,}5)$ geht? Gib die Tangentengleichungen an. Bestimme auch die Berührungspunkte.

6.
Eine Getränkefirma hat in einer Woche 100 000 tetraedrische Verpackungen mit Orangensaft gefüllt. Dabei wurden 246 429 dm² Verbundfolie verbraucht, ohne dass Verschnitt anfiel.

a) Mache dir am Netz eines regelmäßigen Tetraeders klar, dass sich die Größe der Oberfläche O aus der Kantenlänge a mithilfe der Formel $O = \sqrt{3} \cdot a^2$ berechnet.
Wie groß ist die Kantenlänge a bei dieser Verpackung?

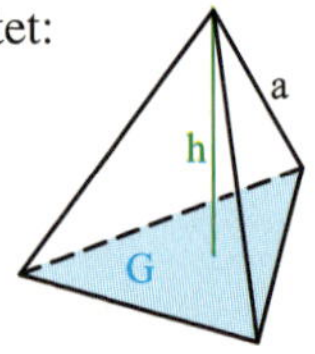

b) Die Formel für das Volumen eines regelmäßigen Tetraeders lautet:
$V = \frac{a^3}{12} \cdot \sqrt{2}$.
Leite diese Formel aus der für eine beliebige Pyramide ab.
$V_{Pyramide} = \frac{1}{3} G \cdot h$
Wie viel Liter Saft kann die Verpackung fassen?

c) Zeichne mithilfe der Funktionsgleichungen die Graphen der Funktionen *Kantenlänge → Größe der Oberfläche* und *Größe der Oberfläche → Kantenlänge* in dasselbe Koordinatensystem (gleiche Skalierung der Achsen). Vergleiche.

1.5.2 Halbkreise als Graphen von Funktionen

Information **(1) Kreis um den Ursprung des Koordinatensystems**

Wir wissen:
Zur Gleichung $x^2 + y^2 = r^2$ gehört ein Kreis um den Koordinatenursprung $O(0|0)$ mit dem Radius r.
Der Kreis ist nicht Graph einer Funktion.

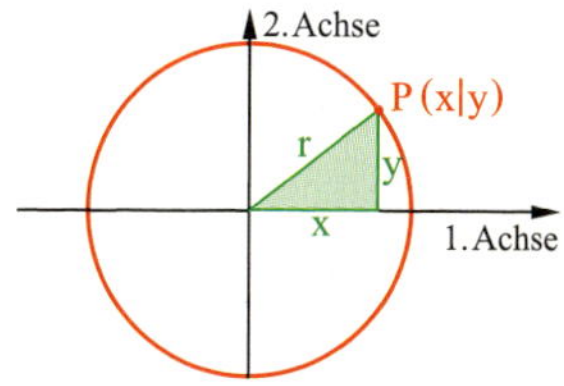

(2) Halbkreise als Funktionsgraphen

Beschränkt man sich auf den oberen bzw. unteren Halbkreis, so erhält man jedesmal einen Funktionsgraphen.

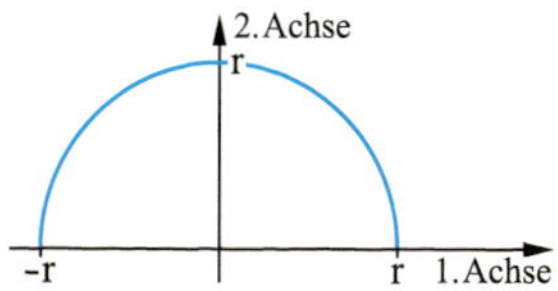

$y = \sqrt{r^2 - x^2}$; $D = [-r; r]$; $W = [0; r]$

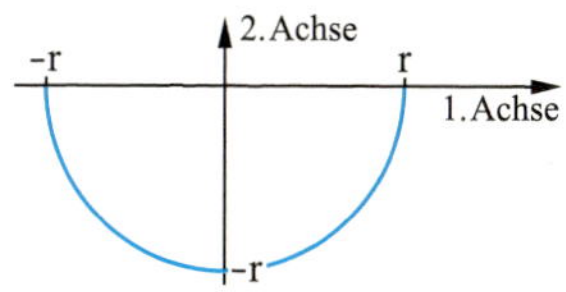

$y = -\sqrt{r^2 - x^2}$; $D = [-r; r]$; $W = [0; -r]$

Aufgabe 1 *Tangente an einen Halbkreis um den Ursprung*

Gegeben ist die Funktion mit $y = \sqrt{r^2 - x^2}$; $x \in [-r; r]$.
Bestimme die Steigung der Tangente an den Graphen im Punkt $P_1(x_1 \mid \sqrt{r^2 - x_1^2})$.

Lösung Die Tangente an den Graphen (oberer Halbkreis) im Punkt P_1 ist orthogonal zum Radius $\overline{OP_1}$.

$m_r = \frac{y_1}{x_1}$ ($x_1 \neq 0$ und $y_1 > 0$), also: $m_t = -\frac{x_1}{y_1}$ und somit

$m_t = -\frac{x_1}{\sqrt{r^2 - x_1^2}}$ ($x_1 \neq -r$ und $x_1 \neq r$)

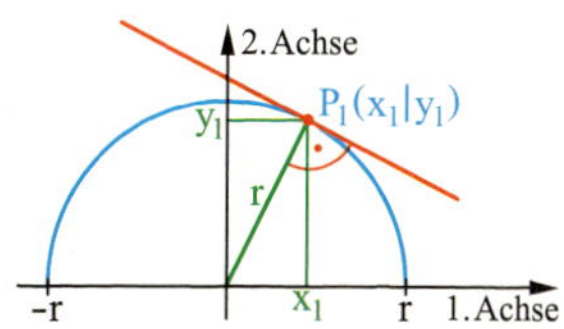

Gilt auch für $x_1 = 0$

Satz 13: *Steigung der Tangente an den oberen Halbkreis*

Bei der Funktion mit $y = \sqrt{r^2 - x^2}$; $x \in [-r; r]$ hat die Tangente an den Graphen im Punkt $P_1(x_1 \mid \sqrt{r^2 - x_1^2})$ mit $x_1 \neq -r$ und $x_1 \neq r$ die Steigung $m_t = -\frac{x_1}{\sqrt{r^2 - x_1^2}}$.

Aufgabe 2 *Kreis mit beliebigem Mittelpunkt*

Mithilfe eines GTR wurde der rechts abgebildete Kreis gezeichnet. Er hat den Mittelpunkt $M(-2|3)$ und den Radius $r = 5$.

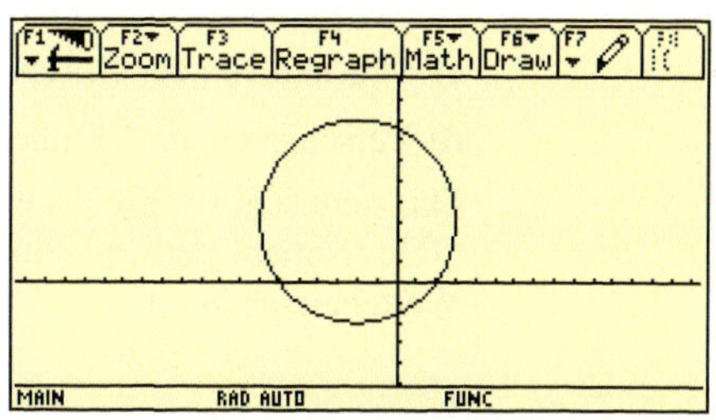

a) Zeige allgemein:

Die Koordinaten x und y aller Punkte $K(x|y)$ auf einem Kreis um den Mittelpunkt $M(d|e)$ mit dem Radius r erfüllen die Gleichung:
$(x - d)^2 + (y - e)^2 = r^2$

b) Welche Terme müssen in den Funktioneneditor des Rechners eingegeben werden, damit der oben angegebene Kreis im Grafikfenster gezeigt wird?

Lösung

a) Wir betrachten die Abbildung rechts: Das grüne Dreieck ist rechtwinklig, seine Katheten haben die Längen x − d und y − e. Die Hypotenuse ist der Radius r des Kreises.
Nach dem Satz des Pythagoras gilt somit
$(x-d)^2 + (y-e)^2 = r^2$

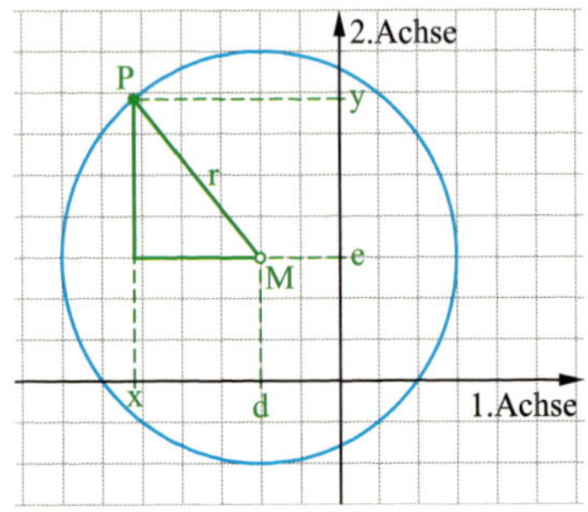

b) Nach der Lösung von Teilaufgabe a) gilt:
$(x+2)^2 + (y-3)^2 = 25$
Wir lösen diese Kreisgleichung nach y auf und erhalten zunächst $(y-3)^2 = 25 - (x+2)^2$.
Dies führt auf $y - 3 = \sqrt{25-(x+2)^2}$ oder $y - 3 = -\sqrt{25-(x+2)^2}$.
Es müssen daher die Funktionsterme zu den Funktionen mit $y = \sqrt{25-(x+2)^2} + 3$ und $y = -\sqrt{25-(x+2)^2} + 3$ eingegeben werden.

Weiterführende Aufgaben

3. *Steigung der Tangente an den unteren Halbkreis*
Erläutere: Bei der Funktion mit $y = -\sqrt{r^2 - x^2}$; $x \in [-r; r]$ hat die Tangente an den Graphen im Punkt $P_1(x_1 \mid -\sqrt{r^2 - x_1^2})$ mit $x_1 \neq -r$ und $x_1 \neq r$ die Steigung $m_t = \frac{x_1}{\sqrt{r^2 - x_1^2}}$.

4. *Steigung der Tangente an einen Kreis mit beliebigem Mittelpunkt*

a) Gegeben ist der Kreis aus Aufgabe 2. Bestimme die Steigungen der Tangenten an den Kreis im Punkt $P_1(2 \mid 6)$ und im Punkt $P_2(2 \mid 0)$.

b) Verallgemeinere die Ergebnisse aus Teilaufgabe a) für Kreise mit beliebigen Mittelpunkten.

Übungsaufgaben

GTR **5.**
Der Graph der Funktion g entsteht aus dem Graphen der Funktion f mit $f(x) = \sqrt{16 - x^2}$ durch

a) Verschieben um 2 Einheiten nach oben [3 Einheiten nach unten];

b) Verschieben um 4 Einheiten nach rechts [1 Einheit nach links];

c) Strecken von der 1. Achse aus in Richtung der 2. Achse mit dem Streckfaktor $1\frac{1}{2}$;

d) Verschieben um 1 Einheit nach links und anschließendes Spiegeln an der 1. Achse.

Skizziere schrittweise die einzelnen Graphen oder verwende zum Veranschaulichen den GTR. Notiere den Funktionsterm g(x). Gib auch den Definitionsbereich D_g und den Wertebereich W_g an.

6.
Bestimme die Gleichung für die Tangente an den Graphen der Funktion f im Punkt P_1. Kontrolliere die Rechnung durch eine Zeichnung.

a) $f(x) = \sqrt{25 - x^2}$; $P_1(3 \mid 4)$

b) $f(x) = \sqrt{6{,}25 - x^2}$; $P_1(-2 \mid 1{,}5)$

c) $f(x) = -\sqrt{100 - x^2}$; $P_1(-8 \mid -6)$

d) $f(x) = -\sqrt{20 - x^2}$; $P_1(4 \mid -2)$

7.

An welcher Stelle bekommt man eine Tangente an den Graphen von f mit der angegebenen Steigung? Gib auch für die Tangente die Gleichung in Normalform an.

a) $f(x) = \sqrt{25 - x^2}$; $m = \frac{4}{3}$

b) $f(x) = \sqrt{16 - x^2}$; $m = -\frac{3}{4}$

c) $f(x) = \sqrt{64 - x^2}$; $m = -\frac{3}{4}$

d) $f(x) = \sqrt{9 - x^2}$; $m = 0$

8.

Bestimme die Gleichungen für die Tangenten an den Graphen von f durch den Punkt S. Gib auch die Berührpunkte an.

a) $f(x) = \sqrt{25 - x^2}$; $S(-1\,|\,7)$

b) $f(x) = \sqrt{9 - x^2}$; $S(2\,|\,3)$

c) $f(x) = -\sqrt{20 - x^2}$; $S(2\,|\,-6)$

d) $f(x) = \sqrt{20 - (x-3)^2} - 4$; $S(5\,|\,0)$

9.

Gegeben ist eine Schar von Funktionen durch $f_r(x) = \sqrt{r^2 - x^2}$ mit $r > 0$.

a) Bestimme r so, dass der Graph von f_r durch den Punkt $P(2\,|\,1{,}5)$ geht.

b) Bestimme r so, dass der Graph von f_r mit der Geraden durch die Punkte $S_1\left(8\frac{1}{3}\,\middle|\,0\right)$ und $S_2\left(0\,\middle|\,6\frac{1}{4}\right)$ genau einen gemeinsamen Punkt hat. Welcher Punkt ist das?

10.

Rechts ist eine Markthalle in Vorderansicht dargestellt. Der große Saal wird von einem Tonnengewölbe überspannt. Das Satteldach liegt auf dem Gewölbe auf.

Halbkreisgleichung: $y = \sqrt{16 - x^2}$

Neigung des Daches: 75 %

Gib für die Unterkante des linken und rechten Dachbalkens je eine Gleichung an.

Bestimme die Punkte A und A′, bei denen die Balken aufliegen.

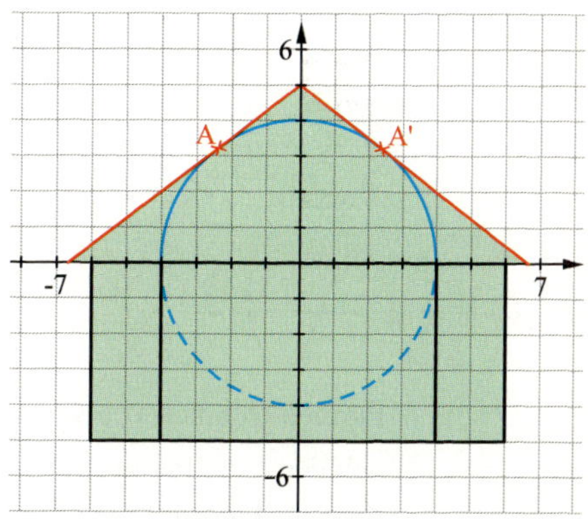

11.

In einer Skateboardanlage führt eine Rampe mit einem Gefälle von 75 % von einem Podest auf den 2,5 m tiefer liegenden, waagerechten Asphaltboden.

Um die Belastung der Skateboardfahrer zu verringern, beginnt 0,5 m über dem Boden ein Stück eines Halbkreisbogens, das von der Rampe ohne einen Knick zum Boden führt.

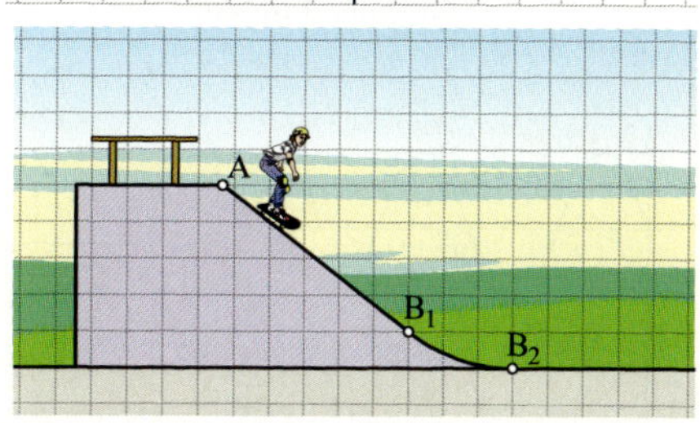

Der Mittelpunkt des Halbkreises soll der Ursprung des Koordinatensystems sein. Außerdem sollen die Koordinatenachsen parallel bzw. orthogonal zum Boden verlaufen.

Berechne die Koordinaten der Berührpunkte B_1 und B_2.

Vergleiche auch die Gleichungen des Halbkreises, der Rampe und des Bodens. Welche Koordinaten hat der Punkt A, in dem das Podest zur Rampe abknickt?

Vergleiche die Steigung der Sekante durch B_1 und B_2 mit dem Gefälle der Rampe.

1.5.3 Die allgemeine Sinusfunktion

Am Einheitskreis gibt das Bogenmaß eines Winkels die Länge des zum Winkel gehörenden Kreisbogens ohne Einheit an. Für das Bogenmaß x und das Gradmaß α gilt:

$x = \alpha \cdot \frac{\pi}{180^\circ}$ bzw. $\alpha = x \cdot \frac{180^\circ}{\pi}$

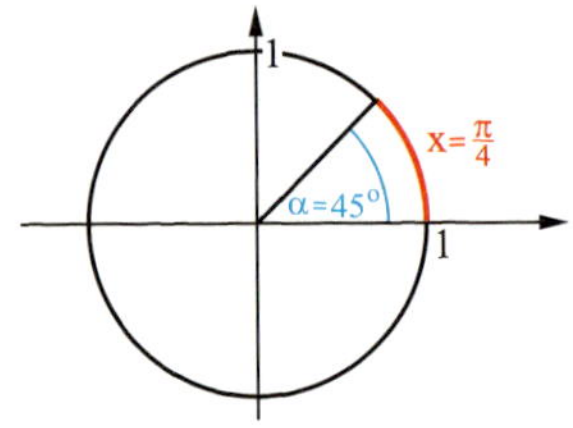

Aufgabe 1 **a)** Vergleiche die Graphen zu $\sin(x)$, $\sin(2x)$ und $\sin\left(\frac{1}{2}x\right)$.

GTR **b)** Wie geht der Graph zu $y = 1{,}5 \cdot \sin\left(\frac{1}{2}\left(x - \frac{\pi}{4}\right)\right) + 1$ aus dem zu $y = \sin(x)$ hervor?

Betrachte dazu nacheinander:

(1) $y = \sin\left(\frac{1}{2}x\right)$ (2) $y = \sin\left(\frac{1}{2}\left(x - \frac{\pi}{4}\right)\right)$ (3) $y = 1{,}5 \cdot \sin\left(\frac{1}{2}\left(x - \frac{\pi}{4}\right)\right)$

(4) $y = 1{,}5 \cdot \sin\left(\frac{1}{2}\left(x - \frac{\pi}{4}\right)\right) + 1$

Beschreibe jeweils die Veränderungen im Vergleich zum vorherigen Graphen.

Lösung **a)** *MODE drücken. Dann mit RADIAN Bogenmaß bei Angle einstellen.*

Während sich die Werte bei $\sin(x)$ nach 2π wiederholen, ist die Periodenlänge bei $\sin(2x)$ nur halb so groß, bei $\sin\left(\frac{1}{2}x\right)$ doppelt so groß (siehe Tabelle).

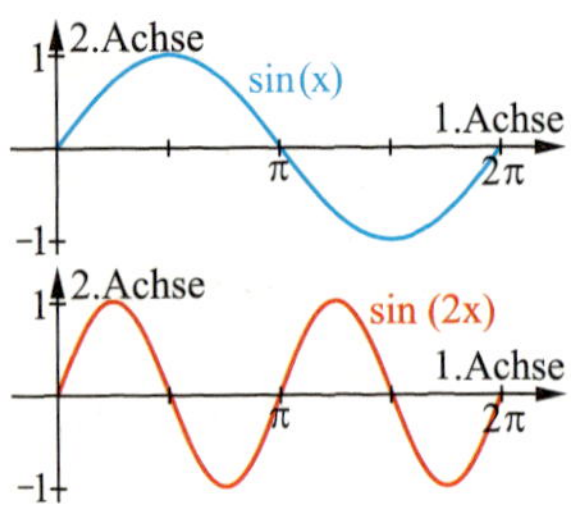

Periode von sin (x)

1. Periode von sin (2x)					2. Periode von sin (2x)			

x	0	$\frac{\pi}{4}$	$\frac{\pi}{2}$	$\frac{3}{4}\pi$	π	$\frac{5}{4}\pi$	$\frac{3}{2}\pi$	$\frac{7}{4}\pi$	2π
sin (x)	0	$\frac{1}{2}\sqrt{2}$	1	$\frac{1}{2}\sqrt{2}$	0	$-\frac{1}{2}\sqrt{2}$	−1	$-\frac{1}{2}\sqrt{2}$	0
sin (2x)	0	1	0	−1	0	1	0	−1	0

Für den Graphen von $\sin(x)$ bedeutet die Halbierung der Periodenlänge eine Streckung von der 2. Achse aus in Richtung der 1. Achse mit dem Faktor $\frac{1}{2}$. Man bekommt so den Graphen von $\sin(2x)$.

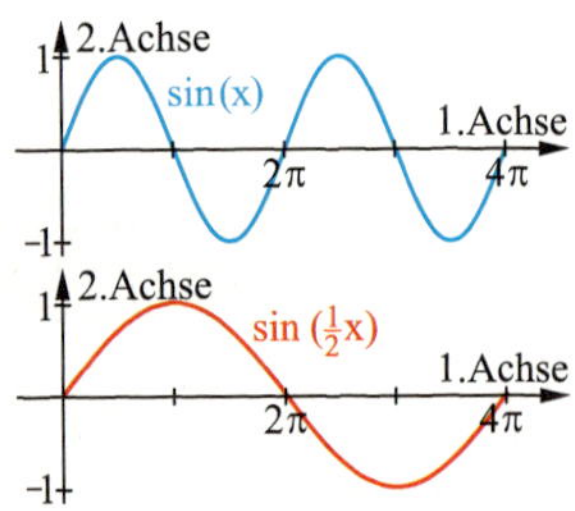

Periode von $\sin\left(\frac{1}{2}x\right)$

1. Periode von sin (x)					2. Periode von sin (x)			

x	0	$\frac{\pi}{2}$	π	$\frac{3}{2}\pi$	2π	$\frac{5}{2}\pi$	3π	$\frac{7}{2}\pi$	4π
sin (x)	0	1	0	−1	0	1	0	−1	0
$\sin\left(\frac{1}{2}x\right)$	0	$\frac{1}{2}\sqrt{2}$	1	$\frac{1}{2}\sqrt{2}$	0	$-\frac{1}{2}\sqrt{2}$	−1	$-\frac{1}{2}\sqrt{2}$	0

Für den Graphen von $\sin(x)$ bedeutet die Verdopplung der Periodenlänge eine Streckung von der 2. Achse aus in Richtung der 1. Achse mit dem Faktor 2. Man bekommt so den Graphen von $\sin\left(\frac{1}{2}x\right)$.

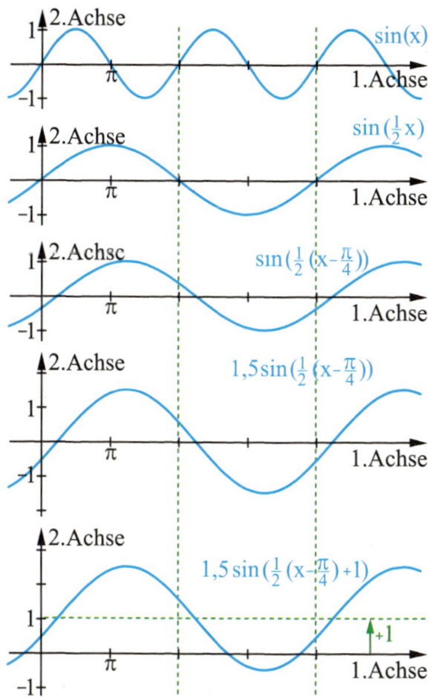

b) (1) Wie in Teilaufgabe a) erläutert, verdoppelt sich die Periodenlänge beim Übergang von $\sin(x)$ zu $\sin\left(\frac{1}{2}x\right)$.

(2) Der Subtrahend $\frac{\pi}{4}$ bewirkt eine Verschiebung des Graphen von $\sin\left(\frac{1}{2}x\right)$ um $\frac{\pi}{4}$ nach rechts (siehe Wertetabelle).

x	0	$\frac{\pi}{4}$	$\frac{\pi}{2}$	$\frac{3}{4}\pi$	π	$\frac{5}{4}\pi$
$\sin\left(\frac{1}{2}x\right)$	0	0,383	0,707	0,924	1	0,924
$\sin\left(\frac{1}{2}\left(x-\frac{\pi}{4}\right)\right)$	−0,383	0	0,383	0,707	0,924	1

(3) Durch den Faktor 1,5 vor dem Sinusterm wird der Funktionswert von $\sin\left(\frac{1}{2}\left(x-\frac{\pi}{4}\right)\right)$ mit 1,5 multipliziert, d.h. der Graph wird mit dem Faktor 1,5 von der 1. Achse aus in Richtung der 2. Achse gestreckt.

(4) Durch den Summanden +1 wird der übrige Funktionsterm um +1 vergrößert, d.h. der Graph wird um 1 nach oben (parallel zur 2. Achse) verschoben.

Information **Allgemeine Sinusfunktion**

Ähnlich wie in Aufgabe 1 kann man bei jeder Funktion f, deren Funktionsterm die Gestalt $f(x) = a \cdot \sin(b(x-c)) + d$ hat, vorgehen. Der Graph einer solchen Funktion geht durch Strecken in Richtung der Achsen und Verschieben in Richtung der Achsen aus dem Graphen der Sinusfunktion hervor. Solche Funktionen werden daher auch **allgemeine Sinusfunktionen** genannt. Diese Funktionen dienen dazu, periodische Vorgänge in Natur und Technik zu beschreiben. Bei der **Modellierung** der Vorgänge geht es darum, aus Messwerten bzw. aus der Situation heraus die Koeffizienten $a, b, c, d \in \mathbb{R}$ möglichst so zu bestimmen, dass man mithilfe des Modells auch Berechnungen durchführen kann.

Aufgabe 2 *Beschreibung der Sonnenscheindauer mithilfe einer allgemeinen Sinusfunktion*

Unter der astronomischen Sonnenscheindauer versteht man die Zeitspanne zwischen Sonnenaufgang und Sonnenuntergang. Der 50. Breitengrad verläuft durch die Bundesrepublik, z.B. durch Mainz. Für Orte dieser geographischen Breite beträgt die astronomische Sonnenscheindauer ungefähr:

Datum	22.6.	22.7	22.8.	22.9.	22.10.	22.11.	22.12.	22.1.	22.2.	22.3.	22.4.	22.5
Dauer (in h)	16,2	15,4	13,8	12,0	10,2	8,6	7,8	8,7	10,3	12,2	13,9	15,4

a) Bestimme eine allgemeine Sinusfunktion, welche die astronomische Sonnenscheindauer für Orte auf dem 50. Breitengrad gut annähert.

b) Bestimme mithilfe von Teilaufgabe a) die astronomische Sonnenscheindauer am 10. Juli.

Lösung **a)** Auf der 1. Achse tragen wir die Anzahl der Kalendertage seit Jahresbeginn ab. Offenbar liegen die Punkte auf dem Graphen einer allgemeinen Sinusfunktion.

Wir überlegen nun, welche physikalisch-astronomischen Gegebenheiten wir benutzen können, um die Koeffizienten a, b, c, d zu bestimmen:

- Die Periode ist rund 365 Tage lang.
  $b = \frac{2\pi}{365}$
- Am Sommeranfang (22.6.) ist die astronomische Sonnenscheindauer maximal, am Winteranfang (22.12.) minimal. Beide Werte sind gleich weit von dem Wert entfernt, der für Frühlings- und Herbstanfang angegeben ist.
  $16{,}2\,h - 12{,}0\,h = 12{,}0\,h - 7{,}8\,h = 4{,}2\,h$
  $a = 4{,}2;\ d = 12$
- Den Beginn dieser periodischen Bewegung können wir auf den 22.3. (Frühlingsanfang), also den 81. Tag des Jahres, festlegen: $c = 81$

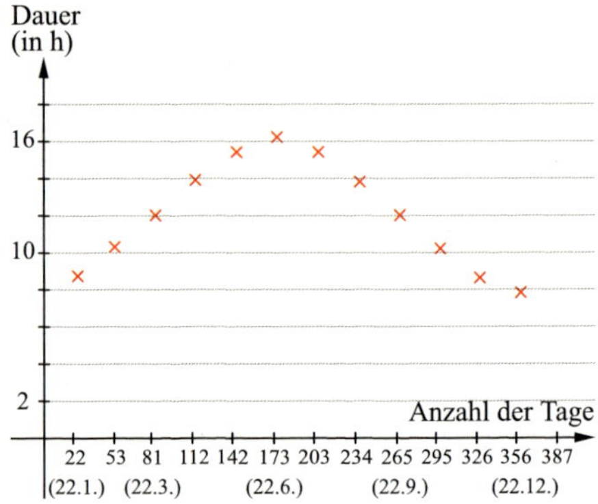

Aus den Überlegungen ergibt sich der Term dieser allgemeinen Sinusfunktion:

$$f(x) = 4{,}2\,\sin\left(\frac{2\pi}{365}\cdot(x-81)\right) + 12$$

b) Der 10. Juli ist der 191. Kalendertag eines Jahres. Hierfür ergibt sich:

$$f(191) = 4{,}2\,\sin\left(\frac{2\pi}{365}\cdot(191-81)\right) + 12 \approx 16{,}0$$

Die astronomische Sonnenscheindauer beträgt also ungefähr 16 Stunden.

Weiterführende Aufgabe

GTR **3.** *Reihenfolge von Verschieben und Strecken*

Gegeben ist der Graph der Sinusfunktion. Wende eine Streckung und dann eine Verschiebung an. Gehe auch in der umgekehrten Reihenfolge vor. Vergleiche die Graphen.

(1) Strecken mit Faktor 2 in Richtung der 1. Achse um +1

(2) Strecken mit Faktor 2 in Richtung der 2. Achse

(3) Verschieben in Richtung der 1. Achse um +1

(4) Verschieben in Richtung der 2. Achse um +1

Übungsaufgaben

Bogenmaß mit MODE *und* RADIAN *einstellen*

GTR **4.**

Vergleiche den Graphen der Funktion f mit dem der Funktion mit $y = \sin(x)$.

a) $f(x) = \sin(2x)$ **c)** $f(x) = 3\cdot\sin(x)$ **e)** $f(x) = \sin(2(x-\pi))$

b) $f(x) = \sin(x-\pi)$ **d)** $f(x) = \sin\left(\frac{1}{3}x\right) - 1$ **f)** $f(x) = 3\sin\left(\frac{1}{4}x\right)$

GTR **5.**

Skizziere den Graphen der folgenden Funktion:

a) $f(x) = 2\sin\left(x - \frac{\pi}{2}\right)$

b) $f(x) = \frac{1}{2}\sin\left(\frac{1}{2}x\right)$

c) $f(x) = -\sin\left(x + \frac{\pi}{3}\right)$

d) $f(x) = \sin\left(2\left(x + \frac{3}{4}\pi\right)\right)$

e) $f(x) = \frac{1}{2}\sin\left(x + \frac{\pi}{2}\right)$

f) $f(x) = 3\cdot\sin(2x)$

g) $f(x) = \sin\left(x + \frac{\pi}{2}\right)$

h) $f(x) = \sin\left(-x + \frac{\pi}{2}\right)$

Bestimme auch die Periodenlänge und die Nullstellen. Kontrolliere dann mit dem GTR.

GTR **6.**
Skizziere den Graphen der Funktion.

a) $f(x) = \frac{1}{4} \cdot \sin\left(2\left(x - \frac{\pi}{4}\right)\right) - \frac{1}{2}$

b) $f(x) = 2 \cdot \sin\left(\frac{1}{2}(x + \pi)\right) + 1$

c) $f(x) = \left(-\frac{1}{2}\right) \cdot \sin\left(3\left(x + \frac{\pi}{3}\right)\right) + 1$

d) $f(x) = 2 \cdot \sin\left(\frac{1}{2}x + \pi\right) + 1$

GTR **7.**
Vergleiche die Graphen von:

a) $f_1(x) = \sin\left(2\left(x - \frac{\pi}{2}\right)\right)$
$f_2(x) = \sin\left(2x - \frac{\pi}{2}\right)$

b) $f_1(x) = \sin(x) + \pi$
$f_2(x) = \sin(x + \pi)$

c) $f_1(x) = 2\sin(x)$
$f_2(x) = \sin(2x)$

8.
Bestimme eine allgemeine Sinusfunktion, die die angegebenen Werte hat.

a)

x	0	1	2	3	4
f(x)	0	1	0	−1	0

b)

x	0	3	6	9	12
f(x)	0	1	0	−1	0

c)

x	1	3	5	7	9
f(x)	0	1	0	−1	0

d)

x	1	2	3	4	5
f(x)	1	3	1	−1	1

9.
Gib zum Graphen den Term der allgemeinen Sinusfunktion [Kosinusfunktion] an.

a)
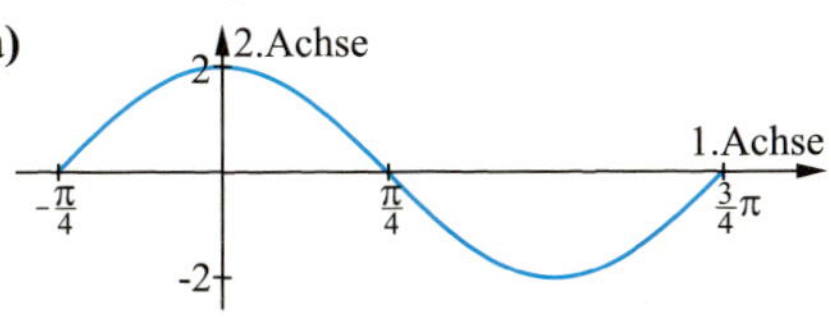

b)
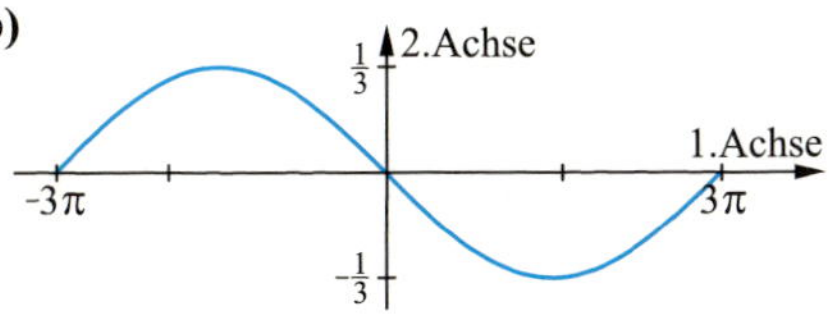

c)
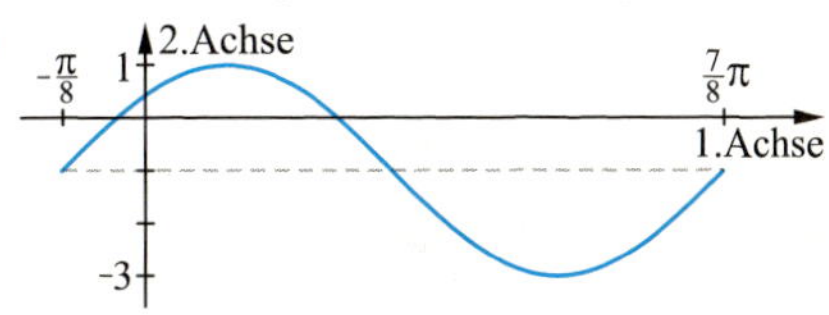

d)
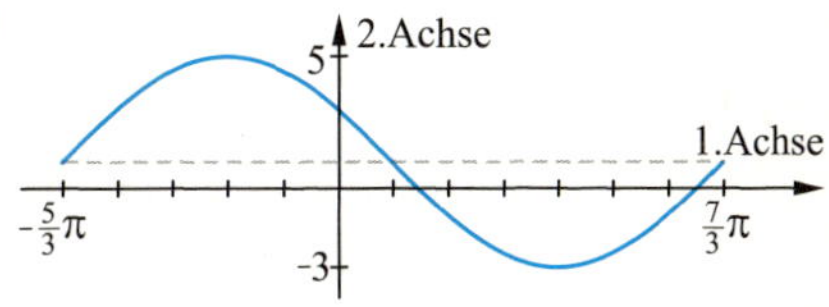

GTR **10.**
Untersuche den Graphen der Funktion g mit $g(x) = 2\cos\left(\frac{1}{2}\left(x - \frac{\pi}{2}\right)\right) - 1$.

11.
Im Statistischen Jahrbuch sind die mittleren Temperaturen für verschiedene Orte in Deutschland abgedruckt (Mittelwerte aus 30 Beobachtungsjahren). Die entsprechende Tabelle findet sich auf der nächsten Seite oben.
Trage die angegebenen Messwerte für *einen* (selbst gewählten) Ort in ein Koordinatensystem ein. Bestimme eine allgemeine Sinusfunktion, die die mittlere Temperatur während eines Jahres möglichst gut beschreibt. Gib Gründe an, weshalb eine allgemeine Sinusfunktion passt. Berechne mithilfe des gefundenen Funktionsterms die „theoretischen" Temperaturmittelwerte im Modell und vergleiche sie mit den tatsächlich gemessenen Temperaturen.

	Mittlere Lufttemperatur in °C												
Beobachtungsstation	Nov.	Dez.	Jan.	Febr.	März	April	Mai	Juni	Juli	Aug.	Sept.	Okt.	Jahr
List auf Sylt	6,0	3,0	0,9	0,4	2,3	5,9	10,5	14,3	15,8	16,3	14,0	10,2	8,3
Greifswald	4,5	1,3	−0,7	−0,5	2,1	6,2	11,1	15,8	16,7	16,5	13,3	9,0	7,9
Travemünde	5,0	1,9	0,1	0,2	2,8	6,4	11,1	15,1	16,4	16,2	13,5	9,5	8,2
Hannover	5,0	2,0	0,5	0,7	3,7	7,7	12,3	15,8	17,0	16,6	13,5	9,4	8,7
Potsdam	4,1	0,8	−1,0	−0,3	3,3	7,9	12,9	16,7	17,9	17,4	13,9	9,1	8,6
Leipzig	4,5	1,4	−0,5	0,1	3,4	7,8	12,5	16,4	17,8	17,3	13,8	9,2	8,6
Frankfurt/M.	4,8	1,7	0,5	1,7	5,0	9,2	13,6	17,1	18,6	17,9	14,5	9,4	9,5
Trier	4,7	1,7	0,8	1,9	5,0	8,5	12,6	15,8	17,4	16,7	14,0	9,5	9,1
Regensburg	3,0	−0,6	−2,2	−0,6	3,4	8,0	12,6	16,3	17,7	16,9	13,4	8,1	8,0
Freiburg/Breisgau	5,7	2,5	1,5	2,9	6,5	10,1	14,3	17,5	19,5	18,8	15,8	10,6	10,5

12.

Die *Tidenkurve* gibt die Veränderung des Meeresniveaus unter dem Einfluss von Sonne und Mond wieder (Gezeiten). Im Mittel beträgt der Tidenhub an der Nordsee 3 m.

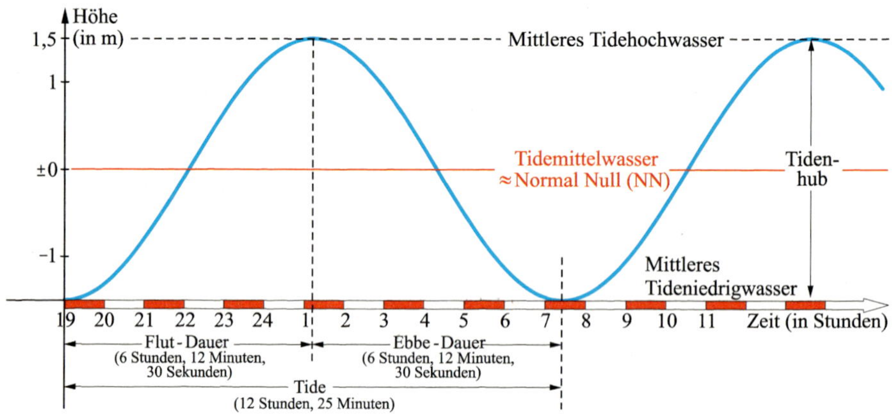

a) Bestimme eine allgemeine Sinusfunktion, die den Vorgang möglichst gut beschreibt.

b) Bestimme mithilfe von Teilaufgabe a) den Wasserstand vier Stunden nach dem tiefsten Stand.

13.

Die folgenden Graphen geben die mittleren Tagestemperaturen an. Beschreibe die Graphen durch eine allgemeine Sinusfunktion.

(1) **Athen** / 107 m ü. M.

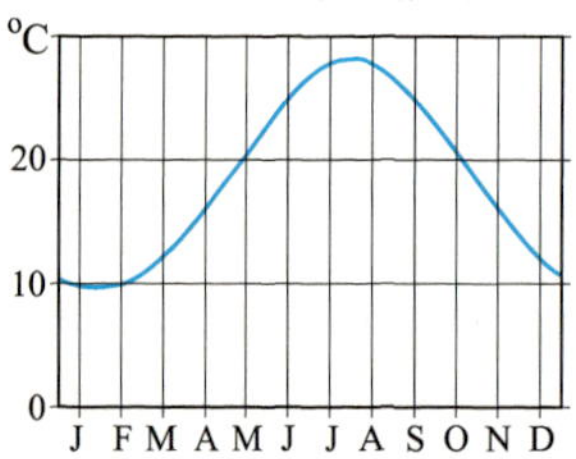

(2) **Moskau** / 156 m ü. M.

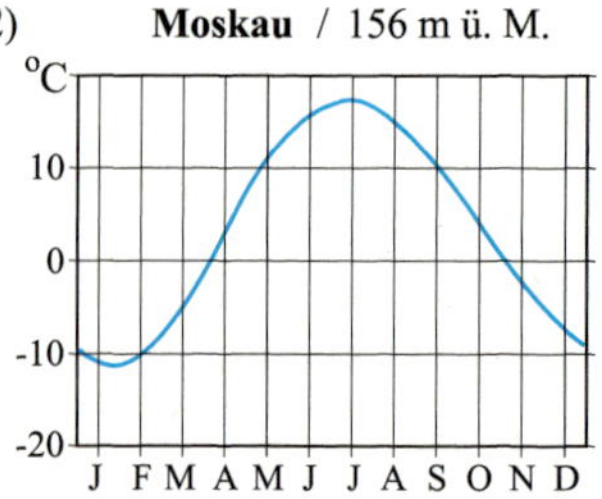

(3) **Jakutsk** / 100 m ü. M.

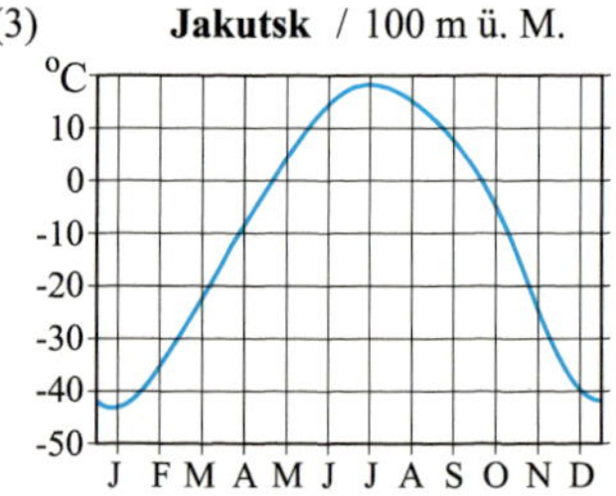

1.6 Vermischte Übungen

Koordinatengeometrie

1.

Die Gerade g_1 geht durch die Punkte P_1 und P_2, die Gerade g_2 geht durch den Punkt P_3 und hat die Steigung m. Bestimme den Schnittpunkt beider Geraden und die Schnittwinkel. Berechne den Abstand des Schnittpunkts vom Koordinatenursprung.

a) $P_1(-1\,|\,-5),\ P_2(6\,|\,2),\ P_3(-2\,|\,-4),\ m=2$ **b)** $P_1(2\,|\,4),\ P_2(-6\,|\,0),\ P_3(9\,|\,2),\ m=\frac{1}{3}$

2.

Die Gerade g hat die Gleichung:

a) $y=\frac{3}{4}x+2$ **b)** $y=x-7$ **c)** $x=-2{,}5$ **d)** $y=-\frac{x}{2}+2$

Stelle die Gleichung in Normalform derjenigen Geraden h auf, die g auf der 1. Koordinatenachse orthogonal schneidet. Berechne die Abstände des Punktes $P(7\,|\,1)$ von den Geraden g und h.

3.

Von einem Dreieck ABC kennt man zwei Eckpunkte und den Schnittpunkt S der Seitenhalbierenden. Berechne den fehlenden Eckpunkt des Dreiecks.

a) $A(-2\,|\,3),\ B(8\,|\,-2),\ S(5\,|\,3)$ **c)** $A(1\,|\,-10),\ C(5\,|\,-1),\ S\left(4\frac{2}{3}\,\middle|\,-5\frac{2}{3}\right)$

b) $B(-1\,|\,-4),\ C(2\,|\,4),\ S\left(-2\,\middle|\,-\frac{2}{3}\right)$ **d)** $A(-6\,|\,0),\ B(0\,|\,-8),\ S\left(-2\,\middle|\,-2\frac{2}{3}\right)$

4.

Die Gerade g geht durch den Punkt $P_1(0\,|\,3)$ und hat die Steigung m. Die Gerade h geht durch den Punkt $P_2(0\,|\,-3)$ und ist orthogonal zu g. Der Punkt S ist der Schnittpunkt von g und h.

a) Setze $m=-\frac{1}{2}$ und berechne den Abstand des Punktes S vom Koordinatenursprung.

b) Zeige, dass für jede beliebige Steigung m der Punkt S stets den gleichen Abstand vom Koordinatenursprung hat. Welcher geometrische Lehrsatz beschreibt diesen Sachverhalt?

5.

Ein Dreieck ABC ist durch die Geradengleichungen seiner Seiten gegeben.

AB: $y=x-1$ BC: $y=-\frac{x}{2}+5$ CA: $y=3x+5$

a) Berechne die Koordinaten der Eckpunkte A, B und C und die Größe der Innenwinkel.

b) Berechne den Schnittpunkt H der Höhengeraden, den Schnittpunkt S der Seitenhalbierenden und den Schnittpunkt M der Mittelsenkrechten seiner Seiten.

c) Zeige, dass H, S und M auf einer Geraden liegen. Gib für sie eine Gleichung an.

d) Welche Gleichung hat der Umkreis des Dreiecks ABC?

e) Berechne den Flächeninhalt des Dreiecks ABC.

6.

Beweise durch Koordinatenrechnungen: In jedem Dreieck liegen der Schnittpunkt H seiner Höhengeraden, der Schnittpunkt M der Mittelsenkrechten seiner Seiten und der Schnittpunkt S seiner Seitenhalbierenden auf einer Geraden (*Euler'sche Gerade*). Wähle dazu irgendein Dreieck ABC und überlege, dass man das Koordinatensystem stets so legen kann, dass $A(2a\,|\,0),\ B(2b\,|\,0),\ C(0\,|\,2c)$ gilt.

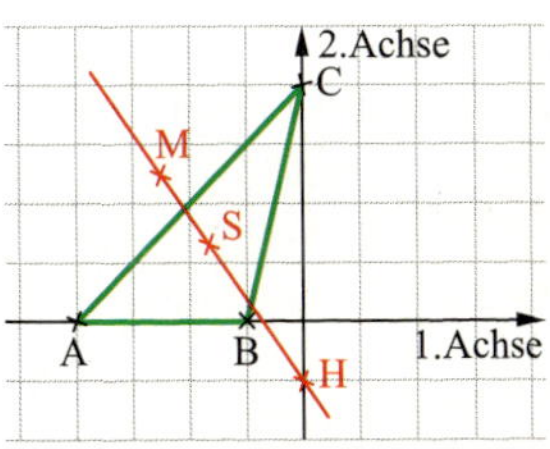

Quadratische Funktionen

7.

Zeige, dass für eine beliebige lineare Funktion f der Satz gilt: Ist x_M das arithmetische Mittel von x_1 und x_2, so ist $f(x_M)$ das arithmetische Mittel von $f(x_1)$ und $f(x_2)$. Mache an einem Gegenbeispiel klar, dass der Satz nicht für quadratische Funktionen gilt.

8.

Bestimme die Nullstellen der quadratischen Funktion f mit $f(x) = a \cdot (x+r)(x-r)$ und $a \neq 0$. Zeige, dass der Graph symmetrisch zur 2. Achse ist. Bestimme auch den Scheitelpunkt. Welche Zahlen muss man für a bzw. r setzen, damit sich als Graph die Normalparabel ergibt?

9.

Der Querschnitt eines Grabens hat das nebenstehende Profil. Von P_2 über P_3 nach P_4 ist das Profil durch einen Parabelbogen festgelegt. Sonst ist das Profil geradlinig. Gib eine abschnittsweise definierte Funktion an, deren Graph das angegebene Profil darstellt.
Erläutere, dass der Graph bei P_2 und P_4 keinen Knick hat. Wähle ein günstiges Koordinatensystem. Eine Kästchenlänge entspricht 1 m.

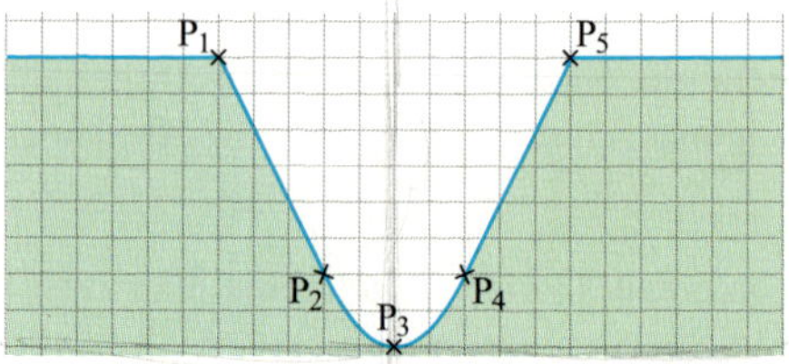

10.

Begründe: Die Tangente im Parabelpunkt $P_1(x_1 \mid y_1)$ an die Parabel mit der Gleichung $y = a \cdot x^2 + c$ hat die Steigung $m = 2a \cdot x_1$. Vergleiche dazu die Graphen zu $y = ax^2 + c$ und $y = a \cdot x^2$.

11.

Der Graph der quadratischen Funktion f geht durch die Punkte:

a) $P_1(-4 \mid -6)$, $P_2(0 \mid 2)$, $P_3(4 \mid -6)$

b) $P_1\left(-1 \middle| -\frac{16}{3}\right)$, $P_2\left(1 \middle| -\frac{16}{3}\right)$, $P_3(6 \mid 18)$

Stelle die Funktionsgleichung auf. Bestimme die Nullstellen der Funktion. Gib an, in welchem Intervall der Graph ansteigt und in welchem er fällt.

12.

In welchem Intervall steigt der Graph der Funktion f und in welchem fällt er?
Untersuche den Graphen auf Punkte mit einem Knick.

a) $f(x) = \begin{cases} 2x & \text{für } x \leq 0 \\ -x^2 & \text{für } x > 0 \end{cases}$

b) $f(x) = \begin{cases} 1 & \text{für } x < 0 \\ x^2 + 1 & \text{für } x \geq 0 \end{cases}$

c) $f(x) = \begin{cases} -x^2 & \text{für } x < 0 \\ x^2 & \text{für } x \geq 0 \end{cases}$

d) $f(x) = \begin{cases} -2x & \text{für } x > 0 \\ -x^2 & \text{für } x \leq 0 \end{cases}$

13.

Eine Parabel ist gegeben durch den Graphen der Funktion mit $f(x) = \frac{x^2}{2} - 1$. Die Gerade g geht durch den Punkt $P_1(1 \mid -1)$ und durch den Punkt:

a) $P_2\left(0 \middle| -\frac{1}{3}\right)$ **b)** $P_2(-1 \mid -3)$ **c)** $P_2(-4 \mid -1)$ **d)** $P_2(4 \mid 5)$ **e)** $P_2(1 \mid 2)$

Bestimme die gemeinsamen Punkte von Parabel und Gerade.

14.
An welcher Stelle unterscheiden sich die Funktionswerte von $f_1(x)$ und $f_2(x)$ am wenigsten voneinander?

a) $f_1(x) = 2x - 3;\; f_2(x) = x^2 - 4x + 7$ **b)** $f_1(x) = x^2 + 2x + 8;\; f_2(x) = -x^2 - 6x - 1$

GTR **15.**
Bei einem Segelflugzeug ist die Funktion *Fluggeschwindigkeit v* $\left(in\ \frac{km}{h}\right) \to$ *Sinkgeschwindigkeit* w_s $\left(in\ \frac{m}{s}\right)$ angenähert eine quadratische Funktion.
Der Hersteller gibt für ein bestimmtes Modell an:
Funktionsgleichung: $w_s = 0{,}00041\,v^2 - 0{,}054\,v + 2{,}3$
Mindestgeschwindigkeit: $50\,\frac{km}{h}$
Höchstgeschwindigkeit: $150\,\frac{km}{h}$

a) Bestimme die Fluggeschwindigkeit mit der geringsten Sinkgeschwindigkeit. Wie groß ist die geringste Sinkgeschwindigkeit?

b) Um wie viel $\frac{m}{s}$ nimmt die Sinkgeschwindigkeit zu, wenn man im Bereich von $120\,\frac{km}{h}$ bis $150\,\frac{km}{h}$ um $10\,\frac{km}{h}$ schneller fliegt?

16.
Berechne für die Parabeltangenten durch A die Berührpunkte B_1 und B_2. Gib auch die Gleichungen der Parabeltangenten in Normalform an. Unter welchem Winkel schneiden sich die Tangenten?

a) $y = x^2$, $A(-0{,}5\,|\,-2)$ **b)** $y = \frac{1}{9}x^2$, $A(3\,|\,-3)$ **c)** $y = -\frac{1}{4}x^2$, $A\left(3\,\middle|\,-\frac{5}{4}\right)$ **d)** $y = -0{,}1\,x^2$, $A(0\,|\,2{,}5)$

17.
Gegeben ist die Schar der Tangenten an die Normalparabel.

a) Gib für diese Schar eine Gleichung mit dem Scharparameter x_1 an. Dabei ist x_1 die 1. Koordinate des Berührungspunktes.

b) Setze für den Scharparameter $-4,\ -2,\ -\frac{1}{2},\ \frac{1}{2},\ 2,\ 4$ ein und zeichne die Geraden in *ein* Koordinatensystem. Zeichne auch die Normalparabel ein. Man kann auch den GTR verwenden.

c) Bei welcher Zahl für x_1 geht die Tangente durch den Punkt $Q(2\,|\,3)$? Gib auch die Berührungspunkte und die Tangentengleichungen in Normalform an.

18.
Gegeben ist eine Schar von Parabeln durch $y = x^2 + b$ mit $b \in \mathbb{R}$.

a) Welche Parabel der Schar geht durch den Punkt $P(3\,|\,7)$?

b) Welche Parabel der Schar berührt die Gerade mit der Gleichung $y = 4x - 3$?
Bestimme auch die Koordinaten des Berührungspunktes.

19.
Gegeben sind die Parabeln mit den Gleichungen $y = \frac{1}{4}x^2 - \frac{1}{2}$ und $y = -\frac{1}{2}x^2 + 1$.

a) Bestimme rechnerisch die Schnittpunkte der Parabeln.

b) Bestimme die Gleichungen der Tangenten an die Parabeln in den Schnittpunkten.

c) Welche besondere Lage haben die Tangenten zueinander?

20.

Eine Parabel hat eine Gleichung der Form $y = a \cdot x^2 + bx + c$.

$P_1\left(-8 \,\middle|\, \frac{35}{8}\right)$, $P_2\left(-3 \,\middle|\, \frac{15}{2}\right)$ und $P_3\left(-4 \,\middle|\, \frac{75}{8}\right)$ sind drei Punkte der Parabel.

a) Bestimme die Parameter a, b und c. Gib die Parabelgleichung an.

b) Berechne die Schnittpunkte der Parabel mit den Koordinatenachsen.

c) Bestimme den Scheitelpunkt der Parabel.
Wie erhält man diese Parabel aus der Normalparabel?

d) In welchen Punkten schneidet die Gerade mit $y = -\frac{5}{4}x + \frac{15}{8}$ die Parabel?

GTR **21.**

Gegeben ist eine Schar von Parabeln durch die Gleichung $y = ax^2 + 10ax + 25a - 2$ mit $a \neq 0$.

a) Setze für den Scharparameter a die Werte -2, $-\frac{1}{2}$, $\frac{1}{2}$, 2 ein. Skizziere die Parabeln in einem Koordinatensystem. Zeige, dass sie alle den Scheitelpunkt $S(-5 \mid -2)$ haben.

b) Welche Parabel der Schar geht durch $P_1(-1 \mid -6)$?

c) Welche Parabel der Schar schneidet die 2. Achse im Punkt $Q(0 \mid 0{,}5)$? Gib ihre Gleichung an.

d) Welche Parabeln der Schar haben keinen Schnittpunkt mit der 1. Achse?

GTR **22.**

Gegeben ist die Schar der Parabeln, die eine Symmetrieachse parallel zur 2. Achse haben und die 1. Achse in den Punkten $P(-2 \mid 0)$ und $Q(3 \mid 0)$ schneiden.

a) Auf welcher Geraden liegen die Scheitelpunkte der Parabeln? Gib eine Gleichung an.

b) Welche Parabel der Schar hat $S\left(0{,}5 \,\middle|\, -3\frac{1}{8}\right)$ als Scheitelpunkt? Gib die Parabelgleichung an.

c) Skizziere vier Parabeln der Schar in einem Koordinatensystem oder benutze den GTR.

d) Gib die Gleichungen zweier Parabeln aus der Schar an, die bezüglich der 1. Achse zueinander symmetrisch sind.

Potenzfunktionen und ganzrationale Funktionen

23.

Skizziere ausgehend vom Graphen von f den Graphen von g. Beschreibe, wie der Graph von g aus dem Graphen von f hervorgeht. Überprüfe das Ergebnis mithilfe eines GTR.

a) $f(x) = x^2$
$g(x) = (x - 2{,}5)^2$

b) $f(x) = x^4$
$g(x) = -2(x - 1)^4 + 2$

c) $f(x) = x^3$
$g(x) = -\frac{1}{2}x^3 - 2$

24.

Skizziere den Graphen von f durch Überlagerung von Potenzfunktionen. Überprüfe das Ergebnis mithilfe eines GTR.

a) $f(x) = -x^2 + x$

b) $f(x) = x^3 - x$

c) $f(x) = x^4 + x^2$

25.

Ermittle eine Nullstelle, bestimme dann durch Polynomdivision alle übrigen Nullstellen.

a) $f(x) = x^3 - 4x^2 + 3x$

b) $f(x) = 6x^3 + 7x^2 - 9x + 2$

c) $f(x) = x^3 - x^2 - 7x - 5$

d) $f(x) = x^4 + 2x^3 - 5x^2 - 8x + 4$

26.
Abgebildet ist ein Ausschnitt des Funktionsgraphen der ganzrationalen Funktion f.
Äußere dich zum Symmetrieverhalten und skizziere den Globalverlauf.

a) $f(x) = \frac{1}{8}x^5 - 2x^3 + 4x$

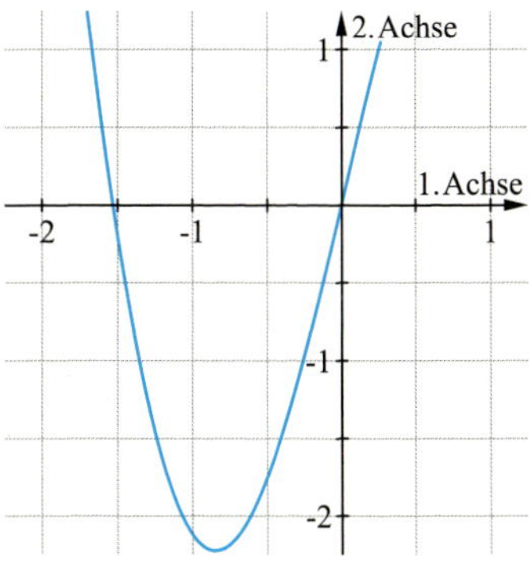

b) $f(x) = \frac{1}{4}x^4 - \frac{5}{6}x^3 - \frac{1}{8}x^2 + \frac{5}{8}x$

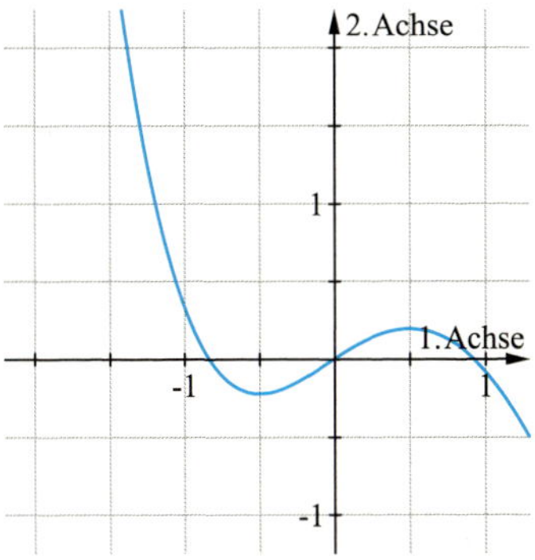

27.
Untersuche den Graphen von f auf Symmetrie, Nullstellen und Verhalten für $x \to \infty$ und für $x \to -\infty$. Fertige eine Skizze an und kontrolliere gegebenenfalls mithilfe eines GTR.

a) $f(x) = x^4 - 9x^2 + 20$

b) $f(x) = -\frac{1}{2}x^3 + 3x^3 - 4x$

c) $f(x) = -x^3 + 3x^2 + 3x - 9$

d) $f(x) = x^5 + 2x^3 - 15x$

e) $f(x) = \frac{1}{3}x^6 - 2x^4 - 9x^2$

f) $f(x) = -x^6 + 6x^4 + 9x^2 - 14$

28.
Gib einen möglichen Term für die Funktion mit dem folgenden Graphen an. Kontrolliere gegebenenfalls mit einem GTR.

a)

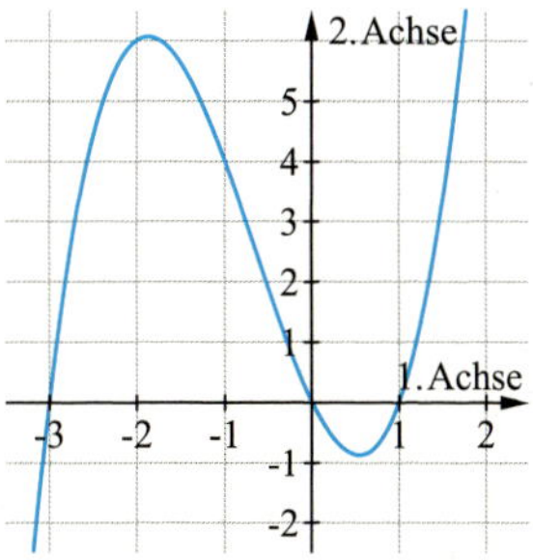

b)

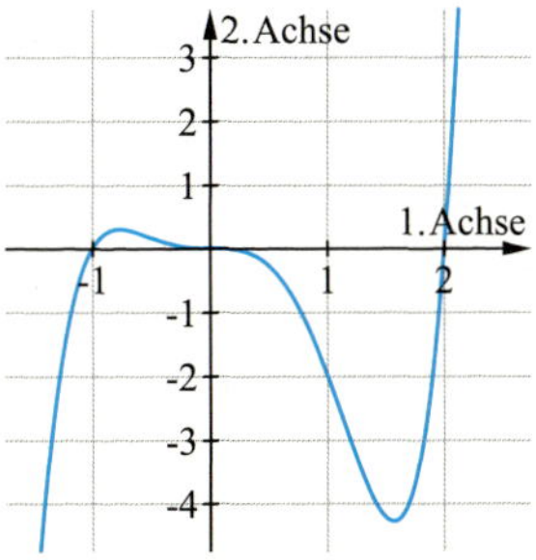

c)

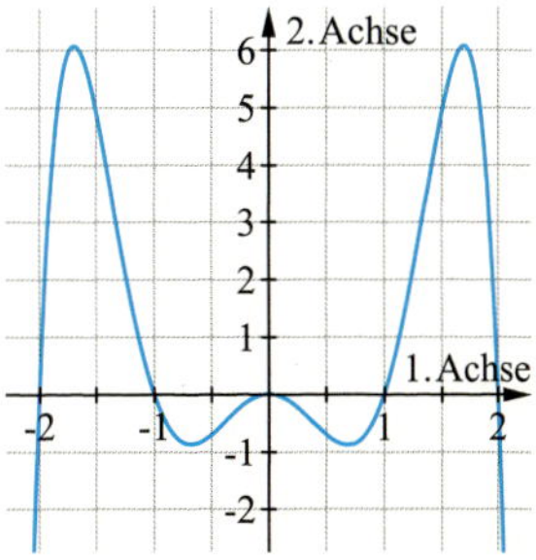

Wurzelfunktionen, Kreisfunktionen, allgemeine Sinusfunktion

29.
Gegeben ist eine Funktion f durch $y = \frac{1}{4}(x+4)^2 + 1$ mit $x \geq -4$.

a) Zeichne den Graphen von f in ein Koordinatensystem mit gleichen Einheiten auf beiden Achsen. Spiegele den Graphen von f an der Hauptwinkelhalbierenden.

b) Zu welcher Funktion g gehört der gespiegelte Graph? Bestimme dazu durch Umformen der gegebenen Gleichung eine Funktionsgleichung für g. Berechne $g(2)$, $g(5)$, $g(9)$, $g(10)$, $g(7{,}25)$, $g(3)$.

30.

Zeichne den Graphen. Notiere Definitions- und Wertebereich.

a) $f(x) = \begin{cases} \sqrt{-x} & \text{für } x < 0 \\ -\sqrt{x} & \text{für } x \geq 0 \end{cases}$ **b)** $f(x) = \begin{cases} \sqrt{2-x} & \text{für } x \leq 2 \\ \sqrt{x-2} & \text{für } x > 2 \end{cases}$ **c)** $f(x) = \begin{cases} \sqrt{-x} - 1 & \text{für } x < 0 \\ 0 & \text{für } x = 0 \\ \sqrt{x+1} & \text{für } x > 0 \end{cases}$

31.

Gegeben sind die Funktionen f und g durch $f(x) = \sqrt{x}$ und $g(x) = \frac{2}{9}x + 1$.

a) Gib die Gleichungen der Tangenten an den Graphen der Wurzelfunktion in den Schnittpunkten der beiden Graphen an. Berechne den gemeinsamen Punkt beider Tangenten und den Schnittwinkel der Tangenten.

b) An welcher Stelle hat die Wurzelfunktion dieselbe Steigung wie die Funktion g (Sekante)? Wie groß ist dort der Steigungswinkel?

GTR **32.**

Gegeben sind die Funktionen f mit $f(x) = \sqrt{25 - x^2}$ und g mit dem Term g(x).
Wie geht der Graph von g aus dem Graphen von f hervor?
Skizziere schrittweise die einzelnen Graphen oder verwende zum Veranschaulichen den GTR.

a) $g(x) = \sqrt{25 - x^2} - 2$ **c)** $g(x) = 2 \cdot \sqrt{25 - x^2}$ **e)** $g(x) = -\sqrt{25 - x^2}$

b) $g(x) = \frac{1}{2} \cdot \sqrt{25 - x^2}$ **d)** $g(x) = \sqrt{25 - (x+2)^2}$ **f)** $g(x) = -1{,}5 \cdot \sqrt{25 - (x-1)^2} + 3$

33.

Bestimme rechnerisch die gemeinsamen Punkte der beiden Graphen.

a) $f(x) = \sqrt{25 - x^2}$, $g(x) = -0{,}5x + 5$

b) $f(x) = \sqrt{25 - (x-2)^2} + 1$, $g(x) = \frac{4}{3}x + \frac{20}{3}$

c) $f(x) = \sqrt{9 - x^2)}$, $g(x) = -x + 8$

34.

Der rechts angegebene Graph zeigt die mittleren Tagestemperaturen in Essen-Bredeney im Mittel der Jahre 1971–2000.

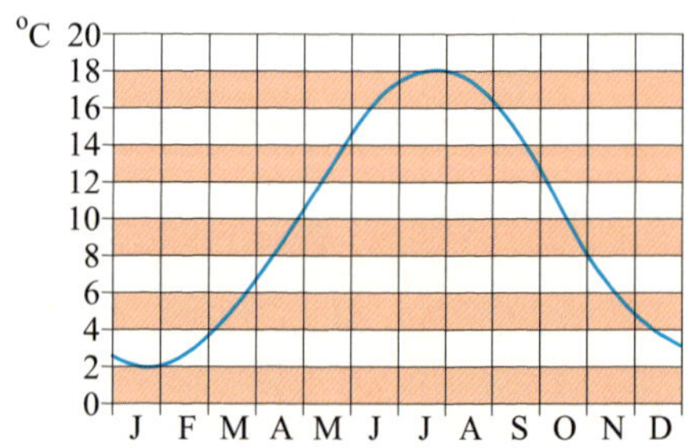

a) Um wie viel Grad steigt die Temperatur von Anfang März bis Ende Mai durchschnittlich von Monat zu Monat an? Um wie viel Grad fällt die Temperatur von Anfang September bis Ende November durchschnittlich von Monat zu Monat?

b) Bestimme eine allgemeine Sinusfunktion, deren Graph möglichst gut passt. Lege ihren Term zu Grunde bei der Beantwortung der Fragen von Teilaufgabe a). Vergleiche.

35.

Gegeben ist eine Schar von Funktionen f_k durch $f_k(x) = \cos(x) \cdot \cos(x + k)$ mit $k \in \mathbb{R}$ $(0 \leq k \leq \pi)$.

a) Bei welchem Wert für k geht der Graph durch den Punkt $P\left(0 \middle| \frac{1}{2}\right)$? Zeichne diesen Graphen für $0 \leq x \leq \pi$.

b) Zeige, dass jede Funktion der Schar eine allgemeine Sinusfunktion ist. Bringe dazu den Funktionsterm $f_k(x)$ in die Gestalt $f_k(x) = a \cdot \sin(b \cdot (x - c)) + d$.
Entnimm passende Umformungen der Formelsammlung.

Fragen zum Basiswissen

Zum Funktionsbegriff und zu linearen Funktionen

- Was versteht man unter einer Funktion? Wie kann man eine Funktion darstellen? Gib Beispiele für Funktionen an. (S. 8)
- Welche Form hat der Term eine linearen Funktion? Welche Bedeutung haben die Parameter im Funktionsterm? (S. 18)
- Wie kann man mithilfe von Parametern eine Schar von Funktionen angeben? Gib Beispiele an. (S. 19)
- Wie kann man Parallelität und Orthogonalität von Geraden untersuchen? (S. 22 f.)

Zu quadratischen Funktionen

- Was versteht man unter einer quadratischen Funktion? Gib Beispiele für quadratische Funktionen an. Berechne ihre Nullstellen. (S. 29 f.)
- Gib wichtige Eigenschaften an, die für quadratische Funktionen bzw. ihre Graphen typisch sind. Zeige an einem Beispiel, wie man bei einer quadratischen Funktion eine Extremwertaufgabe lösen kann. (S. 29 ff.)
- Gib für eine Parabel mit der Gleichung $y = a \cdot x^2$ an, wie sich in einem Parabelpunkt die Tangentensteigung und die Gleichung der Tangente bestimmen lassen. (S. 35)
- Welche Bedeutung hat der Brennpunkt einer Parabel? Erläutere. (S. 36)
- Wie kann man mithilfe des Gauß'schen Algorithmus die Lösungsmenge eines linearen Gleichungssystems bestimmen? Erläutere das an Beispielen. Gehe auch auf Sonderfälle ein. (S. 40 ff.)

Zu Potenzfunktionen und ganzrationalen Funktionen

- Was versteht man unter einer ganzrationalen Funktion? (S. 46)
- Der Graph einer Funktion f wird mit dem Faktor c von der 1. Achse aus in Richtung der 2. Achse gestreckt [um b in Richtung der 2. Achse verschoben]. Welche Funktionsgleichung gehört zum gestreckten [verschobenen] Graphen? (S. 47 f.)
- Der Graph einer Funktion f wird um a in Richtung der 1. Achse verschoben. Welche Funktionsgleichung gehört zum verschobenen Graphen? (S. 47 f.)
- Wie kann man am Funktionsterm einer ganzrationalen Funktion erkennen, dass der Graph symmetrisch zur 2. Achse [zum Koordinatenursprung $O(0\,|\,0)$] ist? (S. 55)
- Wodurch ist der Globalverlauf einer ganzrationalen Funktion bestimmt? (S. 56)
- Was lässt sich über die Anzahl der Nullstellen einer ganzrationalen Funktion mit dem Grad n aussagen? (S. 60)
- Erkläre an einem Beispiel das Verfahren der Polynomdivision. (S. 59)
- Beschreibe, welche Methoden es gibt, die Nullstellen einer ganzrationalen Funktion zu bestimmen. (S. 58 ff.)

Zu weiteren Funktionen

- Wie erhält man den Graphen der Quadratwurzelfunktion aus dem Graphen zu $y = x^2$? (S. 65)
- Gib für die Wurzelfunktion an, wie sich in einem Punkt ihres Graphen die Tangentensteigung bestimmen lässt. (S. 66)
- Wie lässt sich in einem Punkt des Halbkreises mit $y = \sqrt{r^2 - x^2}$ die Tangentensteigung bestimmen? (S. 67)
- Wie wirken sich Änderungen im Funktionsterm trigonometrischer Funktionen aus? (S. 70 f.) Erläutere das an Beispielen.

Aufgaben zum Basiswissen

Lösungen im Anhang

1.
Gegeben sind die Punkte $A(-2\,|\,0)$, $B(4\,|\,-2)$ und $C(5\,|\,1)$.

a) Zeige rechnerisch, dass sich die Punkte A, B und C durch Hinzunahme eines vierten Punktes D zu einem Rechteck ergänzen lassen. Berechne seinen Flächeninhalt.

b) Gib für die Diagonalen des Rechtecks ABCD jeweils Gleichungen in Normalform an. Welche Koordinaten hat der Diagonalenschnittpunkt? Bestimme auch die Schnittwinkel.

2.
Gegeben sind die Punkte $A(0\,|\,-4)$, $B(6\,|\,0)$ und $C(0\,|\,4)$.

a) Leite für die Gerade g durch die Punkte C und B die Gleichung in Normalform her.

b) P liegt auf der Strecke $\overline{BC}$.
Für welche Lage des Punktes P ist der Flächeninhalt des Parallelogramms PCQR möglichst groß?
Welches ist der größte Flächeninhalt?

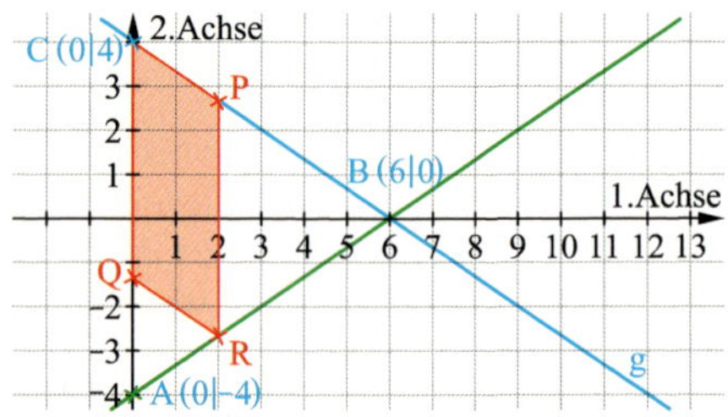

3.
Wie geht der Graph der Funktion g aus dem Graphen der Funktion f hervor?

a) $g(x) = (x-3)^2 + 5$; $f(x) = x^2$

b) $g(x) = -2(x+1)^3 - 4$; $f(x) = x^3$

c) $g(x) = x^2 - 4x + 2$; $f(x) = x^2$

d) $g(x) = 3x^2 + 12x$; $f(x) = x^2$

4.
Untersuche das Globalverhalten sowie die Symmetrie des Graphen der Funktion f.

a) $f(x) = \frac{2}{3}x^5 - x^3$

b) $f(x) = -x^4 + 2x^2 - 8$

c) $f(x) = -\frac{x^5}{3} + 2x^3 + 1$

5.
Bestimme die Nullstellen der Funktion f.

a) $f(x) = 2x^2 + 4x - 6$

b) $f(x) = x^3 - 3x^2$

c) $f(x) = x^4 + 2x^2 - 24$

d) $f(x) = x^6 + 7x^3 - 8$

e) $f(x) = x^3 - 2x^2 - 5x + 6$

f) $f(x) = x^4 + x^3 - x^2 - 7x - 6$

6.
Skizziere nacheinander die Graphen der Funktionen, die zum Graphen der Funktion f mit $y = 2 \cdot \sin\left(\frac{1}{2} \cdot \left(x - \frac{\pi}{2}\right)\right) - 2$ führen. Durch welche Abbildungen bekommt man den Graphen von f aus dem Graphen der Sinusfunktion? Bestimme auch die Periodenlänge und die Nullstellen von f.

Komplexe Aufgaben

1.
Gegeben sind der Halbkreis k mit $y = \sqrt{25 - x^2}$ und die Gerade g mit $y = \frac{1}{7}x + 3\frac{4}{7}$ (Sekante).

a) Bestimme rechnerisch die gemeinsamen Punkte des Halbkreises k und der Geraden g.

b) Welche Gleichungen haben die Tangenten an den Halbkreis k in den gemeinsamen Punkten?
Welche besondere Lage haben die beiden Tangenten zueinander?

c) Die Sekante und die beiden Tangenten bilden ein Dreieck. Berechne seinen Flächeninhalt.

2.
Gegeben sind die Funktionen f mit $f(x) = x^2$ und g mit $g(x) = 0{,}5\,x^2 - 3\,x + 2{,}5$.
Der Graph der Funktion g geht aus dem Graphen der Funktion f hervor, indem zunächst der Graph von f in Richtung der 1. Achse verschoben wird, das Bild dann in Richtung der 2. Achse verschoben wird und zum Schluss eine Streckung von der 1. Achse aus in Richtung der 2. Achse erfolgt.
Gib die Abbildungen genau an.

3.
Gegeben ist die Funktion f mit $f(x) = x^3 + (a-1)\,x^2 - (a-2)\,x - 2$

a) Für welche Werte von a hat die Funktion f genau eine Nullstelle [genau zwei Nullstellen; genau drei Nullstellen]?

b) Für welchen Wert von a ist der Graph von f punktsymmetrisch? Gib auch das Symmetriezentrum an. Gibt es auch eine Zahl a, sodass der Graph von f achsensymmetrisch ist? Begründe!

4.
Bei einem Pumpspeicherwerk ist das Ausgleichsbecken im Tal mit dem Hochspeicherbecken auf dem Berg durch eine Standseilbahn verbunden. Die Bahntrasse ist in zwei Abschnitte unterteilt, in denen sich jeweils die Steigung nicht ändert. Im ersten Abschnitt steigt die Trasse auf einer horizontalen Entfernung s von 100 m um 20 m an. Die Bergstation am Ende des zweiten Abschnitts liegt 100 m höher als die Talstation. Beide sind horizontal gemessen 260 m voneinander entfernt.

a) Zeichne den Graphen der Funktion *Entfernung s (in m) → Höhe h (in m).*

b) Warum ist es sinnvoll zwei Abschnitte bei der Entfernung s zu unterscheiden?
Notiere die Terme, mit denen man die Höhe h aus der horizontalen Länge s berechnen kann.

c) Übertrage ins Heft und fülle die Tabelle aus:

Entfernung s (in m)	20	80	200			
Höhe h (in m)				10	35	60

d) Berechne auch die durchschnittliche Steigung im Intervall [0; 260].

e) Der Seilbahnwagen hat ein keilförmiges Fahrgestell. Sein Winkel beträgt 26,6°. Auf welchem Abschnitt nimmt der Wagenkasten eine waagerechte Lage ein?

5.
Gegeben sind zwei Geraden durch die Gleichungen $k \cdot x + y = 1$ und $x + k \cdot y = 1$ (k ist ein Parameter).

a) Setze $k = 4$ und bestimme den Schnittpunkt S beider Geraden.

b) Bei welchen Zahlen für den Parameter k haben die beiden Geraden
(1) genau einen gemeinsamen Punkt,
(2) unendlich viele gemeinsame Punkte,
(3) keinen gemeinsamen Punkt?
Gib bei (1) und (2) die gemeinsamen Punkte an.

c) Notiere die Geradengleichungen auch in der Normalform.

Exkurs

Exkurs

Der Funktionsbegriff als Leitidee der Mathematik

1. Beschreibung funktionaler Zusammenhänge durch Funktionen

Immer, wenn eine Größe von einer anderen in eindeutiger Weise abhängt, spricht man von einer *funktionalen Abhängigkeit* oder *einem funktionalen Zusammenhang.*
In den Beispielen unten steht links die **abhängige Größe** und rechts die **unabhängige Größe** (beides jeweils fett gedruckt).

Beispiele für funktionale Zusammenhänge in der Wirklichkeit
- Die **Länge des Bremsweges** eines Autos hängt ab von der **Geschwindigkeit** (S. 7).
- Die **Fadenlänge** in einem Thermometer hängt ab von der **Temperatur** (S. 17).
- Die **Geschwindigkeit eines fallenden Körpers** hängt ab von der **Fallhöhe** (S. 12).
- Die **Gebühr für den Paketversand** hängt ab vom **Paketgewicht** (S. 14).

Man kann auch umgekehrt sagen: Zu jedem Wert der unabhängigen Größe gehört bzw. *ist zugeordnet* genau ein Wert der abhängigen Größe.
Als Hilfsmittel zur Beschreibung eines funktionalen Zusammenhangs werden also wegen der eindeutigen Zuordnung der beteiligten Größen Funktionen verwendet.

2. Zur Definition der Funktion als eindeutiger Zuordnung

In der Definition einer Funktion auf Seite 8 wird als *Definitionsbereich* eine *Menge von Zahlen* genannt. Das reicht für die Überlegungen in diesem Buch völlig aus.
Man kann allerdings den Funktionsbegriff so allgemein fassen, dass als Definitionsbereich beliebige Mengen vorkommen. Meist spricht man dann von *Abbildung* anstatt von *Funktion.* Der Begriff der Funktion wird in der Definition auf den der eindeutigen Zuordnung zurückge-

führt. Oberbegriff von Funktion ist nach dieser Definition der Begriff *Zuordnung.* Dieser Begriff wird als bekannt und gegeben vorausgesetzt. Er wird als undefinierter Begriff verwendet.

3. Bestandteile des Begriffsinhalts Funktion

Der Aspekt der Eindeutigkeit des Zuordnens schöpft den Begriffsinhalt einer Funktion nicht aus. Auch der *geometrische* und der *algebraisch-arithmetische Aspekt* sind inhaltliche Bestandteile des Begriffs der Funktion.
Zum geometrischen Aspekt gehört *der Graph einer Funktion.*

Geometrischer Aspekt

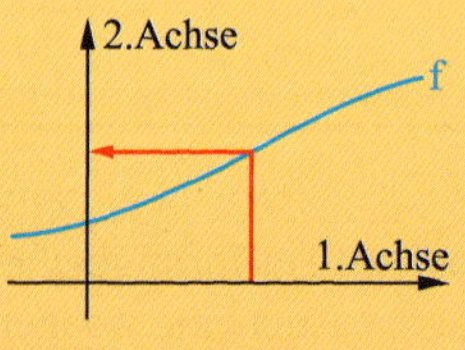

Graph einer Funktion f.
Die eindeutige Zuordnung ist durch den geknickten Pfeil dargestellt.

Zum algebraisch-arithmetischen Aspekt gehört die *Funktionsgleichung. Beide* Aspekte müssen beim Begriffsinhalt der Funktion mitgedacht werden.

Algebraisch-analytischer Aspekt
allgemein: $y = f(x)$

Beispiel: $y = 7x^2 + 5x + 2$

Die eindeutige Zuordnung ergibt sich so: Setzt man für x eine Zahl ein, so erhält man die zugeordnete Zahl y.

Galileo Galilei (1564–1642)

Bonaventura Cavalieri (1598–1647)

Gottfried Wilhelm Leibniz (1646–1716)

Leonhard Euler (1707–1783)

Peter Gustav Lejeune Dirichlet (1805–1859)

4. Zur historischen Entwicklung des Funktionsbegriffs

Der Funktionsbegriff als einer der wichtigsten Begriffe der Mathematik hat eine lange Geschichte. Die ersten Anfänge finden sich bei Oresme (1323–1382), Galilei (1564–1642), Cavalieri (1598–1647) und Barrow (1630–1677). Sie sind geometrisch, also am Graphen orientiert.

Leibniz (1646–1716) verwendete als erster den Namen Funktion als Bezeichnung für Längen, die von einem beweglich gedachten Punkt einer Kurve abhängen. Der Name Funktion leitet sich ab von der lateinischen Vokabel functio für Tätigkeit, Ausübung, Verrichtung.

Euler (1707–1783) fasste algebraische Ausdrücke als Funktionen auf. Dabei sollte der Funktionsterm übliche Rechenzeichen enthalten. Allerdings durften Funktionen bei ihm noch mehrdeutig sein. Aber konstante Funktionen, wie z. B. $x \mapsto 1$, waren nach Eulers Auffassung keine Funktionen. Für ihn stand der algebraisch-arithmetische Aspekt im Vordergrund.

Die von uns angegebene Definition des Funktionsbegriffs findet sich im Wesentlichen bei Dirichlet (1805–1859): *Das Merkmal einer Funktion ist die Eindeutigkeit der Zuordnung.* Ob die Funktionsgleichung als Term mit den üblichen Rechenzeichen angegeben werden kann oder nicht, spielt keine Rolle. Die *einzige Bedingung* ist, dass jeder Stelle ein und nur ein Funktionswert, nicht aber mehrere, zugeordnet ist. Sie umfasst den geometrischen und den algebraisch-arithmetischen Aspekt.

5. Zurückführen des Funktionsbegriffs auf den Mengenbegriff

Manche Mathematiker empfinden es als unbefriedigend, bei der Definition des Funktionsbegriffs den Begriff der Zuordnung als undefinierten Begriff zu verwenden. Sie haben daher überlegt, ob man nicht bei der Definition des Funktionsbegriffs den Begriff der Zuordnung vermeiden kann.

Das ist in der Tat möglich. Man kann den Begriff der Funktion unmittelbar auf den der Menge zurückführen. Dazu fasst man jedes Element x aus dem Definitionsbereich und das dem x eindeutig zugeordnete Element y zu einem geordneten Paar $(x\,|\,y)$ zusammen.

Mengentheoretische Definition der Funktion:
Eine ***Funktion f*** *ist eine Menge geordneter Paare $(x\,|\,y)$ mit der Eindeutigkeitseigenschaft: Wenn $(x\,|\,y_1) \in f$ und $(x\,|\,y_2) \in f$, dann $y_1 = y_2$.*

In dieser Definition kommt noch der Begriff des geordneten Paares $(x\,|\,y)$ vor.

Auch dieser Begriff lässt sich durch die folgende Definition auf Mengen zurückführen:

$$(x\,|\,y) \underset{\text{Df}}{=} \{\{x, y\}, y\}$$

6. Menge als undefinierter Begriff der Mathematik

Ähnlich wie den Funktionsbegriff und den Begriff des geordneten Paares kann man jeden mathematischen Begriff letztlich auf den der Menge zurückführen. Der Begriff der Menge ist dann der einzige undefinierte Begriff der Mathematik.

Wir gebrauchen die mengentheoretische Definition des Funktionsbegriffs allerdings nicht, weil wir die *inhaltliche Vorstellung des Zuordnens* betonen wollen. Letzteres ist insbesondere bei funktionalen Zusammenhängen von Bedeutung.

2. DIFFERENTIALRECHNUNG

(1) Bestimmen der Tangentensteigung als Grundproblem

Ein Grundproblem der Differentialrechnung ist die Bestimmung der Steigung der Tangente an den Graphen einer Funktion f an einer Stelle x_0.

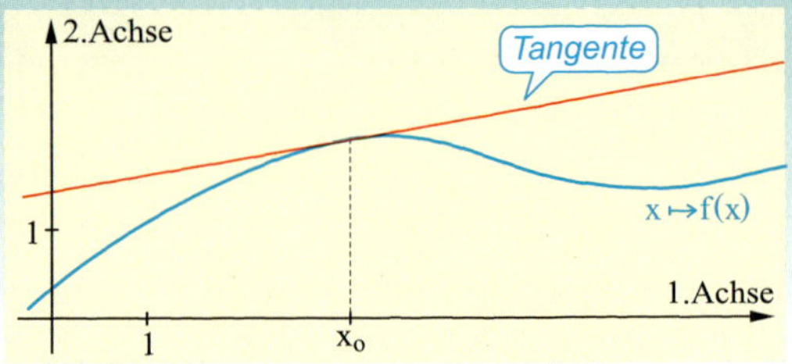

(2) Tangentensteigungen an Parabeln und Kreise bestimmen

Dieses Problem haben wir in diesem Buch schon für einige Spezialfälle einer Funktion f behandelt.

(1) $f(x) = a \cdot x^2$
Der Graph dieser Funktion ist eine Parabel (siehe Seite 35). Die Steigung der Tangente an der Stelle x_0 beträgt:

$m = 2\,a\,x_0$

(2) $f(x) = \sqrt{r^2 - x^2}$
Der Graph dieser Funktion ist ein Halbkreis (siehe Seite 67). Die Steigung der Tangente an der Stelle x_0 beträgt:

$m = -\frac{x_0}{y_0} = -\frac{x_0}{\sqrt{r^2 - x_0^2}}$

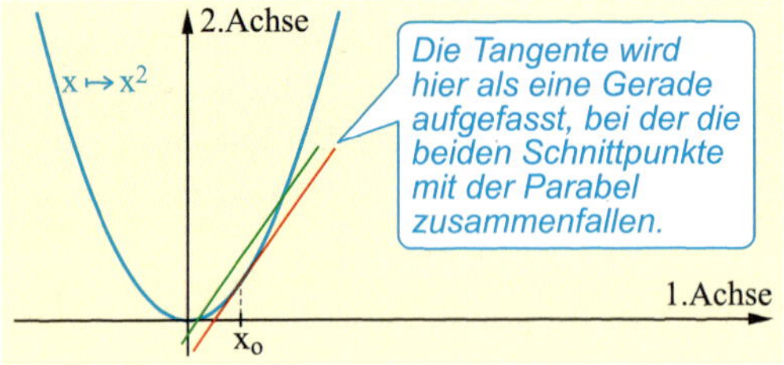

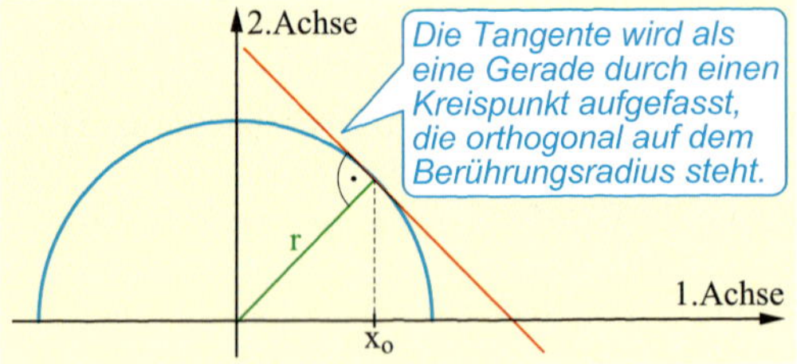

In diesem Kapitel wollen wir die Steigung der Tangente an den Graphen einer Funktion an der Stelle x_0 auch für weitere Funktionen bestimmen.

(3) Anschauliche Vorstellung von einer Tangente an eine gekrümmte Kurve

Vergrößert man z. B. mit einem Funktionenplotter oder mit einem GTR einen immer kleineren Ausschnitt einer gekrümmten Kurve (mithilfe eines Zoom-Befehls), so erscheint der Kurvenausschnitt nach mehrfacher Vergrößerung wie der Ausschnitt einer Gerade. Aber Vorsicht: Der Graph (in Blau gezeichnet) erscheint zwar als Gerade, ist aber keine Gerade.

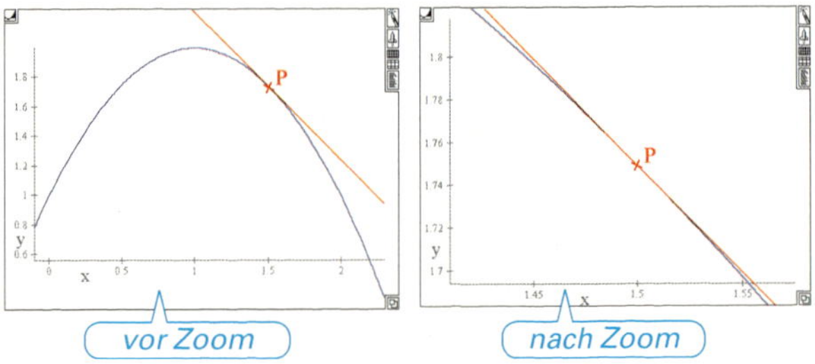

Wir wollen eine Tangente zunächst anschaulich als eine Gerade auffassen, die sich dem Graphen der Funktion in der Umgebung des Berührungspunktes möglichst gut anschmiegt. In der Abbildung ist eine solche Tangente in Rot gezeichnet. Bei mehrfacher Anwendung des Zoom-Befehls ist kein Unterschied mehr zwischen dem Graphen und der Tangente erkennbar. Führe dies selbst mit einem Rechner durch, z. B. für eine Parabel mit Tangente oder einen Halbkreis mit Tangente (siehe dazu auch den Blickpunkt „Darstellen von Funktionen mit einem GTR“, S. 16).

2.1 Ableitung einer Funktion an einer Stelle

2.1.1 Steigung eines Funktionsgraphen in einem Punkt – Der Begriff der Ableitung an einer Stelle

Einführung

(1) Steigung eines gekrümmten Graphen

Im Kapitel 1 (siehe S. 18) haben wir die Steigung einer Geraden erklärt. Was aber bedeutet *Steigung eines gekrümmten Graphen*? Die folgende Vorstellung hilft uns weiter, dies zu klären:

Wir denken uns den Graphen einer Funktion als ein Höhenprofil einer Straße und stellen uns vor, dass wir mit einem Fahrrad diese Straße in Richtung der 1. Achse entlang fahren. Im Punkt A fahren wir bergauf (der Graph *steigt* an). Im Punkt B haben wir den Gipfel eines Berges (Hochpunkt) erreicht. Im Punkt C fahren wir bergab (der Graph *fällt*).

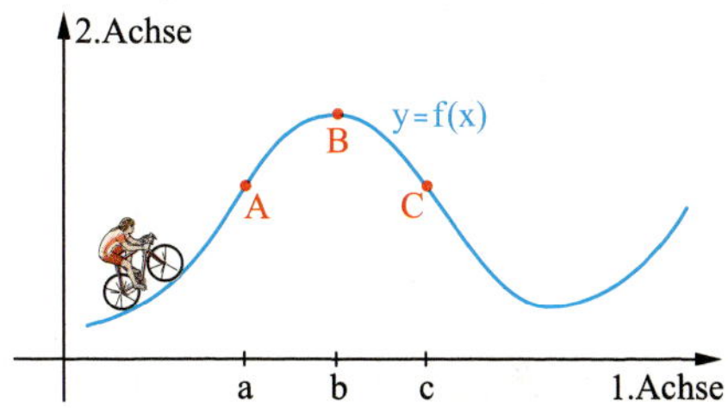

Stellen wir uns vor, dass wir auf einer Geraden entlang fahren, so ändert sich die Steigung nicht. Bei gekrümmten Graphen jedoch kann man offensichtlich nur von der Steigung des Graphen in einem einzelnen Punkt sprechen, da die Steigung in jedem Punkt des Graphen verschieden sein kann. Würde sich die Steigung eines Graphen von einem bestimmten Punkt an nicht mehr ändern, so würde der Graph von diesem Punkt an gradlinig weiter verlaufen. Wir betrachten daher die Steigung eines Graphen in einem Punkt als Steigung der Tangente in diesem Punkt. Dabei verstehen wir unter Tangente in einem Punkt des Graphen anschaulich eine Gerade, welche sich dem Graphen in der Umgebung dieses Punktes möglichst gut anschmiegt (siehe S. 86). Ausgehend von dieser anschaulichen Vorstellung scheint die folgende Definition vernünftig zu sein:

Definition 1

Die **Steigung des Graphen** einer Funktion f **in einem Punkt** P ist gleich der Steigung der Tangente an den Graphen in diesem Punkt P.

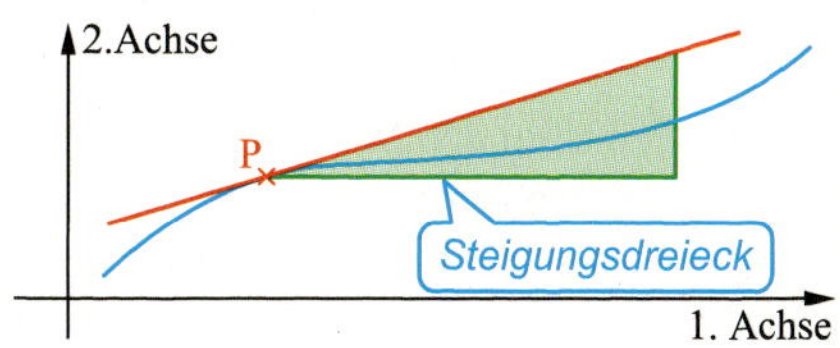

(2) Verschiedene Lagen der Tangenten in einem Punkt

Eine Tangente an einen Funktionsgraphen kann

den Graphen nur in einem Punkt berühren.	den Graphen in einem Punkt durchsetzen.	den Graphen noch in einem zweiten Punkt oder weiteren Punkten schneiden oder berühren.
(a) 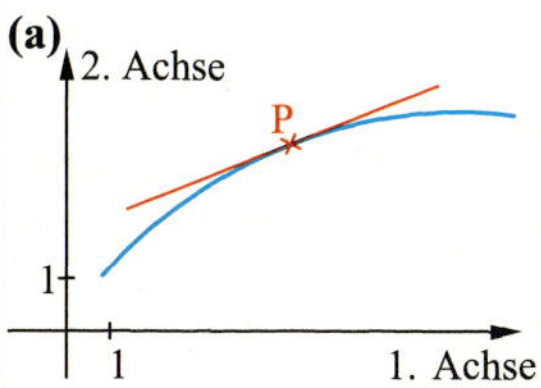	(b) 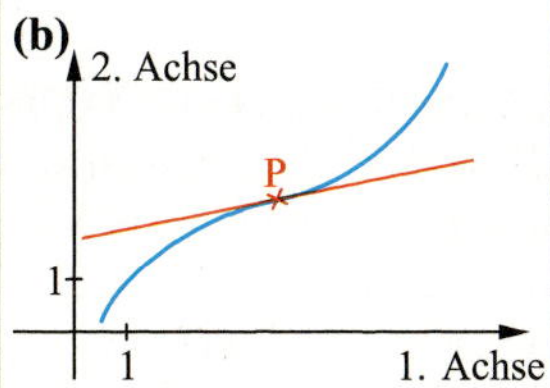	(c) 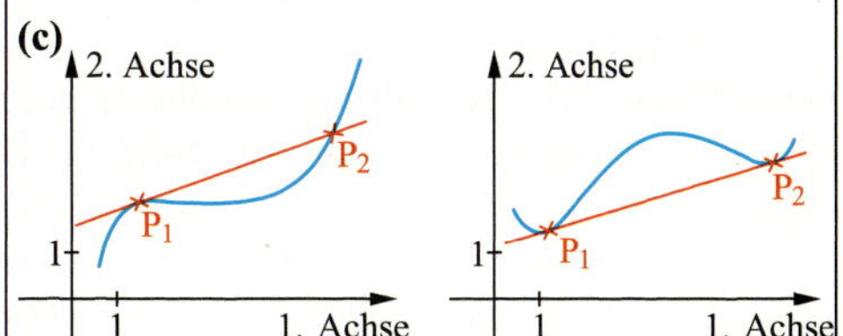

Aufgabe 1 *Grafisches Differenzieren*

Die Grafik rechts zeigt das Höhenprofil einer Straße. Es ist der Graph der Funktion *Entfernung vom Ausgangspunkt (in km) → Höhe über dem Ausgangspunkt (in m).*

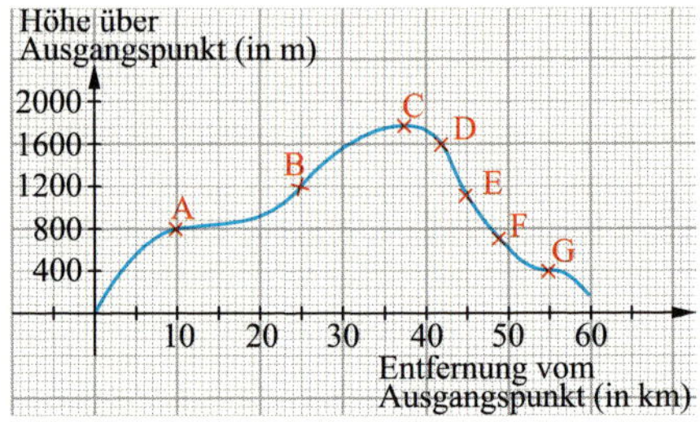

Die Straße hat an den einzelnen Stellen unterschiedliche Steigungen. Ein Autofahrer auf dieser Straße begegnet den links abgebildeten Verkehrsschildern. An welchen Stellen könnte das gewesen sein? Bestimme dazu die Steigung des Graphen in einigen Punkten und erkläre dein Vorgehen. In welchen Punkten ist die Steigung positiv, in welchen negativ, wo ist sie gleich null?

Lösung Durch die Definition 1 ist die Steigung eines Graphen in einem Punkt zurückgeführt auf die Steigung einer Geraden. Zur Bestimmung der Steigung des Graphen in den Punkten A, B und E zeichnen wir durch diese Punkte jeweils eine Gerade, die sich dem Graphen möglichst gut anschmiegt.

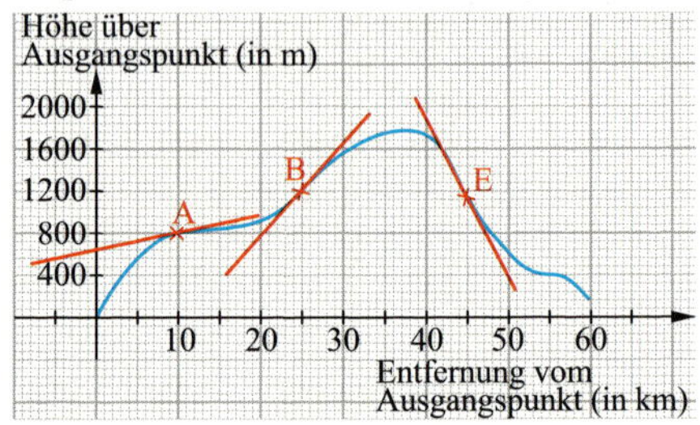

Dann wählen wir ein geeignetes Steigungsdreieck aus und ermitteln damit die Steigung der Tangente.

Wir erhalten:

$$\text{Steigung bei A} \approx \frac{160\text{ m}}{10\text{ km}} = \frac{16\text{ m}}{1\,000\text{ m}} = 0{,}016 = 1{,}6\,\%$$

$$\text{Steigung bei B} \approx \frac{400\text{ m}}{5\text{ km}} = \frac{80\text{ m}}{1\,000\text{ m}} = 0{,}08 = 8\,\%$$

$$\text{Steigung bei E} \approx \frac{400\text{ m} - 1\,900\text{ m}}{10\text{ km}} = \frac{-1\,500\text{ m}}{10\,000\text{ m}} = -0{,}15 = -15\,\%$$

Ergebnis: Das Verkehrsschild, das eine Steigung von 8 % anzeigt, müsste vor dem Punkt B stehen. Das Verkehrsschild, das 15 % Gefälle angibt, müsste vor Punkt E stehen.

An den Stellen, an denen es bergauf geht, ist die Steigung positiv (Punkte A und B); wo es bergab geht, ist die Steigung negativ (Punkte D, E, F, G). Die Tangente im Punkt C verläuft parallel zur 1. Achse, die Steigung des Graphen in C ist null.

Weiterführende Aufgabe

2. *Punkte, für die man keine Steigung des Graphen angeben kann*

Die Tangente an den Funktionsgraphen rechts im Punkt P ist orthogonal zur 1. Achse.

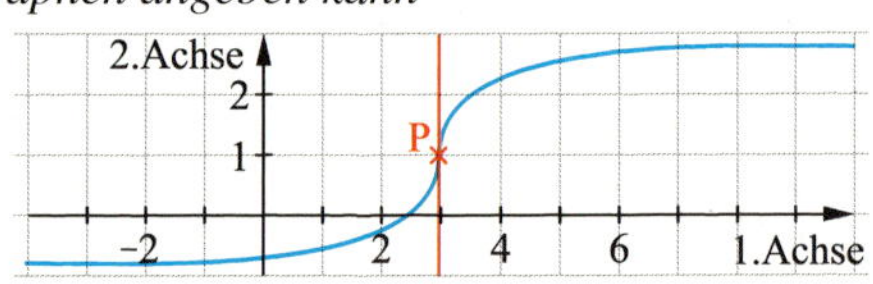

Warum ist für den Graphen im Punkt P keine Steigung definiert?

Information **Der Begriff der Ableitung einer Funktion an einer Stelle**

In der Lösung von Aufgabe 1 haben wir Steigungen des Graphen in verschiedenen Punkten *näherungsweise* mithilfe einer Zeichnung bestimmt. Dieses Verfahren nennt man auch *grafisches* oder *zeichnerisches Differenzieren.*

Für Parabeln und Kreise können wir die Steigung in einem Punkt des Graphen auch *rechnerisch exakt* bestimmen. (Siehe auch Seite 35 und 86.)

Bei beiden Verfahren wird deutlich, dass die Steigung der Tangente in einem Punkt $P(a\,|\,f(a))$ an den Graphen einer Funktion f abhängt von der Funktion f und der Stelle a. Man hat daher auch einen eigenen Namen und eine vereinfachte Schreibweise für die Tangentensteigung gewählt.

Definition 2

Die Steigung der Tangente an den Graphen einer Funktion f an einer Stelle a heißt **Ableitung von f an der Stelle a**. Diese Ableitung wird mit $f'(a)$ bezeichnet.

lies: f Strich von a

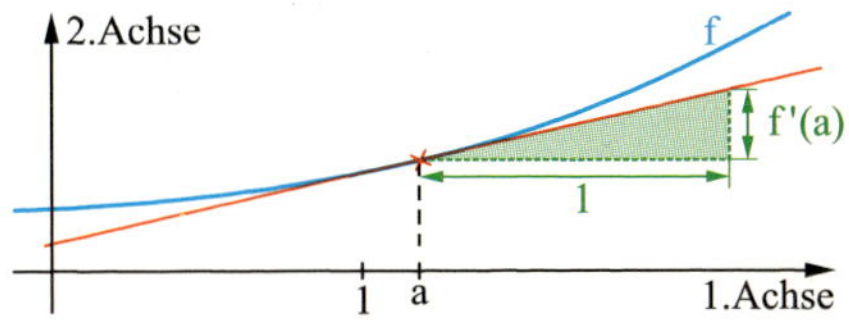

Man sagt z. B. für $f(x) = x^2$: Die Ableitung von f an der Stelle 3 ist gleich 6.
Man schreibt dafür kurz: $f'(3) = 6$

6 ist die Steigung der Tangente im Punkt P(3 | 9) an die Parabel.

Übungsaufgaben

3.

a) Vergleiche die Steigungen des Graphen in den Punkten A und B; C und D; E und F; G und H.

b) In welchen Punkten ist die Steigung des Graphen null? In welchem Bereich ist die Steigung positiv [negativ]?

c) In welchem der markierten Punkte ist die Steigung des Graphen am größten [am kleinsten]?

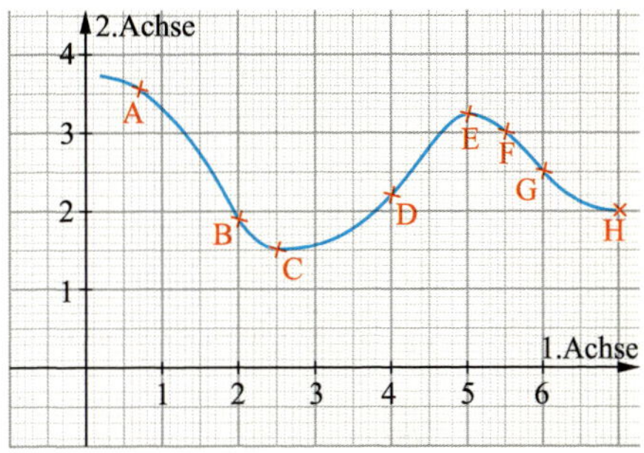

4.

Lies die Steigung des Graphen im Punkt P ab.

a)
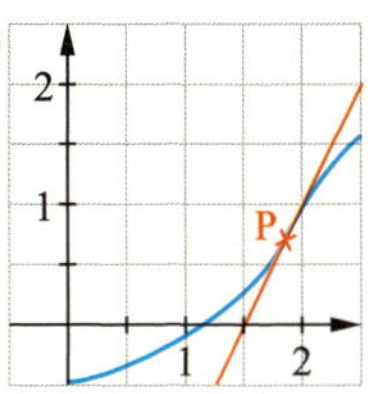

b)
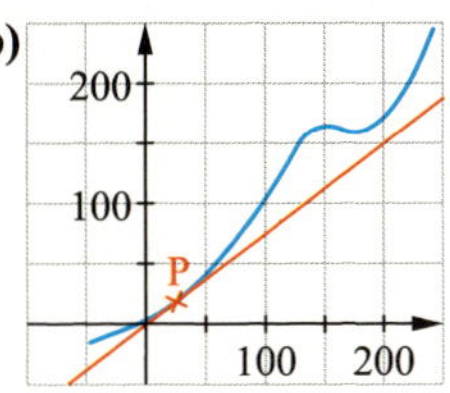

c)
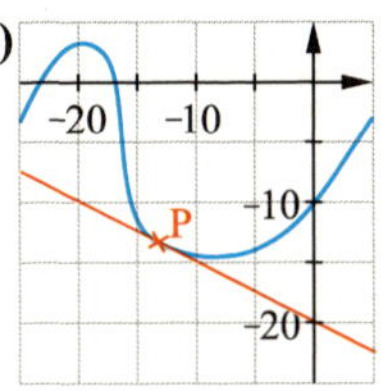

d)
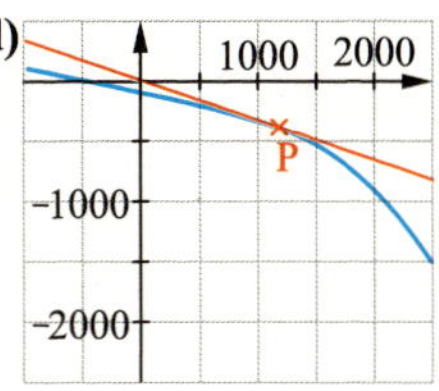

5.

Zeichne einen Funktionsgraphen, für den beim Durchlaufen von links nach rechts gilt:

a) Vom Punkt A bis zum Punkt B ist die Steigung positiv. Im Punkt B ist die Steigung null. Vom Punkt B bis zum Punkt C ist die Steigung negativ.

b) Die Steigung ist immer negativ, wird aber immer größer.

6.

Zeichne den Graphen; bestimme durch zeichnerisches Differenzieren die Steigung in P.

a) $x \mapsto x^2$; $P(1\,|\,1)$ $[P(2\,|\,4);\ P(-1\,|\,1)]$

b) $x \mapsto x^3$; $P(1\,|\,1)$ $[P(0\,|\,0);\ P(0{,}5\,|\,0{,}125)]$

c) $x \mapsto \cos x$; $P(0\,|\,1)$ $\left[P\left(\frac{\pi}{2}\,\middle|\,0\right);\ P\left(-\frac{\pi}{2}\,\middle|\,0\right)\right]$

2.1.2 Berechnen der Tangentensteigung beim Graphen von $x \mapsto x^3$

Einführung Beim zeichnerischen Differenzieren haben wir uns bemüht, die Tangente so zu zeichnen, dass sie sich dem Graphen in einer Umgebung des Berührpunktes möglichst gut anschmiegt. Wenn man sich dabei auch noch so sehr bemüht, so ist das doch ungenau. Genau sind die Ergebnisse der Berechnung der Tangentensteigungen, wie sie in den Abschnitten 1.3.2, Seite 35 und 1.5.2, Seite 67 bei Parabeln und Kreisen durchgeführt worden sind. Die dort benutzten Verfahren sind jedoch nicht immer verwendbar. Wir versuchen daher im Folgenden ein weiteres Verfahren am Beispiel von $y = x^3$ zu entwickeln.

(1) Berechnen der Steigung im Punkt P(1 | 1)

(1) Steigung der Sekante durch S und P bestimmen.

Eine Sekante durch P schneidet den Graphen der Funktion f mit $f(x) = x^3$ noch in einem weiteren Punkt $S(x \mid x^3)$.

Sie hat die Steigung $m_s = \frac{x^3 - 1^3}{x - 1} = \frac{x^3 - 1}{x - 1}$.

Diese Formel gilt auch, falls $S(x \mid x^3)$ links von $P(1 \mid 1)$ liegt.

Achtung! Unterschiedliche Skalierung der Achsen

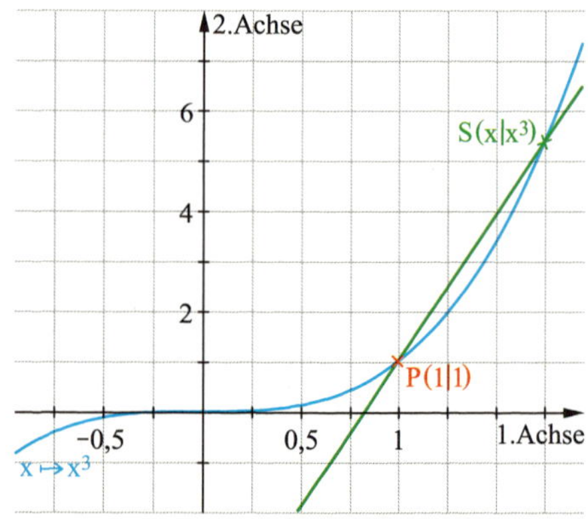

Die folgende Tabelle gibt die Steigung m_s der Sekante für verschiedene Werte von x in der Umgebung von $P(1 \mid 1)$ an.

(2) Der Punkt S wandert auf P zu.

x	1,1	1,01	1,001	1,0001	…	0,9999	9,999	0,99	0,9
m_s	3,31	3,0301	3,003001	3,00030001		2,99970001	2,997001	2,9701	2,71

Für x = 1 liefert die Formel $m_s = \frac{x^3 - 1}{x - 1}$ keine Steigung, weil Zähler und Nenner 0 sind.

Für x = 1 fallen aber auch P und S zusammen. Es gibt keine Sekante.

Für $x \neq 1$ erhält man durch Polynomdivision:

$$m_s = \frac{x^3 - 1}{x - 1} = x^2 + x + 1$$

Wir stellen uns jetzt vor, dass sich der Punkt S auf dem Graphen auf den Punkt P von rechts oder von links zu bewegt. Der Wert von x unterscheidet sich dann immer weniger von der Zahl 1.

Auch an der Formel $m_s = x^2 + x + 1$ (für $x \neq 1$) erkennt man, dass sich die Sekantensteigung m_s dann immer weniger von $1^2 + 1 + 1$, also von 3, unterscheidet. Man bezeichnet 3 als **Grenzwert** der Sekantensteigung. Bei der Bewegung des Punktes S auf P zu nähert sich die Sekante immer mehr der Tangente in P.

(3) Der Grenzwert der Sekantensteigung ist die Steigung der Tangente in Punkt P.

Wir schreiben:

$$f'(1) = \lim_{x \to 1} m_s$$

Schreibweise für den Grenzwert

$$= \lim_{x \to 1} (x^2 + x + 1)$$

Strebt x gegen 1, so strebt $x^2 + x + 1$ gegen 3.

Die Zahl 3 ist offenbar die gesuchte Steigung der Tangente im Punkt $P(1 \mid 1)$.

Ergebnis: Die Tangente im Punkt $P(1 \mid 1)$ hat die Steigung $f'(1) = 3$.

(2) Berechnen der Steigung im Punkt $P(a\,|\,a^3)$

Die Steigung m_s der Sekante durch die Punkte $P(a\,|\,a^3)$ und $S(x\,|\,x^3)$ lautet:

$$m_s = \frac{x^3 - a^3}{x - a} = x^2 + a\,x + a^2 \quad (\text{für } x \neq a)$$

Mache die Probe:
$(x^2 + a\,x + a^2) \cdot (x - a) = x^3 - a^3$

Wenn sich der Punkt S auf dem Graphen auf den Punkt P zu bewegt, unterscheidet sich der Wert von x immer weniger von der Zahl a, die Steigung m_s der Sekante also immer weniger von $a^2 + a \cdot a + a^2$, also von $3\,a^2$.

$3\,a^2$ ist der Grenzwert von m_s für x gegen a.

Wir schreiben: $f'(a) = \lim\limits_{x \to a} m_s = \lim\limits_{x \to a}(x^2 + a\,x + a^2) = 3\,a^2$

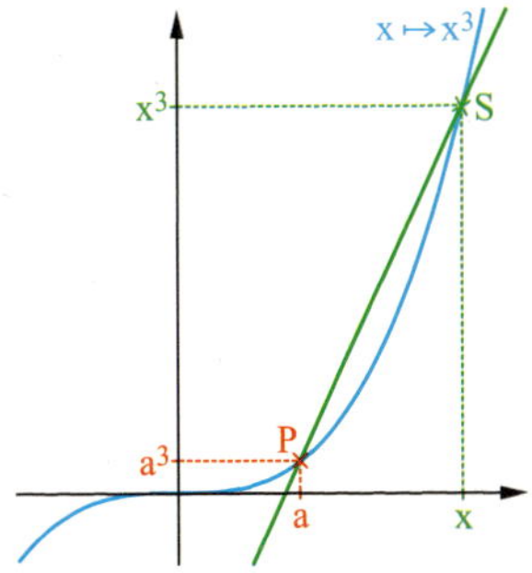

> Die Steigung der Tangente im Punkt $P(a\,|\,a^3)$ beträgt $3\,a^2$, d.h. für $f(x) = x^3$ gilt an einer Stelle a: $f'(a) = 3\,a^2$

Information

(1) Verfahren zur Bestimmung der Tangentensteigung

In der Einführung haben wir die Tangentensteigung wie folgt bestimmt:

> Die Steigung der Tangente an den Graphen einer Funktion f im Punkt $P(a\,|\,f(a))$ wird nach folgendem Verfahren gewonnen:
> (1) Man bestimmt die Steigung der Sekante durch die Punkte P und S des Graphen.
> (2) Man lässt den Punkt S auf den Punkt P zu wandern.
> (3) Der Grenzwert der Sekantensteigung ist dann die Steigung der Tangente im Punkt P.

Wenn man die Steigung der Tangente an den Graphen einer Funktion bestimmen will, muss man stets die Stelle angeben, an der das geschehen soll. Wir werden nach diesem Verfahren die Tangentsteigungen für verschiedene Funktionsgraphen bestimmen. Dieses Verfahren erfasst allerdings nicht den Fall, dass die Tangente parallel zur 2. Achse verläuft.

(2) Berechnen der Tangentensteigung mithilfe der h-Schreibweise

Anstelle der Variablen x kann man bei der Berechnung der Tangentensteigung auch die Koordinatendifferenz $h = x - a$ verwenden (siehe das Bild rechts).
h ist positiv, falls der Punkt S rechts von P liegt,
h ist negativ, falls S links von P liegt.
Für die Steigung m_s der Sekante durch P und S gilt:

$$m_s = \frac{(a+h)^3 - a^3}{h} = \frac{a^3 + 3\,a^2 h + 3\,a h^2 + h^3 - a^3}{h}$$
$$= 3\,a^2 + 3\,a\,h + h^2 \quad (\text{für } h \neq 0)$$

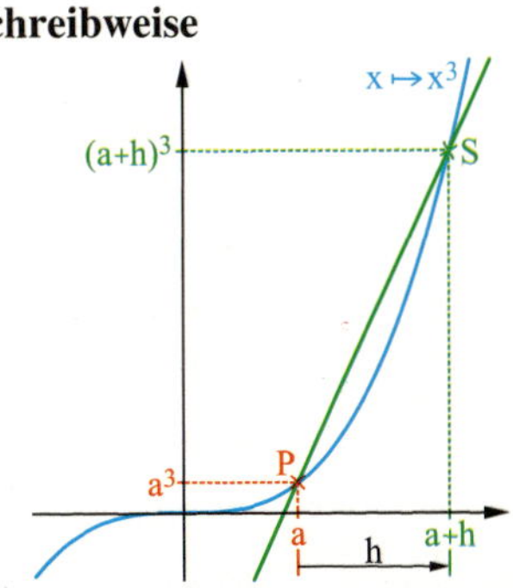

Stellt man sich nun vor, dass S auf P zu wandert, so unterscheidet sich h immer weniger von 0 und die Sekantensteigung m_s immer weniger von $3\,a^2$. Der Grenzwert von m_s für h gegen 0 ist gleich $3\,a^2$.

Daher gilt: $f'(a) = \lim\limits_{h \to 0} m_s = \lim\limits_{h \to 0}(3\,a^2 + 3\,a\,h + h^2) = 3\,a^2$

Weiterführende Aufgaben

1. *Gleichung der Tangente in einem Punkt*

a) Bestimme rechnerisch die Gleichung der Tangente an den Graphen der Funktion f mit $f(x) = x^3$ im Punkt (1) $P(1\,|\,1)$; (2) $Q(2\,|\,8)$; (3) $R(3\,|\,27)$; (4) $P(a\,|\,a^3)$.

b) Zeige:

> Die Tangente an den Graphen der Funktion f im Punkt $P(a\,|\,f(a))$ hat die Gleichung:
> $y = f'(a) \cdot (x - a) + f(a)$

GTR **2.** *Ableitung an einer Stelle numerisch mit einem GTR bestimmen*

GTR und auch CAS-Rechner verfügen über einen Befehl zum numerischen Differenzieren (oft **nDeriv**). Die Rechnerfenster rechts zeigen, wie mithilfe dieses Befehls die Ableitung einer Funktion an einer Stelle bestimmt werden kann.
Führe dies selbst durch, z.B. für f mit $f(x) = 3^x$ an den Stellen 2, und −2.

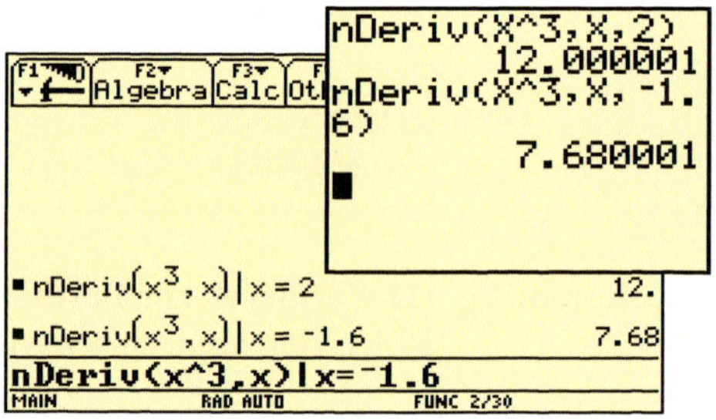

Übungsaufgaben

3.
Gegeben ist der Punkt P auf dem Graphen der Funktion $x \mapsto x^3$. Zur Stelle x gehört der Punkt $S(x\,|\,x^3)$ auf dem Graphen. Gib die Steigung der Sekante durch P und S an.

a) $P(2\,|\,y)$ **b)** $P(0{,}5\,|\,y)$ **c)** $P(-2\,|\,y)$ **d)** $P(-1\,|\,y)$ **e)** $P(0\,|\,y)$ **f)** $P(-1{,}5\,|\,y)$

4.
Bestimme die Steigung der Tangente an den Graphen der Funktion $x \mapsto x^3$ im Punkt P. Stelle auch die Gleichung der Tangente auf.

a) $P(2\,|\,8)$ **b)** $P(-1\,|\,-1)$ **c)** $P(0\,|\,0)$ **d)** $P(-0{,}5\,|\,y)$ **e)** $P(\sqrt[3]{5}\,|\,y)$ **f)** $P(-\sqrt[6]{3}\,|\,y)$

5.
Zeige mit dem Verfahren aus Information (1) auf Seite 91:

> Für $f(x) = x^2$ gilt an einer Stelle a: $f'(a) = 2a$.

6.
Berechne die Tangentensteigung im Punkt P mithilfe der h-Schreibweise.

a) $f(x) = x^3 + 5$; $P(2\,|\,y)$ **c)** $f(x) = 3x^3$; $P(2\,|\,y)$ **e)** $f(x) = x^3 + 2x$; $P(2\,|\,y)$
b) $f(x) = x^3 - 6$; $P(0\,|\,y)$ **d)** $f(x) = 2x^3 + x$; $P(1\,|\,y)$ **f)** $f(x) = (x-1)^3$; $P(3\,|\,y)$

7.
Bestimme die Gleichung der Tangente an den Graphen der Funktion $x \mapsto x^3$, die parallel ist zu der Geraden mit der Gleichung **a)** $y = 4x + 5$ **b)** $y = \frac{3}{4}x - 7$

8.
Für welche Stelle a ist die Tangentensteigung an den Graphen der Funktion $x \mapsto x^3$ negativ [null; positiv]? Deute das Ergebnis geometrisch am Graphen.
An welcher Stelle hat die Tangentensteigung den Wert 6,75 [den Wert −5]?

2.1.3 Bestimmen der Ableitung bei weiteren Funktionen

Aufgabe 1 Gegeben ist die Funktion f sowie die Stelle a. Bestimme rechnerisch die Ableitung $f'(a)$, d.h. die Steigung der Tangente an den Graphen der Funktion f an der Stelle a.

a) $f(x) = \frac{1}{x}\ \ (x \neq 0)$ **b)** $f(x) = \sqrt{x}\ \ (x \geq 0;\ a > 0)$

Lösung **a)** *(1) Steigung m_s der Sekante durch $P\left(a \,\middle|\, \frac{1}{a}\right)$ und $S\left(x \,\middle|\, \frac{1}{x}\right)$*

$$m_s = \frac{\frac{1}{x} - \frac{1}{a}}{x - a} \qquad (\text{für } x \neq 0,\ \ a \neq 0,\ \ x \neq a)$$
$$= \frac{\frac{a-x}{x \cdot a}}{x - a}$$
$$= \frac{a - x}{x \cdot a(x - a)} = -\frac{1}{x \cdot a}$$

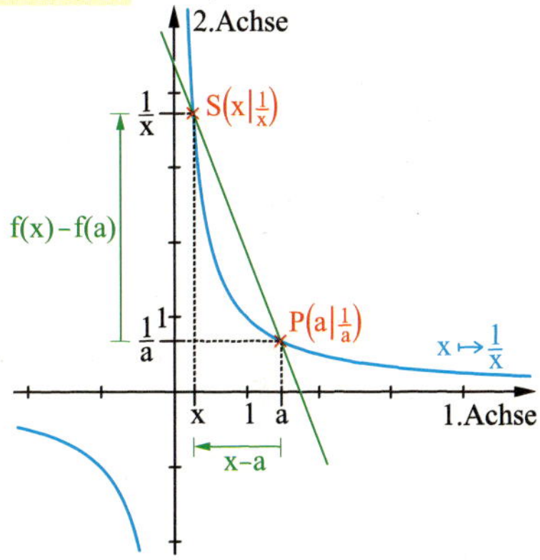

(2) Steigung der Tangente im Punkt $P\left(a \,\middle|\, \frac{1}{a}\right)$

Wandert S auf P zu, so weicht x immer weniger von a und die Steigung m_s der Sekante immer weniger von $-\frac{1}{a \cdot a}$, also von $-\frac{1}{a^2}$ ab.

Es gilt: $f'(a) = \lim\limits_{x \to a} m_s = -\frac{1}{a^2}$

Die Steigung der Tangente im Punkt P beträgt $-\frac{1}{a^2}$.

> Für $f(x) = \frac{1}{x}$ mit $x \in \mathbb{R}^*$ gilt an einer Stelle $a \neq 0$: $f'(a) = -\frac{1}{a^2}$.

b) *(1) Steigung der Sekante durch $P(a \mid \sqrt{a})$ und $S(x \mid \sqrt{x})$*

Für die Steigung m_s der Sekante gilt:

$$m_s = \frac{\sqrt{x} - \sqrt{a}}{x - a} \quad (\text{für } x \neq a,\ \ x \geq 0,\ \ a > 0)$$

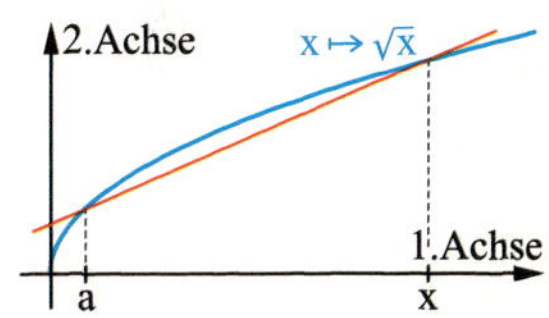

Wir formen den Term so um, dass man kürzen kann.
Dazu gibt es zwei Wege:

1. Weg

$$m_s = \frac{\sqrt{x} - \sqrt{a}}{x - a}$$
3. binomische Formel
$$= \frac{\sqrt{x} - \sqrt{a}}{(\sqrt{x})^2 - (\sqrt{a})^2}$$
Kürzen
$$= \frac{\sqrt{x} - \sqrt{a}}{(\sqrt{x} - \sqrt{a}) \cdot (\sqrt{x} + \sqrt{a})}$$
$$= \frac{1}{\sqrt{x} + \sqrt{a}} \quad \text{für } x \neq a$$

2. Weg

$$m_s = \frac{\sqrt{x} - \sqrt{a}}{x - a}$$
Erweitern mit $\sqrt{x} + \sqrt{a}$
$$= \frac{(\sqrt{x} - \sqrt{a}) \cdot (\sqrt{x} + \sqrt{a})}{(x - a) \cdot (\sqrt{x} + \sqrt{a})}$$
3. binomische Formel
$$= \frac{(\sqrt{x})^2 - (\sqrt{a})^2}{(x - a) \cdot (\sqrt{x} + \sqrt{a})}$$
$$= \frac{x - a}{(x - a) \cdot (\sqrt{x} + \sqrt{a})} = \frac{1}{\sqrt{x} + \sqrt{a}} \quad \text{für } x \neq a$$

(2) Steigung der Tangente im Punkt $P(a \mid \sqrt{a})$ für $a > 0$

Wandert S auf P zu, so gilt: $f'(a) = \lim\limits_{x \to a} m_s = \lim\limits_{x \to a} \frac{1}{\sqrt{x} + \sqrt{a}} = \frac{1}{\sqrt{a} + \sqrt{a}} = \frac{1}{2\sqrt{a}}$

Die Steigung der Tangente im Punkt P beträgt $\frac{1}{2\sqrt{a}}$.

> Für $f(x) = \sqrt{x}$ mit $x \in \mathbb{R}_0^+$ gilt an einer Stelle $a > 0$: $f'(a) = \frac{1}{2\sqrt{a}}$.

Information **(1) Ableitung von sin(x) an einer Stelle**

Wir wollen auch die Ableitung der Sinusfunktion an einer Stelle bestimmen. Dabei verwenden wir die h-Schreibweise (siehe Information (2) auf Seite 91).

(1) Steigung der Sekante durch $P(a\,|\,\sin(a))$ und $S(a+h\,|\,\sin(a+h))$

Es gilt: $m_s = \frac{\sin(a+h) - \sin(a)}{h}$

Wir betrachten $\sin(a+h) - \sin(a)$ am Einheitskreis:
Der Bogen h wurde rot eingezeichnet, der Bogen a blau.
Weiterhin gilt:
$|RA| = \sin(a+h) - \sin(a)$,
$|OF| = \cos\left(a + \frac{h}{2}\right)$ und $|OQ| = 1$.

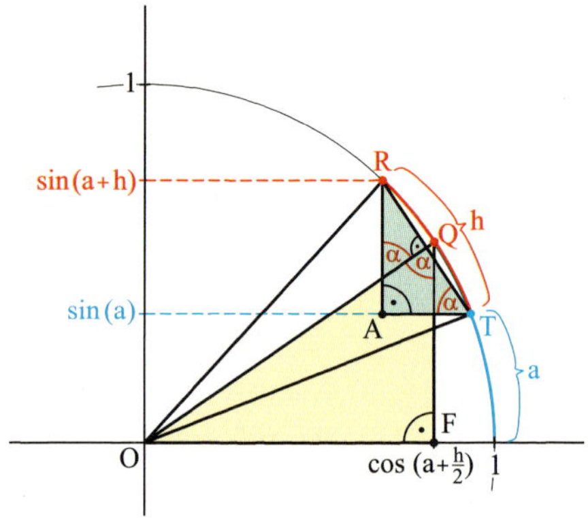

Man erkennt die Ähnlichkeit der beiden rechtwinkligen Dreiecke OFQ und RAT an den gleich großen Innenwinkeln.

Aufgrund der Ähnlichkeit dieser beiden Dreiecke zueinander gilt: $\frac{|RA|}{|RT|} = \frac{|OF|}{|OQ|}$.

Damit erhalten wir (1) $\frac{\sin(a+h) - \sin(a)}{|RT|} = \frac{\cos\left(a + \frac{h}{2}\right)}{1}$.

(2) Steigung der Tangente im Punkt $P(a\,|\,\sin(a))$

Um die Steigung der Tangente zu bestimmen, überlegen wir, was passiert, wenn h gegen null strebt. Man erkennt anschaulich am Einheitskreis, dass sich $|RT|$ für $h \to 0$ immer mehr der Bogenlänge h nähert. Damit erhalten wir bei Berücksichtigung von (1) schließlich:

$$f'(a) = \lim_{h\to 0} \frac{\sin(a+h) - \sin(a)}{h} = \lim_{h\to 0} \frac{\sin(a+h) - \sin(a)}{|RT|} = \lim_{h\to 0} \frac{\cos\left(a + \frac{h}{2}\right)}{1} = \cos(a)$$

Durch anschauliche Überlegungen am Einheitskreis erhalten wir folgendes Ergebnis:

Für $f(x) = \sin(x)$ mit $x \in \mathbb{R}$ gilt an einer Stelle a: $f'(a) = \cos(a)$.

(2) Ableitungen wichtiger Grundfunktionen

Als Ergebnis halten wir die Ableitungen wichtiger Grundfunktionen an einer Stelle a fest:

$f(x)$	x^2	x^3	x^4	$\frac{1}{x}$	$\sqrt{x}$	$\sin(x)$	$\cos(x)$
$f'(a)$	$2a$	$3a^2$	$4a^3$	$-\frac{1}{a^2}$	$\frac{1}{2\sqrt{a}}$	$\cos(a)$	$-\sin(a)$

Weiterführende Aufgaben

2. *Steigung der Tangente an einer Stelle bei $x \mapsto x^4$ und $x \mapsto \cos(x)$*

Bestimme $f'(a)$, d. h. die Steigung der Tangente an den Graphen von f an der Stelle a.

a) $f(x) = x^4$ **b)** $f(x) = \cos(x)$

3. *Tangente an einen Kreis*
Gegeben ist ein Kreis um den Ursprung mit dem Radius $r = 5$. Bestimme mit dem Verfahren aus Aufgabe 1 die Steigung der Tangente an der Stelle $a = 4$ (oberhalb der 1. Achse und auch unterhalb der 1. Achse). Gib jeweils die Tangentengleichung an. Vergleiche das Ergebnis mit den Angaben auf Seite 67.

Übungsaufgaben

4.
Gib für die Funktionen in der Aufgabe 1 auf Seite 93 die Gleichung der Tangente an den Graphen an der Stelle 2 [Stelle a] an.

5.
Bestimme $f'(a)$, d. h. die Steigung der Tangente an den Graphen der Funktion f an der Stelle a, mithilfe der h-Schreibweise.

a) $f(x) = \frac{1}{x}$ **b)** $f(x) = \sqrt{x}$ **c)** $f(x) = \sin(x)$

6.
Bestimme die Steigung der Tangente an den Graphen der Funktion f in dem angegebenen Punkt. Gib auch die Gleichung der Tangente an.

a) $f(x) = 2x^3$; $P(2\,|\,y)$ $[P(-1\,|\,y)]$
b) $f(x) = x^3 + 5$; $P(1\,|\,y)$ $[P(-2\,|\,y)]$
c) $f(x) = x^3 + x$; $P(-1\,|\,y)$ $[P(2\,|\,y)]$
d) $f(x) = (x-2)^3$; $P(3\,|\,y)$ $[P(1\,|\,y)]$
e) $f(x) = x + \frac{1}{x}$; $P(2\,|\,y)$ $[P(-2\,|\,y)]$
f) $f(x) = \sin(x)$; $P(\pi\,|\,y)$ $\left[P\left(\frac{\pi}{2}\,\middle|\,y\right)\right]$

7.
An welcher Stelle a hat die Ableitung $f'(a)$ den angegebenen Wert?

a) $f(x) = x^3$; Wert 27 [7; 0]
b) $f(x) = \frac{1}{x}$; Wert -1 [-4; -7]
c) $f(x) = \sqrt{x}$; Wert $\frac{1}{9}$ $\left[16; \frac{1}{2}; 3\right]$
d) $f(x) = \sin(x)$; Wert 0 $\left[\frac{1}{2}; -\frac{1}{2}\right]$

8.
a) Gib die Steigungen der Tangenten an den Graphen der Sinusfunktion [Kosinusfunktion] in den Schnittpunkten mit der 1. Achse an.
b) Wie groß ist der Winkel, den diese Tangenten mit der positiven Richtung der 1. Achse bilden (Steigungswinkel)?

Achte auf gleiche Einteilung auf beiden Achsen.

9.
a) Gib für $f(x) = x^4$ an: $f'(1)$; $f'(2)$; $f'(0)$; $f'(-4)$
b) Gib für $f(x) = \frac{1}{x}$ an: $f'(3)$; $f'(1)$; $f'(-1)$; $f'(-4)$
c) Gib für $f(x) = \sqrt{x}$ an: $f'(1)$; $f'(4)$; $f'(2)$; $f'(256)$
d) Gib für $f(x) = \sin(x)$ an: $f'\left(\frac{\pi}{2}\right)$; $f'\left(-\frac{\pi}{2}\right)$; $f'\left(\frac{\pi}{3}\right)$; $f'\left(-\frac{\pi}{6}\right)$

10.
Welche Werte kommen bei der Ableitung, also bei den Steigungen der Tangenten an den Graphen der Funktion f, überhaupt nicht vor?
Deute das Ergebnis geometrisch.

a) $f(x) = x^3$ **b)** $f(x) = \frac{1}{x}$ **c)** $f(x) = \sqrt{x}$ **d)** $f(x) = \sin(x)$

11.

Bestimme die Steigung der Tangente an den Graphen der Funktion f an der Stelle a.

a) $f(x) = \frac{1}{x^2}$; $a \neq 0$ **c)** $f(x) = \frac{1}{x} + 2$; $a = 0{,}5$ **e)** $f(x) = \frac{1}{x} + x^2$; $a \neq 0$

b) $f(x) = \frac{2}{x}$; $a = 1$ **d)** $f(x) = \frac{1}{x} + x$; $a = 2$ **f)** $f(x) = \frac{1}{x} + x^3$; $a \neq 0$

12.

Bestimme die Steigung der Tangente an den Graphen von f im Punkt $P(a\,|\,y)$ mit $a > 0$.

a) $f(x) = \sqrt{x} + 3$ **c)** $f(x) = 3\sqrt{x}$ **e)** $f(x) = \sqrt{x} + x$

b) $f(x) = \sqrt{2x}$ **d)** $f(x) = \frac{1}{\sqrt{x}}$ **f)** $f(x) = \sqrt{x} + \frac{1}{x}$

13.

Gib die Gleichung der Tangente an den Graphen der Funktion f im Punkt P an.

a) $f(x) = \sqrt{x}$; $P(4\,|\,y)$ **b)** $f(x) = \sqrt{x} + x$; $P(9\,|\,y)$ **c)** $f(x) = 3\sqrt{x}$; $P(2\,|\,y)$

14.

Die Berechnung der Ableitung $f'(a)$ der Funktion f mit $f(x) = \sqrt{x}$ kann, wie bei der Parabel, auch mithilfe des Schnittpunktverfahrens durchgeführt werden.

Anleitung:

Setze in der Gleichung zur Bestimmung der 1. Koordinate x_1 und x_2 der Schnittpunkte von Graph und Gerade (siehe rechts) $u = \sqrt{x}$. Mache nach Bestimmen der Lösungen u_1 und u_2 die Substitution wieder rückgängig.

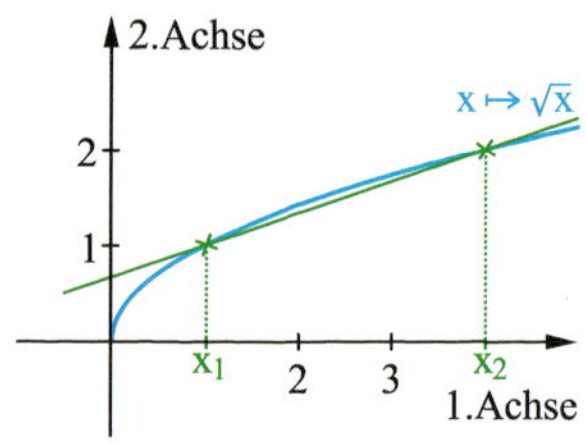

15.

Die Parabelkirche in Gelsenkirchen wurde von dem Architekten Josef Franke in den Jahren 1927 bis 1929 erbaut.

Beim Bau des Kirchenmittelschiffes (bei einer Breite b von 10 Metern und einer Höhe h von 15 Metern) wurden die in den Boden eingelassenen Stützpfeiler aus Fertigungsgründen als einfache Geradenstücke, nicht mehr als Parabelstücke angefertigt.

a) Bestimme eine Parabelgleichung.

b) Berechne die Steigung eines in den Boden eingelassenen geraden Stützpfeilers.

c) Welchen Winkel schließen Pfeiler und Erdboden miteinander ein?

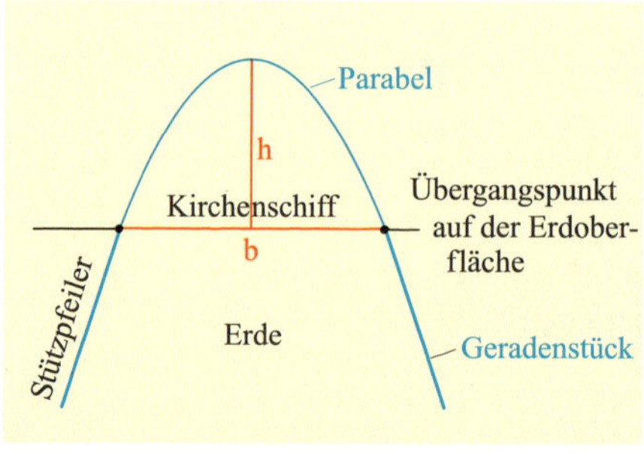

2.1.4 Analytische Definition der Ableitung – Differenzierbarkeit

Im vorigen Abschnitt haben wir zunächst Tangenten anschaulich als Geraden verstanden, die sich dem Graphen besonders gut anschmiegen. Dann haben wir ein Verfahren gewonnen, mit dessen Hilfe die Steigung der Tangenten berechnet werden konnte.
Jetzt wollen wir überprüfen, ob sich dieses Verfahren auch in extremen Fällen bewährt, z. B. in denen der Graph eine „Spitze" hat oder einen „Sprung macht".

Aufgabe 1

a) Der Graph der Funktion $x \mapsto |x^2 - 1|$ hat an der Stelle 1 (und auch an der Stelle -1) eine *Spitze*. Nach unserem bisherigen Tangentenverständnis dürfte es dort keine Tangente geben. Denn wie man auch eine Gerade durch P legt, sie schmiegt sich in keiner Umgebung von P dem Graphen an.
Zeigt dies auch die Rechnung?

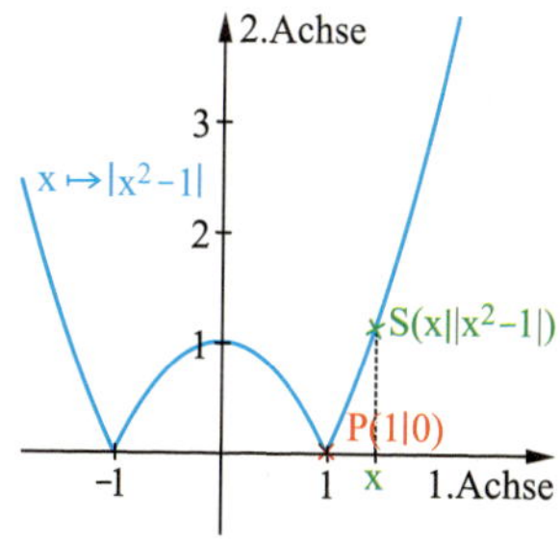

b) Der Graph der Heavysidefunktion $x \mapsto H(x)$ mit

$$H(x) = \begin{cases} 0 & \text{für } x \leq 0 \\ 1 & \text{für } x > 0 \end{cases}$$

macht an der Stelle 0 einen *Sprung*.
Nach unserem bisherigen Tangentenverständnis dürfte an der Stelle 0 keine Tangente existieren, denn wie man auch eine Gerade durch $P(0|0)$ legt, sie schmiegt sich in keiner Umgebung von P dem Graphen an.
Zeigt dies auch die Rechnung?

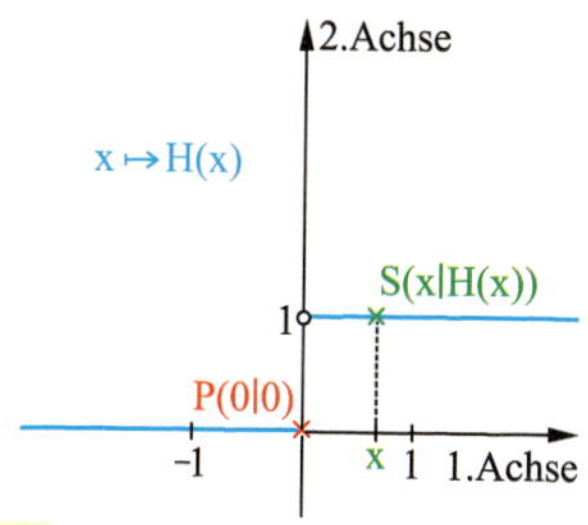

Lösung

a) *(1) Steigung der Sekante durch $P(1|0)$ und $S(x||x^2 - 1|)$*

1. Fall:
$|x| > 1$, also $x > 1$ oder $x < -1$

$$m_s = \frac{|x^2-1| - 0}{x-1} = \frac{x^2-1}{x-1} = \frac{(x-1)\cdot(x+1)}{x-1} = x+1$$

2. Fall:
$|x| < 1$, also $-1 < x < 1$

$$m_s = \frac{|x^2-1| - 0}{x-1} = \frac{-(x^2-1)}{x-1} = \frac{-(x-1)(x+1)}{x-1} = -x-1$$

(2) Grenzwert der Sekantensteigung

Wandert S von rechts auf P zu, so weicht x mit $x > 1$ immer weniger von 1 ab und m_s unterscheidet sich immer weniger von $1 + 1$, also von 2.
Wandert S von links auf P zu, so weicht x immer weniger von 1 ab, aber es ist $-1 < x < 1$ und m_s unterscheidet sich immer weniger von $-1 - 1$, also von -2.
Falls es eine Tangente gäbe, dürfte sich nur *ein* Wert ergeben.

Man kann keinen eindeutig bestimmten Grenzwert $\lim\limits_{x \to 1} m_s = \lim\limits_{x \to 1} \frac{|x^2-1|}{x-1}$ finden.
Es gibt somit auch keine Ableitung $f'(1)$. Es gibt keine Tangente an der Stelle 1.

b) *(1) Steigung der Sekante durch $P(0|0)$ und $S(x|H(x))$*

$$m_s = \frac{H(x) - H(0)}{x - 0} = \frac{H(x)}{x} = \begin{cases} \frac{1}{x} & \text{für } x > 0 \\ 0 & \text{für } x < 0 \end{cases}$$

(2) Grenzwert der Sekantensteigung

Liegt S rechts von P und wandert dann S auf P zu, so unterscheidet sich x mit $x > 0$ immer weniger von 0. Dann aber wächst $m_s = \frac{1}{x}$ unbeschränkt, d. h. zu jeder noch so großen Zahl K kann man stets eine Sekantensteigung angeben, die größer als K ist. Liegt S links von P und wandert dann S auf P zu, so unterscheidet sich x mit $x < 0$ immer weniger von 0 und die Steigung m_s bleibt dann immer 0.

Falls eine Tangente vorhanden wäre, müsste sich bei beiden Annäherungen derselbe Wert ergeben.

Einen Grenzwert $\lim\limits_{x \to 0} m_s = \lim\limits_{x \to 0} \frac{H(x)}{x}$ gibt es nicht. Es gibt keine Tangente an der Stelle 0.

Information

(1) Sonderfälle und Probleme bei der Berechnung der Tangentensteigung

In den extremen Fällen *Spitze* und *Sprung* beim Graphen gibt es anschaulich keine bestimmte sich anschmiegende Gerade als Tangente. Die Sekantensteigungen haben keinen Grenzwert. Das Verfahren zur Bestimmung der Steigung der Tangenten ist also auch in diesen Fällen in Übereinstimmung mit der Anschauung.

(2) Analytische Definition der Ableitung f′(a)

Bisher haben wir den Begriff der Ableitung $f'(a)$ an den Begriff der Steigung der Tangente an den Graphen von f im Punkt $P(a\,|\,f(a))$ gebunden (siehe dazu die Definition der Ableitung auf Seite 89).

Wir wollen uns jetzt jedoch von dieser geometrischen Vorstellung lösen und die drei Schritte des Verfahrens zur Bestimmung der Ableitung $f'(a)$ rein rechnerisch betrachten. Wir erhalten die *analytische Definition der Ableitung an einer Stelle.*

Definition 3

Die Ableitung f′(a) der Funktion f an der Stelle a ihres Definitionsbereichs ist eine *Zahl*, die man folgendermaßen erhält:

(1) Man bildet den **Differenzenquotienten** $\frac{f(x) - f(a)}{x - a}$.

(2) Man bildet den Grenzwert $\lim\limits_{x \to a} \frac{f(x) - f(a)}{x - a}$.

(3) Falls dieser Grenzwert existiert, setzt man:

$f'(a) = \lim\limits_{x \to a} \frac{f(x) - f(a)}{x - a}$

Die Funktion f heißt dann an der Stelle a **differenzierbar**.

Existiert dieser Grenzwert nicht, so heißt f an der Stelle a **nicht differenzierbar**.

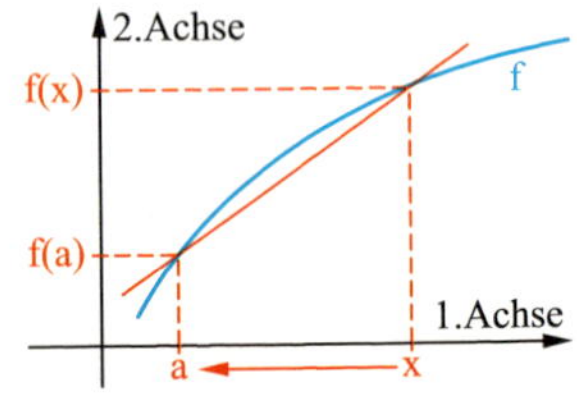

Der Differenzenquotient $\frac{f(x) - f(a)}{x - a}$ hat als *geometrische Deutung* die Steigung der Sekanten durch die Punkte $P(a\,|\,f(a))$ und $S(x\,|\,f(x))$ des Funktionsgraphen. Der Grenzwert $f'(a) = \lim\limits_{x \to a} \frac{f(x) - f(a)}{x - a}$ hat als *geometrische Deutung* die Steigung der Tangente im Punkt P.

Differenzierbar sind z. B. die Funktionen:

$x \mapsto x^2$; $x \mapsto x^3$; $x \mapsto \frac{1}{x}$; $x \mapsto 2x^3$; $x \mapsto x^2 + x$; $x \mapsto mx + n$; $x \mapsto \sin(x)$; $x \mapsto \cos(x)$

an jeder Stelle ihres Definitionsbereichs.

Nicht differenzierbar sind die Funktionen $x \mapsto |x^2 - 1|$ an den Stellen 1 und −1 sowie

$x \mapsto H(x)$ an der Stelle 0. Sie haben dort auch keine Tangenten. Sie sind aber an jeder anderen Stelle ihres Definitionsbereichs differenzierbar.

Zu sgn(x) siehe Seite 10

(3) Tangenten parallel zur 2. Achse

Das Bild rechts zeigt den Graphen der Funktion $x \mapsto \operatorname{sgn}(x) \cdot \sqrt{|x|}$. Rein anschaulich würde man die 2. Achse als Tangente an den Graphen der Funktion im Punkt P(0|0) ansehen. Der Graph hat jedoch im Punkt P(0|0) keine Steigung, die Funktion ist an der Stelle 0 nicht differenzierbar. Der Begriff der Differenzierbarkeit erfasst somit diese Tangente nicht.

Solche Diskrepanzen zwischen der Anschauung und der Definition der Tangente treten jedoch nur bei Tangenten auf, die parallel zur 2. Achse verlaufen.

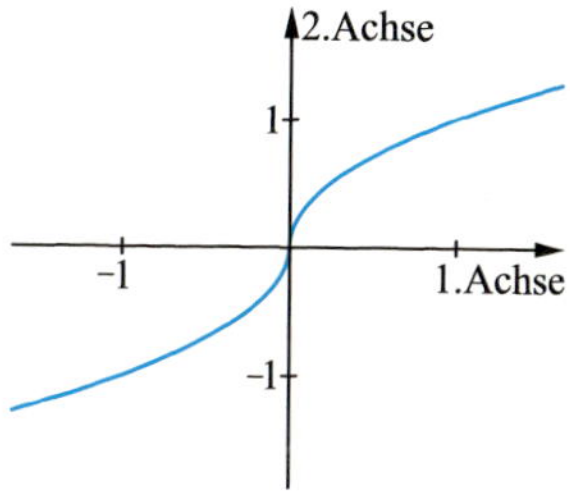

(4) Definition der Tangente an den Graphen der Funktion im Punkt P

Wir haben bisher den Begriff der Tangente an den Graphen einer Funktion an einer Stelle der Anschauung entnommen. Nun wollen wir eine exakte Definition der Tangente an einen Graphen im Punkt P angeben. Dabei nutzen wir die analytische Definition der Ableitung $f'(a)$, die ohne den Begriff der Tangente erhalten wurde (Definition 3).

Definition 4

Der Graph der Funktion f hat in einem Punkt P(a|f(a)) eine **Tangente**, wenn f an der Stelle a differenzierbar ist.
Die **Tangente** ist dann die Gerade durch P, welche die Steigung $f'(a)$ hat.
Ist f an der Stelle a nicht differenzierbar, so hat der Graph von f im Punkt P(a|f(a)) auch keine Tangente, es sei denn, die Tangente verläuft parallel zur 2. Achse.

GTR **(5) Funktionenmikroskop**

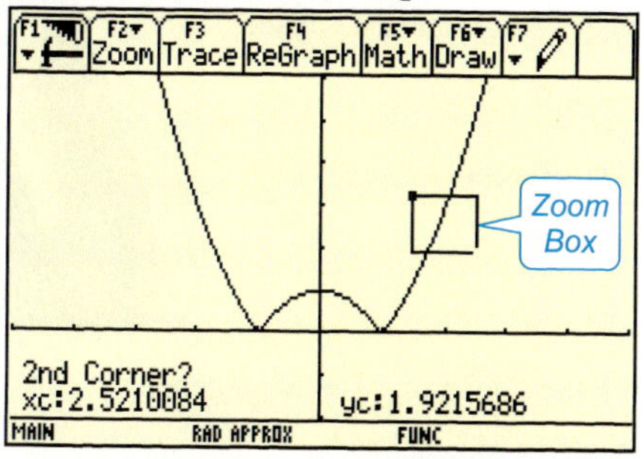

Wir setzen den GTR ein, um das Aussehen des Graphen einer Funktion in der Umgebung einer Stelle zu studieren. Dazu wird der Graph schrittweise stark vergrößert (Funktionenmikroskop).

Wir betrachten die Funktion f mit $f(x) = |x^2 - 1|$ an den Stellen 1 bzw. 2 (sowie an den Stellen −1 bzw. −1,5).

Betrachten wir zuerst die Stelle 2.

An dieser Stelle ist die Funktion f mit $f(x) = |x^2 - 1|$ differenzierbar.

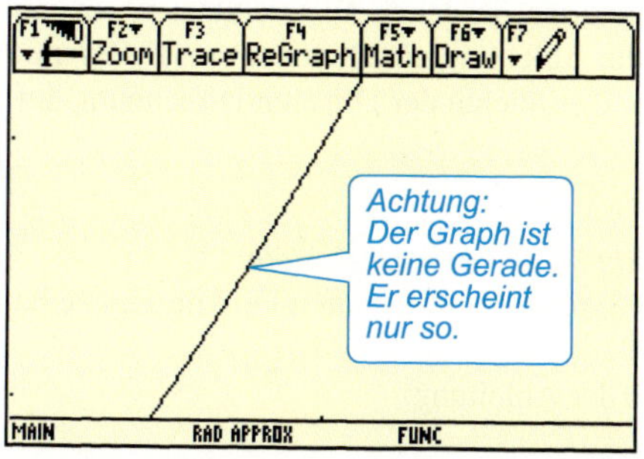

Der Graph der Funktion erscheint bei starker Vergrößerung in der Umgebung der Stelle 2 als Gerade. Dies stimmt sehr gut mit der bisherigen Vorstellung einer Tangente, welche sich dem Graphen der Funktion anschmiegt, überein. In einer kleinen Umgebung der Stelle 2, das heißt bei starker Vergrößerung,

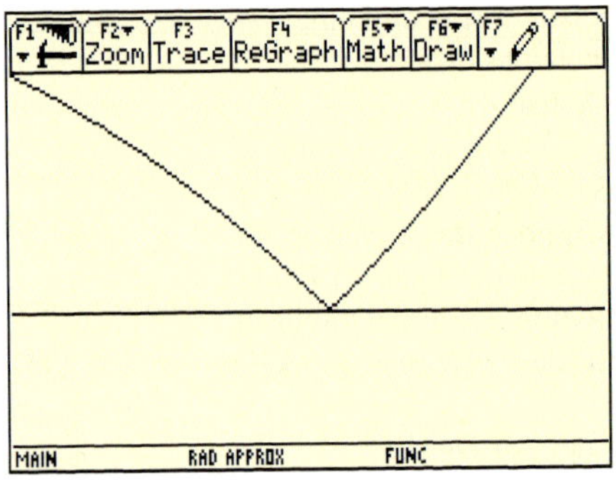

sind auf dem Display Tangente und Graph der Funktion nicht mehr zu unterscheiden.
Ähnliches gilt für die Stelle $-1{,}5$.
Wir betrachten jetzt die Stelle 1, an der f nicht differenzierbar ist.
Trotz starker Vergrößerung bleibt in der Darstellung an der Stelle ein „Knick" im Graphen der Funktion erhalten.
An der Stelle -1 verhält sich der Graph der Funktion analog. Offensichtlich hängt dieses Verhalten des Graphen damit zusammen, dass die Funktion an den Stellen -1 und 1 nicht differenzierbar ist bzw. keine Tangente an den Graphen der Funktion existiert.

(6) Andere Sprech- und Bezeichnungsweisen

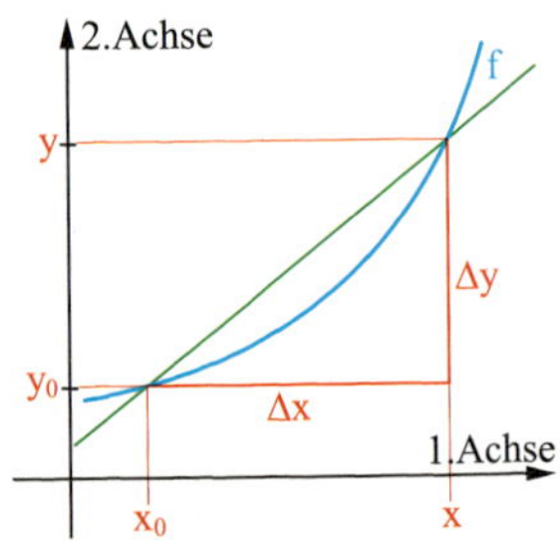

Die Ableitung der an der Stelle x_0 differenzierbaren Funktion wird auch **Differentialquotient** genannt. Diese Bezeichnung hat historische Gründe. LEIBNIZ vertrat die Auffassung, die Steigung der Tangente sei ein Quotient von so genannten Differentialen. Vor allem bei Anwendungen in Physik und Technik schreibt man auch Δx (gelesen: Delta x) für die Koordinatendifferenz h:
$\Delta x = x - x_0$.
Für die Differenz $f(x) - f(x_0)$ schreibt man dann folgerichtig Δy:
$\Delta y = f(x) - f(x_0) = y - y_0$
Für die Sekantensteigung m_s gilt dann: $m_s = \frac{\Delta y}{\Delta x}$.
Für $f'(x)$ schreibt man auch y' oder $\frac{dy}{dx}$ (*gelesen:* dy nach dx). $\frac{dy}{dx}$ ist nach unserer Theorie *kein* Quotient. Deswegen wird gelesen: dy *nach* dx. Das Symbol $\frac{dy}{dx}$ muss hier als Ganzes gesehen werden.
GOTTFRIED WILHELM LEIBNIZ (1646–1716) führte dieses Symbol im Jahr 1675 ein.

Beispiel: Die Funktion f sei durch die Gleichung $y = x^2$ gegeben.
Dann ist $\frac{dy}{dx} = 2x$ (*gelesen:* dy nach dx gleich 2x).
Es gibt auch mathematische Theorien, in denen Differentiale dy bzw. dx erklärt werden. Dann ist allerdings auch die Ableitung als Quotient von Differentialen auffassbar. Vergleiche dazu den Exkurs zur Geschichte der Differentialrechnung auf Seite 140f.

Weiterführende Aufgabe

2. *Steigung der konstanten Funktion $x \mapsto c$ an einer Stelle*
Wie groß ist die Steigung des Graphen der konstanten Funktion $x \mapsto c$ nach unserem anschaulichen Verständnis?
Bestätige dies durch Berechnen der Ableitung.

Übungsaufgaben

3.
Bestimme rechnerisch die Steigung der Tangente an den Graphen der Funktion $x \mapsto mx + b$ an der Stelle a mit der h-Schreibweise.

Hinweis: Vergleiche dazu Information (2) auf Seite 91.

4.
Berechne die Steigung der Tangente an den Graphen von f an der angegebenen Stelle.

Zu H(x) siehe Seite 97

a) $f(x) = (-4) \cdot x$; Stelle 3 [a]
b) $f(x) = 0$; Stelle 5 [a]
c) $f(x) = |x|$; Stelle a; $a > 0$ [$a < 0$]
d) $f(x) = x \cdot H(x)$; Stelle a; $a > 0$ [$a < 0$]

5.
Versuche die Steigung der Tangente an den Graphen der Funktion f an der angegebenen Stelle zu bestimmen. Hat der Graph an dieser Stelle eine Tangente?

Zu INT und zu sgn siehe Seite 10

a) $f(x) = |x|$; Stelle 0
b) $f(x) = |x^2 - 4|$; Stelle 2 [Stelle -2]
c) $f(x) = |x^3 + 1|$; Stelle -1
d) $f(x) = x \cdot H(x)$; Stelle 0
e) $f(x) = \text{sgn}(x)$; Stelle 0
f) $f(x) = \sqrt{|x|}$; Stelle 0
g) $f(x) = \text{INT}(x)$; Stelle 5
h) $f(x) = \sqrt{|x+2|}$; Stelle -2

6.
Gib an, ob die Funktion f an der angegebenen Stelle differenzierbar ist. Wenn ja, gib die Ableitung von f an dieser Stelle an.

a) $f(x) = x^2 + x$; Stelle 3 [Stelle a]
b) $f(x) = \sqrt{x}$; Stelle 4 [Stelle a; $a > 0$]
c) $f(x) = \sqrt{x}$; Stelle 0
d) $f(x) = H(x) + 4$; Stelle 0
e) $f(x) = x + H(x)$; Stelle 0
f) $f(x) = x^4$; Stelle -5 [Stelle a]

7.
Bestimme die Stellen des Definitionsbereichs der gegebenen Funktion f, an denen f differenzierbar ist.

a) $f(x) = \text{sgn}(x)$
b) $f(x) = |x^2 - 2|$
c) $f(x) = |x - 1|$
d) $f(x) = H(x + 1)$
e) $f(x) = \frac{1}{x}$
f) $f(x) = \text{INT}(x)$
g) $f(x) = x^2 \cdot \text{sgn}(x)$
h) $f(x) = \text{INT}(x^2)$
i) $f(x) = \sqrt{|x|}$

8.
An welchen Stellen hat der Graph keine Tangente?

a)
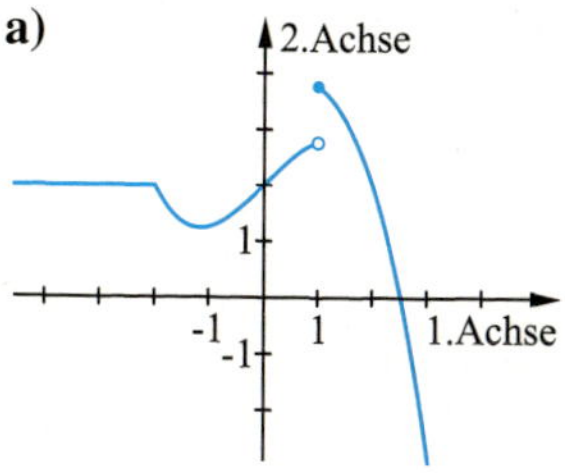

b)
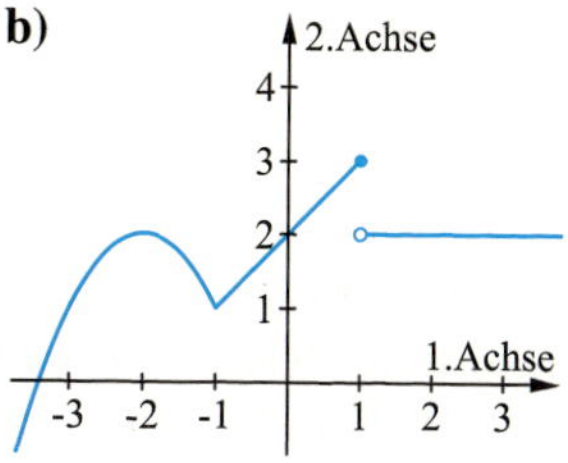

c)
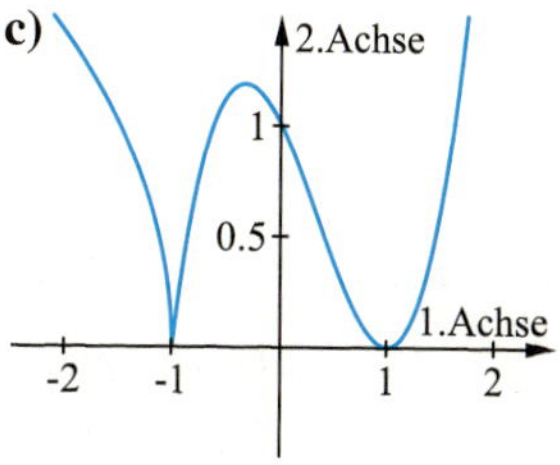

2.1.5 Vermischte geometrische Anwendungen

Aufgabe 1 *Tangentenkonstruktion für die Normalparabel*

Man kann folgendermaßen die Tangente im Punkt P an die Parabel mit der Gleichung $y = x^2$ exakt konstruieren: Man zeichnet durch P die Orthogonale zur 2. Achse und bestimmt Q so, dass $|OQ| = |OP_1|$ ist. Die Gerade QP ist dann die gesuchte Tangente.

Zeige, dass dieses Verfahren korrekt ist.

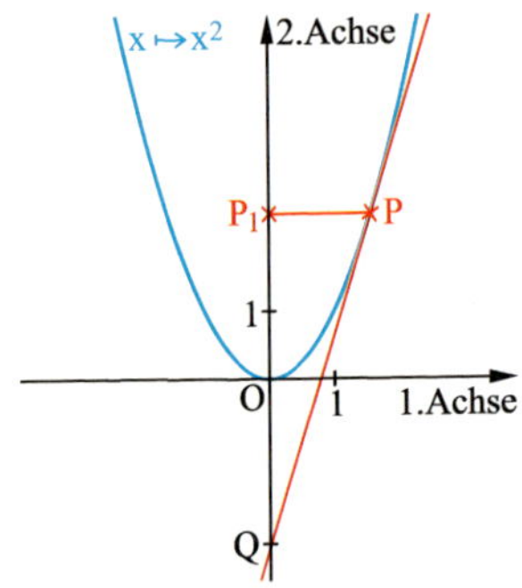

Lösung Die Steigung der Tangente im Punkt $P(a\,|\,a^2)$ ist $f'(a) = 2a$.

Die Steigung m_t der nach Konstruktion gewonnenen Geraden ist $m_t = \frac{|P_1Q|}{|P_1P|} = \frac{2a^2}{a} = 2a$.

Beide Steigungen stimmen offensichtlich überein. Da die nach Konstruktion gewonnene Gerade durch P geht, muss sie die Tangente sein.

Weiterführende Aufgaben

2. *Tangentenkonstruktion an die Parabel mithilfe der Normalen*

Definition 5

Unter der **Normalen** des Graphen im Punkt P versteht man die Orthogonale (Senkrechte) zur Tangente an den Graphen in P.

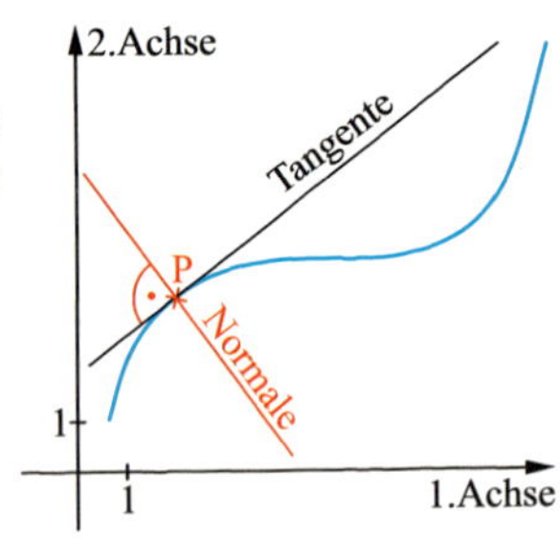

Auch mithilfe der Normalen lässt sich eine Tangentenkonstruktion für die Normalparabel gewinnen.

Bestimme dazu zunächst den Schnittpunkt der Normalen mit der 2. Achse und beschreibe dann die Tangentenkonstruktion.

3. *Tangentenkonstruktion für die Hyperbel*

a) Für die Tangente an die Hyperbel mit der Gleichung $y = \frac{1}{x}$ im Punkt P gibt es die folgende Konstruktion: Man zeichnet durch P die Orthogonale zur 1. Achse und bestimmt Q so, dass $|OP_0| = |P_0Q|$ ist.
Die Gerade PQ ist dann die gesuchte Tangente.
Begründe diese Konstruktion.

b) Gib eine weitere Konstruktion der Tangente mithilfe der Normalen im Punkt P an.

Hinweis:
Verwende die Gerade mit der Gleichung $y = -x$.

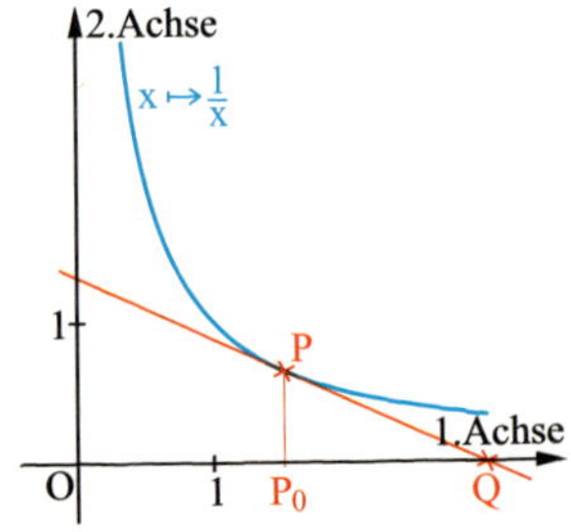

Übungsaufgaben

4.

In welchem Punkt schneiden sich die Tangenten an den Graphen der Funktion f in den Punkten P_1 und P_2? Wie groß ist der Schnittwinkel der beiden Tangenten?

a) $f(x) = x^2$; $P_1(1\,|\,y)$; $P_2(2\,|\,y)$ **b)** $f(x) = x^4$; $P_1(3\,|\,y)$; $P_2(-2\,|\,y)$

5.

An den Graphen der Funktion $x \mapsto x^2$ sind zwei Tangenten gezeichnet. Sie schneiden die 1. Achse unter einem Winkel von 30° bzw. 60°. Zusammen mit der 1. Achse bilden sie ein Dreieck. Berechne dessen Flächeninhalt.

6.

Zur Sekanten durch die Punkte $A(1\,|\,y_1)$ und $B(4\,|\,y_2)$ auf dem Graphen der Funktion $x \mapsto x^3$ ist eine parallele Tangente gezeichnet.
Bestimme den Berührungspunkt der Tangente.

7.

Im Punkt $P(2\,|\,y)$ des Graphen der Funktion $x \mapsto x^2$ ist die Tangente gezeichnet. Zu ihr soll eine parallele Tangente an den Graphen der Funktion $x \mapsto x^3$ gezeichnet werden. Bestimme ihre Gleichung.

8.

Der Punkt P liegt auf dem Graphen der Funktion $x \mapsto x^2$. Der Punkt Q sei das Bild des Punktes P bei der Spiegelung an der 2. Achse. In P und Q sind die Tangenten an den Graphen der Funktion $x \mapsto x^2$ gezeichnet. Die Tangenten schließen einen Winkel von 45° [30°; 60°] ein. Bestimme die Koordinaten der beiden Punkte P und Q.

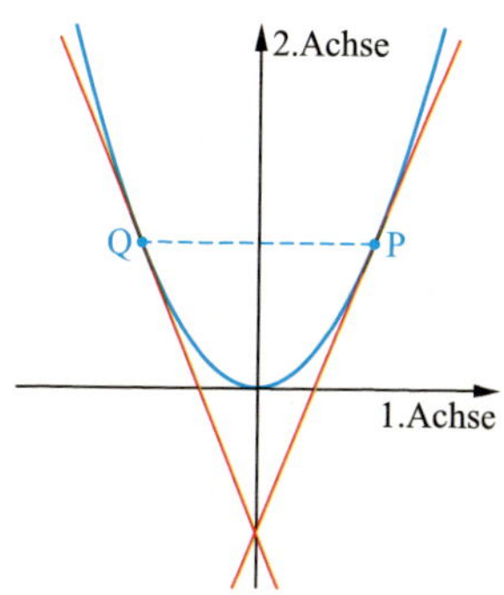

9.

Achte auf gleiche Einteilung auf beiden Achsen.

An welchen Stellen ist der Winkel, den die Tangenten an den Graphen der Funktion $x \mapsto \sin(x)$ [$x \mapsto \cos(x)$] mit der (positiven Richtung der) 1. Achse einschließen gleich

a) 30°; **b)** 60°; **c)** 120°; **d)** 150°?

10.

Unter welchem Winkel schneiden sich die Graphen der Sinusfunktion und Kosinusfunktion? (Der Winkel, den zwei Graphen miteinander einschließen, ist der Winkel, den die Tangenten an die Graphen im Schnittpunkt miteinander einschließen.)

11.

a) Die Funktion f mit $f(x) = (x-1)(x+3)(x-27)$ ist gegeben. Bestimme die Tangente an der Stelle -1, also genau zwischen den Nullstellen 1 und -3.
Zeige, dass diese Tangente die 1. Achse in der dritten Nullstelle von f schneidet.

b) Gegeben ist eine Funktion f mit
$f(x) = p(x-a)(x-b)(x-c)$ und $p, a, b, c \in \mathbb{R}$.
Zeige, dass eine Tangente in der Mitte zweier Nullstellen von f die 1. Achse in der dritten Nullstelle von f schneidet.

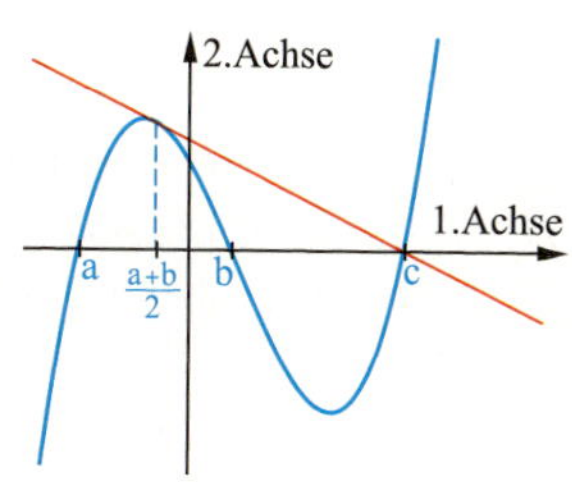

2.2 Änderungsraten in Anwendungen

2.2.1 Der Begriff Änderungsrate

Aufgabe 1 Im August 2002 waren große Gebiete in Tschechien und Deutschland von einer „Jahrhundertflut" betroffen, die zu Milliardenschäden führte. In Dresden standen weite Teile der Altstadt, darunter auch die weltberühmte Semperoper, unter Wasser. Der Graph unten zeigt, wie sich der Pegelstand der Elbe in Dresden in der Zeit vom 7. bis 12. August 2002 entwickelte. Dies war eine Woche vor dem 17. August, an dem der Pegelstand der Elbe in Dresden einen Stand von 9,5 Metern erreichte. Der Pegelstand wird beschrieben durch den Graphen der Funktion *Zeit (in Tag und Uhrzeit) → Wasserhöhe (in cm).*

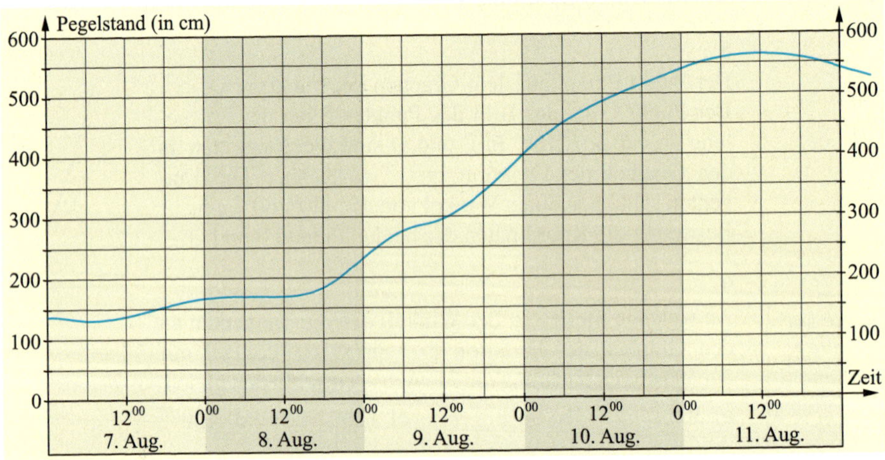

a) Bestimme die Änderung des Pegels für einen Tag (in cm pro Stunde) für den 8. August, den 9. August, den 10. August und den 11. August mithilfe des obigen Funktionsgraphen.
Vergleiche die Änderung des Pegels für die jeweiligen Tage miteinander und mache Aussagen über die Entwicklung des Pegels in der Zeit vom 8. August bis einschließlich dem 11. August.
Bestimme auch die Änderung des Pegels für die Zeitspanne vom 8. bis einschließlich 11. August und vergleiche sie mit der Änderung an den einzelnen Tagen.

b) Erkläre, warum man die Änderung der Funktionswerte einer Funktion im Intervall geometrisch als Steigung einer Sekante auffassen kann.
Erläutere auch, warum man bei der Steigung der Sekante auch von einer mittleren Steigung über einem Intervall spricht.

Lösung

a) Aus dem Graphen lesen wir ungefähr folgende Pegelstände ab:

8. Aug. 0 Uhr	9. Aug. 0 Uhr	10. Aug. 0 Uhr	11. Aug. 0 Uhr	11. Aug. 24 Uhr
165 cm	230 cm	400 cm	540 cm	540 cm

Damit können wir die folgenden Änderungen des Pegels (in cm pro Stunde) berechnen:

Am 8. August ungefähr $\frac{230-165}{24} \approx 2{,}7$;

am 9. August ungefähr $\frac{400-230}{24} \approx 7{,}1$;

am 10. August ungefähr $\frac{540-400}{24} \approx 5{,}8$;

am 11. August ungefähr $\frac{540-540}{24} = 0$.

Für die Zeitspanne vom 8. August bis einschließlich dem 11. August erhalten wir ungefähr $\frac{540-165}{96} \approx 3{,}9$ (in cm pro Stunde).

Am 8. August stieg der Pegel um 2,7 cm pro Stunde an. Am stärksten stieg der Pegel am 9. August, nämlich um 7,1 cm pro Stunde, am 10. August stieg er „nur noch" um 5,8 cm pro Stunde. Am Graphen ist zu erkennen, dass der Pegel am 11. August erst anstieg und dann wieder fiel. Für die Zeitspanne des ganzen Tages ergibt sich aber eine Änderung des Pegels von etwa 0 cm pro Stunde.

Betrachten wir die Änderung des Pegels über die gesamten 4 Tage, so erkennen wir, dass der Pegel in dieser Zeit *im Mittel* um 3,9 cm pro Stunde *stieg*. Dieses Resultat erhalten wir auch, wenn wir den Mittelwert aller Änderungen für diese vier Tage berechnen: $\frac{2{,}7+7{,}1+5{,}8+0}{4} = 3{,}9$ (in cm pro Stunde).

b) In der Lösung von Teilaufgabe a) haben wir die Änderung des Pegels für einen Tag (in cm pro Stunde) mithilfe von Quotienten berechnet, z. B. für den 8. August ungefähr $\frac{230-165}{24}$.

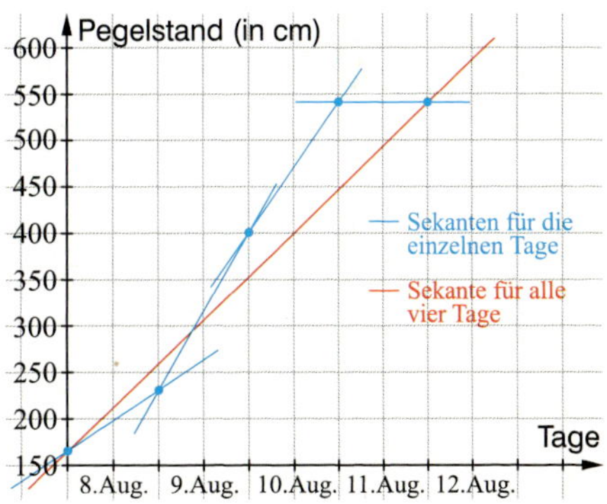

Dieser Quotient gibt aber auch die Steigung der Sekante durch die Punkte $P(0\,|\,165)$ und $S(24\,|\,230)$ auf dem Graphen (vom 8. August) an.

So kann für jeden Tag die Änderung der Funktionswerte von 0 bis 24 Uhr jeweils durch die Steigung einer Sekante beschrieben werden (siehe blaue Sekanten in der Abbildung oben).

Die Änderung der Funktionswerte über einem Intervall entspricht also der Steigung der Sekante über diesem Intervall.

Wir haben in Teilaufgabe a) auch gesehen, dass die Änderung des Pegels für die Zeitspanne vom 8. bis einschließlich dem 11. August als Mittelwert der Änderungen für die einzelnen Tage berechnet werden konnte. Die Änderung der Funktionswerte über die gesamten 4 Tage wird durch die Steigung der roten Sekante beschrieben.

Die Steigung der Sekante über einem Intervall gibt also die mittlere Steigung des Graphen für dieses Intervall an. Sie gibt keine Auskunft darüber, welche Steigungen innerhalb dieses Intervalls noch vorkommen.

Information

(1) Definition des Begriffs Änderungsrate in einem Intervall

In der Aufgabe 1 haben wir Änderungen von Funktionswerten innerhalb einer Zeitspanne beschrieben. Statt Zeitspannen kann man auch allgemeiner ein Intervall [a; b] einer Funktion betrachten.

Definition 6

Gegeben ist eine Funktion f, welche auf einem Intervall [a; b] definiert ist.

Man sagt auch ***Differenzenquotient.***

Der Quotient $\frac{f(b) - f(a)}{b - a}$ heißt **Änderungsrate von f im Intervall [a; b].** Geometrisch gedeutet ist dieser Quotient die Steigung m_s der Geraden (Sekante) durch die Punkte $P(a \mid f(a))$ und $S(b \mid f(b))$ auf dem Graphen von f, also $m_s = \frac{f(b) - f(a)}{b - a}$.

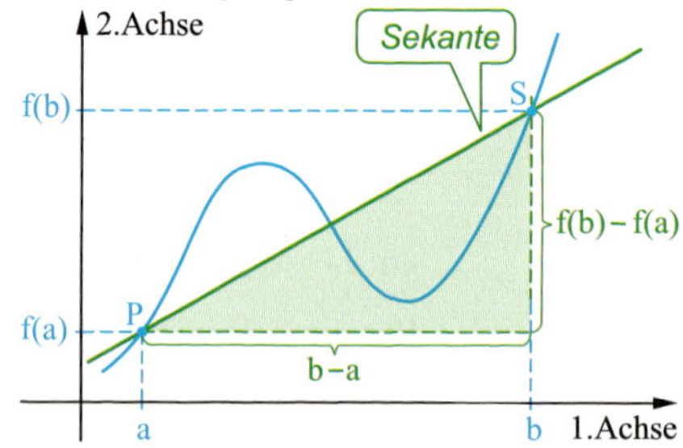

(2) Ableitung einer Funktion an einer Stelle als punktuelle Änderungsrate

Die geometrische Deutung der Ableitung $f'(a) = \lim\limits_{x \to a} \frac{f(x) - f(a)}{x - a}$ kennen wir schon: Die Ableitung $f'(a)$ ist die Steigung der Tangente an den Graphen der Funktion f im Punkt $P(a \mid f(a))$, also die Steigung des Graphen von f an der Stelle a. Die Ableitung $f'(a)$ ist aber auch ein Maß dafür, wie stark sich die Funktionswerte *punktuell* an der Stelle a ändern. Daher spricht man von *punktueller Änderungsrate*, bei zeitlichen Vorgängen auch von *momentaner Änderungsrate* oder manchmal auch von *lokaler Änderungsrate*.

(3) Übersicht über die bisher verwendeten Bezeichnungen

Die Ableitung $f'(a)$ einer Funktion an einer Stelle a ist

- die Steigung des Graphen der Funktion f an der Stelle a.
- die Steigung der Tangente an den Graphen von f im Punkt $P(a \mid f(a))$.
- die punktuelle (auch momentane oder lokale) Änderungsrate der Funktion f an der Stelle a.
- der Grenzwert des Differenzenquotienten der Funktion f (auch Differentialquotient genannt), also $\lim\limits_{x \to a} \frac{f(x) - f(a)}{x - a}$.
- der Grenzwert der Steigungen der Sekanten durch den Punkt $P(a \mid f(a))$ und einen Punkt $S(x \mid f(x))$, wenn der Punkt S sich auf dem Graphen der Funktion f auf P zubewegt, d. h., wenn sich die Koordinate x des Punktes S der Koordinate a des Punktes P nähert.

Übungsaufgaben

2.

Die nebenstehende Tabelle zeigt die Hochwassersituation der Elbe vom 17. bis zum 21. August 2002 in Magdeburg. Die Tabelle zeigt die Pegelstände alle 6 Stunden an.

a) Zeichne einen Graphen zur angegebenen Wertetabelle.

b) Bestimme die Änderungsraten für jeden der angegebenen Tage. Für welchen Tag war sie am größten?

c) Wie groß ist die Änderungsrate für die gesamte Zeitspanne?

d) Innerhalb welcher 6-Stunden-Spanne ist erstmals eine negative Änderungsrate zu verzeichnen?

17.08. 00^{00}	557 cm
17.08. 06^{00}	578 cm
17.08. 12^{00}	593 cm
17.08. 18^{00}	610 cm
18.08. 00^{00}	615 cm
18.08. 06^{00}	618 cm
18.08. 12^{00}	624 cm
18.08. 18^{00}	634 cm
19.08. 00^{00}	646 cm
19.08. 06^{00}	656 cm
19.08. 12^{00}	688 cm
19.08. 18^{00}	668 cm
20.08. 00^{00}	671 cm
20.08. 06^{00}	666 cm
20.08. 12^{00}	661 cm
20.08. 18^{00}	656 cm
21.08. 00^{00}	648 cm
21.08. 06^{00}	640 cm
21.08. 12^{00}	634 cm
21.08. 18^{00}	625 cm

3.

Mithilfe so genannter Liniencharts wird die Entwicklung von Wertpapieren (z.B. Aktien) dargestellt. Dabei wird einem Wertpapier jeden Tag ein bestimmter Preis zugeordnet. Links ist ein solcher Linienchart dargestellt.

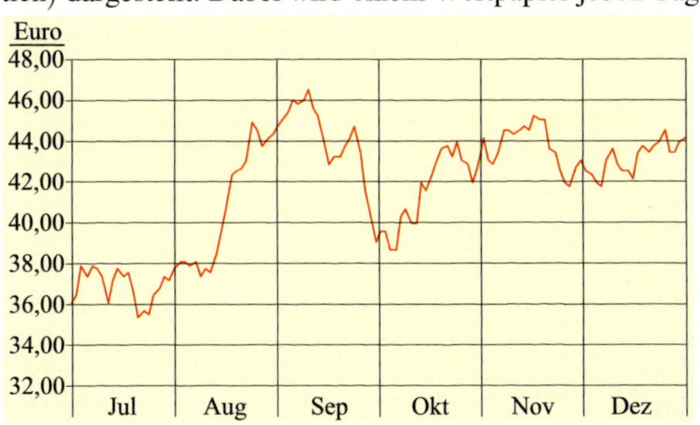

Bestimme jeweils die monatliche Änderungsrate des Preises.

Welche Änderungsrate ergibt sich für alle sechs Monate?

An welchen Stellen lag die punktuelle Änderungsrate deutlich über bzw. unter der des jeweiligen Monats?

4.

a) Eine nichtlineare Funktion f soll auf einem Intervall [a; b] die Änderungsrate null haben. Skizziere einen solchen Graphen in einem Intervall [a; b].
Beschreibe, in welchen Teilen des Intervalls [a; b] die Steigung positiv ist und in welchen negativ.

b) Eine nichtlineare Funktion f soll auf dem Intervall [0; 4] die Änderungsrate 1 haben. Skizziere verschiedene mögliche Graphen für dieses Intervall.

2.2.2 Geschwindigkeit als punktuelle Änderungsrate

Einführung

(1) Die Weg-Zeit-Funktion einer Bewegung

Bewegt sich ein Massenpunkt (z. B. die Spitze oder der Schwerpunkt S eines Wagens) auf einer Geraden (Zahlengeraden), so gehört zu jedem Zeitpunkt t der Bewegung eine Stelle s(t), an der er sich gerade befindet.

Jedem Zeitpunkt t ist eine Wegstelle s(t) eindeutig zugeordnet. Die Bewegung kann also durch eine Weg-Zeit-Funktion $t \mapsto s(t)$ beschrieben werden. Dabei soll t_0 ein fester Zeitpunkt sein. Er entspricht der Stelle a in unseren vorherigen Betrachtungen.

Beispiel: Freier Fall

Der Nullpunkt liege an der Stelle des Bewegungsbeginns. Die Weglänge s nach unten werde positiv gemessen. Die Weg-Zeit-Funktion hat dann die Gleichung

$s = \frac{1}{2} g \cdot t^2$.

g ist dabei die Fallbeschleunigung mit $g = 9{,}81\,\text{m} \cdot \text{s}^{-2}$.

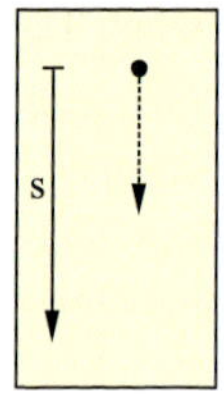

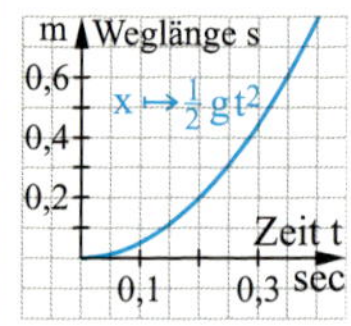

Beachte: Im Koordinatensystem zeigt die positive Richtung nach oben, obwohl der Körper nach unten fällt.

(2) Deuten der Ausdrücke $s(t) - s(t_0)$ und $\frac{s(t) - s(t_0)}{t - t_0}$

$s(t) - s(t_0)$ ist die im Zeitintervall $[t_0; t]$ effektiv zurückgelegte Weglänge.

$\frac{s(t) - s(t_0)}{t - t_0}$ ist also die *mittlere Geschwindigkeit* (Durchschnittsgeschwindigkeit) in diesem Zeitintervall, also die *Änderungsrate der Weglänge bezüglich des Zeitintervalls* $[t_0; t]$.

Beim freien Fall gilt für die mittlere Geschwindigkeit v:

$$v = \frac{\frac{1}{2} g t^2 - \frac{1}{2} g t_0^2}{t - t_0}$$

$$= \frac{1}{2} g \cdot \frac{t^2 - t_0^2}{t - t_0}$$

$t^2 - t_0^2 = (t - t_0) \cdot (t + t_0)$

$$= \frac{1}{2} g \cdot \frac{(t - t_0) \cdot (t + t_0)}{t - t_0}, \quad \text{also}$$

$$v = \frac{1}{2} g \cdot (t + t_0) \quad (\text{für } t \neq t_0)$$

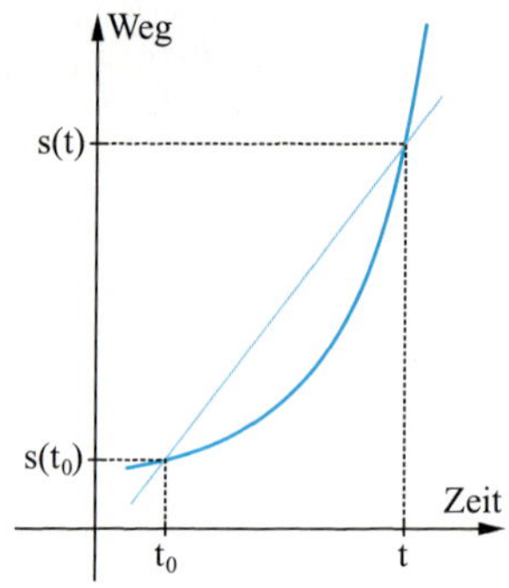

(3) Deuten von $\lim\limits_{t \to t_0} \frac{s(t) - s(t_0)}{t - t_0}$

Der Grenzwert $\lim\limits_{t \to t_0} \frac{s(t) - s(t_0)}{t - t_0}$, also die Ableitung der Weg-Zeit-Funktion an der Stelle t_0, heißt *Momentangeschwindigkeit* zum Zeitpunkt t_0. Diese ist die *punktuelle Änderungsrate* der Weglänge bezüglich der Zeit. Die Momentangeschwindigkeit wird im Auto durch den Tachometer angezeigt.

Statt $s'(t_0)$ schreibt man in der Physik $\dot{s}(t_0)$.

Für die Momentangeschwindigkeit beim freien Fall gilt:

$$\dot{s}(t_0) = \lim_{t \to t_0} \frac{1}{2} g \cdot (t + t_0) = \frac{1}{2} \cdot g \cdot 2\,t_0 = g \cdot t_0$$

Der Differenzenquotient $\frac{s(t) - s(t_0)}{t - t_0}$ der Weg-Zeit-Funktion gibt die mittlere Geschwindigkeit und damit die Änderungsrate der Weglänge bezüglich des Zeitintervalls $[t_0; t]$ an.
Die Ableitung der Weg-Zeit-Funktion (an der Stelle t_0) gibt die **Momentangeschwindigkeit** (zum Zeitpunkt t_0), also die punktuelle Änderungsrate der Weglänge bezüglich der Zeit an.
Ist s die Weg-Zeit-Funktion, so wird deren Ableitung häufig mit $\dot{s}$ bezeichnet.

Weiterführende Aufgabe

1. *Beschleunigung als punktuelle Änderungsrate der Geschwindigkeit bezüglich der Zeit*
Bei einem frei fallenden Körper erhöht sich die Geschwindigkeit ständig. Man kann daher fragen, um wie viel sich die Geschwindigkeit gegenüber der Zeit verändert. Man spricht von *Beschleunigung*.
Gegeben ist die Weg-Zeit-Funktion $t \mapsto s(t)$ eines Massenpunktes. Die zugehörige Geschwindigkeits-Zeit-Funktion ist $t \mapsto \dot{s}(t)$. Statt $\dot{s}(t)$ schreiben wir $v(t)$.

a) Präzisiere die Begriffe *mittlere Beschleunigung im Intervall* $[t_0; t]$ und *punktuelle Beschleunigung zum Zeitpunkt* t_0.

b) In welcher Beziehung steht die Beschleunigung zum Zeitpunkt t_0 zur Weg-Zeit-Funktion? Berechne für den freien Fall die Beschleunigung zum Zeitpunkt t_0.

Übungsaufgaben

2.
Deute die Begriffe *mittlere Geschwindigkeit im Zeitintervall* $[t_0; t]$ und *Momentangeschwindigkeit zum Zeitpunkt* t_0 am Graphen der Weg-Zeit-Funktion $t \mapsto s(t)$.

3.
Das (fast) reibungslose Gleiten einer Schneelawine auf einem Bergabhang mit hoher Geschwindigkeit ist ein Beispiel für die Bewegung eines Körpers auf der schiefen Ebene. Dabei gilt:
$s(t) = \frac{1}{2} g \cdot \sin(\alpha) \cdot t^2$.

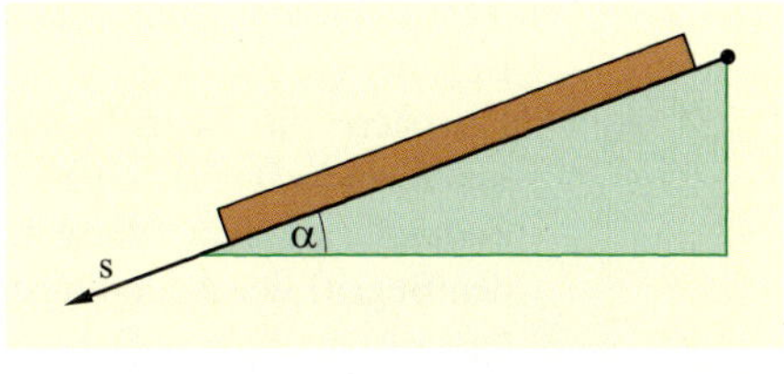

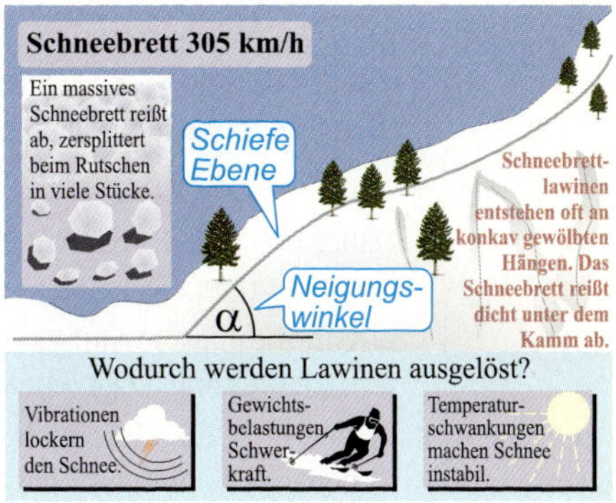

a) Gib die mittlere Geschwindigkeit im Zeitintervall $[t_1; t_2]$ an.

b) Gib die Momentangeschwindigkeit zum Zeitpunkt t_0 an.

c) Gib die Geschwindigkeits-Zeit-Funktion $\dot{s}$ an.

d) Gib die mittlere Beschleunigung im Zeitintervall $[t_1; t_2]$ an.

e) Gib die Momentanbeschleunigung zum Zeitpunkt t_0 an.

f) Gib die Beschleunigungsfunktion $\ddot{s}$ an.

$\ddot{s}$ ist die Ableitung von $\dot{s}$.

g) Betrachte die Fälle $\alpha = 90°$, $\alpha = 0°$.

4.

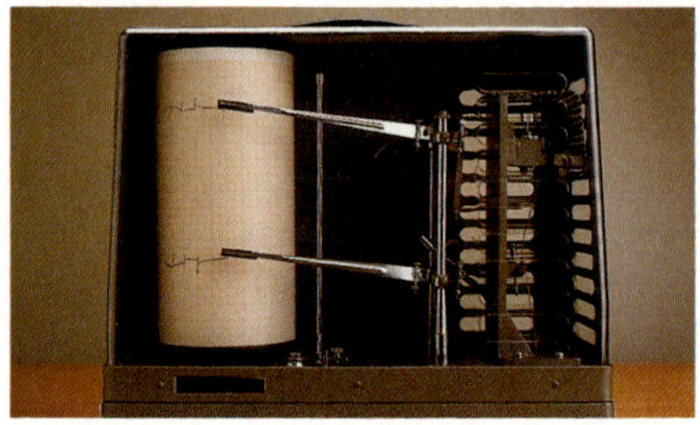

a) Ein Thermograph zeichnet über einen längeren Zeitraum zu jedem Zeitpunkt die Temperatur auf. Zum Zeitpunkt t beträgt die Temperatur $\vartheta(t)$. Der Thermograph zeichnet den Graphen der Funktion $t \mapsto \vartheta(t)$ auf. Deute die Ausdrücke:

$\vartheta(t+h) - \vartheta(t)$, *griechischer Buchstabe ϑ (Theta)*

$\frac{\vartheta(t+h) - \vartheta(t)}{h}$ und $\vartheta'(t)$.

GTR **b)** Für das Zeitintervall [0; 24] eines Tages kann die Funktion ϑ näherungsweise durch den Term $\vartheta(t) = -0{,}02\left(\frac{t}{4} - 4\right)^4 - 0{,}04\left(\frac{t}{2} - 4\right)^2 + 15$ beschrieben werden, dabei wird t in Stunden angegeben und $\vartheta(t)$ in °C.
Bestimme die Temperaturdifferenz von 0 Uhr bis 24 Uhr.
Wie groß ist die Änderungsrate der Temperatur für den genannten Tag?
Skizziere den Graphen von ϑ in Intervall [0; 24] und mache Aussagen über die momentanen Änderungsraten an diesem Tag.

5.

Eine Bakterienkultur wächst mit der Zeit. Führe eine Funktion ein, die das Wachstum beschreibt, und präzisiere den Begriff der *Wachstumsgeschwindigkeit zum Zeitpunkt t_0*.

6.

Ein Flüssigkeitsbehälter wird durch ein Ventil entleert. Zum Zeitpunkt t möge im Behälter die Masse m(t) sein.
Präzisiere die Begriffe *mittlere Ausflussgeschwindigkeit in einem Zeitintervall* und *momentane Ausflussgeschwindigkeit zum Zeitpunkt t_0*; deute diese Begriffe am Graphen der Funktion $t \mapsto m(t)$. Verwende auch den Begriff der Änderungsrate.

7.

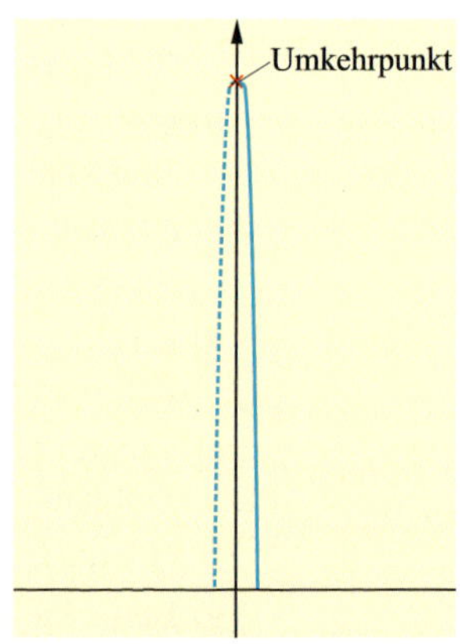

Beim senkrechten Wurf nach oben werde für die zurückgelegte Weglänge s eine nach oben zeigende Koordinatenachse verwendet. Dann gilt:

$s(t) = v_0 \cdot t - \frac{1}{2} g t^2$.

Dabei ist v_0 die Abwurfgeschwindigkeit und g die Fallbeschleunigung.

a) Gib die Geschwindigkeits-Zeit-Funktion und die Beschleunigungs-Zeit-Funktion an.

b) Wann ist die Geschwindigkeit 0, wann positiv, wann negativ? Wann wird der Umkehrpunkt erreicht?

2.2.3 Weitere Beispiele für Änderungsraten in den Anwendungen

Einführung In einem lotrechten Rohr mit der Größe q der Querschnittsfläche befindet sich ein schweres Gas, das naturgemäß im unteren Teil des Rohres „dichter" als im oberen ist, weil es sich selbst durch sein eigenes Gewicht zusammenpresst. Präzisiere den Begriff der *Dichte des Gases in einer bestimmten Tiefe* x_0.

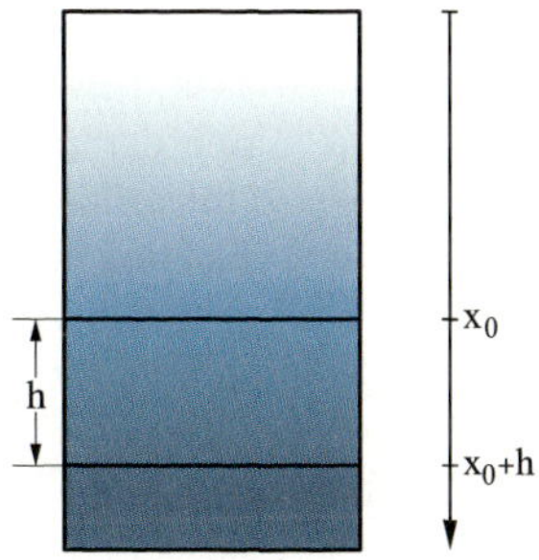

Die Dichte eines homogenen Körpers ist definiert als Quotient aus Masse und Volumen des Körpers. Unser Ziel ist es, den Begriff der Dichte auf einen *nicht* homogenen Körper zu erweitern.

Nun gehört zu jeder Tiefe x eine bestimmte Masse des Gases bis zu dieser Tiefe. Wir bezeichnen diese Funktion mit m. Dann ist:
$m(x) =$ Masse des Gases bis zur Tiefe x.

Offensichtlich ist die Funktion $x \mapsto m(x)$ monoton wachsend, weil mit jeder Vergrößerung der Tiefe Masse hinzukommt. Die zwischen der Tiefe x_0 und der Tiefe $x_0 + h$ befindliche Gasmasse beträgt $m(x_0+h) - m(x_0)$. Sie nimmt das Volumen $q \cdot h$ ein. Die Änderungsrate der Masse bezüglich des Volumens, also die mittlere Dichte dieser Gasmasse beträgt $\frac{m(x_0+h) - m(x_0)}{q \cdot h}$.

Der Grenzwert $\lim\limits_{h \to 0} \frac{m(x_0+h) - m(x_0)}{q \cdot h}$ beschreibt also die Dichte des Gases in der Tiefe x_0.

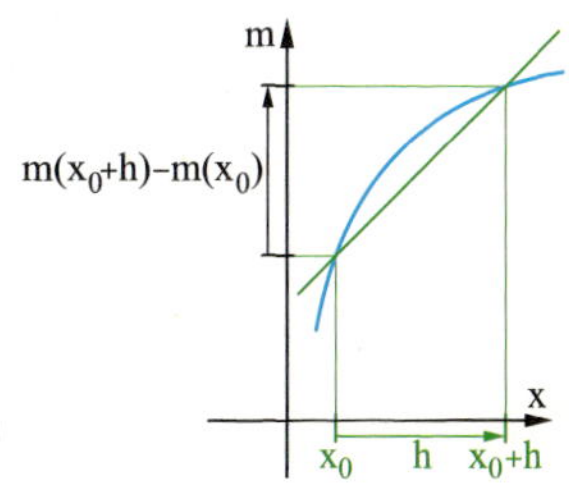

Dieser ist also die punktuelle Änderungsrate der Masse bezüglich des Volumens.
Nun ist der Querschnitt q konstant.
Deshalb gilt für die Dichte in der Tiefe x_0:

$$\lim_{h \to 0} \frac{m(x_0+h) - m(x_0)}{q \cdot h} = \frac{1}{q} \cdot \lim_{h \to 0} \frac{m(x_0+h) - m(x_0)}{h} = \frac{1}{q} \cdot m'(x_0)$$

Weiterführende Aufgabe

1. *Die Verkehrsdichte als punktuelle Änderungsrate*
Zur Festlegung des Begriffs *Verkehrsdichte an einer Stelle der Autobahn* denken wir uns zu einem bestimmten Zeitpunkt die Anzahl der Autos bestimmt, die sich vom Beginn der Autobahn bis zur Stelle x auf der Autobahn befinden. Diese Anzahl soll mit $V(x)$ bezeichnet werden. $x \mapsto V(x)$ ist dann eine Funktion.
Wir betrachten ein Autobahnstück ohne Abfahrten.

a) Bestimme die Anzahl der Autos, die sich zwischen den Stellen x_0 und $x_0 + h$ befinden.

b) Bestimme die durchschnittliche Verkehrsdichte (Anzahl der Autos pro Längeneinheit) zwischen den Stellen x_0 und $x_0 + h$.

c) Wie ist die punktuelle Verkehrsdichte an der Stelle x_0 zu definieren? Welche Idealisierung muss für die Funktion von $x \mapsto V(x)$ vorgenommen werden?

Information **Verwendung des Begriffs Ableitung in den Anwendungen**

Die bisherigen und folgenden Beispiele zeigen, dass der Begriff der Ableitung in vielen Bereichen von Wissenschaft, Technik, Statistik und Wirtschaft verwendet wird. Er dient dazu, bestimmte Begriffe aus diesem Bereich zu präzisieren. In allen Fällen handelt es sich darum, dass eine punktuelle Änderungsrate einer Größe bezüglich einer anderen Größe mit dem Begriff der Ableitung exakter erfasst wird. Bei diesem Prozess der Präzisierung setzt man voraus, dass alle auftretenden Funktionen differenzierbar sind. Man geht also von einer so genannten Modellannahme aus, um die Werkzeuge der Analysis einsetzen zu können.

Übungsaufgaben

2.

Die Funktion $x \mapsto m(x)$ (für die Masse des Gases bis zur Tiefe x) der Einführung auf Seite 111 ist gegeben durch: **a)** $m(x) = c \cdot x^2$; **b)** $m(x) = m_0 - \frac{c}{x}$.

Bestimme die Dichte in der Tiefe x_0.

3. *Verkehrsdichte zum Zeitpunkt t_0*

a) An einer bestimmten Stelle der Autobahn wird registriert, wie viele Autos vom Zeitpunkt t_1 bis zum Zeitpunkt t_2 die Autobahn passiert haben.

Präzisiere die Begriffe *mittlere zeitliche Verkehrsdichte zwischen zwei Zeitpunkten* und *(zeitliche) Verkehrsdichte zum Zeitpunkt t_0*. Worin besteht der Unterschied zur punktuellen Verkehrsdichte (siehe Aufgabe 1)? Formuliere den Unterschied der beiden Begriffe mithilfe des Begriffs Änderungsrate.

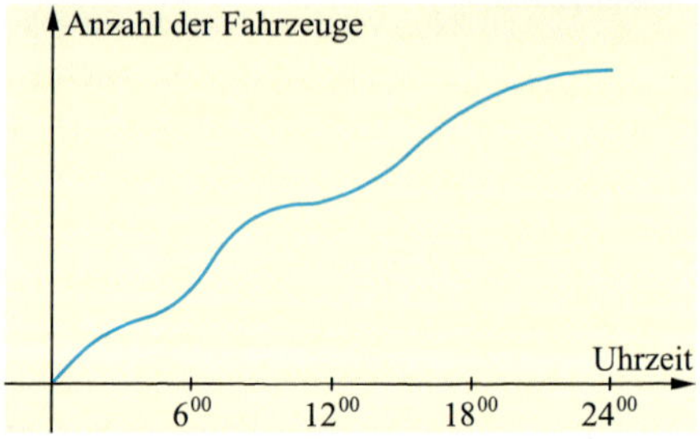

b) Das Bild rechts gibt qualitativ die Anzahl der registrierten Autos wieder. Warum sagt man, dass die Funktion im betrachteten Zeitintervall *monoton steigt*? Warum beginnt der Graph im Punkt P(0 | 0)? Versuche eine Begründung für den Verlauf des Graphen anzugeben. In welchen Zeitintervallen kann man von einer hohen bzw. niedrigen Verkehrsdichte sprechen?

4. *Temperaturgefälle als punktuelle Änderungsrate der Temperatur bezüglich der Höhe*

Bekanntlich nimmt die Temperatur der Luft im Großen und Ganzen mit der Höhe vom Erdboden ab.

Zu jeder Höhe x über einem bestimmten Ort der Erdoberfläche gehört eine bestimmte Temperatur $\vartheta(x)$. Dann ist $x \mapsto \vartheta(x)$ eine Funktion. Ihr Graph fällt, weil die Temperatur mit der Höhe abnimmt. Rechts ist der Graph einer solchen Funktion abgebildet.

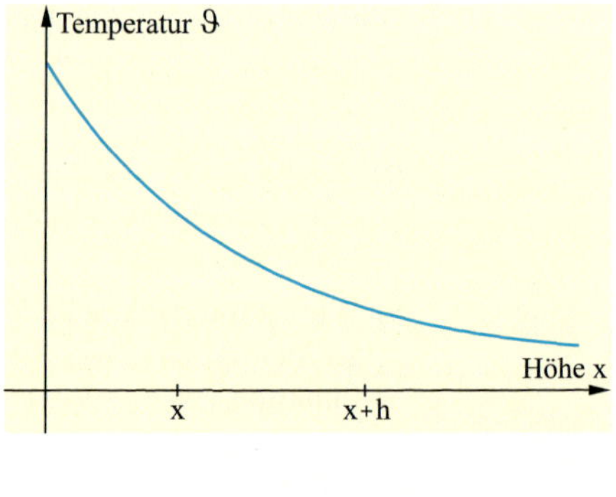

a) Wie groß ist der Temperaturunterschied zwischen den Höhen x_0 und $x_0 + h$?

b) Wie groß ist das *mittlere Temperaturgefälle* zwischen den Höhen x_0 und $x_0 + h$?

c) Wie ist das *(punktuelle) Temperaturgefälle* in einer bestimmten Höhe x_0 zu definieren?

d) Deute das *mittlere Temperaturgefälle* im Intervall $[x_0; x_0 + h]$ und das *punktuelle Temperaturgefälle* in der Höhe x_0 geometrisch am Graphen der Funktion.

5.

Der Luftdruck nimmt mit der Höhe ab.
Zu jeder Höhe h gehört ein bestimmter Luftdruck $p(h)$.
Deute auch: $p(h) - p(h_0)$, $\frac{p(h) - p(h_0)}{h - h_0}$ und $p'(h_0)$.

6.

Die Orte A und B sind durch eine gerade Linie verbunden. Zu jeder Stelle s der Verbindungslinie gehört ein bestimmter Luftdruck $p(s)$ [eine bestimmte Temperatur $\vartheta(s)$].
Präzisiere die Begriffe *mittleres Luftdruckgefälle* und *punktuelles Luftdruckgefälle [mittleres Temperaturgefälle* und *punktuelles Temperaturgefälle].*
Deute auch die Begriffe am Graphen der betreffenden Funktion.
Worin besteht der Unterschied zum Begriff Temperaturgefälle in der Aufgabe 4?
Drücke dies mit dem Begriff Änderungsrate aus.

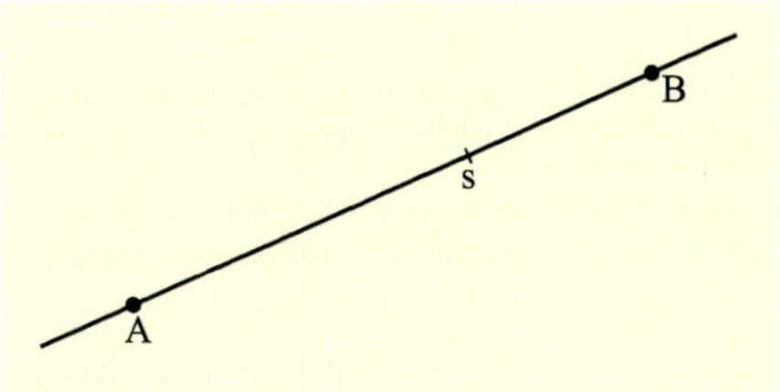

7. *Altersgemäße Bevölkerungsdichte*

Die Tabelle gibt die altersmäßige Zusammensetzung der Deutschen im Jahre 2000 an.
Dabei bedeutet: $A(x)$ =Anzahl der Personen, die höchstens x Jahre alt sind.

x (in Jahren)	10	20	30	40	50	60	70	80	90	100
A(x) (in Mio.)	8,0	17,4	27,0	40,9	53,0	62,8	72,7	79,2	81,7	82,2

a) Zeichne (näherungsweise) den Graphen der Funktion $x \mapsto A(x)$.

b) Bestimme zeichnerisch: Wie viele Personen sind 10, 20, 30, 40, 50, 60, 70, 80, 90 Jahre alt?

Anleitung:

(1) Gib die Anzahl der Einwohner mithilfe des allgemeinen Terms $A(x_0)$ an, die älter als x_0 Jahre, aber höchstens $x_0 + h$ Jahre alt sind.

(2) Gib die mittlere Anzahl der Einwohner, die älter als x_0 Jahre, aber höchstens $x_0 + h$ Jahre alt sind, pro Jahrgang an. Deute den Grenzwert für $h \to 0$.

8.

Radioaktive Substanzen zerfallen ständig und gehen in eine andere Substanz über. Iod 131 beispielsweise zerfällt innerhalb von 8 Tagen auf die Hälfte. Caesium 137 zerfällt innerhalb von 30 Jahren auf die Hälfte. Definiere die Begriffe *mittlere Zerfallsgeschwindigkeit* und *momentane Zerfallsgeschwindigkeit.*

selbst lernen

2.3 Ableitungsfunktion – erste, zweite, dritte, ... Ableitung

Aufgabe 1 Die Funktion f mit $f(x) = x^2$, $x \in \mathbb{R}$, ist an jeder Stelle differenzierbar.
Lege eine Tabelle an, in der für jede der Stellen $-5; -4; -3; -2; -1; 0; 1; 2; 3; 4; 5$ die Ableitung von f an der betreffenden Stelle notiert ist.
Die Tabelle kann als Wertetabelle einer neuen Funktion aufgefasst werden. Diese Funktion heißt *Ableitungsfunktion von f* (kurz: *Ableitung von f*). Sie wird mit f′ bezeichnet. Gib Zuordnungsvorschrift, Funktionsterm und Definitionsbereich dieser Funktion an. Zeichne den Graphen von f und von f′ in dasselbe Koordinatensystem.

Lösung Für die Ableitung an der Stelle a gilt: $f'(a) = 2a$.
Damit erhält man folgende Tabelle:

a	−5	−4	−3	−2	−1	0	1	2	3	4	5
f′(a)	−10	−8	−6	−4	−2	0	2	4	6	8	10

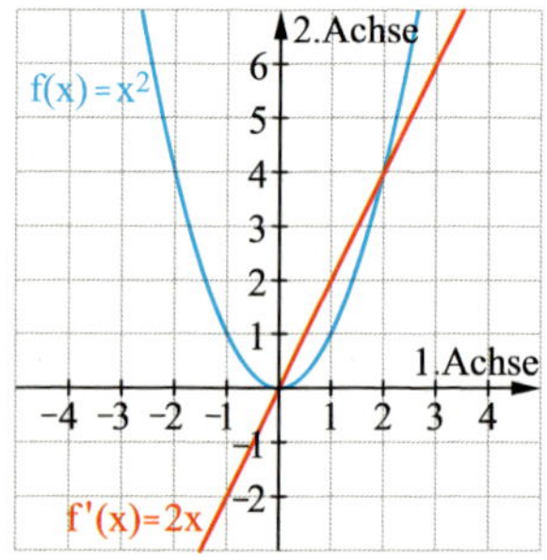

Die Zuordnungsvorschrift der Ableitungsfunktion lautet $a \mapsto 2a$. Wir fassen hier die Stelle a nicht als feste Stelle auf, sondern als variabel. Daher verwenden wir x statt a als Variable und schreiben $x \mapsto 2x$.
Für den Funktionsterm gilt also $f'(x) = 2x$.
Der Definitionsbereich der Funktion f′ ist $\mathbb{R}$.

Information **(1) Differenzieren – Ableitung wichtiger Grundfunktionen**

Definition 7

Unter der **Ableitungsfunktion f′ der Ausgangsfunktion f** (meist kurz **Ableitung f′** von f genannt) versteht man diejenige Funktion, die jeder Stelle x, an welcher f differenzierbar ist, die Ableitung von f an dieser Stelle zuordnet.
Das Bestimmen der Ableitungsfunktion f′ einer Funktion f heißt **Differenzieren**.

Für die Ableitungsfunktion gilt: $f'(x) = \lim\limits_{h \to 0} \frac{f(x+h) - f(x)}{h}$

Zusammenstellung wichtiger Grundfunktionen f und ihrer Ableitungen f′:

$f(x)$	$mx+b$	x^2	x^3	x^4	c	$\frac{1}{x}$	$\sqrt{x}$	$\sin(x)$	$\cos(x)$
$f'(x)$	m	$2x$	$3x^2$	$4x^3$	0	$-\frac{1}{x^2}$	$\frac{1}{2\sqrt{x}}$	$\cos(x)$	$-\sin(x)$

Die Tangentensteigungskurve ist der Graph der Ableitungsfunktion.

(2) Höhere Ableitungen

Die Ableitung der Funktion f bezeichnet man mit f′. Von der Funktion f′ kann man erneut die Ableitung bilden. Sie heißt zweite Ableitung von f. Man bezeichnet sie mit f″. Von dieser Funktion f″ kann man erneut die Ableitung f‴ bilden usw.
Beispiel: $f(x) = x^2$; $f'(x) = 2x$; $f''(x) = 2$; $f'''(x) = 0$; $f^{(4)}(x) = 0$.

Definition 8

f'' (zweite Ableitung von f) ist die Ableitungsfunktion von f′.
f''' (dritte Ableitung von f) ist die Ableitungsfunktion von f″.
$f^{(4)}$ (vierte Ableitung von f) ist die Ableitungsfunktion von f‴, usw.

selbst lernen

Weiterführende Aufgaben

GTR **2.** *Graph der Ableitungsfunktion mithilfe des GTR*

Zeichne mithilfe des GTR den Graphen der Ableitungsfunktion f′ mit

a) $f(x) = x^2$ **c)** $f(x) = x^4$ **e)** $f(x) = \frac{1}{x}$ **g)** $f(x) = \sin(x)$

b) $f(x) = x^3$ **d)** $f(x) = 6$ **f)** $f(x) = \sqrt{x}$ **h)** $f(x) = \cos(x)$

Vergleiche mit der Tabelle auf Seite 114

3. *Numerisches Differenzieren*

Von der Funktion $x \mapsto \tan(x)$ können wir noch nicht die Ableitungsfunktion bestimmen. Wir können jedoch für jede Stelle a dieser Funktion f die Ableitung $f'(a)$ näherungsweise berechnen. Der Differenzenquotient ist ein Näherungswert für $f'(a)$.

$$f'(a) \approx \frac{f(x) - f(a)}{x - a} \text{ für x in der Nähe von a}$$

Übertrage die Tabelle und fülle sie für f mit $f(x) = \tan(x)$ aus.
Wähle x so, dass $x - a = 0{,}001$, also $x = a + 0{,}001$.

a	−1,5	−1	−0,5	0	+0,5	+1	+1,5
$f'(a) \approx$							

Verwende Taschenrechner oder Tabellenkalkulation.

GTR **4.** *Graph der Ableitungsfunktion numerisch mit einem GTR anzeigen*

GTR und auch CAS-Rechner verfügen über einen Befehl zum numerischen Differenzieren (oft **nDeriv**). Das Rechnerfenster rechts zeigt, wie mithilfe dieses Befehls der Graph einer Ableitungsfunktion angezeigt werden kann. Dies geht auch dann, wenn man den Term der Ableitungsfunktion nicht kennt.
Führe dies selbst z. B. für f mit $f(x) = 3^x$ und für weitere selbstgewählte Beispiele durch.

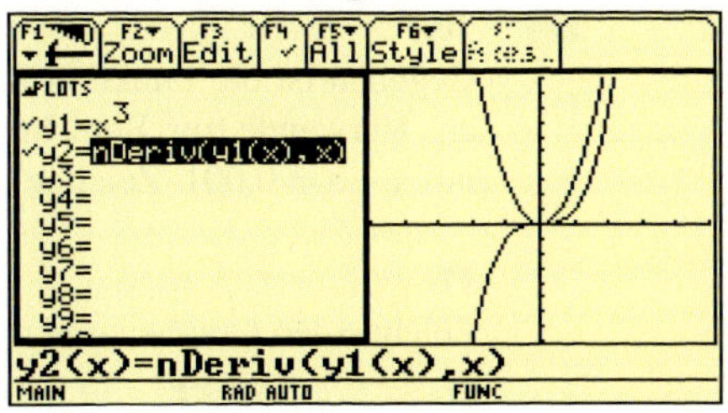

Oft auch nDeriv (y1(x), x, x)

Übungsaufgaben

5.
Gegeben ist die Funktion f. Notiere in einer Tabelle die Ableitung von f an den folgenden Stellen:
−3; −2; −1; 0; +1; +2; +3.
Die Tabelle kann als Wertetabelle der Ableitungsfunktion f′ aufgefasst werden.
Gib $f'(x)$ an und zeichne den Graphen von f′ im Intervall $]-3; +3[$.

a) $f(x) = x^3$ **b)** $f(x) = \frac{1}{x}$ **c)** $f(x) = \frac{1}{2}x^2$ **d)** $f(x) = \frac{1}{2}x^2 + x$

6.
Gib die Ableitungsfunktion f′ an.

a) $f(x) = x^3 + x^2$ **b)** $f(x) = x^4$ **c)** $f(x) = c$ **d)** $f(x) = 2x^3$ **e)** $f(x) = 4x^2 + 2x$

7.
Gib f′, f″, f‴ an.

a) $f(x) = x^2$ **b)** $f(x) = 2x^2$ **c)** $f(x) = x$ **d)** $f(x) = x^2 + 2$

selbst lernen

8.

Gegeben ist der Graph einer Funktion. Bestimme durch zeichnerisches Differenzieren die Tangentensteigungen. Trage die erhaltenen Werte in ein darunter gezeichnetes Koordinatensystem als Ordinaten ein. Verwende dabei zunächst markante Punkte des Graphen: *Hochpunkte, Tiefpunkte, Wendepunkte, Sattelpunkte*. In den Wendepunkten ändert sich das „Krümmungsverhalten". Verbinde die erhaltenen Punkte durch eine Kurve. Man erhält so den Graphen der Ableitungsfunktion.

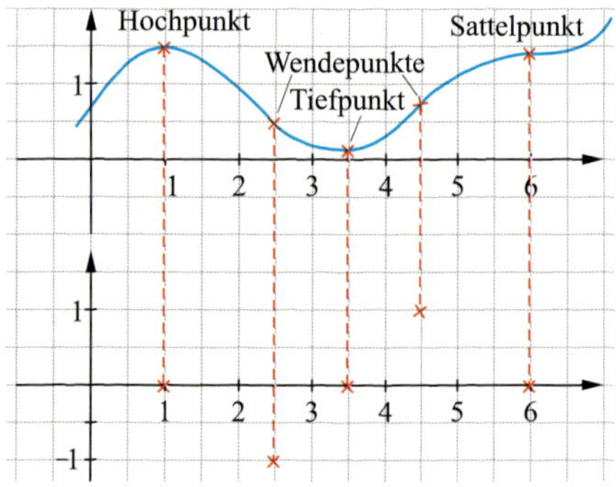

9.

Gegeben ist eine Funktion f und die Stelle a.
Bestimme einen Näherungswert für $f'(a)$. Wähle x so, dass $x - a = 0{,}001$ ist.

a) $f(x) = 10^x$; $a = 1$

b) $f(x) = \log_{10} x$; $a = 5$

c) $f(x) = \sqrt[5]{x}$; $a = 3$

d) $f(x) = (x+2)^5$; $a = 0$

TAB **10.**

Gegeben ist die Funktion f mit $f(x) = 2{,}7^x$. Gib eine Wertetabelle für die Ableitung f' an. Verwende zur Berechnung der Funktionswerte von f' numerische Differentiation mit $x - a = 0{,}001$. Zeichne die Graphen von f und f' in dasselbe Koordinatensystem.

11.

Zeichne den Graphen und darunter die Tangentensteigungskurve ins Heft.

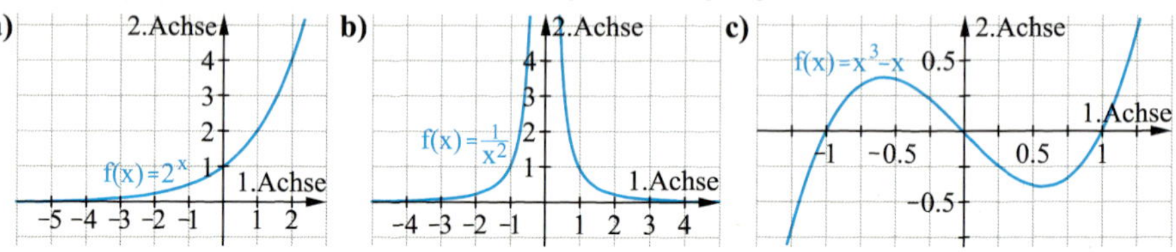

d) Zeichne selbst Funktionsgraphen und bestimme durch zeichnerisches Differenzieren in einem darunter gezeichneten Koordinatensystem die Tangentensteigungskurve.

12.

Gegeben ist die Tangentensteigungskurve. Zeichne in ein Koordinatensystem darüber den Graphen einer möglichen Ausgangsfunktion.

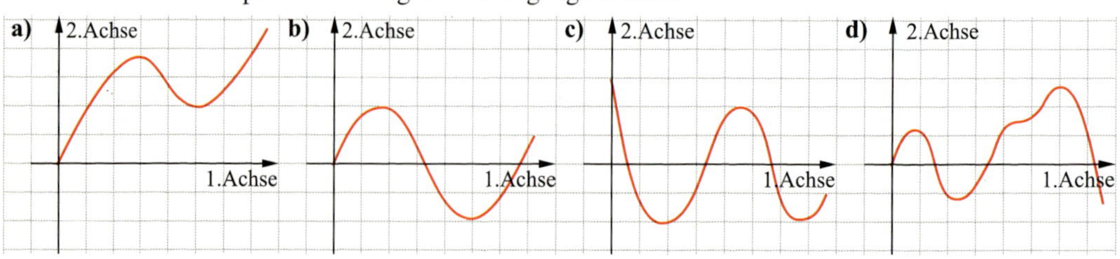

selbst lernen

2.4 Ableitungsregeln

Hier lernen wir Regeln kennen, mit deren Hilfe man die Ableitung ohne den Aufwand der analytischen Bestimmung erhalten kann.

2.4.1 Potenzregel

Aufgabe 1

a) Stelle in einer Tabelle die Potenzfunktionen mit $x \mapsto x$, $x \mapsto x^2$, $x \mapsto x^3$, $x \mapsto x^4$ und ihre Ableitungen gegenüber und setze die Tabelle bis $x \mapsto x^{15}$ fort.

b) Formuliere eine Regel für die Ableitung der Potenzfunktion mit $x \mapsto x^n$.

c) Für die Ableitung einer Potenzfunktion f gilt $f'(x) = 6x^5$. Gib f an.

Lösung

a)

$f(x)$	x	x^2	x^3	x^4	x^5	x^8	x^{10}	x^{15}
$f'(x)$	1	$2x$	$3x^2$	$4x^3$	$5x^4$	$8x^7$	$10x^9$	$15x^{14}$

b) Wir vermuten die *Potenzregel*: Wenn $f(x) = x^n$ ($n \in \mathbb{N}$), dann ist $f'(x) = n \cdot x^{n-1}$.

c) Es gilt: $f(x) = x^6$, denn $f'(x) = 6x^5$

Weiterführende Aufgabe

2. *Potenzregel für weitere Exponenten*
Zeige, dass die Potenzregel auch für die Exponenten $n = 0$, $n = -1$, $n = -2$ gilt.

Information **(1) Potenzregel für ganzzahlige Exponenten**

> **Satz 1:** *Potenzregel*
> Wenn $f(x) = x^n$ mit $n \in \mathbb{Z}$, dann ist $f'(x) = n \cdot x^{n-1}$.

(2) Beweis der Potenzregel am Beispiel $f(x) = x^5$

1. Schritt: Bilden des Differenzenquotienten der Funktion f mit $f(x) = x^5$

Wir verwenden die h-Schreibweise: $\frac{f(x+h) - f(x)}{h} = \frac{(x+h)^5 - x^5}{h}$.

Nun ist $(x+h)^5 = (x+h) \cdot (x+h) \cdot (x+h) \cdot (x+h) \cdot (x+h)$.

Beim Ausmultiplizieren ergeben sich die Produkte: x^5, $x^4 \cdot h$, $x^3 \cdot h^2$, $x^2 \cdot h^3$, $x \cdot h^4$ und h^5. Dabei kommt x^5 nur einmal vor. Man kann h aus 5 Klammern wählen, also kommt $x^4 \cdot h$ fünfmal vor. Alle anderen Produkte enthalten h^2, h^3, h^4 und h^5 als Faktor.
Aus diesen Gliedern kann h^2 ausgeklammert werden:

$$(x+h)^5 - x^5 = x^5 + 5 \cdot x^4 \cdot h + h^2 \cdot (\ldots) - x^5$$

x^5 und $-x^5$ heben sich auf.

$$\frac{f(x+h) - f(x)}{h} = \frac{(x+h)^5 - x^5}{h} = \frac{5 \cdot x^4 \cdot h + h^2(\ldots)}{h} = 5x^4 + h \cdot (\ldots)$$

2. Schritt: Bestimmen der Ableitung $f'(x)$

Wenn h gegen 0 strebt, strebt $h \cdot (\ldots)$ gegen null. Also gilt:

$$f'(x) = \lim_{h \to 0} \frac{f(x+h) - f(x)}{h} = \lim_{h \to 0} (5x^4 + h \cdot (\ldots)) = 5x^4$$

(3) Beweis der Potenzregel für $f(x) = x^n$ (mit $n \in \mathbb{N}^*$)

1. Schritt: Bilden des Differenzenquotienten der Funktion f mit $f(x) = x^n$

Wir verwenden die h-Schreibweise: $\frac{f(x+h)-f(x)}{h} = \frac{(x+h)^n - x^n}{h}$.

Wir versuchen den Term rechts zu vereinfachen. Nun ist:

$$(x+h)^n = \underbrace{(x+h)\cdot(x+h)\cdot\ldots\cdot(x+h)}_{n \text{ Faktoren } (x+h)}$$

Beim Ausmultiplizieren ergeben sich die Produkte x^n, $x^{n-1}\cdot h$, $x^{n-2}\cdot h^2$, …, $x\cdot h^{n-1}$, h^n. Das Produkt x^n kommt nur einmal vor. Man kann h aus n Klammern wählen, also kommt $x^{n-1}\cdot h$ insgesamt n-mal vor. Alle anderen Produkte enthalten h^2 oder eine noch höhere Potenz von h.

Aus diesen Gliedern kann also h^2 ausgeklammert werden. Somit gilt:

$$(x+h)^n - x^n = x^n + n\cdot x^{n-1}\cdot h + h^2\cdot(\ldots) - x^n$$

x^n und $-x^n$ heben sich auf.

$$\frac{f(x+h)-f(x)}{h} = \frac{(x+h)^n - x^n}{h} = \frac{x^n + n\cdot x^{n-1}\cdot h + h^2(\ldots) - x^n}{h} = n\cdot x^{n-1} + h\cdot(\ldots)$$

2. Schritt: Bestimmen der Ableitung $f'(x)$

Wenn h gegen null strebt, strebt $h\cdot(\ldots)$ gegen null. Es gilt also:

$$f'(x) = \lim_{h\to 0}\frac{f(x+h)-f(x)}{h} = \lim_{h\to 0}[n\cdot x^{n-1} + h\cdot(\ldots)] = n\cdot x^{n-1}$$

(4) Beweis der Potenzregel für negative Exponenten

1. Schritt: Bilden des Differenzenquotienten der Funktion f mit $f(x) = x^{-k}$ ($x \in \mathbb{R}^*$)

Wir setzen $n = -k$ (mit $k \in \mathbb{N}$).

$$\frac{f(x+h)-f(x)}{h} = \frac{(x+h)^{-k} - x^{-k}}{h} = \frac{\frac{1}{(x+h)^k} - \frac{1}{x^k}}{h} = \frac{x^k - (x+h)^k}{h\cdot(x+h)^k\cdot x^k} = \frac{x^k - k\cdot x^{k-1}\cdot h - (\ldots)\cdot h^2 - x^k}{h\cdot(x+h)^k\cdot x^k}$$

$$= \frac{-k\cdot x^{k-1} - (\ldots)\cdot h}{(x+h)^k\cdot x^k}$$

x^k und $-x^k$ heben sich auf.

2. Schritt: Bestimmen der Ableitung

Wenn h gegen null strebt, strebt $(\ldots)\cdot h$ gegen null und $(x+h)^k$ gegen x^k. Es gilt also:

$$f'(x) = \lim_{h\to 0}\frac{f(x+h)-f(x)}{h} = \lim_{h\to 0}\frac{-k\cdot x^{k-1} - (\ldots)\cdot h}{(x+h)^k\cdot x^k} = \frac{-k\cdot x^{k-1}}{x^k\cdot x^k} = -k\cdot x^{-k-1} = n\cdot x^{n-1}$$

Übungsaufgaben

3.

Wende die Regel über die Ableitung der Potenzfunktionen an.

a) $f(x) = x^7$ **b)** $f(x) = x^{12}$ **c)** $f(x) = x^{-3}$ **d)** $f(x) = x^{-12}$

4.

Bestimme die Potenzfunktion f.

a) $f'(x) = 14x^{13}$ **b)** $f'(x) = 7x^6$ **c)** $f'(x) = 9x^8$ **d)** $f'(x) = (s-2)x^{s-3}$

5.

Bestimme rechnerisch die Gleichung der Tangente im Punkt P an den Graphen von f.

a) $f(x) = x^4$; $P(-1\,|\,y)$ **b)** $f(x) = x^6$; $P(\sqrt{3}\,|\,y)$ **c)** $f(x) = x^{10}$; $P(-1\,|\,y)$

6.

An welchen Stellen haben die Funktionen mit $x \mapsto x^n$ mit $n \in \mathbb{Z}$ die Steigung 1 $[-1]$?

2.4.2 Faktorregel

Aufgabe 1 **a)** Wir wissen: Die Funktion $x \mapsto x^2$ ist differenzierbar. Ist dann auch die Funktion $x \mapsto 3x^2$ differenzierbar? Wie heißt die Ableitungsfunktion?

b) Prüfe das Ergebnis aus a) an weiteren Beispielen und formuliere eine Regel.

Lösung **a)** Auch die Funktion $x \mapsto 3x^2$ ist differenzierbar, denn es gilt für die Steigung m der Tangente an der Stelle x:

$$m = \lim_{h \to 0} \frac{3(x+h)^2 - 3x^2}{h} = \lim_{h \to 0} 3 \cdot \frac{x^2 + 2hx + h^2 - x^2}{h} = \lim_{h \to 0} 3 \cdot (2x + h) = 3 \cdot 2x$$

Ergebnis: Der Faktor 3 bleibt beim Übergang zur Ableitung erhalten.

b) Auch weitere Beispiele bestätigen das Resultat, dass ein konstanter Faktor beim Übergang zur Ableitung (beim Differenzieren) erhalten bleibt.

Satz 2: *Faktorregel*

Wenn die Funktion u an der Stelle a differenzierbar ist, dann ist auch die Funktion f mit $f(x) = k \cdot u(x)$ an der Stelle a differenzierbar und es gilt:

$f'(a) = k \cdot u'(a)$ mit $k \in \mathbb{R}$

Ein konstanter Faktor bleibt beim Differenzieren erhalten.

Wir schreiben kurz: $(k \cdot u)' = k \cdot u'$.

Beispiel:
$f(x) = 5 \cdot \sin(x)$
$f'(x) = 5 \cdot \cos(x)$

Information **Begründung der Faktorregel**

Der Graph der Funktion f mit $f(x) = k \cdot u(x)$ geht aus dem der Funktion u durch Streckung mit dem Faktor k von der 1. Achse aus in Richtung der 2. Achse hervor. Dabei ist anschaulich klar, dass die Tangente im Punkt P in die Tangente im Punkt P_1 übergeht. Da die Längen der Strecken parallel zur 2. Achse auch mit dem Faktor k multipliziert werden, ist im Steigungsdreieck bei P_1 die orthogonale Kathete k-mal so lang wie die entsprechende Kathete im Steigungsdreieck bei P. Es gilt:

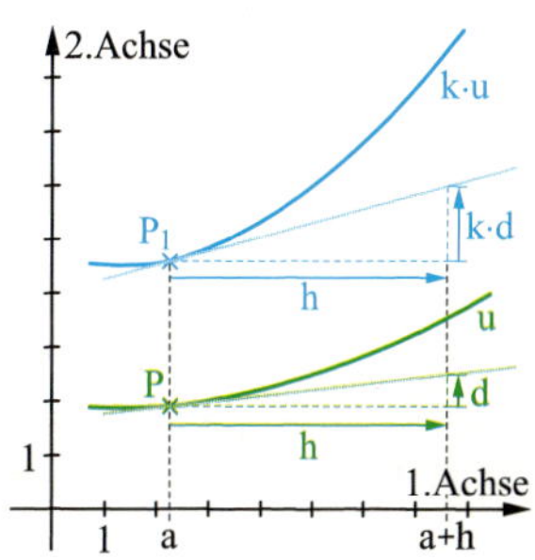

$$f'(a) = \frac{k \cdot d}{h} = k \cdot \frac{d}{h} = k \cdot u'(a)$$

Rechnerisch ergibt sich:

$$f'(a) = \lim_{h \to 0} \frac{f(a+h) - f(a)}{h} = \lim_{h \to 0} \frac{k \cdot u(a+h) - k \cdot u(a)}{h} = \lim_{h \to 0} k \cdot \frac{u(a+h) - u(a)}{h}$$

Falls h gegen 0 strebt, strebt $\frac{u(a+h) - u(a)}{h}$ gegen $u'(a)$.

Insgesamt strebt der Differenzenquotient gegen $k \cdot u'(a)$, also gilt: $f'(a) = k \cdot u'(a)$.

Weiterführende Aufgabe

2. *Aufsuchen der Ausgangsfunktion bei gegebener Ableitung*

Wie könnte die Funktion f lauten? Überprüfe mit der Faktorregel.

a) $f'(x) = 4x^2$ **c)** $f'(x) = \sin(x)$ **e)** $f'(x) = \frac{1}{x^2}$ **g)** $f'(x) = 5x$

b) $f'(x) = x^3$ **d)** $f'(x) = \frac{1}{\sqrt{x}}$ **f)** $f'(x) = 0$ **h)** $f'(x) = 7x^2$

Übungsaufgaben

3.

Differenziere die Funktion f nach der Faktorregel.

a) $f(x) = 3x^5$ **d)** $f(x) = \frac{1}{10}x^6$ **g)** $f(x) = (-7) \cdot \frac{1}{x}$ **j)** $f(x) = \frac{2}{3}x^3$

b) $f(x) = 7x^9$ **e)** $f(x) = \sqrt{2} \cdot x^4$ **h)** $f(x) = \frac{1}{3}\sqrt{x}$ **k)** $f(x) = 4 \cdot \sin(x)$

c) $f(x) = \frac{1}{8}x^5$ **f)** $f(x) = \frac{3}{4}x^8$ **i)** $f(x) = -\frac{1}{6}x$ **l)** $f(x) = -5 \cdot \cos(x)$

4.

Gegeben ist die Ableitungsfunktion f′. Suche eine Ausgangsfunktion f.
Überprüfe mit der Faktorregel.

a) $f'(x) = 4x^3$ **d)** $f'(x) = x^9$ **g)** $f'(x) = 4x^6$ **j)** $f'(x) = x^n$

b) $f'(x) = x^4$ **e)** $f'(x) = 3x^5$ **h)** $f'(x) = 2x^7$ **k)** $f'(x) = 3 \cdot \cos(x)$

c) $f'(x) = x^7$ **f)** $f'(x) = 7x^8$ **i)** $f'(x) = 3x^2$ **l)** $f'(x) = 2 \cdot \sin(x)$

5.

Bestimme die Ableitungen von $f', f'', f''', f^{(4)}, \ldots$
Gib möglichst viele Ableitungen an.

a) $f(x) = x^4$ **c)** $f(x) = x^8$ **e)** $f(x) = \frac{1}{20}x^6$ **g)** $f(x) = \frac{1}{3}x^7$

b) $f(x) = x^6$ **d)** $f(x) = 10x^5$ **f)** $f(x) = \frac{1}{36}x^8$ **h)** $f(x) = 0{,}7 \cdot x^4$

6.

Bestimme die höheren Ableitungen $f', f'', f''', f^{(4)}, \ldots$ der Funktion f mit $f(x) = x^n$. Gib die k-te Ableitung $f^{(k)}$ an.
Die wie vielte Ableitung hat überall einen konstanten Wert? Gib diesen an.

2.4.3 Summen- und Differenzregel

Aufgabe 1

a) Wir wissen: Die Funktionen $x \mapsto \frac{1}{x}$ und $x \mapsto \sqrt{x}$ sind differenzierbar. Ist dann auch die Summenfunktion $x \mapsto \frac{1}{x} + \sqrt{x}$ differenzierbar? Wie heißt die Ableitungsfunktion?

b) Prüfe das in Teilaufgabe a) erhaltene Ergebnis an weiteren Beispielen und formuliere eine Regel.

Lösung

a) Auch die Summenfunktion f mit $f(x) = \frac{1}{x} + \sqrt{x}$ ist differenzierbar, denn es gilt:

$$f'(a) = \lim_{x \to a} \frac{\left(\frac{1}{x} + \sqrt{x}\right) - \left(\frac{1}{a} + \sqrt{a}\right)}{x - a} = \lim_{x \to a} \frac{\left(\frac{1}{x} - \frac{1}{a}\right) + (\sqrt{x} - \sqrt{a})}{x - a} = \lim_{x \to a} \left(\frac{\frac{1}{x} - \frac{1}{a}}{x - a} + \frac{\sqrt{x} - \sqrt{a}}{x - a} \right)$$

Siehe Seite 93.

Falls x gegen a strebt, geht $\frac{\frac{1}{x} - \frac{1}{a}}{x - a}$ gegen $-\frac{1}{a^2}$ und $\frac{\sqrt{x} - \sqrt{a}}{x - a}$ gegen $\frac{1}{2\sqrt{a}}$.

Ergebnis: Die Ableitungsfunktion lautet: $x \mapsto -\frac{1}{x^2} + \frac{1}{2\sqrt{x}}$.

Beim Übergang zur Ableitung der Summenfunktion bildet man gliedweise die Ableitung.

b) Auch weitere Beispiele bestätigen, dass eine Summe gliedweise differenziert wird.

Satz 3: *Summenregel*

Die Funktionen u und v seien in einem gemeinsamen Intervall definiert, das die Stelle a enthält. An dieser Stelle seien sie differenzierbar. Dann ist auch die Funktion f mit $f(x) = u(x) + v(x)$ an der Stelle a differenzierbar und es gilt:

$f'(a) = u'(a) + v'(a)$

Eine Summe wird gliedweise differenziert.

Wir schreiben kurz: $(u+v)' = u' + v'$

Beispiel:
$f(x) = x^3 + \sin(x)$
$f'(x) = 3x^2 + \cos(x)$

Information **(1) Begründung der Summenregel**

Wir betrachten die Sekanten und Tangenten sowie ihre Steigungen bei den Funktionen u, v und $f = u + v$ an der Stelle a. Es gilt:

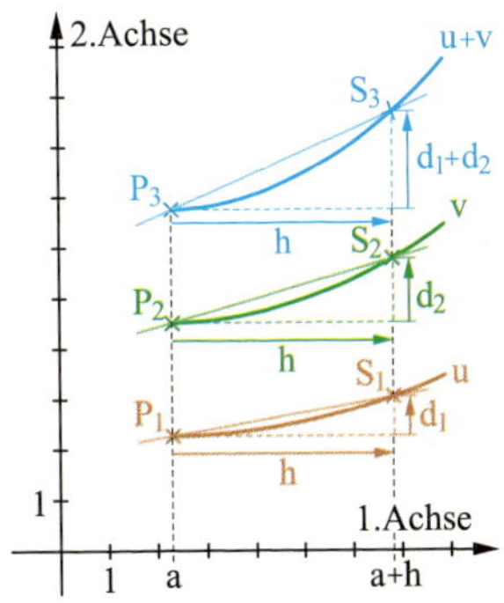

$$m_f(a) = \frac{[u(a+h)+v(a+h)]-[u(a)+v(a)]}{h}$$
$$= \frac{u(a+h)-u(a)}{h} + \frac{v(a+h)-v(a)}{h}$$
$$= m_u(a) + m_v(a)$$

Die Steigung der zur Funktion f gehörenden Sekante ist gleich der Summe der Steigungen der zu u und v gehörenden Sekanten. Nun unterscheidet sich die Sekantensteigung $m_u(a)$ bzw. $m_v(a)$ immer weniger von der Tangentensteigung $u'(a)$ bzw. $v'(a)$, je weniger sich h von 0 unterscheidet. Es ist daher plausibel, dass dann auch die Steigung der Tangente im Punkt P gleich der Summe der Steigungen der Tangenten bei P_1 und P_2 ist.

Rechnerisch ergibt sich:

$$f'(a) = \lim_{h\to 0} \frac{f(a+h)-f(a)}{h} = \lim_{h\to 0} \frac{u(a+h)+v(a+h)-(u(a)+v(a))}{h}$$

Wir formen so um, dass die Differenzenquotienten der Funktionen u und v erscheinen:

$$f'(a) = \lim_{h\to 0} \frac{(u(a+h)-u(a))+(v(a+h)-v(a))}{h} = \lim_{h\to 0} \left(\frac{u(a+h)-u(a)}{h} + \frac{v(a+h)-v(a)}{h}\right)$$

Falls h gegen 0 strebt, geht $\frac{u(a+h)-u(a)}{h}$ gegen $u'(a)$ und $\frac{v(a+h)-v(a)}{h}$ gegen $v'(a)$.

Also folgt: $f'(a) = u'(a) + v'(a)$

(2) Differenzregel

Satz 4: *Differenzregel*

Wenn die Funktionen u und v beide an der Stelle a differenzierbar sind, so ist auch die Funktion f mit $f(x) = u(x) - v(x)$ an der Stelle a differenzierbar und es gilt:

$f'(a) = u'(a) - v'(a)$

Eine Differenz wird gliedweise differenziert.

Wir schreiben kurz: $(u-v)' = u' - v'$

Beispiel:
$f(x) = x^5 - x^7$
$f'(x) = 5x^4 - 7x^6$

Beweis durch Zurückführen auf die Summen- und die Faktorregel

$f(x) = u(x) - v(x) = u(x) + (-1)\cdot v(x)$

$f'(a) = u'(a) + (-1)\cdot v'(a)$ (nach der Summen- und der Faktorregel)

$f'(a) = u'(a) - v'(a)$

(3) Rückblick auf die Ableitungsregeln

Potenzregel, Faktorregel, Summenregel und Differenzregel sind in unterschiedlichem Sinne Ableitungsregeln: Während die Potenzregel unmittelbar die Ableitung einer Potenzfunktion angibt, lassen sich die drei anderen Regeln nur anwenden, wenn man die Ableitung der jeweiligen Funktionen u und v schon kennt.

Weiterführende Aufgaben

2. *Ein konstanter Summand fällt beim Differenzieren weg*

a) Der Graph der Funktion f wird um c in Richtung der 2. Achse verschoben. Wir erhalten den Graphen der Funktion mit $g(x) = f(x) + c$.
Begründe geometrisch, dass beide Funktionen an der Stelle a dieselbe Steigung haben, dass also gilt:
$g'(a) = f'(a)$

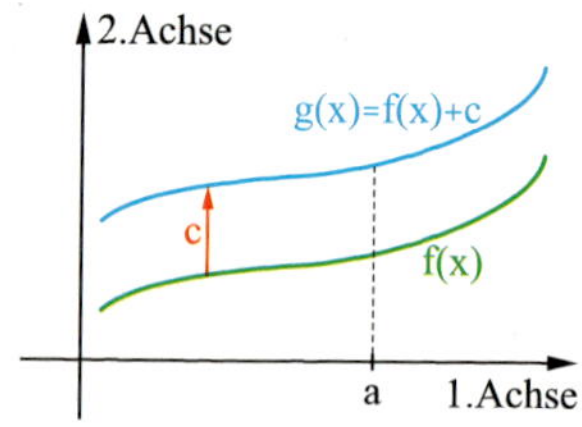

b) Das Ergebnis in Teilaufgabe a) kann man auch so formulieren:
Ein konstanter Summand wird beim Differenzieren zu null. Begründe diese Regel. Begründe die Regel auch mithilfe der Ableitungsregeln.

3. *Werden Produkte bzw. Quotienten gliedweise differenziert?*
Zeige am Beispiel $f(x) = x^5$; $g(x) = x^3$, dass gilt:

a) $(f(x) \cdot g(x))' \neq f'(x) \cdot g'(x)$ **b)** $\left(\frac{f(x)}{g(x)}\right)' \neq \frac{f'(x)}{g'(x)}$

Übungsaufgaben

4.
Differenziere die Funktion f nach der Summen- oder Differenzregel.

a) $f(x) = x^5 + x^8$ **d)** $f(x) = x^5 - x^7$ **g)** $f(x) = x^{10} + 2x$ **j)** $f(x) = \frac{1}{x} - \sqrt{x}$

b) $f(x) = x^4 - x^3$ **e)** $f(x) = x^9 + x^5$ **h)** $f(x) = 2x^2 + 3x$ **k)** $f(x) = x^2 + \sqrt{x}$

c) $f(x) = x^3 + x^4$ **f)** $f(x) = 2x^4 - 3x^6$ **i)** $f(x) = x + \frac{1}{x}$ **l)** $f(x) = x - \frac{1}{x}$

5.
Bilde rechnerisch die erste Ableitung der Funktion f.

a) $f(x) = \frac{1}{8}x^5 + \frac{1}{2}x^3 - 0{,}7x$ **d)** $f(x) = 9x^4 - \sqrt{3}x^3 + 5x - 7$

b) $f(x) = 2x^4 - 7x^2 + 5x$ **e)** $f(x) = 4x^6 + 2x^3 - 9x^2 - 18x + 2$

c) $f(x) = 8x^{12} - \sqrt[3]{17}x^2 + 5x$ **f)** $f(x) = 9x^4 - \frac{1}{3}x^3 + \frac{1}{2}x^2 - \sqrt[3]{2}x + 8$

6.
Gib die erste Ableitung an.

a) $f(x) = \frac{3}{x} + 2\sqrt{x}$ **d)** $f(x) = 4x^5 + \frac{3}{x} - \frac{1}{2}\sqrt{x}$ **g)** $f(x) = 2\sin(x) - 3\cos(x)$

b) $f(x) = \frac{1}{x} - x^2 - x^4$ **e)** $f(x) = \frac{1}{x} + \cos(x)$ **h)** $f(x) = a \cdot \cos(x) + c$

c) $f(x) = \frac{7}{x} + \frac{2}{3}x^2 + 5$ **f)** $f(x) = 4x^2 - \frac{2}{x} + \frac{\sqrt{x}}{5}$ **i)** $f(x) = 4\sqrt{x} + 2\cos(x)$

7.
Gib rechnerisch die erste, zweite und dritte Ableitung an.

a) $f(x) = 3x^4 + 2x^2$
b) $f(x) = 5x^6 - 7x^3$
c) $f(x) = -\frac{1}{24}x^4 + \frac{1}{6}x^3 - \frac{1}{2}x$
d) $f(x) = 3x^2 + 8x + 5$
e) $f(x) = 4x - 5$
f) $f(x) = -\frac{1}{15}x^5 - \frac{1}{12}x^4 + 8$
g) $f(x) = 7x^7 + 9x^3$
h) $f(x) = 5x^4 - 8x^3 + x$
i) $f(x) = \frac{5}{36}x^6 + \frac{11}{18}x^3 - \frac{7}{16}x^2$

8.
Gegeben ist die Ableitungsfunktion f′. Gesucht ist eine mögliche Ausgangsfunktion f.

a) $f'(x) = 3x^2 + 2x$
b) $f'(x) = 4x^3 - 7x^6$
c) $f'(x) = 9x^8 - 6x^5 + 8$
d) $f'(x) = x^6 + x^2$
e) $f'(x) = x^4 - x^3$
f) $f'(x) = 8x^3 - 6x^2$
g) $f'(x) = 2x^4 - 8x^3 + 2x^2$
h) $f'(x) = \sin(x) - \cos(x)$
i) $f'(x) = 2\cos(x) - \frac{1}{2x^2}$

9.
Gegeben ist die 2. Ableitungsfunktion f″. Gesucht ist eine Ausgangsfunktion f.

a) $f''(x) = 2x + 3x^2$
b) $f''(x) = \cos(x) - \sin(x)$
c) $f''(x) = x^2 - x^3$

10.
Bilde so oft die Ableitung der Funktion f, bis sich die Funktion $x \mapsto 0$ ergibt.

a) $f(x) = 3x^6 - 2x^4$
b) $f(x) = 3x^3 - 9x^4 - x$
c) $f(x) = 2x^5 - 8x - x^4$
d) $f(x) = 9x^4 - x$
e) $f(x) = \frac{2}{3}x^5 - \frac{3}{2}x^4 + 2x$
f) $f(x) = \sqrt{2} \cdot x^6 - \pi \cdot x^4 + 7$

11.
Differenziere folgende Funktion f.

a) $f(x) = (x+1)^2$
b) $f(x) = x^{-1} + x^{\frac{1}{2}}$
c) $f(x) = \frac{x^2 - 1}{x + 1}$

12.
Differenziere folgende Funktion:

a) $f(x) = (7x - 4) \cdot (3x^2 + 7x + 4)$
b) $f(x) = (ax^2 + b) \cdot (cx + d)$
c) $f(x) = 3 \cdot (4 - x^2) \cdot (2 - x) + \frac{1}{2}(4 - x)$
d) $f(x) = x \cdot (x - 1) - x \cdot (x + 1)$
e) $f(x) = (x-5)^2 + (x-2)^2 - 3(x+5)$
f) $f(x) = 2x(x-4)^2 + 7x^2(x+5)^2$

CAS **13.**
Rechner mit CAS können auch die Ableitung einer Funktion bestimmen. Hier wurde die Ableitung der Funktion $f(x) = 4\sqrt{x} + 2\cos(x)$ bestimmt.
Der Rechner zeigt als Ergebnis

$$f'(x) = -2\sin(x) + \frac{2}{\sqrt{x}}.$$

Überprüfe das Resultat.

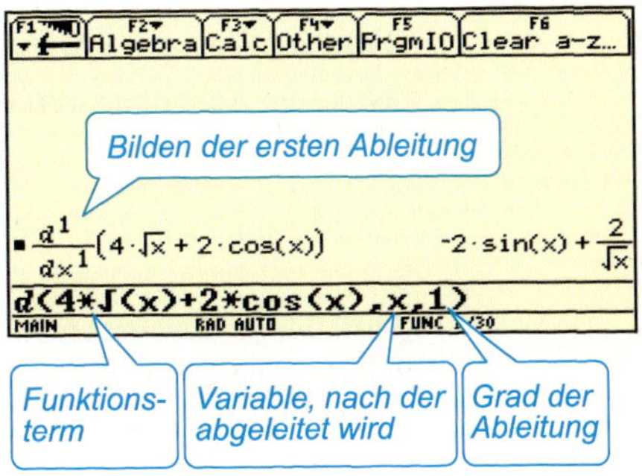

2.5 Das Newton-Verfahren zur Bestimmung von Näherungswerten für eine Nullstelle

Bestimme die Nullstellen der Funktion f mit $f(x) = x^3 - 3x^2 + 3x - 3$ mithilfe eines GTR (siehe Kapitel 1, Seite 30 f.). Das Rechenfenster rechts zeigt den Näherungswert x = 2,25992 an.
Wie ermittelt der Rechner einen solchen Näherungswert? Kann man noch einen besseren Näherungswert finden?

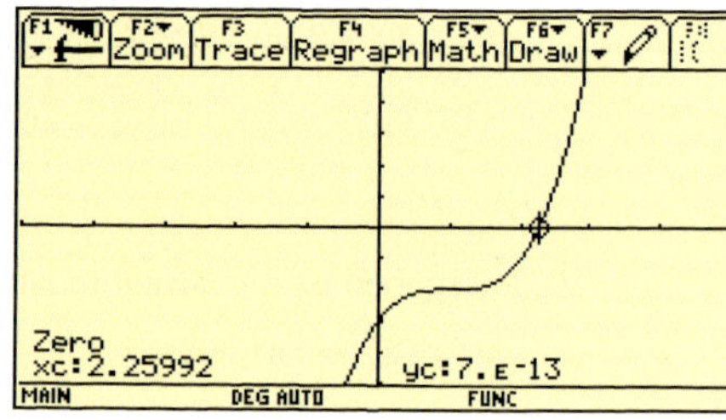

Aufgabe 1 Gegeben ist eine Funktion f und ein Näherungswert x_n einer Nullstelle von f. Gesucht ist ein besserer Näherungswert x_{n+1}. Stelle eine Formel auf.
Anleitung:
Zeichne im Punkt $P_n(x_n \mid f(x_n))$ die Tangente an den Graphen der Funktion f.

Lösung Der Schnittpunkt der Tangente an den Graphen im Punkt $P_n(x_n \mid f(x_n))$ mit der 1. Achse liefert (in vielen Fällen) einen besseren Näherungswert x_{n+1}.
Aus der Abbildung wird folgendes ersichtlich:

$$f'(x_n) = \frac{f(x_n)}{x_n - x_{n+1}}$$

Daraus folgt für $f'(x_n) \neq 0$:

$$x_n - x_{n+1} = \frac{f(x_n)}{f'(x_n)}, \quad \text{also}$$

$$x_{n+1} = x_n - \frac{f(x_n)}{f'(x_n)}$$

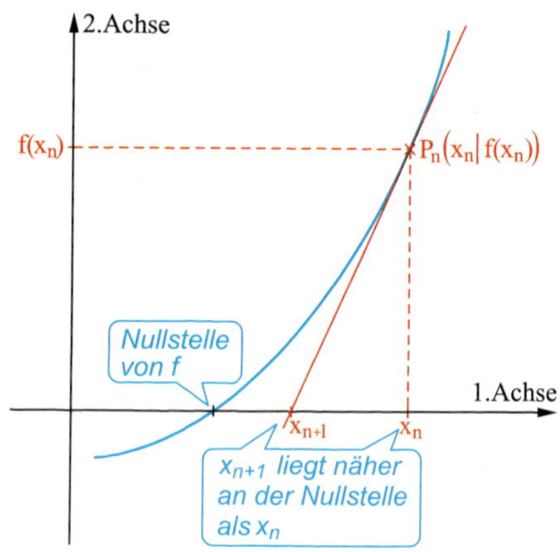

Mithilfe dieser Gleichung kann man aus einem Näherungswert x_n für eine Nullstelle einen besseren Näherungswert x_{n+1} berechnen.

Information **(1) Formel zur Verbesserung eines Näherungswertes einer Nullstelle**
Die Lösung der Aufgabe 1 hat ergeben:

Siehe auch Aufgabe 2

Satz 5: *Newton-Verfahren*
Ist x_n ein Näherungswert einer Nullstelle der Funktion f, so ist

$$x_{n+1} = x_n - \frac{f(x_n)}{f'(x_n)}$$

im Allgemeinen ein besserer Näherungswert für diese Nullstelle.

Grafikfähige Taschenrechner benutzen ähnliche Verfahren um Näherungswerte zu berechnen. Die Lösung von Aufgabe 1 legt nahe, dass x_{n+1} eine bessere Näherung als x_n ist. Man kann jedoch auch Situationen finden, in denen dies nicht der Fall ist (siehe dazu Aufgabe 2).

(2) Iterierte (d. h. wiederholte) Anwendung der Formel – Algorithmus

Wendet man die Formel wiederholt an, erhält man immer bessere Näherungswerte.

Eingabe: Startwert x_1
Wiederhole
Berechne x_{n+1} aus x_n nach der Formel $x_{n+1} = x_n - \frac{f(x_n)}{f'(x_n)}$
bis
die Werte sich in sechs Nachkommastellen nicht mehr ändern
Ausgabe des letzten Wertes

Beispiel (siehe Seite 124 oben):

$f(x) = x^3 - 3x^2 + 3x - 3$

Erster Näherungswert: $x_1 = 2{,}5$

Es ist $f'(x) = 3x^2 - 6x + 3$. Also:

$$x_2 = x_1 - \frac{f(x_1)}{f'(x_1)} = 2{,}5 - \frac{f(2{,}5)}{f'(2{,}5)} = 2{,}296296296$$

$f(2{,}5) = 1{,}375$
$f'(2{,}5) = 6{,}75$

Bei Verwendung einer Tabelle wird die Rechnung übersichtlicher.

Verwende Tabellenkalkulation

n	x_n	$f(x_n)$	$f'(x_n)$	x_{n+1}
1	2,5	1,375	6,75	2,296296296
2	2,296296296	0,178275667	5,041152261	2,260932225
3	2,260932225	0,004819286	4,769850228	2,259921861
4	2,259921861	0,000003862	4,762209287	2,25992105

Funktionswerte nähern sich immer mehr der Zahl 0.

Ergebnis ändert sich nach 6 Stellen nach dem Komma nicht mehr.

Bei Fortsetzung des Verfahrens ändern sich die 6 Stellen nach dem Komma nicht mehr. $x = 2{,}259921$ ist eine Näherung, die auf 6 Stellen nach dem Komma genau ist.

Weiterführende Aufgaben

2. *Nicht immer ist x_{n+1} ein besserer Näherungswert als x_n*

Nicht immer führt das Newton-Verfahren zu einem besseren Näherungswert.
Zeichne den Graphen einer Funktion f mit einem Näherungswert x_n für die Nullstelle a, sodass x_{n+1} weiter von a entfernt ist als x_n.

3. *Das Heron-Verfahren als Spezialfall des Newton-Verfahrens*

Berechne $\sqrt{2}$, beginne mit dem Startwert $x_1 = 2$; wende dann wiederholt die Formel $x_{n+1} = \frac{1}{2} \cdot \left(x_n + \frac{2}{x_n}\right)$ an.

Dieses Verfahren zur Berechnung von $\sqrt{2}$ heißt **Heron-Verfahren**.

a) Zeige, dass das Heron-Verfahren ein Spezialfall des Newton-Verfahrens ist.
Gehe dazu von der Funktion f mit $f(x) = x^2 - 2$ aus.

b) Leite entsprechend eine Rekursionsgleichung her zur näherungsweisen Bestimmung von: (1) $\sqrt[2]{a}$ (2) $\sqrt[3]{a}$ (3) $\sqrt[n]{a}$

c) Gib einen Näherungswert an:

(1) $\sqrt{10}$ (2) $\sqrt{15610}$ (3) $\sqrt[3]{5}$ (4) $\sqrt[5]{18}$ (5) $\sqrt[7]{31}$ (6) $\sqrt[10]{180}$

Schülerreferat

Übungsaufgaben

Vergleiche mit dem Näherungswert eines GTR und mache eine Probe.

4.
Bestimme mit dem Newton-Verfahren einen bis auf zwei Stellen hinter dem Komma genauen Näherungswert einer Lösung der angegebenen Gleichung.

a) $x^3 - x - 0{,}5 = 0$ **c)** $x^3 + 2x + 1 = 0$ **e)** $5x^4 - 110x + 100 = 0$
b) $x^3 - 3x - 4 = 0$ **d)** $x^3 - 30x + 33 = 0$ **f)** $2x^4 + 6x - 40 = 0$

5.
Bestimme alle Nullstellen der angegebenen Funktion mithilfe des Newton-Verfahrens auf drei Stellen hinter dem Komma genau. Vergleiche das Ergebnis ggf. mit dem Resultat eines CAS.

a) $f(x) = x^3 - 5x + 80$ **d)** $f(x) = 3x^3 - 60x - 72$
b) $f(x) = 8 + 4x - x^3$ **e)** $f(x) = x^4 - \frac{1}{20}x + 7$
c) $f(x) = x^3 - 6x^2 - 83x - 20$ **f)** $f(x) = -x^8 - x^5 + 2x^2$

6.
Bestimme eine Lösung der Gleichung mithilfe des Newton-Verfahrens auf zwei Nachkommastellen genau.

a) $\sin(x) = \frac{1}{2}x$ **b)** $\cos(x) = x$ **c)** $\sin(x) = x^2$ **d)** $\cos(x) = x^2$ **e)** $\sin(x) = 2x^2 - 1$

7.
Bestimme Nullstellen für f, f′ und f″ mithilfe des Newton-Verfahrens und überprüfe das Ergebnis mit dem GTR.

a) $f(x) = x^3 - x^2 - 5$ **c)** $f(x) = x^4 - 3x^3 + 2x^2 - 5$ **e)** $f(x) = 5x^2 - 2x^3 + x - 7$
b) $f(x) = x^3 - 2x^2 - 5$ **d)** $f(x) = x^5 - x^4 + x^3 - x^2 - 4$ **f)** $f(x) = x^7 - 3x + 5$

8.
Ein Quader habe die Kantenlängen $a = 6$ cm, $b = 4$ cm und $c = 3$ cm.
Jede Kante soll um x cm vergrößert werden. Wie groß muss man x wählen, damit ein Quader mit viermal so großem Volumen entsteht?

9.
In eine gerade quadratische Pyramide mit der Grundkante $a = 5$ cm und der Höhe $h = 7$ cm soll ein Quader mit quadratischer Grundfläche gestellt werden.
Sein Inhalt soll ein Drittel des Pyramideninhalts betragen.
Seine Grundkanten sollen parallel zu den Grundkanten der Pyramide verlaufen.

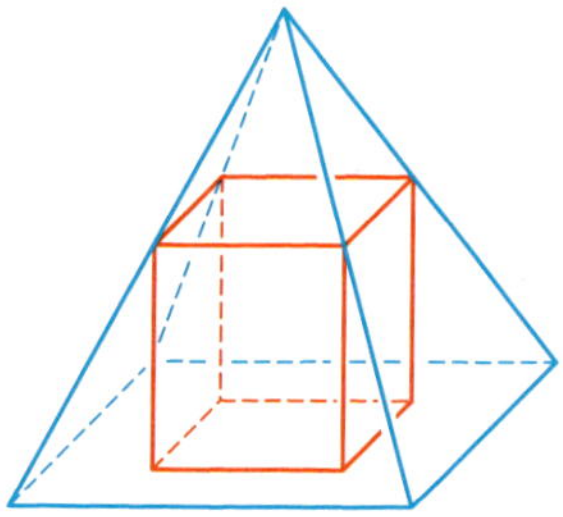

a) Welche Höhe hat der Quader?
b) Welches Volumen hat dieser Quader?

10.
Berechne einen Näherungswert für eine Lösung der Gleichung
$x^3 + 13x^2 + 54x - 216 = 0$ mit $x_1 = 1$ als erstem Näherungswert.
Erkläre auch geometrisch, worin der Unterschied zu $x_1 = 2$ als erstem Näherungswert besteht. Führe die Rechnung auch mit $x_1 = 2$ durch.

Schülerreferat

2.6 Vermischte Übungen

Die meisten Aufgaben in diesem Abschnitt können mit dem GTR überprüft werden.
Manchmal gibt es auch mehrere Lösungswege mit dem GTR.

1.
Gegeben ist die Funktion f mit $f(x) = \sin(x)$ $[f(x) = \cos(x)]$. Bilde $f'(x), f''(x), f'''(x), f^{(4)}(x)$ usw. Welche Gesetzmäßigkeit erkennt man dabei?

Achte auf gleiche Einteilung der Achsen.

2.
In welchen Punkten des Graphen der Funktion f schließen die Tangenten mit der 1. Achse einen Winkel von 45° [30°; 60°; 120°; 135°] ein?

a) $f(x) = 4x^2$ **b)** $f(x) = 5x^3$ **c)** $f(x) = -5 \cdot (x-5)^2$

3.
Der Graph der Funktion f mit $f(x) = ax^2 + bx + c$ schneidet die 1. Achse an der Stelle -3 und die 2. Achse bei $y = -2$. An der Stelle 4 hat die Tangente an den Graphen der Funktion die Steigung 1. Wie lautet die Funktion?

4.
Gegeben sind die beiden Funktionen f und g mit $f(x) = 1 + x - x^2 - x^3$ und $g(x) = 2x^2 - 8x - 1$. An welcher Stelle sind die Tangenten an die Graphen parallel zueinander?

5.
Bilde die Ableitung folgender Funktion:

a) *Radius → Flächeninhalt des Kreises* **b)** *Radius → Volumen der Kugel*

Was fällt auf? Gilt Entsprechendes bei Quadraten und Würfeln?

6.
Gegeben ist der Graph einer Funktion f mit $f'(a) \neq 0$ an einer Stelle a.

Zum Begriff der Normalen siehe Seite 102, Aufgabe 2.

a) Gib die Gleichung der Normalen des Graphen der Funktion f an der Stelle a an.

b) Bestimme die Schnittpunkte dieser Normalen mit den Koordinatenachsen.

c) Wie würde die Normale verlaufen, wenn $f'(a) = 0$ wäre?

7.
Die Graphen der Funktionen f und g schneiden sich im Punkt P. Der Schnittwinkel der Graphen in P ist dann der Winkel, den die Tangenten an die Graphen im Punkt P miteinander bilden.
Gib Schnittpunkte und Größe der Schnittwinkel an.

a) $f(x) = 3x^2 + 4x + 5;\quad g(x) = 4x^2 - 3x + 6$

b) $f(x) = 5x^2 - 3x - 6;\quad g(x) = 3x^2 - 5x + 10$

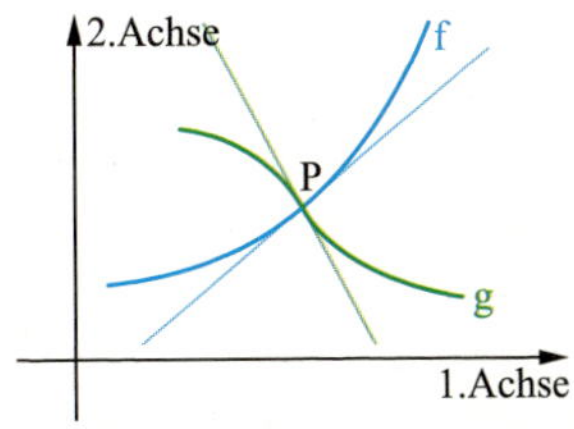

8.
Durch die Punkte P und S verläuft eine Sekante des Graphen von f. Zu der Sekante ist eine parallele Tangente gezeichnet. Berechne den Berührungspunkt dieser Tangente mit dem Graphen.

a) $f(x) = 2x^2 + 5x - 4;\quad P(1|y);\quad S(3|y)$

b) $f(x) = 4x^2 - 9x + 6;\quad P(-1|y);\quad S(0|y)$

c) $f(x) = 3x + 4 + \sqrt{x};\quad P(0|y);\quad S(1|y)$

d) $f(x) = 4x + 2 - \sqrt{x};\quad P(4|y);\quad S(9|y)$

9.

Vom Punkt $P(-1\,|\,-1)$ sind die Tangenten an den Graphen der Funktion $x \mapsto x^2$ gezeichnet.

a) Bestimme die Koordinaten der Berührungspunkte.

b) Bestimme die Gleichungen der beiden Tangenten in Normalform.

c) Berechne den Mittelpunkt der Strecke zwischen den Berührungspunkten. Vergleiche mit P.

10.

An den Graphen der Funktion $x \mapsto x^2$ sind zwei Tangenten gezeichnet, die orthogonal aufeinander stehen.

a) Wie viele solcher Tangentenpaare gibt es?

b) Kann jeder Punkt des Graphen Berührungspunkt einer der beiden Tangenten eines solchen Tangentenpaares sein?

c) Gib die beiden Gleichungen (in Normalform) eines solchen Tangentenpaares an.

d) Berechne den Schnittpunkt der Tangenten eines Paares. Was fällt auf?

e) Gegeben sind die 1. Koordinate a des Berührungspunktes der einen Tangente. Bestimme die 1. Koordinate b des Berührungspunktes der anderen Tangente eines solchen Tangentenpaares.

f) Zeige: Die Strecke zwischen den Berührungspunkten schneidet die 2. Achse im Brennpunkt der Parabel.

11.

a) Durch die Punkte P_1 und P_2 auf dem Graphen der Funktion $x \mapsto x^2$ ist die Sekante gezeichnet und zu ihr eine parallele Tangente. Durch den Berührungspunkt der Tangente ist die Parallele zur 2. Achse gezeichnet. Beweise oder widerlege, dass diese Parallele die Sekante im Mittelpunkt der Strecke $\overline{P_1P_2}$ schneidet.

b) Zeige durch ein Gegenbeispiel, dass dies nicht mehr gelten muss, wenn ein anderer Funktionsgraph gegeben ist.

12.

Welche Ableitungskurve aus der Abbildung (1), (2), (3) oder (4) gehört zu welchem Funktionsgraphen aus der Abbildung (A), (B), (C) oder (D)? Begründe.

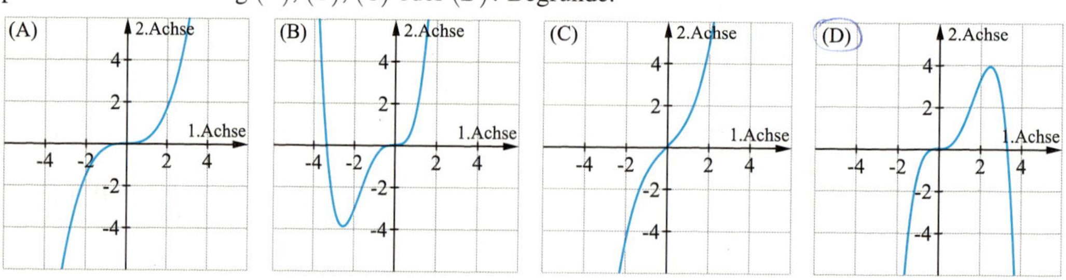

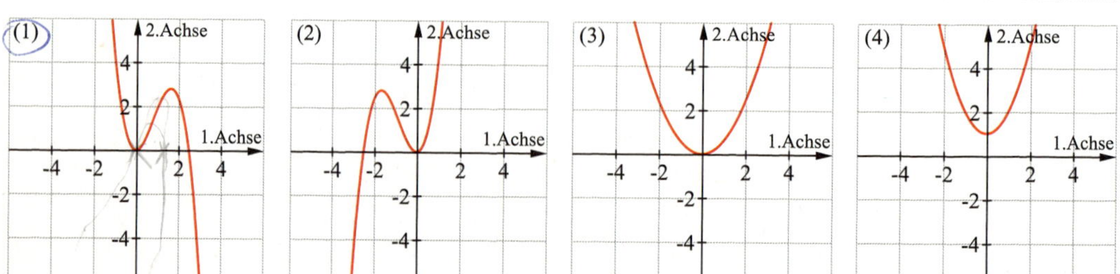

13.
An den Graphen der Funktion $x \mapsto \sqrt{x}$ sind im Punkt P Tangente und Normale gezeichnet.
Wo schneidet die Normale die 1. Achse?
Ermittle das Ergebnis auf zwei Weisen durch Rechnung und durch eine geometrische Überlegung an einem rechtwinkligen Dreieck. Leite aus dem Ergebnis ein Verfahren zur Konstruktion der Tangente an den Graphen von $x \mapsto \sqrt{x}$ im Punkt P her.

14.
Im Punkt $P(a|y)$ des Graphen der Funktion $x \mapsto x^2 - 2{,}75$ ist die Normale gezeichnet. Sie geht durch $O(0|0)$ [$A(0|-2)$]. Gib die Koordinaten von P an.

15.
Gegeben sind die Graphen der Funktionen $x \mapsto x^2$ und $x \mapsto x^3$.
Im Schnittpunkt $P(x_1|y_1)$ mit $x_1 > 0$ sind die Tangenten an die Graphen gezeichnet.

a) Wo schneiden diese Tangenten die 2. Achse?

b) Die beiden Tangenten schließen zusammen mit der 2. Achse ein Dreieck ein. Wie groß ist sein Flächeninhalt?

16.
In den Schnittpunkten des Graphen der Funktion $x \mapsto x^2$ mit dem Einheitskreis (Mittelpunkt $M(0|0)$ und Radius $r = 1$) sind die Tangenten an den Graphen und den Einheitskreis gezeichnet.

a) Wo schneiden diese Tangenten die 1. Achse [2. Achse]?

b) Die vier Tangenten schließen ein Viereck ein. Bestimme dessen Flächeninhalt.

17.
An die Graphen der Funktionen $x \mapsto x^2$ und $x \mapsto \sqrt{x}$ ist jeweils eine Tangente gezeichnet. Die beiden Tangenten sollen orthogonal zueinander sein.
Welche Beziehung besteht zwischen den 1. Koordinaten der Berührungspunkte?

18.
Die Tangenten an den Graphen der Funktion $x \mapsto \sqrt{x}$ in den Punkten $P_1(a|y_a)$ und $P_2(b|y_b)$ (mit $a < b$) schneiden sich im Punkt S.
Gib dessen Koordinaten an. Berechne auch den Schnittpunkt der Normalen in P_1 und P_2.

19.
Zeige: Eine Tangente an den Graphen der Funktion $x \mapsto \sqrt{x}$ kann niemals parallel zu einer Tangente an den Graphen der Funktion $x \mapsto \frac{1}{x}$ verlaufen.

20.

a) Zeige, dass der Graph von f mit $f(x) = -\frac{2}{9}x^3 + x^2 + x - 3$ im Intervall $[0; 3]$ eine Nullstelle besitzt.

b) Versuche, die Nullstelle der in Teilaufgabe a) angegebenen Funktion durch das Newtonsche Verfahren zu bestimmen.
Wähle dazu den Startwert $x_1 = 3$.
Was fällt auf? Wie ist das Ergebnis zu erklären? Welches Ergebnis liefert der GTR?

c) Untersuche für den rechts gezeichneten Graphen, welche der angegebenen Stellen a, …, g nicht als Startwerte für das Newton-Verfahren geeignet sind.

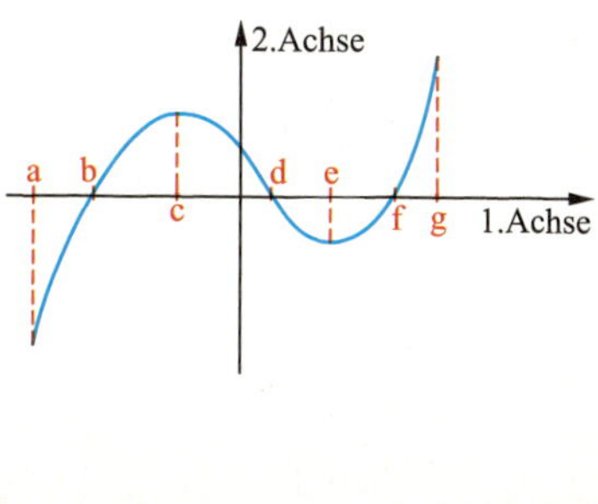

21.
Gegeben ist die Funktion f mit $f(x) = \sin(x)$ und die Stelle $-\frac{2\pi}{3}$.
Ermittle die Gleichung der Tangente an den Graphen der Funktion f an der Stelle $-\frac{2\pi}{3}$. Gib ein abgeschlossenes Intervall an, in welchem die Funktionswerte der Funktion f betragsmäßig nicht mehr als 0,05 von den 2. Koordinaten der Punkte der Tangente abweichen.

22.
Gegeben ist $f_p(x) = x^2 - px$. Dann gehört zu jedem p eine Funktion. Insgesamt erhält man eine Funktionenschar (Menge von Funktionen).

a) Welchen Punkt haben alle Graphen der Funktionenschar gemeinsam?

b) Die Punkte der Graphen, in welchen die Steigung 0 [1; −1] beträgt, liegen auf einer Kurve. Gib eine Gleichung dieser Kurve an.

c) Bestimme den Schnittpunkt der Tangenten [Normalen] an der Stelle a an die Graphen dieser Schar mit der zweiten Achse.

23.
Gegeben ist die Gleichung einer Geraden und eine Funktionenschar. Welche Funktion f_p aus der Schar hat einen Graphen, für den die Gerade Tangente ist?

a) $y = x - 4;\quad f_p(x) = x^2 - px$

b) $y = -4x - 1;\quad f_p(x) = x^2 - px$

24.
Gegeben sind die Funktionenschar f_p mit $f_p(x) = px + (1 - p) \cdot x^2$ mit $p \in \mathbb{R}$ und die Funktion f mit $f(x) = \frac{1}{x}$. Für welche beiden Parameter p schneiden sich die Graphen von f_p und f orthogonal?

25.
Gegeben sind die beiden Funktionenscharen $x \mapsto px^2$ und $x \mapsto q - x^2$.
Gesucht ist die Menge aller Punkte im Koordinatensystem, in denen ein Graph der einen Schar einen Graphen der anderen Schar orthogonal schneidet. Wo liegen diese Punkte?

26.

Bei einem Kies- und Sandwerk kann man beobachten, dass die Höhe eines Sandberges nach einer gewissen Zeit kaum noch zu wachsen scheint, obwohl über den Trichter in regelmäßigen Zeitabschnitten gleichmäßig neuer Sand hinzugefügt wird. Der Sandberg hat die Form eines Kegels und wird deswegen auch in der Baubranche Schüttkegel genannt. Wir betrachten sein Anwachsen. Das Verhältnis $\frac{\text{Höhe h}}{\text{Radius r}}$ hängt von der Materialbeschaffenheit, insbesondere auch von der Feuchtigkeit des Sandes ab. Oft gilt $\frac{h}{r} = 1{,}5$.
Gib den Term der Funktion an, die dem Volumen V des Sandkegels die Höhe h zuordnet. Erläutere den Begriff „lokale Höhenrate" und berechne mit dem GTR zu gegebenen Volumina diese lokale Höhenrate näherungsweise.
Erkläre damit die oben beschriebene Beobachtung.

27.

Zähne des Windes, so werden die afrikanischen Wüstenheuschrecken in der blumenreichen Sprache des Orients genannt. Wer einen solchen Heuschreckenschwarm erlebt hat, weiß, wie treffend dieses Bild ist: Ganze Wolken von Tieren fallen gleichzeitig über ein Gebiet her, die Luft ist erfüllt von einem Surren, und innerhalb kürzester Zeit sind Gärten und Felder kahl gefressen. Während der letzten großen Heuschreckenplage Ende der 80er Jahre wurden in Nordafrika große Mengen von breitwirksamen Insektiziden versprüht.
Parallel zu der Weiterentwicklung von Bekämpfungsmaßnahmen sind detaillierte Kenntnisse über die Ausbreitung und die Vermehrungsgeschwindigkeit erforderlich.

In einem Gebiet vermehrt sich ein Heuschreckenschwarm exponentiell, und zwar wöchentlich um 50 %. Der Schwarm hat zu Beginn der Beobachtung ungefähr 10 000 Tiere.

a) Bestimme mit dem Ansatz $f(t) = a \cdot b^t$ eine Funktion f, welche der Zeit t (in Wochen) den Heuschreckenbestand des Schwarms (in 10 000 Tiere) zuordnet.

b) Auf wie viele Heuschrecken ist der Schwarm nach 5 [nach 10] Wochen angewachsen?

c) Gib die Änderungsrate für den Heuschreckenbestand für die Zeitspanne von 5 Wochen [von 10 Wochen] nach Beginn der Beobachtungen an.

d) Bestimme mit dem GTR die momentane Änderungsrate für den Heuschreckenbestand nach 5 [nach 10] Wochen.

28.

Die Abbildung zeigt den Graphen einer Funktion h, welche der Zeit t die Höhe h(t) eines Fallschirmspringers zuordnet. Zunächst fliegt er im freien Fall, dann öffnet er den Fallschirm und schwebt zu Boden.

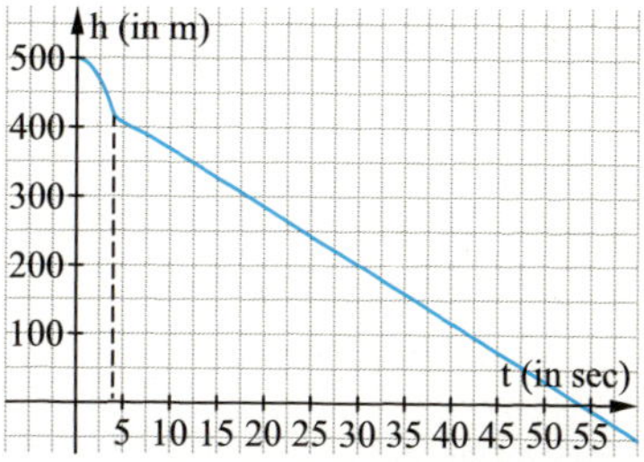

a) In welchen Zeitabschnitten nimmt die Geschwindigkeit zu, in welchen nimmt sie ab und in welchen bleibt sie konstant?

b) Für die Funktion h kann näherungsweise folgende Funktionsvorschrift verwendet werden:

$$h(t) = \begin{cases} 500 - 5 \cdot t^2 & \text{für } 0 \le t \le 4 \\ -8{,}4 \cdot t + 453{,}6 & \text{für } t \ge 4 \end{cases}$$

Lass den GTR den Graphen dieser Funktion zeichnen und erläutere Unterschiede und Gemeinsamkeiten zum abgebildeten Graphen.

c) Skizziere den Graphen der Geschwindigkeit-Zeit-Funktion.

d) Finde eine Funktionsvorschrift für die Geschwindigkeit-Zeit-Funktion. Zeichne den zugehörigen Graphen mit dem GTR und kontrolliere damit das Resultat aus Teilaufgabe c).
Mit welcher Geschwindigkeit kommt der Springer am Boden an?
Wann hat er seine größte Geschwindigkeit? Was passiert unmittelbar danach?

GTR **29.**

Im Grafikfenster des GTR ist die Tangente an den Graphen der Funktion $f(x) = 3x^3 - 5x$ an der Nullstelle $\sqrt{\frac{5}{3}}$ zu sehen.

Die Tangente wurde gezeichnet, ihre Gleichung ist unten im Display angegeben. Bestimme die Gleichung der Tangente rechnerisch und vergleiche mit dem Ergebnis des GTR.

Welche Ursachen können zu dem ungenauen Resultat im Rechner führen? Wie könnte man mit dem GTR die Genauigkeit verbessern?

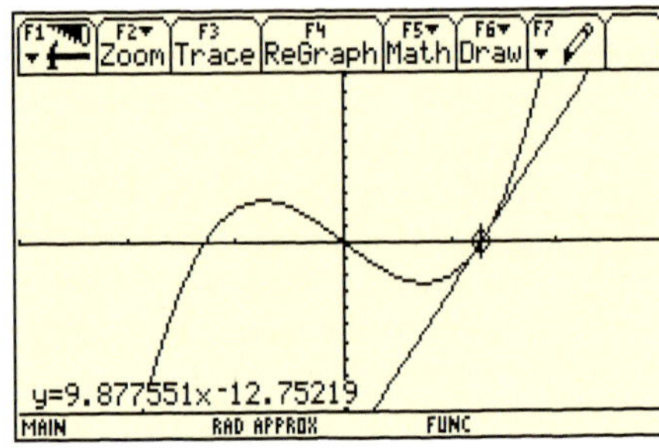

GTR **30.**

Zeichne mit dem GTR eine Parabel und eine zweite Parabel, verschoben längs der Symmetrieachse der ersten. Konstruiere mit dem GTR mehrere Tangenten an die innere Parabel und bestimme mit TRACE die Schnittpunkte mit der äußeren Parabel.

Vergleiche die Koordinaten der Schnittpunkte mit den Koordinaten des jeweiligen Berührpunktes einer Tangente. Stelle eine Vermutung auf und beweise sie anschließend für die Parabeln $f(x) = x^2$ und $g(x) = x^2 - k$.

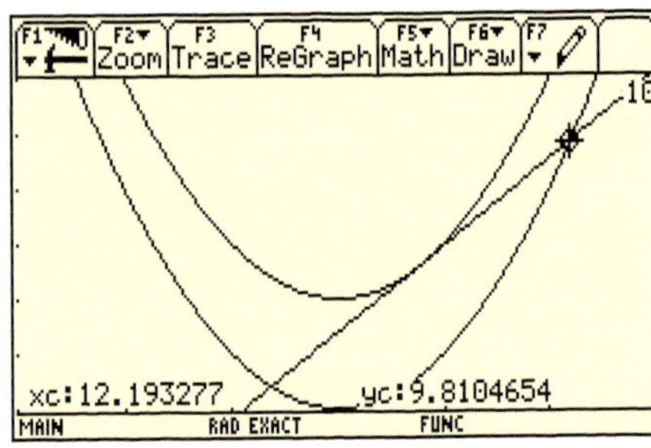

GTR **31.**

Gegeben sind die Funktionen f und g mit $f(x) = 6x^3 - 150x + 4$ und $g(x) = 2x^2 - 302$.

a) Zeichne mit dem GTR die Graphen beider Funktionen f und g in ein Koordinatensystem. Wähle dabei das Fenster so, dass alle gemeinsamen Punkte der Graphen sichtbar werden.

b) Bestimme die Koordinaten der gemeinsamen Punkte mithilfe der TRACE-Routine. Überprüfe das Resultat rechnerisch und korrigiere gegebenenfalls.

c) Zeige rechnerisch, dass die Graphen von f und g in einem gemeinsamen Punkt auch eine gemeinsame Tangente haben. Zeichne diese Tangente mit dem GTR an die Graphen. Überprüfe durch exakte Rechnung.

CAS **32.**

Im Fenster des CAS-Rechners ist zu sehen, wie man zu einer gegebenen Funktion $f(x)$ die Gleichung der Tangente $t(a)$ an der Stelle a exakt bestimmen kann.

a) Welche Funktion wurde mit $f1(x)$ bezeichnet?

b) Erkläre die Definition für die Tangente $t(a)$ an der Stelle a.

c) Überprüfe das angegebene Resultat für die Stelle $a = \sqrt{\frac{3}{2}}$ grafisch.

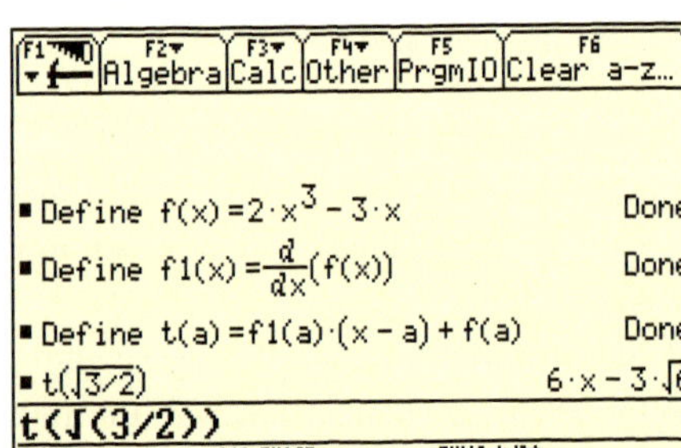

d) Bestimme mit diesem Verfahren auch die Gleichung der Tangente in Aufgabe 29 auf dieser Seite.

e) Bestimme mithilfe eines CAS die Gleichungen der Tangenten an den Graphen von $f(x)$ mit $f(x) = x^4 - 3x^3 + \sqrt{6}$ an den Stellen -1 und $\sqrt{7}$. Arbeite dabei mit den verschiedenen Modi APPROXIMATE, EXACT und AUTO, vergleiche die Ergebnisse.

Blickpunkt

Steuerfunktion

Es gibt viele Steuerarten in Deutschland. Eine besondere Bedeutung für die Finanzierung der staatlichen Haushalte hat neben der Mehrwertsteuer die so genannte Einkommensteuer, die eine Person in Abhängigkeit von der Höhe ihres zu versteuernden Einkommens zahlen muss. Der Anteil der Einkommensteuer am gesamten Steueraufkommen betrug in den vergangenen Jahren etwa 30 %. Das zu versteuernde Einkommen einer Person ergibt sich aus deren gesamten Einkünften innerhalb eines Kalenderjahres, nachdem gesetzlich festgelegte Freibeträge, so genannte Werbungskosten und Sonderausgaben, abgezogen worden sind.

Einkommensteuer ab 2005 und folgende Jahre gemäß § 32 a des Einkommensteuergesetzes:

(1) Die tarifliche Einkommensteuer bemisst sich nach dem zu versteuernden Einkommen. Sie beträgt [...] jeweils in Euro für zu versteuernde Einkommen

1. bis 7 664 Euro (Grundfreibetrag): 0;
2. von 7 665 Euro bis 12 739 Euro: $(883{,}74 \cdot y + 1500) \cdot y$;
3. von 12 740 Euro bis 52 151 Euro: $(228{,}74 \cdot z + 2397) \cdot z + 989$;
4. von 52 152 Euro an: $0{,}42 \cdot x - 7914$.

„y“ ist ein Zehntausendstel des 7 664 Euro übersteigenden Teils des auf einen vollen Euro-Betrag abgerundeten zu versteuernden Einkommens. „z“ ist ein Zehntausendstel des 12 739 Euro übersteigenden Teils des auf einen vollen Euro-Betrag abgerundeten zu versteuernden Einkommens. „x“ ist das auf einen vollen Euro-Betrag abgerundete zu versteuernde Einkommen. Der sich ergebende Steuerbetrag ist auf den nächsten vollen Euro-Betrag abzurunden.

Wie viel Steuern eine unverheiratete Person für ein bestimmtes zu versteuerndes Einkommen zahlen muss, hat der Gesetzgeber in § 32 a des Einkommensteuergesetzes (EStG) festgelegt (siehe oben).

1.

Dem Einkommensteuergesetz kann man eine abschnittsweise definierte Steuerfunktion T entnehmen, die jedem Einkommen x den zu zahlenden Steuerbetrag $T(x)$ zuordnet.

von tax (engl. Steuer)

a) Gib die Steuerfunktion T explizit als abschnittsweise definierte Funktion an und zeichne den Graphen. Gibt es Sprungstellen?

Hinweis: Vernachlässige die jeweilige Abrundung des Einkommens auf einen vollen Euro-Betrag.

Mit Einkommen ist stets das zu versteuernde Einkommen gemeint.

b) Als *Durchschnittsbelastung* wird der Anteil der Steuern am jeweiligen Einkommen bezeichnet. Begründe, dass die Durchschnittsbelastung mit steigendem Einkommen steigt und für $x \to \infty$ gegen 42 % strebt.

c) Frau Wohlgemuth hat ein Einkommen von a Euro. Angenommen, das Einkommen erhöht sich im nächsten Jahr um h Euro. Welchen Anteil von h muss sie dann als Steuer abführen? Dieser Anteil heißt *durchschnittlicher Steuersatz im Intervall* $[a; a+h]$. Was bedeutet dieser durchschnittliche Steuersatz geometrisch?

d) Der *Grenzsteuersatz* ist in einem Lexikon der Wirtschaftswissenschaften definiert als das

„Verhältnis zwischen der Änderung des Steuerbetrages und der Änderung des zu versteuernden Einkommens, wobei die Änderung des zu versteuernden Einkommens unendlich klein ist.“

Präzisiere diesen Begriff mithilfe der Sprechweisen aus der Differentialrechnung.
Zeige, dass es zu der angegebenen Steuerfunktion T einen größten Grenzsteuersatz gibt.

Durchschnittsbelastung, durchschnittlicher Steuersatz, Grenzsteuersatz und Spitzensteuersatz

Die **Durchschnittsbelastung** (auch **Durchschnittssteuersatz** genannt) bei einem Einkommen x ist $\frac{T(x)}{x}$.
Sie gibt den Anteil der Steuern am jeweiligen Einkommen an.
Die Durchschnittsbelastung ist eine Zahl zwischen 0 und 1. Sie wird auch in Prozent angegeben.
Der **durchschnittliche Steuersatz im Einkommensintervall [a; a + h]** ist $\frac{T(a+h)-T(a)}{h}$.
Er gibt den Anteil an, der vom Mehrverdienst h als Steuer gezahlt werden muss.
Geometrisch bedeutet der durchschnittliche Steuersatz die Steigung der Sekante durch die Punkte $A\,(a\,|\,T(a))$ und $B\,(a+h\,|\,T(a+h))$.

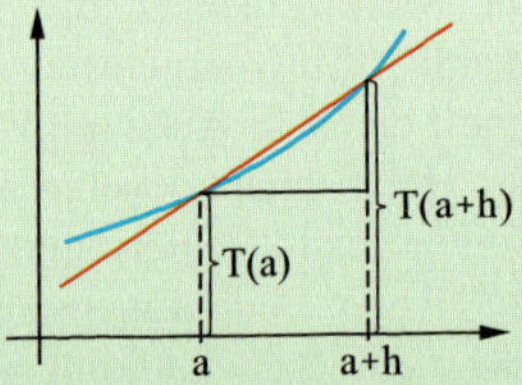

Die Ableitung der Steuerfunktion an der Stelle a heißt **Grenzsteuersatz** für das Einkommen a.
Der Grenzsteuersteuersatz gibt näherungsweise an, welcher Anteil eines (im Vergleich zum Einkommen) kleinen Hinzuverdienstes als Steuer gezahlt wird.
Der Grenzsteuersatz ist die Steigung der Tangente an den Graphen der Steuerfunktion.

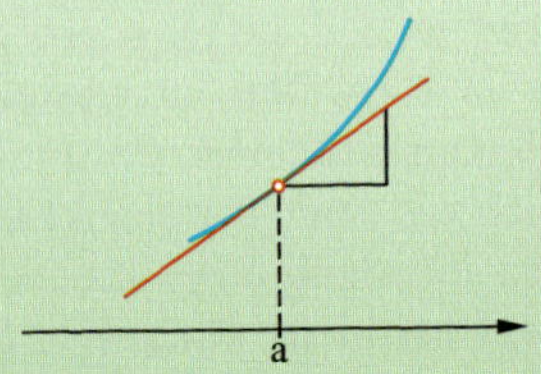

Der größte Grenzsteuersatz heißt **Spitzensteuersatz**.

Statt von der Steuerfunktion spricht man auch vom ***Steuertarif.***

2.

a) Erkläre den Graphen rechts. Gib den Eingangssteuersatz und den Spitzensteuersatz an.

b) Der Steuertarif des Einkommensteuergesetzes ist *progressiv.* Erläutere diesen Begriff anhand der Veränderung der Durchschnittbelastung mit steigendem Einkommen.
Lassen sich verschiedene Progressionsbereiche unterscheiden?

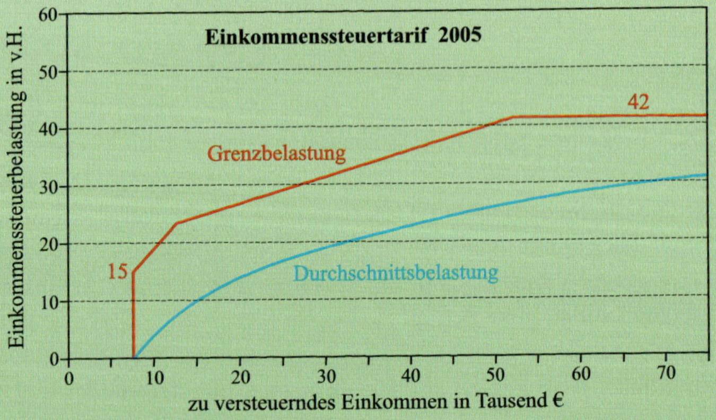

c) Nimm Stellung zu der Aussage:
„Die Grenzsteuer ist der Anteil, mit dem der letzte hinzuverdiente Euro zusätzlich belastet wird.“

3. *Splittingverfahren*
Die im Gesetz angegebene Steuerfunktion gilt für ledige Steuerzahler. Bei Eheleuten wird die Steuer nach dem so genannten Splittingverfahren berechnet: Das gesamte Einkommen beider Eheleute wird halbiert und jede Hälfte für sich nach der Steuerfunktion besteuert.
Gib für das Einkommen eines Ehepaares die abschnittsweise definierte Steuerfunktion für das Splittingverfahren an. Vergleiche die Grenzsteuer mit der Grenzsteuer der Steuerfunktion gemäß § 32 a EStG.

Progressiver Steuertarif, Splittingverfahren

Ein **progressiver Steuertarif** ist dadurch gekennzeichnet, dass die Durchschnittsbelastung $\frac{T(x)}{x}$ mit steigendem Einkommen x wächst.
Die Einkommensteuer wird bei Eheleuten im Allgemeinen nach dem so genannten **Splittingverfahren** berechnet: Das gesamte zu versteuernde Einkommen beider Eheleute wird halbiert und jede Hälfte für sich nach der Steuerfunktion besteuert.

4.

a) Begründe, dass bei einem progressivem Steuertarif der Grenzsteuersatz immer größer als der Durchschnittssteuersatz ist. Was bedeutet das ökonomisch?

Hinweis: Beachte, dass $\frac{T(x)}{x}$ mit steigendem Einkommen x wächst.

b) Definiere analog zum Begriff des progressiven Steuertarifs die Begriffe *proportionaler Steuertarif* und *regressiver Steuertarif.*

c) Erkläre, warum die Mehrwertsteuer ein Beispiel für einen proportionalen Steuertarif ist.

Steuererhöhungen und Steuersenkungen

Es ist offensichtlich, dass Steuern leistungshemmend wirken. So führt eine Erhöhung von Steuersätzen dazu, dass die Flucht in die Schattenwirtschaft („Schwarzarbeit") zunimmt bzw. die wirtschaftlichen Aktivitäten nicht ausgeweitet oder sogar eingeschränkt werden. Selbst bei unveränderten Steuersätzen führt die Inflation dazu, dass bei Anpassung der Einkommen an die steigenden Preise der einzelne Einkommensbezieher mit seinem zu versteuernden Einkommen immer stärker in den Progressionsbereich hineingezogen wird. Das hat zur Folge, dass vom realen Einkommen (gemessen an der Kaufkraft) ein immer höherer Anteil für Steuern abgezogen wird.
Auch aus diesem Grunde werden die Steuertarife vom Gesetzgeber regelmäßig angepasst (siehe dazu die nebenstehende Abbildung).
Die Tarifsenkungen entlasten die Einkommensteuerzahler, insbesondere Arbeitnehmer mit kleinen und mittleren Einkommen.

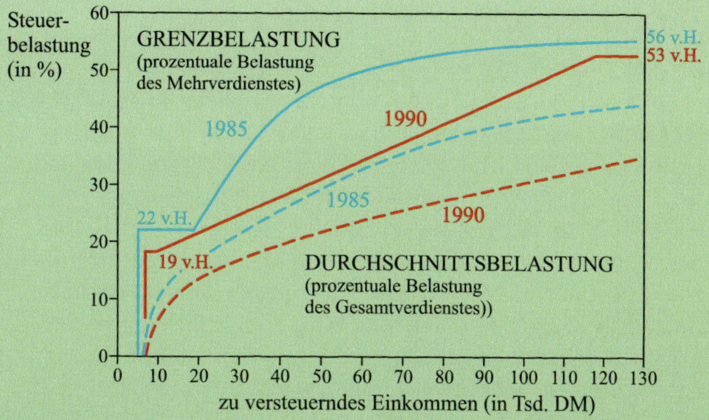

5.

a) Vergleiche die abgebildeten Steuertarife. Gib jeweils (näherungsweise) die Entlastung für einen Einkommensbezieher im unteren Bereich (10.000 DM), im mittleren Bereich (40.000 DM) und im oberen Bereich (120.000 DM) an.

b) Unter dem *realen Einkommen* versteht man die inflationsbereinigte Kaufkraft des Einkommens. So sinkt beispielsweise bei einer Verdoppelung aller Preise bei gleichbleibendem nominalem Wert des Einkommens das reale Einkommen um 50 %.
Erkläre, warum bei unveränderten Steuertarifen eine Anpassung der Einkommen an ein steigendes Preisniveau zu einer Abnahme des nach Abzug der Steuern verfügbaren realen Einkommens führt.

Lafferkurve

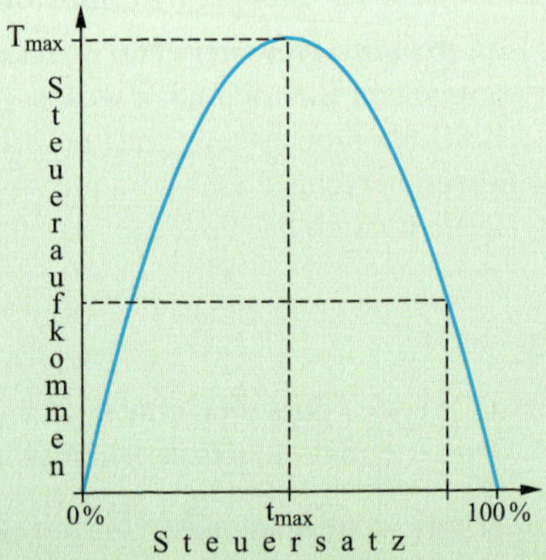

Durch Steuersenkungen entsteht ein Anreiz, die wirtschaftlichen Aktivitäten auszuweiten. Das kann unter Umständen eine Volkswirtschaft aus einer Rezession herausführen. Dabei kann es dazu kommen, dass sich trotz der niedrigeren Steuersätze wegen der Ausweitung der Wirtschaftsaktivitäten das gesamte Steueraufkommen (die Summe aller Steuerzahlungen an den Staat) erhöht und die Staatsfinanzen somit von einer Senkung der Steuersätze profitieren.
Das ist die zentrale Aussage des so genannten LAFFER-Theorems. Sie beruht auf der im Grunde trivialen Einsicht, dass der Staat wenig Steuern einnimmt, wenn die Steuersätze sehr niedrig oder wenn sie sehr hoch sind, und dass es zwischen diesen Steuersätzen einen Steuersatz gibt, bei dem das gesamte Steueraufkommen maximal wird.

ARTHUR LAFFER, *1940

Der US-amerikanische Wirtschaftstheoretiker ARTHUR LAFFER nahm in den 80er Jahren mit seinen Ideen deutlichen Einfluss auf die Wirtschaftspolitik der USA unter dem Präsidenten Reagan. Die Vertreter einer am LAFFER-Theorem ausgerichteten Finanzpolitik gingen davon aus, dass die Steuersätze zu hoch waren und schlugen vor, diese zu senken, um so Anreize zu schaffen, zu arbeiten und zu investieren. Auf verteilungspolitische Bedenken gegen eine Senkung gerade der höchsten Steuersätze wurde eingewandt, dass von einer Maximierung der Steuereinnahmen letztendlich alle profitieren.
Die vor diesem Hintergrund von der Reagan-Administration Anfang der 80er Jahre vorgenommenen Steuersenkungen führten jedoch in der Praxis dazu, dass die Staatseinnahmen erheblich zurückgingen und die Staatsverschuldung kräftig zunahm, sodass Korrekturen der Steuersätze notwendig wurden.

6.

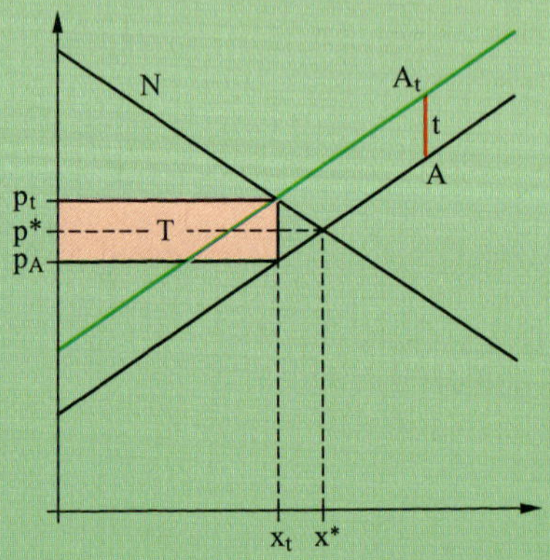

Es soll modellhaft analysiert werden, wie sich die Höhe des Steuersatzes auf das gesamte Steueraufkommen auswirkt.
Dazu sind nebenstehend der Graph einer Nachfragefunktion und der Graph einer Angebotsfunktion für ein Wirtschaftsgut (z.B. Arbeit) mit der Menge x und dem Preis p (z.B. Lohn) pro Einheit des Wirtschaftsgutes (z.B. Arbeitsstunde) dargestellt. Für die Nachfragefunktion N soll $p = p_N - n \cdot x$ gelten, für die Angebotsfunktion A soll $p = p_A + a \cdot x$ sein. Mit p^* ist der Gleichgewichtspreis und mit x^* die zugehörige Gleichgewichtsmenge bezeichnet, für die Angebot und Nachfrage übereinstimmen. Dabei wird *keine* Steuer erhoben.
Nun wird eine Mengensteuer t pro Einheit (proportionaler Tarif) eingeführt. Steuerzahler sind die Anbieter. Sie führen die Steuer $T = t \cdot x$ an den Staat ab, wenn sie die Menge x verkaufen (z.B. Einkommensteuer). Damit ergibt sich als neuer Gleichgewichtspunkt $(x_t \mid p_t)$.

a) Erkläre, warum die Einführung einer Steuer zu einer Verschiebung der Angebotsfunktion A um den Wert t nach oben führt.

b) Ermittle den neuen Gleichgewichtspunkt $(x_t \mid p_t)$. Erkläre die Abbildung.

c) Berechne das zugehörige Steueraufkommen $T(t)$. Zeichne den Graphen von T. Um was für einen Graphen handelt es sich? Für welchen Wert von t wird $T(t)$ maximal?

Fragen zum Basiswissen

- Was versteht man unter der Steigung des Graphen einer Funktion in einem Punkt? (S. 87)
- Wie ist der Begriff der Ableitung der Funktion f an der Stelle a definiert? (S. 89)
- Wie lautet die analytische Definition der Ableitung der Funktion f an der Stelle a? Deute diese Definition auch geometrisch. (S. 98)
- Wann heißt eine Funktion f an der Stelle a differenzierbar? (S. 98)
- Wie lautet die Definition der Tangente an den Graphen der Funktion f im Punkt P? (S. 99)
- Zeige an einem Beispiel, wie man die Tangente an den Graphen einer Funktion f im Punkt P bestimmt. (S. 91)
- Kläre Zusammenhänge und Unterschiede der folgenden Begriffe: Sekantensteigung, Differenzenquotient, Differentialquotient, Ableitung, Änderungsrate, punktuelle Änderungsrate, Steigung der Tangente. (S. 89, 98, 100, 106)
- Wie ist die Ableitungsfunktion f′ der Funktion f definiert? (S. 114)
- Gib ein Beispiel für die Anwendung der Potenzregel an. (S. 117)
- Gib ein Beispiel für die Anwendung der Faktorregel an. (S. 119)
- Gib ein Beispiel für die Anwendung der Summen- und der Differenzregel an. (S. 121)
- Erkläre an einem Beispiel, wie man mithilfe des Newton-Verfahrens einen Näherungswert für die Nullstelle einer Funktion bestimmt. (S. 124 f.)

Aufgaben zum Basiswissen

Lösungen zum Klausurtraining im Anhang.

1.
Gib $f'(x)$ an.

a) $f(x) = -2x^3 + 5x - 7$ **b)** $f(x) = 3\sqrt{x} - x^4$ **c)** $f(x) = x^n - b$ **d)** $f(x) = a x^{n-1} - b x^{m+1}$

2.
Gib *eine* Funktion f an, welche die Ableitung $f'(x)$ hat.

a) $f'(x) = 2x - 6x^2$ **b)** $f'(x) = \frac{1}{3}x^2 + 3x$ **c)** $f'(x) = \cos(x)$ **d)** $f'(x) = -\frac{1}{x^3}$

3.

a) Skizziere den Graphen der Ableitungsfunktion f′ für $-4 < x < 4$.

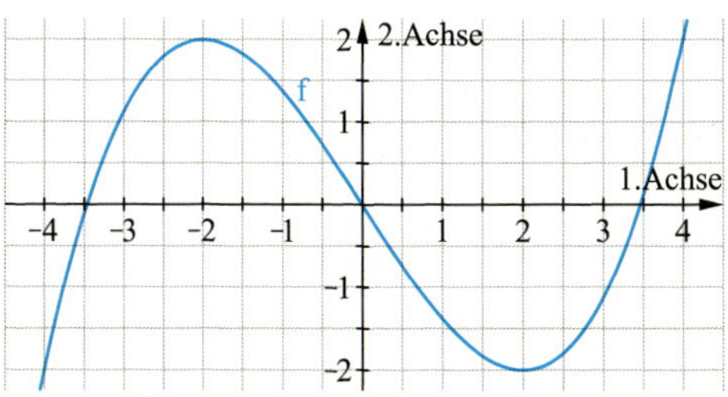

b) Es ist $f(0) = 0$. Skizziere den Graphen von f für $-4{,}5 < x < 1$.

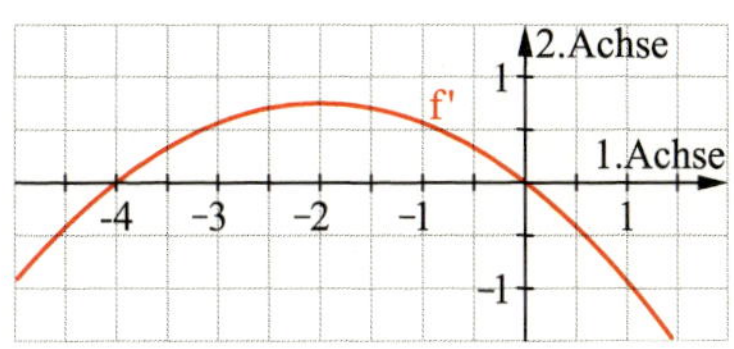

4.
Es ist $f(x) = x^3 - 2x$.
Gib eine Gleichung der Tangente an den Graphen von f durch den Punkt $P(2 \mid f(2))$ an.

5.
Zu welchem Graphen (1), (2), (3) gehört der Graph der Ableitungsfunktion (A), (B), (C)?

(1)
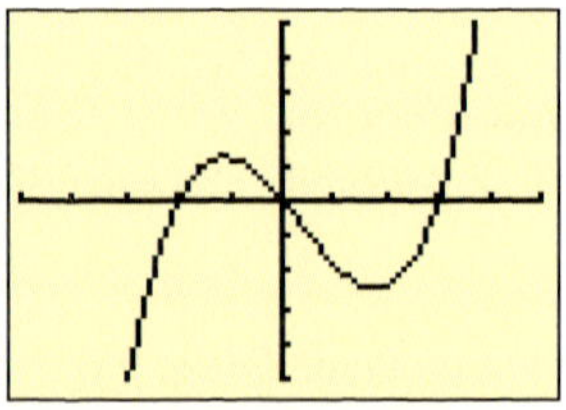
(2)
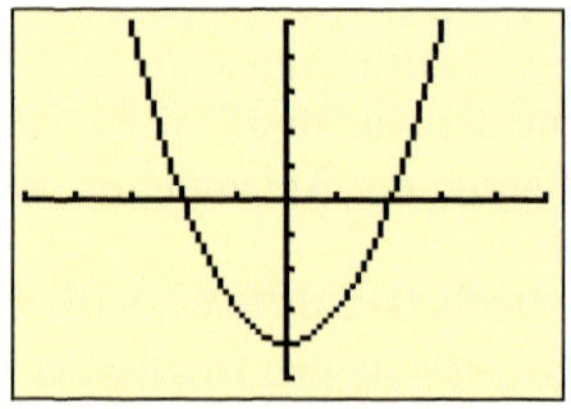
(3)
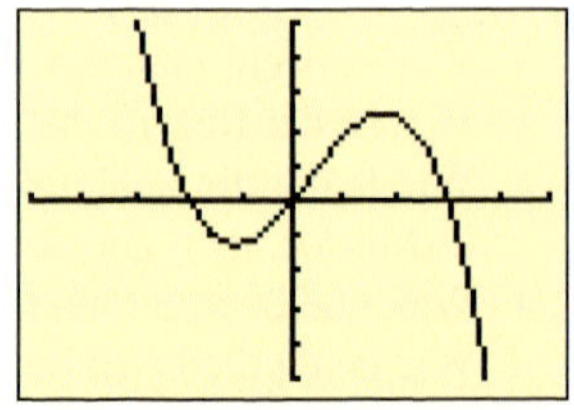

(A)
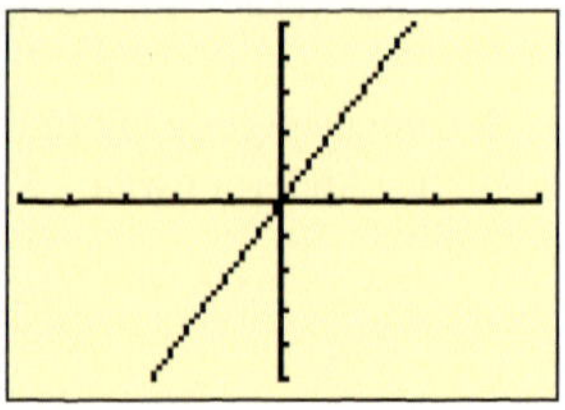
(B)
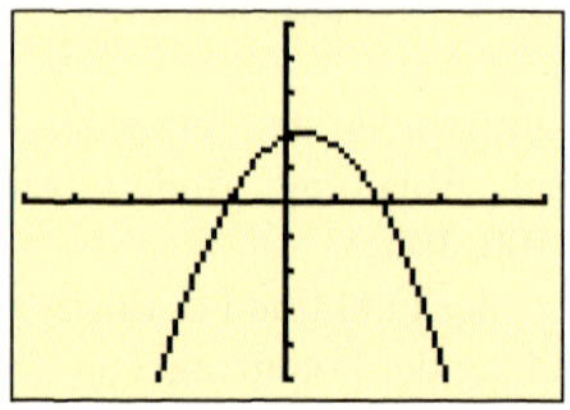
(C)
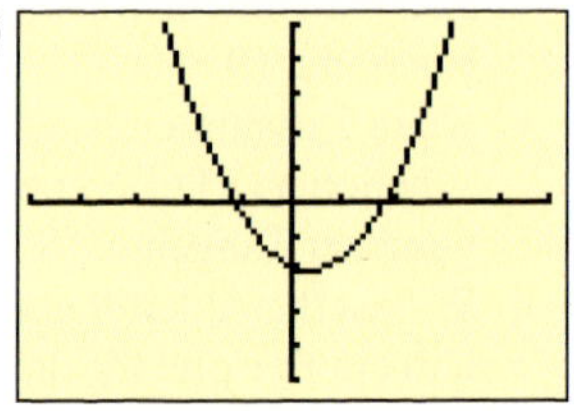

6.
a) Skizziere den Graphen von f und entscheide, ob f an der Stelle 0 differenzierbar ist.
(1) $f(x) = (x+1) \cdot |x|$ (2) $f(x) = (|x|+1) \cdot |x|$

b) Prüfe mittels der analytischen Definition der Ableitung, ob die Funktion f an der Stelle 0 differenzierbar ist. Wenn ja, gib die Ableitung von f an dieser Stelle an.
(1) $f(x) = (x+1)x$ (2) $f(x) = (|x|+1)x$

7.
Es ist $f(x) = 2x^3 - 3x^2 - 13x + 7$. Bestimme alle Punkte des Funktionsgraphen mit der Tangentsteigung -1. Gib jeweils die Tangentengleichung an.

Komplexe Aufgaben

1.
Gegeben ist die Funktion f mit $f(x) = \frac{1}{x^3}$.
Bestimme rechnerisch die Ableitung $f'(a)$ von f an einer beliebigen Stelle $a \in \mathbb{R}^*$ als Grenzwert von Sekantensteigungen.
Hinweis: Es ist $u^3 - v^3 = (u-v)(u^2 + uv + v^2)$.

2.
Gegeben ist die Funktion f mit $f(x) = \frac{1}{8}(x^2 - 8x + 36)$. Bestimme alle Punkte B des Funktionsgraphen, sodass die Tangente an den Graphen von f im Punkt B durch den Koordinatenursprung verläuft. Fertige eine Skizze an.

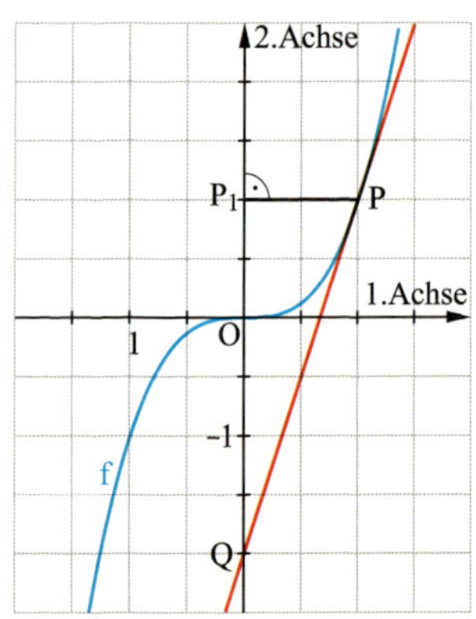

3.
a) Man kann an den Graphen der Funktion f mit $f(x) = x^3$ auf folgende Weise exakt die Tangente durch den Punkt $P(a\,|\,f(a))$ konstruieren: Man zeichnet durch P die Orthogonale zur 2. Achse und bestimmt den Punkt Q so, dass $|OQ| = 2 \cdot |OP_1|$ ist. Die Gerade QP ist dann die gesuchte Tangente. Zeige dies durch Rechnung.

b) Verallgemeinere das Konstruktionsverfahren aus Teilaufgabe a) für eine Funktion f mit $f(x) = x^n$, $n \in \mathbb{N}$.

4.

Es ist $f(x) = x^2 - 2x$ und $g(x) = -x^2 + \frac{1}{2}x$.

a) Zeichne die Graphen von f und g in dasselbe Koordinatensystem, berechne die Schnittpunkte S_1 und S_2. Zeige, dass sich die Graphen orthogonal schneiden.

b) Für $k \in \mathbb{R}$ ist die Funktion g_k gegeben durch $g_k(x) = -kx^2 + \frac{1}{2}x$.

Zeige, dass die Graphen *aller* Funktionen g_k mit dem Graphen von f *einen* gemeinsamen Schnittpunkt haben und den Graphen von f in diesem Schnittpunkt orthogonal schneiden.
Bestimme alle Zahlen $k \in \mathbb{R}$ so, dass der Graph von g_k den Graphen von f in *zwei* Punkten orthogonal schneidet.

5.

Der Luftdruck nimmt mit zunehmender Höhe ab. Eine genauere Untersuchung zeigt, dass die Abnahme jeweils um 6,1 % des Luftdrucks pro 500 m Höhendifferenz beträgt. Wir nehmen an, dass der Luftdruck in Meereshöhe 1 012 hPa beträgt.

a) Finde eine Funktionsvorschrift, die jeder Höhe h (in Meter) den Luftdruck p (in hPa) zuordnet. Mache dazu den Ansatz $p(h) = p_0\, a^h$ und bestimme p_0 und a.

b) Deute $p(h) - p(h_0)$, $\frac{p(h) - p(h_0)}{h - h_0}$ und $p'(h_0)$.

c) Berechne das mittlere Luftdruckgefälle zwischen 500 m und 1 000 m und zwischen 1 500 m und 2 000 m.

TR **d)** Bestimme näherungsweise mit dem GTR das Luftdruckgefälle (als punktuelle Änderungsrate) bei den Höhen 500 m, 1 000 m und 1 500 m.

6.

Aus einer Zeitungsnotiz

Um einen reibungslosen Schiffsverkehr im Hafenbecken zu ermöglichen, wurde in Duisburg eine bewegliche Fußgängerbrücke erdacht. Bei Bedarf kann sie sich unterschiedlich stark krümmen und sich zu einem Buckel formen. Die Pylone (Pfeiler der Hängebrücke) werden dabei von vier Hydraulikzylindern immer weiter nach außen gezogen. Dadurch spannen sich die beiden Tragseile und der damit verbundene Fußweg wird nach oben gezogen. Das Tragwerk und der Fußweg bilden dabei jeweils unterschiedlich gekrümmte Parabeln.
Wenn die Brücke in eine mittlere Stellung gezogen wird, liegt ihr Scheitelpunkt etwa 4,50 Meter über dem Normalniveau, in der höchsten Lage sind es 9 Meter und der Steigungswinkel α des Fußweges erreicht dabei fast 45°.

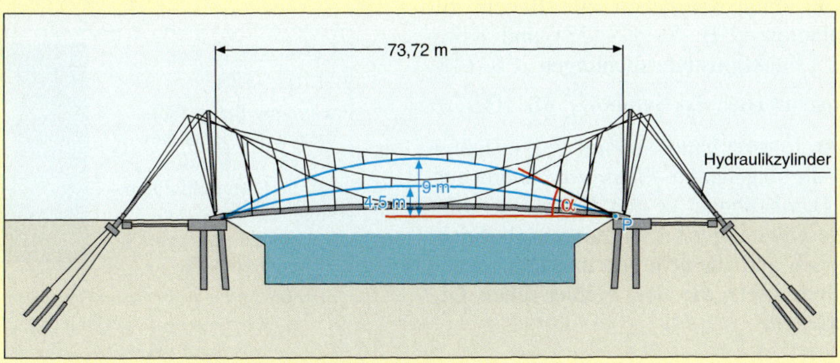

Überprüfe die Aussage über den Steigungswinkel α im Zeitungstext durch eigene Berechnungen.

Exkurs

Zur Geschichte der Differentialrechnung

Die große Zeit der mathematisch-naturwissenschaftlichen Entdeckungen von 1630 bis 1740 ist eine geschlossene Epoche der europäischen Geistesgeschichte. Zusätzlich zu den Universitäten, welche seit dem Mittelalter bestanden, wurden als weitere Organisationsform wissenschaftlichen Lebens und Forschens die Akademien eingeführt. Sie gingen aus privaten Zirkeln von Liebhabern der neu entwickelten Mathematik, Naturwissenschaft und Medizin hervor. In ihnen wurden die neuen Forschungsergebnisse ausgetauscht und diskutiert.
Die Akademien in Berlin, London, Paris und St. Petersburg waren im 17. und 18. Jahrhundert wichtige und angesehene Forschungszentren.

1. Die Begründung der Differentialrechnung durch Leibniz und Newton

Hauptproblem der Differentialrechnung ist, die Steigung der Tangente an den Graphen einer Funktion zu bestimmen. Einen ersten Beitrag zur Lösung dieses Problems leistete FERMAT (französischer Jurist und Mathematiker 1601–1665).
Die entscheidenden Entdeckungen machte LEIBNIZ zwischen 1673 und 1676 während eines Aufenthaltes in Paris. LEIBNIZ verwendete unendlich kleine Zahlen (siehe nächste Seite) und brachte diese in Beziehung zum charakteristischen Dreieck (heute Steigungsdreieck genannt). Er entdeckte schon alle Regeln zur Differentiation (z.B. S. 117–123) und Kriterien für Funktionsuntersuchungen (S. 142–185); er schuf auch das Symbol $\frac{dy}{dx}$ (S. 100).

Schon vor LEIBNIZ hatte NEWTON in den Jahren 1665/66 die so genannte *Fluxionsrechnung* aufgebaut. Damit konnte er den Begriff der Momentangeschwindigkeit, von ihm mit $\dot{s}$ bezeichnet, erfassen und aus dem von ihm gefundenen Gravitationsgesetz die drei Kepler'schen Gesetze herleiten.

ISAAK NEWTON (1643–1727) war zunächst Professor in Cambridge, später Direktor der königlichen Münze. Weltberühmt sind auch seine Forschungen zur Optik. Er ist in Westminster Abbey begraben.

GOTTFRIED WILHELM LEIBNIZ (1646–1716) war als Diplomat in Paris, später als Bibliothekar in Hannover tätig, auch als Philosoph und Logiker ist er weltberühmt.

2. Prioritätsstreit zwischen Newton und Leibniz

Der Streit um die Erstentdeckung der Differentialrechnung ist einer der berühmtesten Prioritätsstreits der Geistesgeschichte. Historische Forschungen haben jedoch ergeben: NEWTON und LEIBNIZ haben unabhängig voneinander eigenständige Formen der Differentialrechnung gefunden.
NEWTON hatte stärker den Zusammenhang zwischen der Weg-Zeit-Funktion und der Geschwindigkeit-Zeit-Funktion im Blick (siehe S. 108f.), LEIBNIZ das Tangentenproblem.
LEIBNIZ hat seine Ergebnisse zwar später gefunden, aber früher publiziert als NEWTON. Die von LEIBNIZ eingeführten Bezeichnungen erwiesen sich als günstiger als die von NEWTON.

LEONHARD EULER (1707–1783) war einer der produktivsten Mathematiker des 18. Jahrhunderts. Er hat die Differentialrechnung und deren Anwendungen maßgeblich weiterentwickelt.

KARL WEIERSTRASS
(1815 – 1897)
war 20 Jahre Gymnasiallehrer, ehe er zum Professor an der Universität Berlin, der späteren Humbold-Universität, berufen wurde.

3. Strenge Begründung der Differentialrechnung mithilfe des Begriffs Grenzwert

In der Anfangszeit der Differentialrechnung war die seit den Griechen in der Mathematik übliche Strenge verloren gegangen. Ein strenger Aufbau, fußend auf einer exakten Definition des Grenzwertes einer Folge, wurde erst im 19. Jahrhundert, insbesondere von dem deutschen Mathematiker WEIERSTRASS angegeben.

4. Strenge Begründung der Differentialrechnung mit unendlich kleinen Zahlen – Nichtstandard-Analysis

LEIBNIZ verwendete bei seinen Untersuchungen die Vorstellung von unendlich kleinen Zahlen, die er mit dy und dx bezeichnete. $\frac{dy}{dx}$ ist nach dieser Auffassung ein Quotient unendlich kleiner Zahlen. Auch bei der Anwendung der Differentialrechnung in der Physik ist die Vorstellung von unendlich kleinen Zahlen oder Größen hilfreich.
Nach Vorarbeiten von LAUGWIZ und SCHMIEDEN (TH Darmstadt) gelang es erst 1961 dem Logiker und Mathematiker ABRAHAM ROBINSON eine exakte Theorie der Differentialrechnung auf der Grundlage von unendlich kleinen Zahlen aufzustellen. Diese so genannte *Nichtstandard-Analysis* konnte bisher noch nicht ohne Verfälschung so vereinfacht werden, dass sie in der gymnasialen Oberstufe allgemein unterrichtet werden kann.
Grundgedanke der Nichtstandard-Analysis ist, die Menge $\mathbb{R}$ der reellen Zahlen zu der Menge $^*\mathbb{R}$ der hyperreellen Zahlen zu erweitern. Dies geschieht dadurch, dass man in geeigneter Weise unendlich kleine und unendlich große Zahlen konstruiert und diese den reellen Zahlen hinzufügt.

ABRAHAM ROBINSON
(1918 – 1974)
wurde in Deutschland geboren. Er floh mit seiner Familie vor den Nationalsozialisten nach Palästina, wo er Mathematik studierte. Zuletzt war er Professor an der Yale-Universität (USA).

Philosophie, Kunst, Musik, Literatur

1585 – 1672 Heinrich Schütz, Komponist
1606 – 1669 Rembrandt van Rijn, ndl. Maler
1607 – 1676 Paul Gerhardt, Kirchenlieddichter
1621 – 1695 Jean de La Fontaine, frz. Dichter
1622 – 1673 Molière, frz. Dichter
1632 – 1677 Baruch de Spinoza, Philosoph
1632 – 1704 John Locke, englischer Philosoph
1635 Gründung der Academie Française
1637 – 1707 Dietrich Buxtehude, Komponist
1685 – 1750 Joh. Seb. Bach, Komponist

Politische Ereignisse

1648 Westfälischer Friede, Ende des Dreißigjährigen Krieges
1640 – 1688 Friedrich Wilhelm I. von Brandenburg, der Große Kurfürst
1643 – 1715 Ludwig XIV., der „Sonnenkönig“, König von Frankreich
1640 – 1658 Oliver Cromwell in England
1689 „Bill of Rights“, das Parlament wird in England zum maßgeblichen Staatsorgan
1683 Türken belagern Wien
1689 – 1725 Zar Peter I., der Große, führt Russland zur Großmacht
1701 Preußen wird Königreich, Friedrich I. von Preußen
1740 – 1786 Friedrich II., der Große, König von Preußen
1756 – 1763 Siebenjähriger Krieg

Gründungsjahr einiger Akademien mit mathematisch-naturwissenschaftlichem Schwerpunkt

1652 Deutsche Akademie der Naturforscher Leopoldina in Schweinfurt, ab 1879 in Halle/Saale
1657 Akademie zu Florenz
1662 Royal Society in London
1666 Akademie der Wissenschaften in Paris
1675 Sternwarte in Greenwich
1700 Societät, ab 1710 Preußische Akademie der Wissenschaften zu Berlin
1724 Akademie der Wissenschaften in St. Petersburg

Definition 1

Gegeben ist die Funktion f mit dem Definitionsbereich D_f.

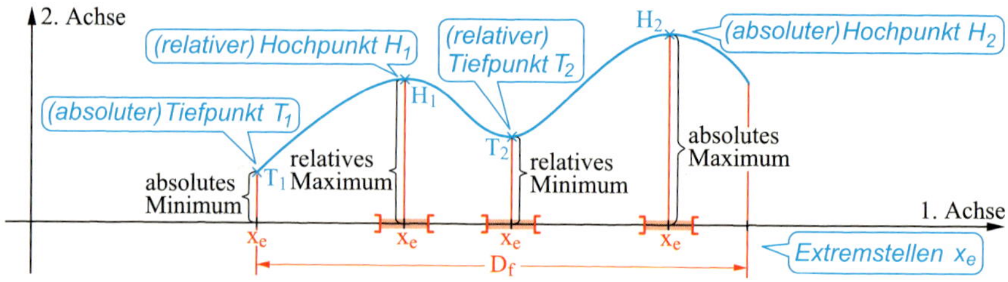

(a) Der Funktionswert $f(x_e)$ heißt

absolutes Minimum | **absolutes Maximum**

der Funktion f, falls gilt:

$f(x) \geq f(x_e)$ für alle $x \in D_f$ | $f(x) \leq f(x_e)$ für alle $x \in D_f$

(b) Der Funktionswert $f(x_e)$ heißt

relatives Minimum | **relatives Maximum**

der Funktion f, falls man eine Umgebung U von x_e (die ganz in D_f liegt) angeben kann, sodass gilt:

$f(x) \geq f(x_e)$ für alle $x \in U$ | $f(x) \leq f(x_e)$ für alle $x \in U$

(c) Ist $f(x_e)$ ein Minimum oder Maximum, dann heißt x_e auch **Extremstelle** von f und der zugehörige Punkt

$T(x_e \mid f(x_e))$ heißt **Tiefpunkt** | $H(x_e \mid f(x_e))$ heißt **Hochpunkt**

(d) Liegt ein absolutes Extremum am Rand von D_f, so nennt man es **Randextremum**.

Aufgabe 1 *Berechnen der Extrempunkte einer Funktion*

Gegeben ist die Funktion f mit $f(x) = -0{,}1\,x^5 + 0{,}67\,x^3$.

a) Lege für $-3 \leq x \leq 3$ eine Wertetabelle für die Funktion f an.
Skizziere verschiedene denkbare Verläufe des Funktionsgraphen durch die in der Wertetabelle erfassten Punkte. In welchem Intervall muss ein Tiefpunkt liegen? In welchem Intervall muss ein Hochpunkt liegen?

b) Beschreibe die Lage der Tangente durch die Extrempunkte und leite hieraus eine Gleichung zur Bestimmung der Extremstellen her.
Bestimme die Extrempunkte von f.

Lösung

a) Wegen $f(-x) = -0{,}1(-x)^5 + 0{,}67(-x)^3 = 0{,}1\,x^5 - 0{,}67\,x^3 = -f(x)$ ist der Graph von f symmetrisch in Bezug auf den Koordinatenursprung. Das nutzen wir, um den Rechenaufwand beim Erstellen der Wertetabelle zu reduzieren.

Beachte: $f(-3) = -f(3)$, $f(-2) = -f(2)$...

x	−3	−2	−1	0	1	2	3
f(x)	6,21	−2,16	−0,57	0	0,57	2,16	−6,21

Wir tragen die Punkte, welche die Wertetabelle liefert, in ein Koordinatensystem ein und versuchen, den Graphen zu vervollständigen. Das ist nicht eindeutig möglich.

Mit der Wertetabelle sind zum Beispiel folgende Verläufe des Graphen vereinbar:

Da $f(-2)$ kleiner als $f(-3)$ und auch kleiner als $f(-1)$ ist, muss ein Tiefpunkt zwischen -3 und -1 liegen.
Da $f(2)$ größer als $f(1)$ und auch größer als $f(3)$ ist, muss ein Hochpunkt zwischen 1 und 3 liegen. (Das folgt natürlich auch aus der Punktsymmetrie des Funktionsgraphen.)

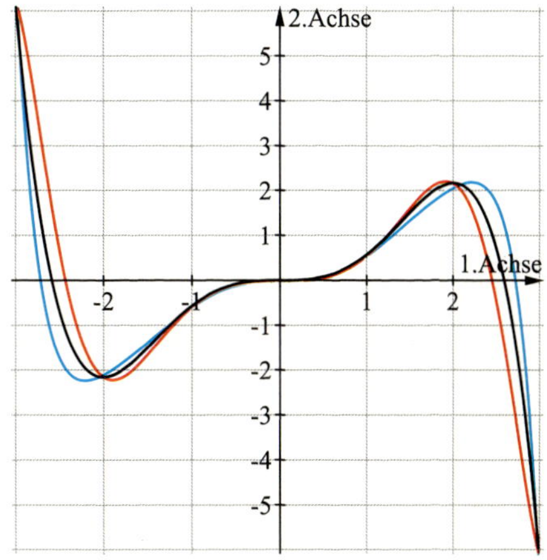

b) Der Anschauung entnimmt man, dass die Tangente an den Funktionsgraphen in einem Hochpunkt oder einem Tiefpunkt parallel zur x-Achse verläuft. An den Extremstellen x_e muss daher die 1. Ableitung gleich 0 sein: $f'(x_e) = 0$.
Um die Extremstellen exakt zu bestimmen, bilden wir daher die 1. Ableitung f' von f: $f'(x) = -0{,}5\,x^4 + 2{,}01\,x^2$

Für die Extremstellen x_e der Funktion f muss also gelten:

$$f'(x_e) = 0, \quad \text{also} \quad -0{,}5\,x_e^4 + 2{,}01\,x_e^2 = 0$$
$$x_e^2\left(-0{,}5\,x_e^2 + 2{,}01\right) = 0$$
$$x_e = 0 \quad \text{oder} \quad x_e^2 = 4{,}02$$
$$x_e = 0 \quad \text{oder} \quad x_e = \sqrt{4{,}02} \approx 2{,}005 \quad \text{oder} \quad x_e = -\sqrt{4{,}02} \approx -2{,}005$$

Der Punkt $T\left(-\sqrt{4{,}02}\,\middle|\,f\left(-\sqrt{4{,}02}\right)\right)$, also $T\,(\approx -2{,}005\,|\approx -2{,}160)$ ist (relativer) Tiefpunkt.

Der Punkt $H\left(\sqrt{4{,}02}\,\middle|\,f\left(\sqrt{4{,}02}\right)\right)$, also $H\,(\approx 2{,}005\,|\approx 2{,}160)$ ist (relativer) Hochpunkt.

Ein Vergleich der Koordinaten des Tiefpunktes und des Hochpunktes zeigt, dass diese symmetrisch bezüglich $O(0\,|\,0)$ zueinander liegen, was ja auch wegen der Symmetrie des Funktionsgraphen zu erwarten war.

Im Punkt $O(0\,|\,0)$ ist die Tangentensteigung zwar ebenfalls 0, aber dieser Punkt ist offenbar kein Extrempunkt.

Information **(1) Notwendiges Kriterium für Extremstellen**

Bei der Lösung von Aufgabe 1 haben wir festgestellt, dass an den Nullstellen der 1. Ableitung einer Funktion f, also an den Stellen mit zur 1. Achse parallelen Tangente, Extremstellen von f liegen *können*, jedoch nicht müssen.
Wir vermuten: Eine waagerechte Tangente an der Stelle x_e ist eine notwendige Voraussetzung dafür, dass die Funktion f an der Stelle x_e ein relatives Extremum hat.

Satz 1: *Notwendiges Kriterium für relative Extremstellen*

Für eine Funktion f, die an der Stelle x_e differenzierbar ist, gilt:
Wenn f an der Stelle x_e ein relatives Extremum hat, dann ist $f'(x_e) = 0$.

Ist also $f'(x) \neq 0$, so kann an der Stelle x kein Extremum liegen.

Beweis:
Wir beweisen das notwendige Kriterium für einen Hochpunkt. Der Beweis für einen Tiefpunkt erfolgt analog.

Ist $H(x_e \mid f(x_e))$ ein Hochpunkt des Graphen von f, dann lässt sich nach Definition 1 (Seite 144) eine Umgebung U von x_e finden, sodass $f(x_e) \geq f(x)$ für alle $x \in U$.
Für diese x gilt somit $f(x) - f(x_e) \leq 0$.
Hieraus ergibt sich für den Differenzenquotienten $\frac{f(x) - f(x_e)}{x - x_e}$:

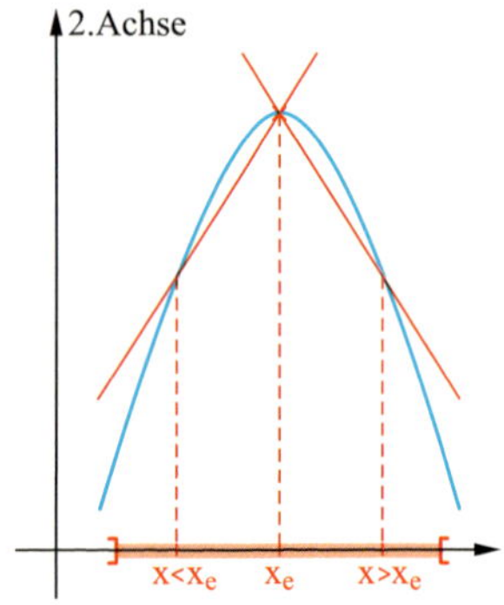

- Ist $x < x_e$, so ist $\frac{f(x) - f(x_e)}{x - x_e} \geq 0$.
  Hieraus folgt für den Grenzwert $f'(x_e)$ der Differenzenquotienten: $f'(x_e) \geq 0$.
- Ist $x > x_e$, so ist $\frac{f(x) - f(x_e)}{x - x_e} \leq 0$.
  Hieraus folgt für den Grenzwert $f'(x_e)$ der Differenzenquotienten: $f'(x_e) \leq 0$.

Da beide Bedingungen $f'(x_e) \geq 0$ und $f'(x_e) \leq 0$ erfüllt sein müssen, ergibt sich insgesamt, dass $f'(x_e) = 0$ sein muss.

(2) Die Bedingung $f'(x_e) = 0$ ist lediglich notwendig für eine Extremstelle x_e

Die Ableitung der Funktion f mit $f(x) = -0{,}1\,x^5 + 0{,}67\,x^3$ nimmt an den drei Stellen 0, $\sqrt{4{,}02}$ und $-\sqrt{4{,}02}$ den Wert 0 an, aber nur an den zwei Stellen $\sqrt{4{,}02}$ und $-\sqrt{4{,}02}$ liegen tatsächlich Extrempunkte. An der Stelle 0 liegt *kein* Extrempunkt. Man bezeichnet den Punkt $O(0 \mid 0)$ als **Sattelpunkt**. (Die genaue Definition eines Sattelpunktes erfolgt auf Seite 168.) Daher gilt nicht die Umkehrung von Satz 1.

Die Umkehrung erhält man durch Vertauschen der hinter „wenn ...“ und „dann ...“ stehenden Aussagen.

Die Bedingung $f'(x_e) = 0$ ist notwendig dafür, dass an der Stelle x_e ein Extrempunkt vorliegt; ist sie nämlich *nicht* erfüllt, so liegt *keine* Extremstelle vor. Sie reicht aber für sich genommen nicht aus, um sicherzustellen, dass wirklich an der Stelle x_e ein Extrempunkt vorliegt.

Allein aus der Gleichung $f'(x) = 0$ kann man also *nicht* schließen, dass an der Stelle x ein Extrempunkt vorliegt. Es könnte auch ein Punkt mit waagerechter Tangente sein, der kein Extrempunkt ist, z. B. ein Sattelpunkt.
$f'(x) = 0$ gilt also für Extrempunkte *und* für Sattelpunkte.

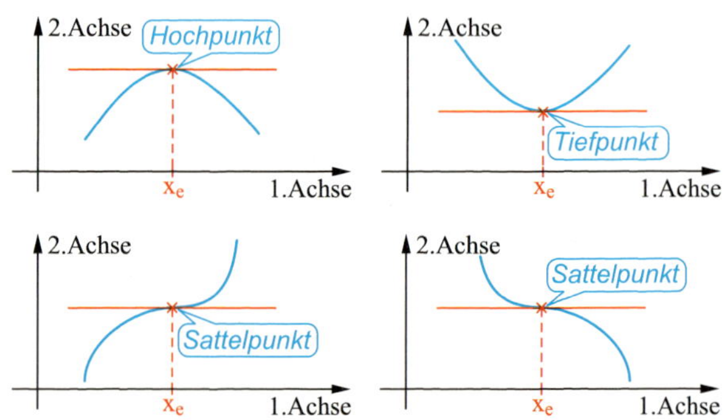

Weiterführende Aufgaben

2. *Größtmögliche Anzahl der Extremstellen einer ganzrationalen Funktion*
Begründe, dass eine ganzrationale Funktion f mit
$f(x) = a_n\,x^n + a_{n-1}\,x^{n-1} + \ldots + a_2\,x^2 + a_1\,x + a_0$
höchstens $n - 1$ Extrempunkte haben kann.

3. *Funktionen mit und ohne Randextrema*
Zeichne den Graphen einer Funktion, die im Intervall [a; b] definiert ist, einen Hoch- und einen Tiefpunkt hat, und für die außerdem gilt:

a) Das absolute Maximum und das absolute Minimum werden auf dem Rand des Intervalls angenommen.

b) Das absolute Maximum und das absolute Minimum werden nicht auf dem Rand angenommen.

c) Nur das absolute Maximum wird auf dem Rand des Intervalls angenommen.

4. *Funktionen, auf die das notwendige Kriterium für Extremstellen nicht anwendbar ist*
Warum kann man das notwendige Kriterium für Extremstellen auf die Stelle x_e in den Beispielen rechts nicht anwenden?

(1) 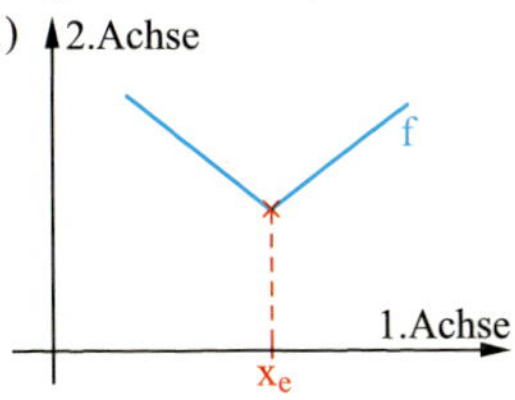

(2) 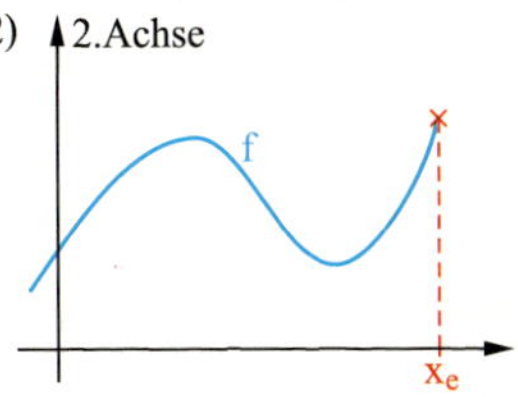

5. *Notwendige Kriterien in der Teilbarkeitslehre bzw. Geometrie*
Den Begriff „notwendig" kann man nicht nur in der Analysis verwenden.

a) Formuliere den Satz in der Wenn-dann-Form.
(1) Die Teilbarkeit einer Zahl durch 2 ist notwendig dafür, dass die Zahl durch 4 teilbar ist.
(2) Dass jeder Winkel in einem Viereck 90° beträgt, ist dafür notwendig, dass das Viereck ein Quadrat ist.

b) Formuliere den Satz mit dem Wort „notwendig".
(1) Wenn eine Zahl durch 12 teilbar ist, dann ist sie eine gerade Zahl.
(2) Wenn ein Viereck ein Rechteck ist, dann sind die Gegenseiten gleich lang.

Statt „Wenn A, dann B." sagt man auch: „B ist eine notwendige Bedingung für A."

6. *Bestimmen der Extrempunkte einer Funktion mithilfe eines GTR*
Gegeben ist die Funktion f mit $f(x) = 25x^4 - 33x^3 - 101x^2 + 43$.

a) Mithilfe eines GTR erhält man die nebenstehende Darstellung des Graphen von f.
Welche Informationen über die Existenz von Extrempunkten lassen sich dem Graphen entnehmen? Stelle Vermutungen über die Lage der Extrempunkte auf. Wähle dazu auch andere Einstellungen.

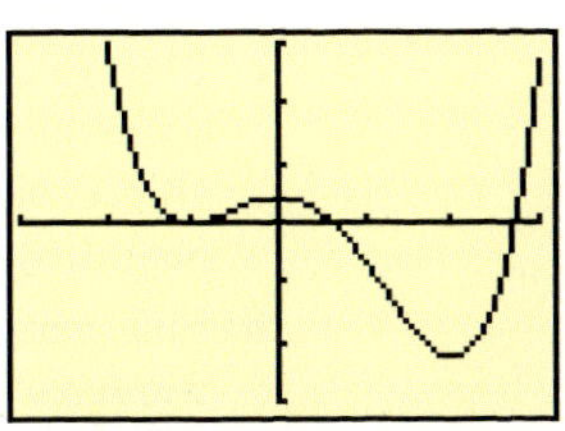

$-3 \le x \le 3;\ -300 \le y \le 300$

b) Begründe, dass die Funktion f genau drei Extrempunkte hat.

GTR **c)** GTR verfügen über einen *minimum-* und einen *maximum-*Befehl (oft im Menü **CALCULATE**), mit deren Hilfe die Extrempunkte näherungsweise am Graphen von f bestimmt werden können. Finde heraus, wie dein Rechner näherungsweise Extrempunkte bestimmt und berechne so alle Extrempunkte von f.

Übungsaufgaben

7.
An welchen Stellen liegen absolute oder relative Extrempunkte oder Randextrema vor?

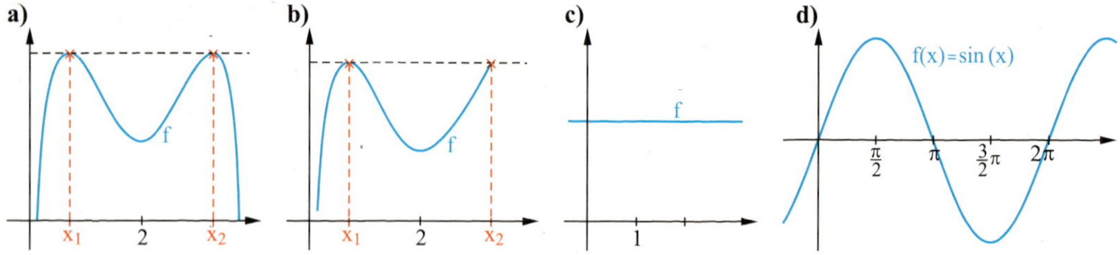

8.
Skizziere den Graphen einer Funktion mit der folgenden Eigenschaft:

a) Der Graph hat zwei relative Hochpunkte und einen relativen Tiefpunkt.

b) Es gibt ein absolutes Maximum im Innern des Definitionsbereichs und ein absolutes Minimum am Rand des Definitionsbereichs (Randextremum).

c) Die Funktion besitzt zwei Randextrema.

d) Es gibt einen absoluten Hochpunkt und keinen relativen Hochpunkt.

e) Es gibt einen absoluten Tiefpunkt und einen Sattelpunkt.

9.
Der Graph einer quadratischen Funktion schneidet die 1. Achse an den Stellen -2 und 4. Wo liegt die Extremstelle? Skizziere mögliche Graphen.

10.

a) Gegeben sind die Punkte $P(-1|3)$ und $Q(2|5)$. Der Graph einer ganzrationalen Funktion f hat den Punkt P als Hochpunkt und den Punkt Q als Tiefpunkt.
Wie viele Extrempunkte muss die Funktion f mindestens haben? Begründe.

b) Der Graph einer ganzrationalen Funktion hat den Punkt $P(-2|4)$ als Hochpunkt und den Punkt $Q(3|1)$ als Tiefpunkt. Außerdem verläuft der Funktionsgraph durch den Punkt $R(0|0)$.
Skizziere zwei verschiedene Funktionsgraphen.

c) Eine ganzrationale Funktion hat *genau* die Punkte $P(-1|4), Q(1|-1), R(3|2)$ als Extrempunkte.
Gib an, ob es sich jeweils um einen Hoch- oder einen Tiefpunkt handelt. Leite außerdem Aussagen über das Globalverhalten und über Nullstellen von f her.

d) Eine ganzrationale Funktion hat *genau* in den Punkten $P(2|1)$ und $Q(3|4)$ eine waagerechte Tangente. Außerdem gilt $f(x) \to -\infty$ für $x \to -\infty$.
Gib an, um was für Punkte es sich handeln könnte.

e) Eine ganzrationale Funktion 5. Grades hat in den Punkten $P(0|-4), Q(1|2)$ und $R(3|5)$ waagerechte Tangenten.
Skizziere mögliche Funktionsgraphen.

11.
Vervollständige den Beweis von Satz 1 auf Seite 145 für den Fall eines Tiefpunktes.

12.
Gegeben ist die Funktion f mit $f(x) = 3x^4 - 4x^3 - 12x^2 + 4$.

a) Zeige mithilfe des notwendigen Kriteriums für relative Extremstellen, dass höchstens an den Stellen -1; 0 und 2 Extrempunkte liegen können.

b) Zeige anschließend durch die Berechnung von Funktionswerten $f(x)$ für Werte von x in der Nähe dieser Stellen, dass tatsächlich Extrempunkte vorliegen.

c) Wie nahe muss in Teilaufgabe b) jeweils x an -1; 0 bzw. 2 gewählt werden? Begründe.

13.
Begründe, dass der Graph von f genau einen Extrempunkt hat.
Bestimme die Extremstelle.

a) $f(x) = (x-2)^2$ **b)** $f(x) = x^2 - 2x$ **c)** $f(x) = -x^2 - 3x + 5$ **d)** $f(x) = 3x^4 - 6$

14.
Wo können mögliche Extremstellen liegen?

a) $f(x) = 2x^3 + 3x^2 - 12x + 7$
b) $f(x) = x^4 - 2x^2 + 3$
c) $f(x) = x^2 + \frac{2}{x}$
d) $f(x) = \frac{1}{4}x^2 - \sqrt{x}$
e) $f(x) = \sin(x) - x$
f) $f(x) = \cos(x) + \frac{x}{\sqrt{2}}$

15.
Zeige, dass die Funktion f keine relativen Extremstellen besitzen kann.

Konstante (2!) **a)** $f(x) = 2x - 1$
b) $f(x) = \frac{1}{x}$
c) $f(x) = x^3 + 3x$
d) $f(x) = 2x^3 + 3x^2 + 6x$
e) $f(x) = x^3 - 3x^2 + 3x - 1$
f) $f(x) = \frac{1}{x} - 2x$

16.
Ist der Graph von f mit seinen charakteristischen Punkten richtig wiedergegeben? Bestimme alle charakteristischen Punkte exakt.

a)
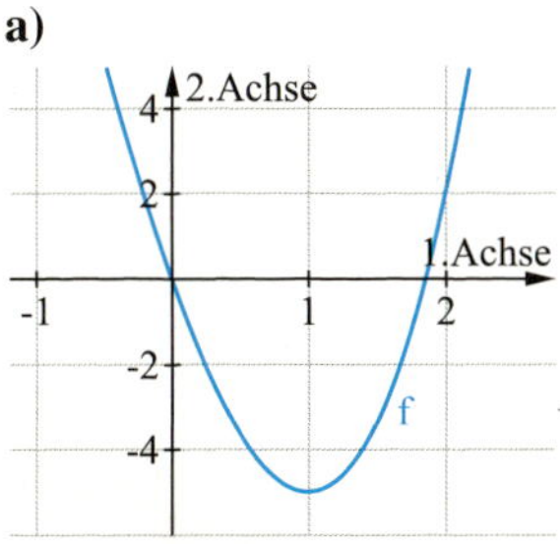

$f(x) = x^3 + 3x^2 - 9x$

b)
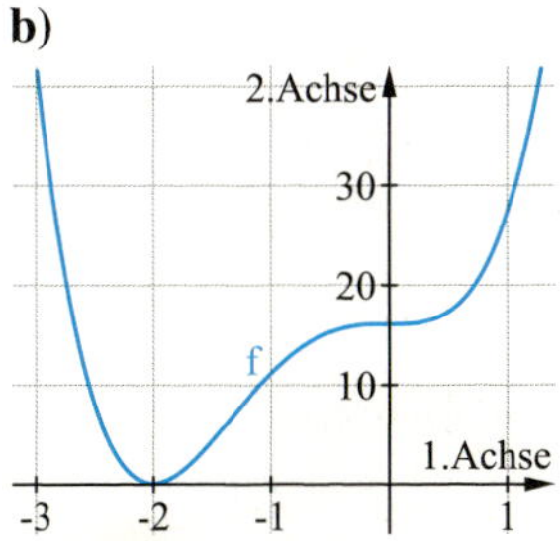

$f(x) = 3x^4 + 8x^3 + 16$

c)
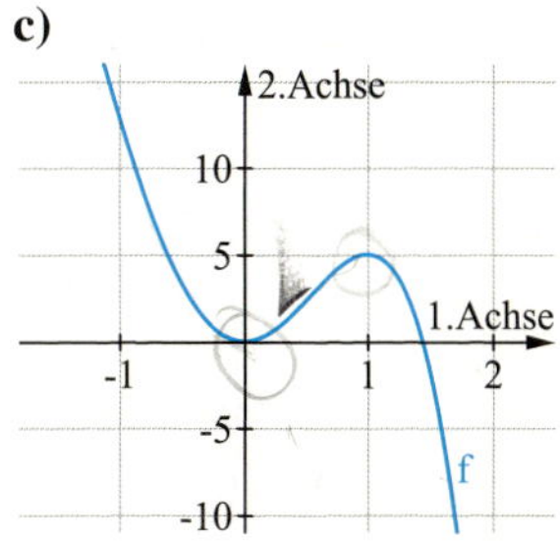

$f(x) = -3x^4 - 4x^3 + 12x^2$

17.
Bestimme alle Extrempunkte der Funktion f. Berechne dazu zunächst mithilfe des notwendigen Kriteriums alle möglichen Extremstellen und entscheide anschließend anhand der Funktionswerte, ob ein Hochpunkt oder ein Tiefpunkt vorliegt.

a) $f(x) = x^3 - 3x^2 + 1$
b) $f(x) = x^4 - 18x^2 - 5$
c) $f(x) = x^3 + 6x^2 - 15x + 2$
d) $f(x) = 3x^4 - 8x^3 + 6x^2 - 1$
e) $f(x) = \frac{1}{4}x^4 + x^3$
f) $f(x) = 0{,}2x^5 - 0{,}5x^4 - x^3 + 2x^2 + 4x - 6{,}4$

GTR **18.**

Bestimme die Extrempunkte von f mithilfe eines GTR.

a) $f(x) = x^3 - 3x^2 - 45x$ **c)** $f(x) = \frac{1}{4}x^3 + 5x^2 - 4x + \frac{2}{3}$ **e)** $f(x) = 6x^5 + 15x^4 - 10x^3$

b) $f(x) = x^3 - 8x^2 - 1$ **d)** $f(x) = 3x^5 - 5x^3 - 15$ **f)** $f(x) = x^5 + \frac{5}{3}x^3 - 10x - 3$

GTR **19.**

Gegeben ist eine Funktion f mit
$f(x) = 2x^3 - 3(a+1)x^2 + 12(a-1)x$ und $a \in \mathbb{R}$.

a) Bestimme a so, dass der Graph von f möglichst mit dem abgebildeten Graphen übereinstimmt. Überprüfe das Ergebnis mithilfe eines GTR.

b) Läst sich ein Wert für a so finden, dass die Funktion f *keinen* Extrempunkt hat?

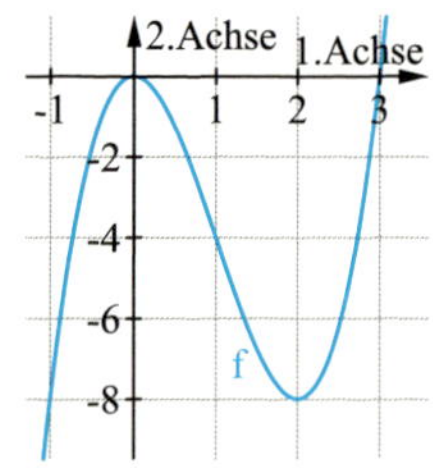

20.

Begründe: Ist der Graph einer ganzrationalen Funktion symmetrisch zur 2. Achse, so liegt an der Stelle 0 ein Extrempunkt.
Gilt eine entsprechende Aussage auch für eine Funktion, deren Graph symmetrisch in Bezug auf den Koordinatenursprung $O(0\,|\,0)$ ist?

21.

Skizziere den Graphen von f und bestimme anhand des Funktionsterms die Hoch- und Tiefpunkte.

a) $f(x) = x^2 - 2$ **c)** $f(x) = |x - 2|$ **e)** $f(x) = \frac{8}{x^2 - 2}$

b) $f(x) = -2x + x^2$ **d)** $f(x) = \sqrt{|x - 2|}$ **f)** $f(x) = (x^2 - 2)^2$

22.

Zeige, dass die angegebene Stelle a keine relative Extremstelle von f ist, obwohl gilt $f'(a) = 0$.

a) $f(x) = x^3 - 2$; Stelle 0 **c)** $f(x) = (x-1)^3 + 2$; Stelle 1

b) $f(x) = -x^5 + 4$; Stelle 0 **d)** $f(x) = \begin{cases} x^3 + x^2 & \text{für } x \geq 0 \\ -x^2 & \text{für } x < 0 \end{cases}$; Stelle 0

23.

Der Graph der Funktion f hat an den angegebenen Stellen einen Tiefpunkt. Begründe.

a) $f(x) = x^2$; Stelle 0 **d)** $f(x) = x + \frac{1}{x}$; Stelle 1

b) $f(x) = x^2(x-3)^2$; Stellen 0; 3 **e)** $f(x) = |x - 2|$; Stelle 2

c) $f(x) = (x-3)^2 + 4$; Stelle 3 **f)** $f(x) = \sqrt{x}$; Stelle 0

24.

Begründe, warum der Graph der angegebenen Funktion f an der Stelle 0 keine Extremstelle besitzt.

a) $f(x) = x^3$ **d)** $f(x) = \sin(x)$ **f)** $f(x) = \begin{cases} x+1 & \text{für } x < 0 \\ 0 & \text{für } x = 0 \\ x-1 & \text{für } x > 0 \end{cases}$

b) $f(x) = 3x - 4$ **e)** $f(x) = \begin{cases} x+1 & \text{für } x \geq 0 \\ x^2 & \text{für } x < 0 \end{cases}$

c) $f(x) = x^4 + x$

25.

Prüfe die folgenden Formulierungen. Begründe oder widerlege.

(1) Eine konstante Funktion hat keine Extremstelle.
(2) Es gibt Graphen mit Punkten, die zugleich Hochpunkt und Tiefpunkt sind.
(3) Es gibt monotone Funktionen, die kein Randextremum besitzen.
(4) Jeder absolute Hochpunkt ist auch ein relativer Hochpunkt.
(5) Eine auf einem abgeschlossenen Intervall definierte streng monotone Funktion hat stets zwei Randextrema.
(6) Eine auf einem abgeschlossenen Intervall definierte streng monotone Funktion kann im Innern dieses Intervalls keine Extremstelle haben.

26.

Formuliere den Satz in der Wenn-dann-Form.

a) Die Teilbarkeit einer Zahl durch 5 ist notwendig dafür, dass die Zahl durch 10 teilbar ist.

b) Die Punktsymmetrie einer Figur ist notwendig dafür, dass die Figur ein Rechteck ist.

c) Damit ein Viereck ein Quadrat ist, ist es notwendig, dass alle 4 Seiten gleich lang sind.

d) Zwei zueinander kongruente Dreiecke haben den gleichen Flächeninhalt.

27.

Formuliere mit dem Wort „notwendig“.

a) Wenn eine Zahl durch 9 teilbar ist, dann ist sie durch 3 teilbar.

b) Wenn eine Zahl durch 3 und durch 4 teilbar ist, dann ist sie auch durch 6 teilbar.

c) Wenn ein Viereck ein Quadrat ist, dann sind die Gegenseiten parallel zueinander.

d) Wenn ein Viereck eine Raute ist, dann halbieren sich die Diagonalen.

28.

Für den senkrechten Wurf nach oben mit der Anfangsgeschwindigkeit v_0 gilt für den Weg s in Abhängigkeit von der Zeit t angenähert $s(t) = v_0 \cdot t - 5 \cdot t^2$.

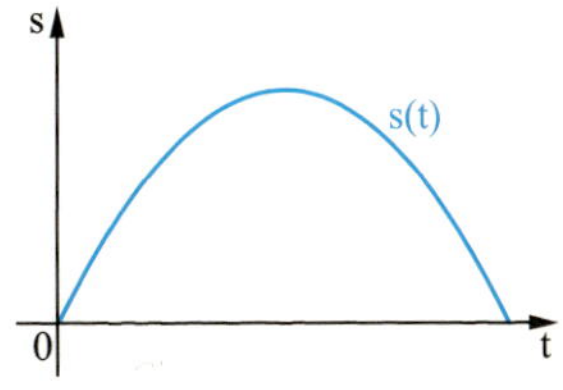

a) Bestimme den höchsten Punkt der Bahn des Körpers. Nach welcher Zeit wird dieser Punkt erreicht?

b) Welche Bedeutung hat $s'(t) = 0$?

29.

Eine Preis-Absatz-Funktion gibt an, welche Menge x eines Produktes verkauft wird, wenn der Preis pro Mengeneinheit p beträgt.

Für ein Produkt soll die folgende Preis-Absatz-Funktion gelten: $p = 400 - \frac{1}{2}x$ (p in €).

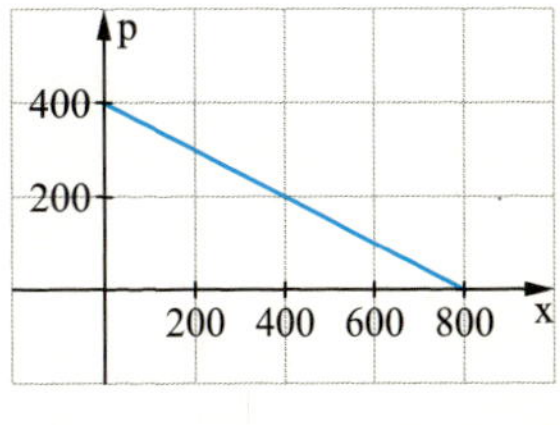

a) Übertrage die Abbildung in dein Heft und lies ab, wie viel Einheiten des Produktes verkauft werden, wenn der Preis 400 € (100 €; 250 €; 50 €) beträgt.

b) Den Verkaufserlös errechnet man, indem man die verkaufte Menge x mit dem Preis p multipliziert. Untersuche, für welchen Preis p der Erlös maximal wird.

3.2 Monotoniesatz – Hinreichende Kriterien für Extremstellen

3.2.1 Monotonie und Vorzeichen der 1. Ableitung

In diesem Unterkapitel soll das Verhalten des Graphen einer ganzrationalen Funktion zwischen einem Hochpunkt und einem Tiefpunkt bzw. zwischen einem Tiefpunkt und einem Hochpunkt und der Zusammenhang zur 1. Ableitung untersucht werden.

Einführung Wir betrachten das Verhalten eines Funktionsgraphen zwischen einem Hochpunkt und einem Tiefpunkt bzw. zwischen einem Tiefpunkt und einem Hochpunkt (zwischen denen jeweils keine weiteren Extrempunkte liegen). Wir stellen fest, dass für wachsendes x die Funktionswerte fallen bzw. wachsen.

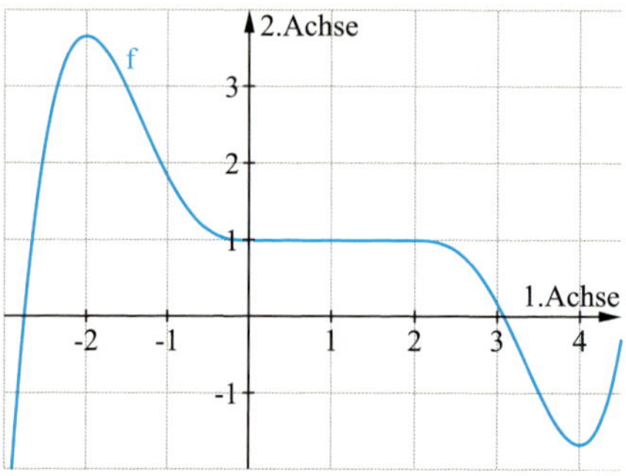

Der Graph von f fällt monoton auf dem Intervall $[-2; 4]$

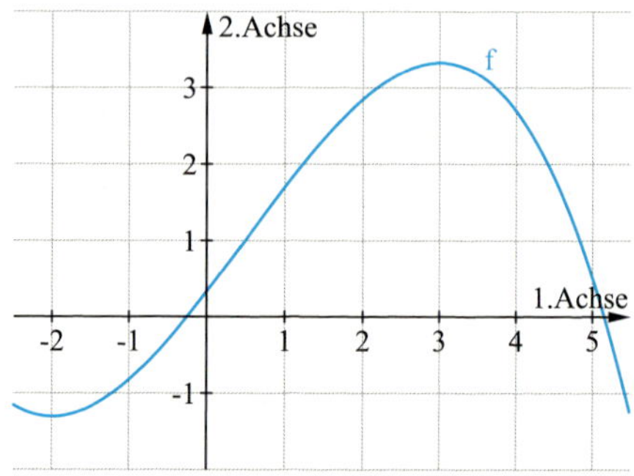

Der Graph von f wächst monoton auf dem Intervall $[-2; 3]$

Auch wenn die Funktionswerte ***nicht ständig*** *kleiner werden, spricht man in der Mathematik von Monotonie.*

Wir definieren das Monotonieverhalten einer Funktion f auf einem Intervall allgemein:

Definition 2: *Monotonie*

Eine Funktion f heißt in einem Intervall

monoton wachsend, / **monoton fallend,**

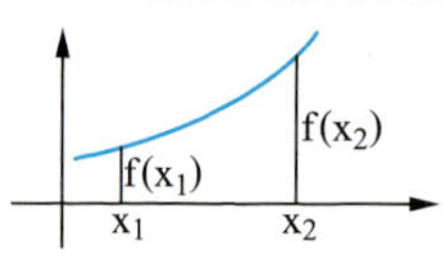

wenn für beliebige Stellen x_1, x_2 aus dem Intervall gilt:

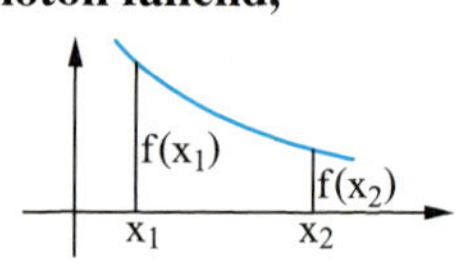

monoton wachsend	monoton fallend
Wenn $x_1 < x_2$ ist, dann ist $f(x_1) \leq f(x_2)$.	Wenn $x_1 < x_2$ ist, dann ist $f(x_1) \geq f(x_2)$.

Gilt sogar:

Wenn $x_1 < x_2$ ist, dann ist stets $f(x_1) < f(x_2)$	Wenn $x_1 < x_2$ ist, dann ist stets $f(x_1) > f(x_2)$

so heißt f

streng monoton wachsend. / **streng monoton fallend.**

Mit der Untersuchung eines Funktionsgraphen auf Extrempunkte ist also eng die Untersuchung des *Monotonieverhaltens* der Funktion verbunden.
Daher sollen im Folgenden das Monotonieverhalten einer Funktion f und der Zusammenhang zwischen Monotonie und Ableitung eingehender betrachtet werden.

Aufgabe 1 **a)** Skizziere zum vorgegebenen Graphen von f jeweils den Graphen von f′. Formuliere einen Zusammenhang zwischen dem Monotonieverhalten des Graphen von f und dem Vorzeichen von f′ als Wenn-dann-Aussage. Formuliere eine entsprechende Aussage für eine monoton fallende Funktion.

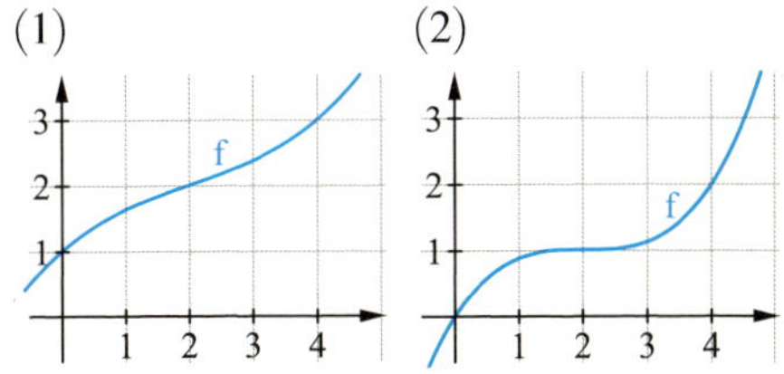

b) Skizziere zum vorgegebenen Graphen von f′ jeweils den Graphen von f. Dabei soll der Graph von f durch den vorgegebenen Punkt $P_0(x_0 \mid y_0)$ verlaufen. Formuliere für die Fälle (1) und (2) jeweils einen Zusammenhang zwischen dem Vorzeichen der Ableitung f′ und dem Monotonieverhalten des Graphen von f als Wenn-dann-Aussage. Beachte dabei, wie sich die Graphen im Monotonieverhalten unterscheiden.
Formuliere entsprechende Aussagen für $f'(x) \leq 0$ bzw. $f'(x) < 0$.

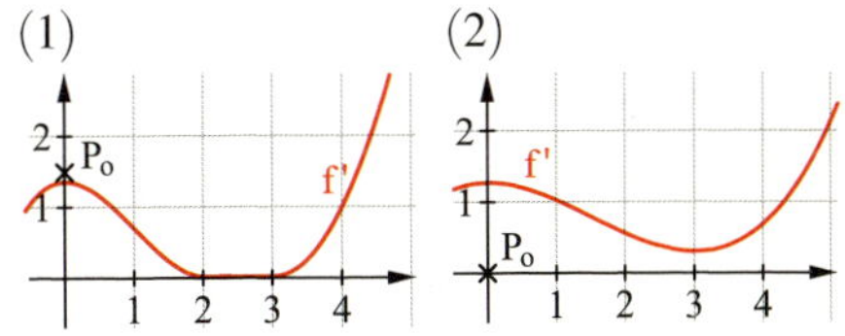

Lösung **a)**

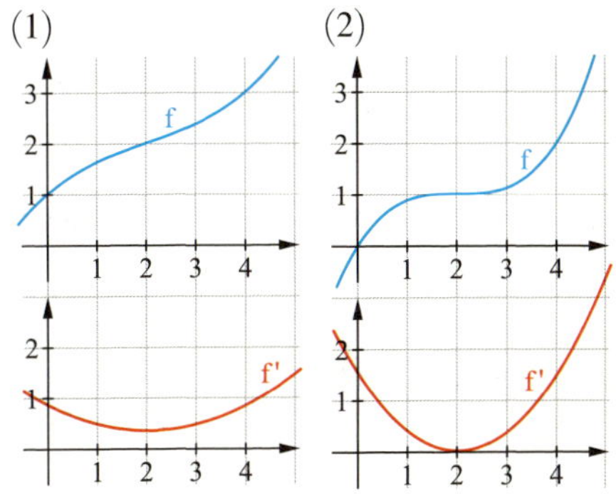

Die Ableitung $f'(x)$ an der Stelle x ist gleich der Steigung der Tangente an den Graphen von f durch den Punkt $P(x \mid f(x))$. Da der Graph von f jeweils monoton wächst, ist sie in beiden Fällen stets größer oder gleich null: Wenn der Graph von f über einem Intervall I monoton wächst, dann ist $f'(x) \geq 0$ für alle $x \in I$.
Entsprechend können wir uns klarmachen: Wenn der Graph von f über einem Intervall I monoton fällt, dann ist $f'(x) \leq 0$ für alle $x \in I$.

b)

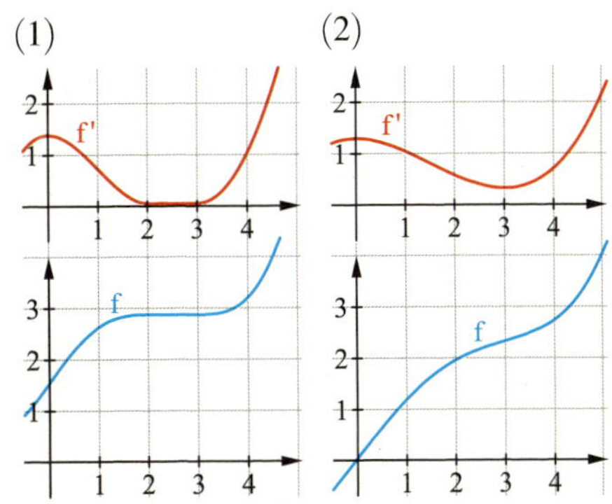

Wir beginnen mit dem Skizzieren des Graphen von f jeweils am vorgegebenen Punkt $P_0(x_0 \mid y_0)$ und setzen den Graphen so nach rechts bzw. links fort, dass die Steigung etwa dem durch $f'(x)$ vorgegebenen Wert entspricht.

Wir stellen fest:

- Wenn für alle $x \in I$ gilt $f'(x) \geq 0$, dann ist der Graph von f über dem Intervall I monoton wachsend.
- Wenn für alle $x \in I$ gilt $f'(x) > 0$, dann ist der Graph von f über dem Intervall I streng monoton wachsend.
- Wenn für alle $x \in I$ gilt $f'(x) \leq 0$, dann ist der Graph von f über dem Intervall I monoton fallend.
- Wenn für alle $x \in I$ gilt $f'(x) < 0$, dann ist der Graph von f über dem Intervall I streng monoton fallend.

Information **(1) Monotoniesatz**

Satz 2: *Monotoniesatz*

Für eine Funktion f, die im Intervall I differenzierbar ist, gilt:

(1) Wenn f im Intervall I

monoton wächst,	monoton fällt,

dann gilt für alle $x \in I$

$f'(x) \geq 0$.	$f'(x) \leq 0$.

(2)

Wenn $f'(x) \geq 0$ für alle $x \in I$,	Wenn $f'(x) \leq 0$ für alle $x \in I$,

dann ist die Funktion f im Intervall I

monoton wachsend.	monoton fallend.

(3)

Wenn $f'(x) > 0$ für alle $x \in I$,	Wenn $f'(x) < 0$ für alle $x \in I$,

dann ist die Funktion f im Intervall I

streng monoton wachsend.	streng monoton fallend.

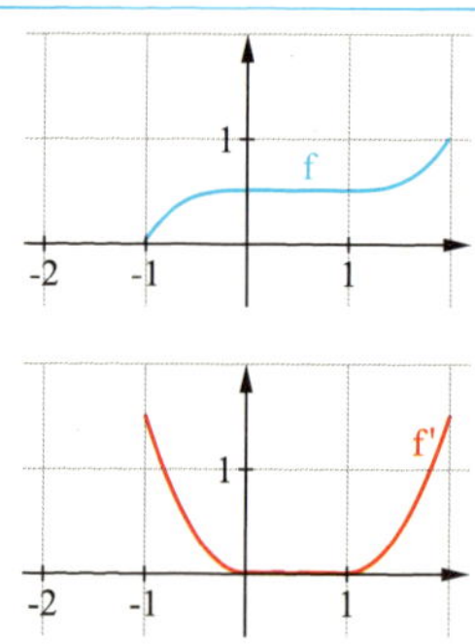

(1) Wenn f monoton wächst, dann $f'(x) \geq 0$ für alle $x \in I$.

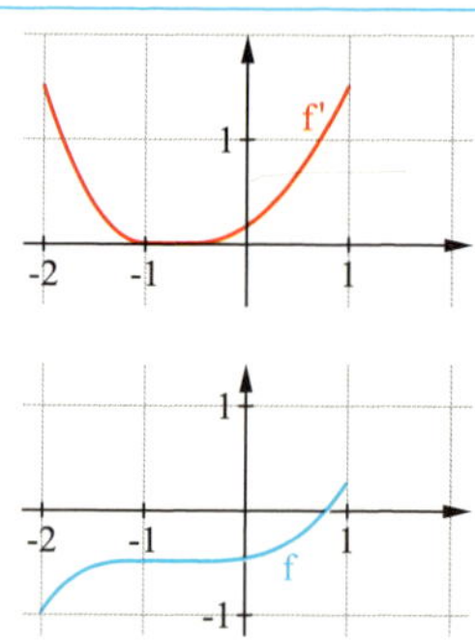

(2) Wenn $f'(x) \geq 0$ für alle $x \in I$, dann wächst f monoton.

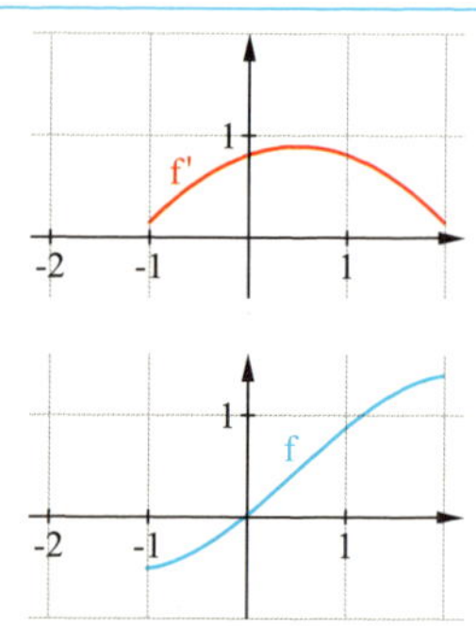

(3) Wenn $f'(x) > 0$ für alle $x \in I$, dann wächst f *streng* monoton.

(2) Zur Begründung des Monotoniesatzes

Der Beweis von Aussage (1) ergibt sich daraus, dass der Differenzenquotient einer monoton wachsenden (fallenden) Funktion stets größer gleich null (kleiner gleich null) ist. Daher muss auch die Ableitung größer gleich null (kleiner gleich null) sein.

Der Beweis der anschaulich einleuchtenden Aussagen (2) und (3) ist schwierig. Er soll an dieser Stelle übergangen werden.

(3) Folgerungen aus dem Monotoniesatz

Satz 3:

Für eine Funktion f, die im Intervall I differenzierbar ist, gilt:
Wenn $f'(x) = 0$ für alle $x \in I$ gilt, dann gilt $f(x) = c$ für alle $x \in I$.

Beweis:
Wegen $f'(x) = 0$ gilt auch $f'(x) \geq 0$ für alle $x \in I$. Hieraus folgt, dass der Graph von f über dem Intervall I monoton wächst.
Wegen $f'(x) = 0$ gilt auch $f'(x) \leq 0$ für alle $x \in I$. Hieraus folgt, dass der Graph von f über dem Intervall I monoton fällt.
Da der Graph von f somit zugleich monoton wächst *und* monoton fällt, muss $f(x)$ im Intervall I konstant sein.

Weiterführende Aufgaben

2. *Anwenden des Monotoniesatzes auf Funktionsuntersuchungen*

a) Gegeben ist die Funktion f mit $f(x) = \frac{2}{5}x^5 - \frac{1}{2}x^4 - \frac{4}{3}x^3 + 2$.
Untersuche das Monotonieverhalten der Funktion f mithilfe des Monotoniesatzes.

b) Von einer Funktion f ist die Ableitungsfunktion f′ gegeben durch
$f'(x) = x^3 + x^2 - 2x$.
Untersuche die Lage und die Art der Extremstellen von f. Skizziere einen möglichen Graphen von f.

GTR **3.** *Untersuchung des Monotonieverhaltens einer Funktion mithilfe eines GTR*
Gegeben ist die Funktion f mit $f(x) = 5x^4 + 12x^3 - 76x^2 + 96x$.

a) Mithilfe eines GTR erhält man die nebenstehende Darstellung des Graphen von f.
Welche Informationen lassen sich dem Graphen bezüglich des Monotonieverhaltens entnehmen? Stelle Vermutungen auf. Untersuche mithilfe verschiedener Fenstereinstellungen den Funktionsverlauf für $0 \leq x \leq 3$.

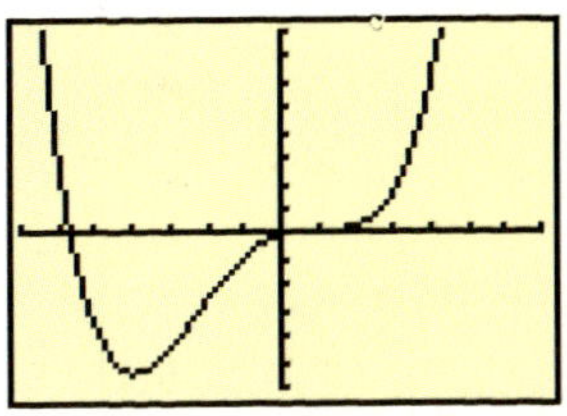

$-7 \leq x \leq 7;\ -1200 \leq y \leq 1600$

b) Untersuche das Monotonieverhalten der Funktion f mithilfe des Monotoniesatzes.

c) Skizziere den Funktionsgraphen in einem Koordinatensystem ohne Achsenskalierung so, dass alle charakteristischen Punkte des Graphen deutlich werden.

Übungsaufgaben

4.
Gegeben ist der Graph der Ableitungsfunktion f′. In welchen Intervallen liegt Monotonie [strenge Monotonie] bei f vor?

a)
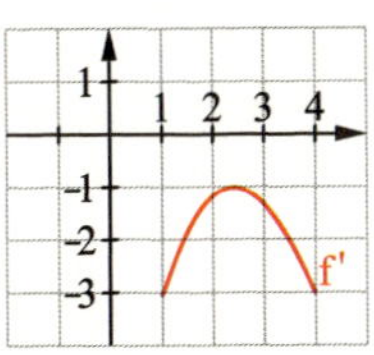

b)
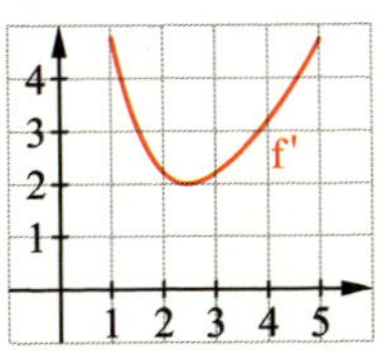

c)
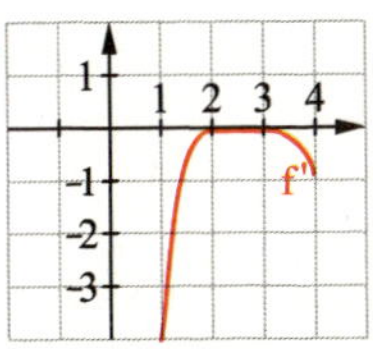

d)
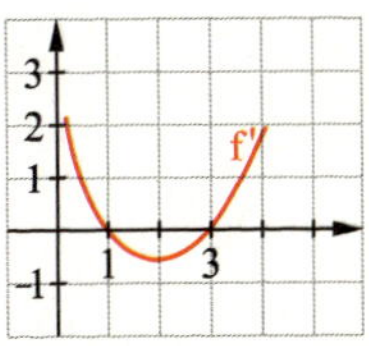

5.

Gegeben ist die Ableitungsfunktion f′ einer Funktion f. In welchen Intervallen kann Monotonie vorliegen?

a) $f'(x) = \frac{1}{16}x^5$ **c)** $f'(x) = -\frac{2}{3}x^4$ **e)** $f'(x) = (x-2)^2$

b) $f'(x) = (x+1)^3$ **d)** $f'(x) = x^2 - 3x + 2$ **f)** $f'(x) = x^5 - 4x^3$

6.

Ordne der Funktion f jeweils die richtige Ableitungsfunktion g zu und gib an, in welchen Intervallen f monoton wachsend bzw. monoton fallend ist.

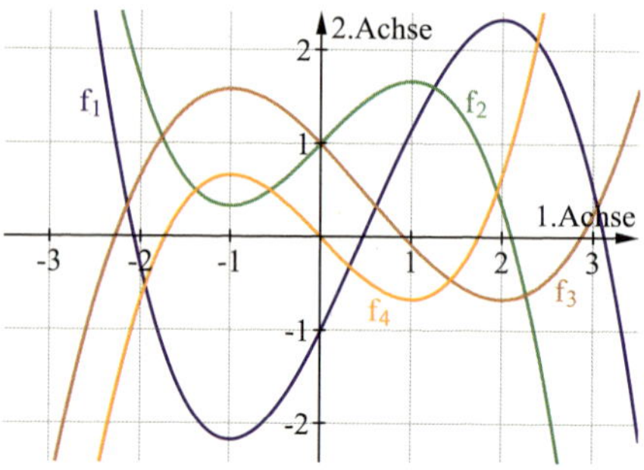

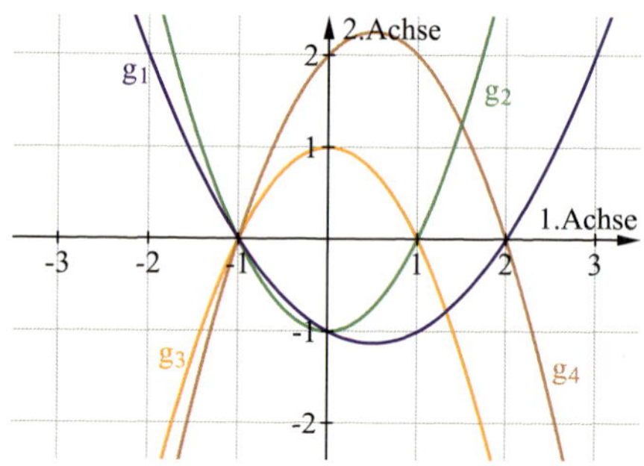

7.

Prüfe anhand des Monotonieverhaltens, ob der Graph zur Funktion f passt.

a) $f(x) = 2x^3 - 9x^2 - 1$ **b)** $f(x) = x^4 - 2x^2$ **c)** $f(x) = \frac{1}{4}x^4 + \frac{1}{3}x^3 - x^2 - 2$

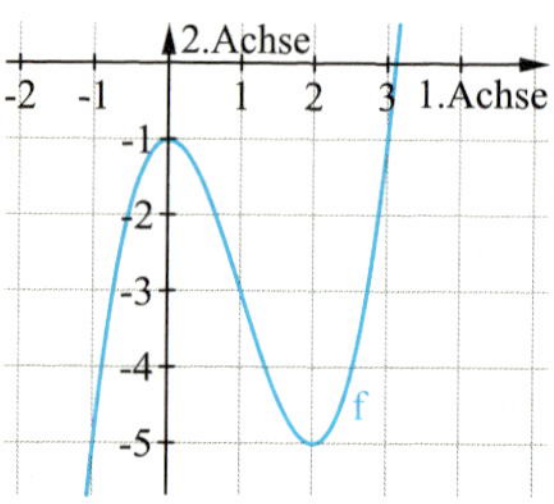

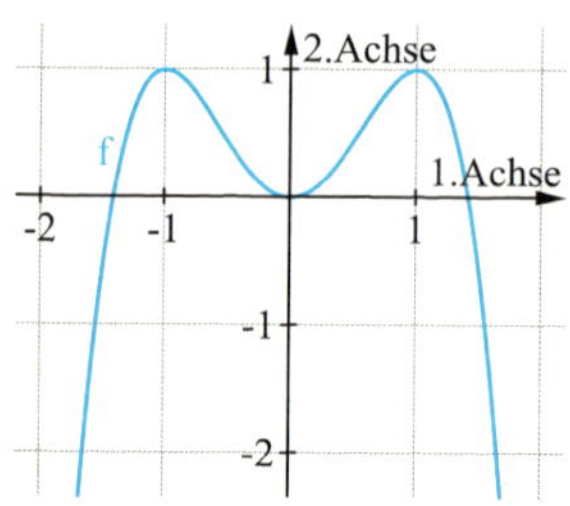

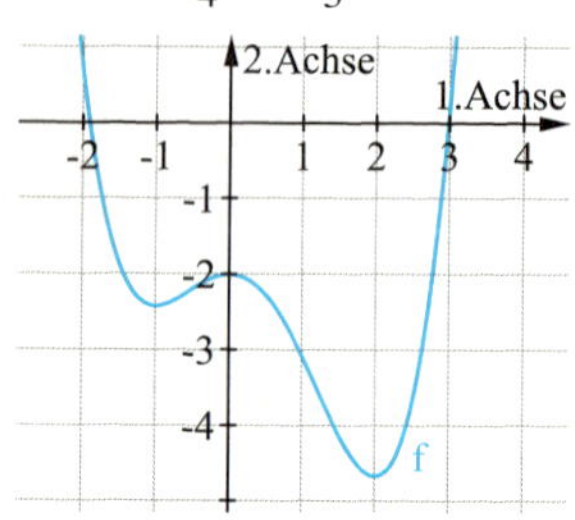

8.

Skizziere den Graphen einer Funktion f, die streng monoton wächst und bei der an genau zwei Stellen gilt: $f'(x) = 0$.

9.

Wie geht der Graph der Funktion f aus dem Graphen der Potenzfunktion gleichen Grades hervor? Gib an, in welchen Bereichen der Graph der Funktion f monoton wachsend bzw. monoton fallend ist.

a) $f(x) = (x-3)^2 - 4$ **b)** $f(x) = (x-3)^3 + 5$ **c)** $f(x) = -\frac{3}{5}(x+2)^4 - 5$

10.

Untersuche das Monotonieverhalten der Funktion f mithilfe des Monotoniesatzes. Gib an, an welchen Stellen sich ein Hochpunkt bzw. ein Tiefpunkt befindet.

a) $f(x) = x^3 - 9x$ **b)** $f(x) = x^3 + 4{,}5x^2 - 12x - 1$ **c)** $f(x) = x^4 - 2x^2 + 4$

11.
Gib das Monotonieverhalten der Funktion f in Abhängigkeit von den Parametern a, b ($a \neq 0, b \neq 0$) an.

a) $f(x) = a \cdot x^n$
b) $f(x) = \frac{a}{x}$
c) $f(x) = a \cdot \sqrt{x} + x$
d) $f(x) = a \cdot x^2 + b \cdot x$
e) $f(x) = a \cdot x^3 + b \cdot x^2$
f) $f(x) = a \cdot \sqrt{x} + \frac{b}{x}$
g) $f(x) = x^3 + a \cdot x^2 + b \cdot x$
h) $f(x) = a \cdot x^4 + b \cdot x^3$
i) $f(x) = a \cdot \sin(x) + b \cdot \cos(x)$

12.
Die Funktion f ist im Intervall I differenzierbar. Überprüfe anhand des Monotoniesatzes die Richtigkeit der folgenden Aussagen. Gib ein Gegenbeispiel an, falls eine Aussage falsch ist.

(1) Jede Funktion f mit $f'(x) \geq 0$ im Intervall I ist monoton wachsend, aber nicht streng monoton wachsend.
(2) Ist die Funktion f streng monoton wachsend, so kann nie $f'(x) = 0$ sein.
(3) Wenn für genau zwei Stellen $x \in I$ gilt $f'(x) = 0$ und für alle anderen Stellen $x \in I$ gilt $f'(x) > 0$, dann ist die Funktion f im Intervall I streng monoton wachsend.

3.2.2 Vorzeichenwechsel der 1. Ableitung als hinreichendes Kriterium für Extremstellen

Einführung

(1) Notwendige bzw. hinreichende Bedingung für einen Extrempunkt
Für Extremstellen haben wir ein notwendiges Kriterium kennen gelernt: Wenn an der Stelle x_e ein Extrempunkt liegt, dann muss notwendig $f'(x_e) = 0$ sein.
Umgekehrt reicht die Bedingung „$f'(x_e) = 0$" allein aber nicht aus, um sicher zu sein, dass an der Stelle x_e *wirklich* ein Extrempunkt vorliegt. Die Bedingung „$f'(x_e) = 0$" ist *nicht hinreichend* dafür, dass an der Stelle x_e ein Extrempunkt vorliegt.
Es ist daher naheliegend zu fragen: Gibt es eventuell auch ein hinreichendes Kriterium für Extremstellen, d.h. ein Kriterium, mit dem sogar entschieden werden kann, ob ein Extrempunkt vorliegt?
Wir können ein hinreichendes Kriterium schon formulieren, wenn wir uns noch einmal deutlich machen, wie wir im Unterkapitel 3.1 bereits in konkreten Situationen nachgewiesen haben, dass an der Stelle x_e wirklich ein Extrempunkt liegt:

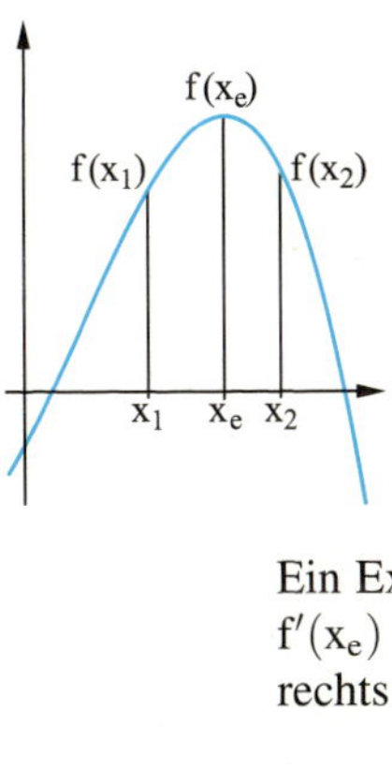

Präzisiere den Begriff „dicht genug"!

Für eine ganzrationale Funktion f, die an der Stelle x_e differenzierbar ist und für die $f'(x_e) = 0$ ist, gilt:
- Kann man ein x_1 und ein x_2 mit $x_1 < x_e < x_2$ dicht genug bei x_e finden mit $f(x_1) \leq f(x_e) \geq f(x_2)$, so liegt an der Stelle x_e ein relativer Hochpunkt.
- Kann man ein x_1 und ein x_2 mit $x_1 < x_e < x_2$ dicht genug bei x_e finden mit $f(x_1) \geq f(x_e) \leq f(x_2)$, so liegt an der Stelle x_e ein relativer Tiefpunkt.

Ein Extrempunkt lässt sich also für eine ganzrationale Funktion f an einer Stelle x_e mit $f'(x_e) = 0$ nachweisen, indem man *einen* Funktionswert links und *einen* Funktionswert rechts von x_e berechnet und mit $f(x_e)$ vergleicht.

(2) Schluss vom Vorzeichenwechsel der 1. Ableitung auf die Art der Extremstellen

Man kann auch mithilfe des *Vorzeichens der Ableitung* ein hinreichendes Kriterium dafür formulieren, dass x_e Extremstelle ist.

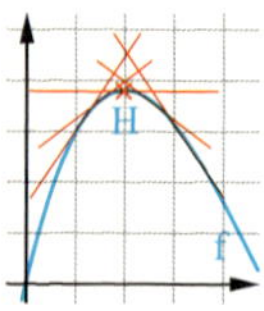

Wir entnehmen der Anschauung, dass bei einem Hochpunkt H der Graph von f vom Steigen ins Fallen übergeht, also links von der Stelle x_e die Steigung positiv, rechts von x_e negativ ist. An der Stelle x_e ist die Steigung 0, d.h. die 1. Ableitung f' hat an der Stelle x_e einen $(+/-)$-Vorzeichenwechsel.

Ist ein Vorzeichenwechsel der 1. Ableitung f' an einer Stelle x_e mit $f'(x_e) = 0$ ein hinreichendes Kriterium dafür, dass x_e Extremstelle von f ist?

Wir gehen nun also davon aus, dass ein Vorzeichenwechsel von f' an der Stelle x_e stattfindet.

Im Bild rechts ist ein $(+/-)$-Vorzeichenwechsel der Ableitung f' an der Stelle x_e dargestellt. Zu diesem Vorzeichenwechsel kann man eine Umgebung U von x_e angeben, sodass aufgrund des Monotoniesatzes für alle $x \in U$ gilt:

- Für $x < x_e$ ist $f'(x) > 0$, also f monoton wachsend.
- Für $x > x_e$ ist $f'(x) < 0$, also f monoton fallend.

Das bedeutet, dass f an der Stelle x_e einen Hochpunkt hat.

Entsprechend ergibt sich bei $(-/+)$-Vorzeichenwechsel von f' ein Tiefpunkt an der Stelle x_e.

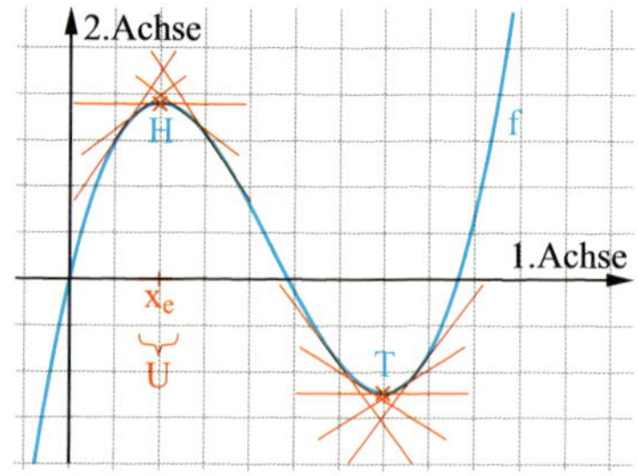

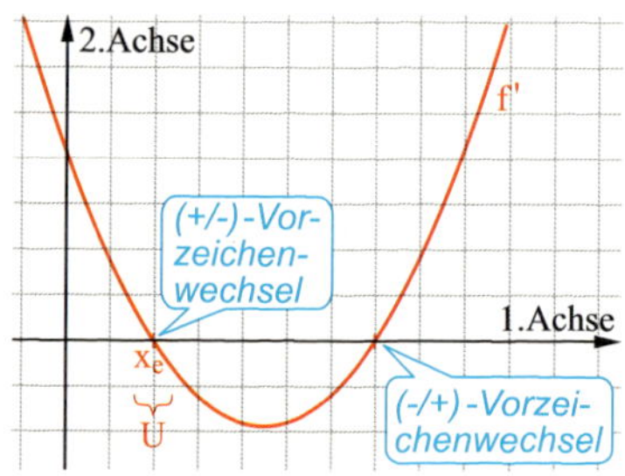

(3) Vorzeichenwechselkriterium

Die bisherigen Überlegungen machen den folgenden Satz anschaulich klar:

> **Satz 4:** *Vorzeichenwechselkriterium*
>
> Für eine Funktion f, die in einer Umgebung U der Stelle x_e differenzierbar ist und für die $f'(x_e) = 0$ ist, gilt:
>
> Wenn f' an der Stelle x_e einen
> *$(+/-)$-Vorzeichenwechsel* | *$(-/+)$-Vorzeichenwechsel*
> hat, dann liegt an der Stelle x_e ein relativer
> *Hochpunkt* | *Tiefpunkt*
> vor.

Aufgabe 1 *Anwenden des Vorzeichenwechselkriteriums*

Gegeben ist die Funktion f mit $f(x) = \frac{1}{80}x^5 - \frac{6667}{40000}x^3 + \frac{10001}{10000}x$.

a) Mithilfe eines GTR oder eines CAS erhält man die nebenstehenden Abbildungen des Graphen von f.
Stelle Vermutungen zum Verlauf des Funktionsgraphen auf.

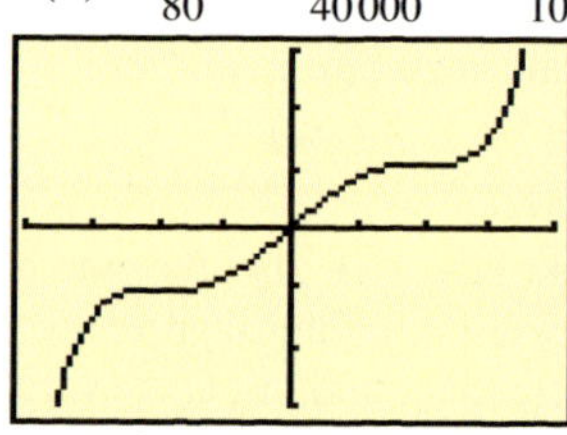

$-4 \le x \le 4$ und $-3 \le y \le 3$

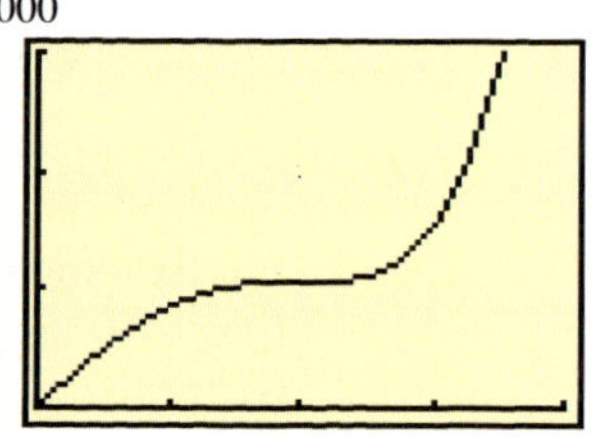

$0 \le x \le 4$ und $0 \le y \le 3$

b) Berechne, an welchen Stellen Extrempunkte liegen *können*. Vergleiche die Ergebnisse mit den Ergebnissen aus Teilaufgabe a).
Berechne jeweils die zugehörigen Funktionswerte.

c) Untersuche mithilfe des Vorzeichenwechselkriteriums, ob tatsächlich Extrempunkte vorliegen.

Lösung

a) Der Funktionsgraph scheint symmetrisch in Bezug auf den Koordinatenursprung zu sein.
Da der Funktionsterm $f(x) = \frac{1}{80}x^5 - \frac{6667}{40000}x^3 + \frac{10001}{10000}x$ nur Potenzen von x mit ungeradem Exponenten enthält, ist diese Vermutung nach Satz 6 auf Seite 55 richtig.
Außerdem vermitteln die Abbildungen den Eindruck, dass keine Extrempunkte existieren. Es scheint so, als ob der Graph etwa an den Stellen −2 und 2 Sattelpunkte hat.
Um diese Vermutung zu überprüfen, wenden wir in den folgenden Teilaufgaben das notwendige Kriterium (Satz 1 auf Seite 145) und das Vorzeichenwechselkriterium an.

b) Mithilfe des notwendigen Kriteriums ermitteln wir, an welchen Stellen Extrempunkte liegen können.
Es ist $f'(x) = \frac{1}{16}x^4 - \frac{20001}{40000}x^2 + \frac{10001}{10000} = \frac{1}{16}\left(x^4 - \frac{20001}{2500}x^2 + \frac{10001}{625}\right)$.
Aus der Gleichung $f'(x) = 0$ folgt:

$x_1 = -2;\quad x_2 = 2;\quad x_3 = -\frac{\sqrt{10001}}{50} \approx -2{,}00009999757$ und

$x_4 = \frac{\sqrt{10001}}{50} \approx 2{,}00009999757$

Nur an diesen Stellen können Extrempunkte liegen.
Der erste Eindruck, dass der Funktionsgraph genau zwei Sattelpunkte und keine Extrempunkte hat, ist offenbar falsch, denn es gibt vier Stellen mit einer waagerechten Tangente. Wir betrachten den Graphen nochmals in einer kleineren Umgebung der zu untersuchenden Stellen. So erhält man z.B. für $1{,}999 \leq x \leq 2{,}002$ die rechts abgebildete Darstellung.

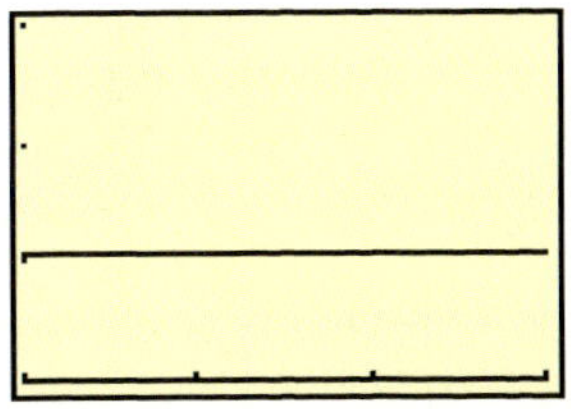
$1{,}999 \leq x \leq 2{,}002$ und $0 \leq y \leq 3$

Da man auch aus dieser Abbildung keine neuen Informationen gewinnen kann, berechnen wir die Funktionswerte an den möglichen Extremstellen.
Der Taschenrechner liefert uns die folgenden Werte für f(x):

x	$-\frac{\sqrt{10001}}{50}$	−2	2	$\frac{\sqrt{10001}}{50}$
f(x)	−1,0668	−1,0668	−1,0668	−1,0668

Auch eine Berechnung der Funktionswerte bringt keine Klärung.

c) Wir wenden auf die zu untersuchenden Stellen x mit $f'(x) = 0$ das Vorzeichenwechselkriterium an.
Es gilt:
$f'(x) = \frac{1}{16}\left(x^4 - \frac{20001}{2500}x^2 + \frac{10001}{625}\right) = \frac{1}{16}(x+2)\cdot(x-2)\cdot\left(x + \frac{\sqrt{10001}}{50}\right)\cdot\left(x - \frac{\sqrt{10001}}{50}\right)$

Wir betrachten die Vorzeichen der einzelnen Faktoren und erhalten daraus das Vorzeichen von $f'(x)$:

Bereich \ Faktor	$x+\frac{\sqrt{10001}}{50}$	$x+2$	$x-2$	$x-\frac{\sqrt{10001}}{50}$	$f'(x)$
$x<-\frac{\sqrt{10001}}{50}$	<0	<0	<0	<0	>0
$-\frac{\sqrt{10001}}{50}<x<-2$	>0	<0	<0	<0	<0
$-2<x<2$	>0	>0	<0	<0	>0
$2<x<\frac{\sqrt{10001}}{50}$	>0	>0	>0	<0	<0
$\frac{\sqrt{10001}}{50}<x$	>0	>0	>0	>0	>0

Wegen der Punktsymmetrie des Funktionsgraphen liegen H_1 und T_2 bzw. T_1 und H_2 symmetrisch zueinander bezüglich $O(0|0)$.

An allen vier Stellen x_1, x_2, x_3 und x_4 findet ein Vorzeichenwechsel von $f'(x)$ statt. Die Funktion f hat also genau vier Extrempunkte:

$$H_1\left(-\frac{\sqrt{10001}}{50}\,\middle|\,f\left(-\frac{\sqrt{10001}}{50}\right)\right);\ T_1(-2\,|\,f(-2));\ H_2(2\,|\,f(2));\ T_2\left(\frac{\sqrt{10001}}{50}\,\middle|\,f\left(\frac{\sqrt{10001}}{50}\right)\right)$$

Dabei liegen die Funktionswerte von H_1 und T_1 bzw. von H_2 und T_2 so dicht beieinander, dass bei 12-stelliger Rechengenauigkeit (Taschenrechner) die Differenz nicht festzustellen ist. Erst bei höherer Rechengenauigkeit erhält man z. B.

$f(2) = 1{,}0668$ (exakter Wert) und $f\left(\frac{\sqrt{10001}}{50}\right) \approx 1{,}06679999999983333.$

Information **Die Umkehrung des Vorzeichenwechselkriteriums gilt nicht**

Die Umkehrung des Vorzeichenwechselkriteriums lautet:

Man erhält die Umkehrung durch Vertauschen der Aussagen hinter „wenn" ... und „dann" ...

> Für eine Funktion f, die in einer Umgebung U der Stelle x_e differenzierbar ist und für die $f'(x_e) = 0$ ist, gilt:
> Wenn f an der Stelle x_e einen relativen
> Hochpunkt | Tiefpunkt
> hat, dann hat $f'(x)$ an der Stelle x_e einen
> (+/−)-Vorzeichenwechsel. | (−/+)-Vorzeichenwechsel.

Diese Umkehrung ist falsch.
Ein Gegenbeispiel ist die Funktion f mit $f(x) = \begin{cases} x^2 \cdot \left(\sin\left(\frac{1}{x}\right)\right)^2 & \text{für } x \neq 0 \\ 0 & \text{für } x = 0 \end{cases}$

Diese Funktion hat an der Stelle 0 einen Tiefpunkt, denn in einer Umgebung U der Stelle 0 gilt: $f(x) \geq f(0) = 0$.
Es liegt aber kein (−/+)-Vorzeichenwechsel für $f'(x)$ vor. Wie man sich am Verlauf des Graphen klarmachen kann, ist in keiner Umgebung der Stelle 0 für $x < 0$ die Ableitung überall negativ und für $x > 0$ überall positiv.
Das hinreichende Vorzeichenwechselkriterium ist *kein* notwendiges Kriterium.

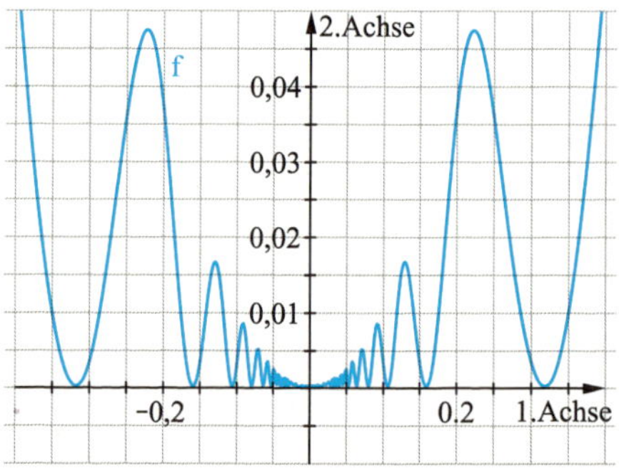

Weiterführende Aufgabe

2. *Hinreichendes Kriterium in der Teilbarkeitslehre und in der Geometrie*

a) Formuliere folgende Sätze in der Wenn-dann-Form.
(1) Die Teilbarkeit einer Zahl durch 4 ist hinreichend für die Teilbarkeit durch 2.
(2) Hinreichend dafür, dass ein Viereck eine Raute ist, ist, dass die Diagonalen sich halbieren und orthogonal zueinander sind.

b) Formuliere mit dem Wort „hinreichend".
(1) Wenn eine Zahl durch 9 teilbar ist, dann ist sie auch durch 3 teilbar.
(2) Wenn ein Viereck achsensymmetrisch zu einer Mittellinie ist, dann ist es ein Trapez.

Statt „Wenn A, dann B." sagt man auch: „A ist eine hinreichende Bedingung für B."

Übungsaufgaben

3.
Bestimme die Hoch- und Tiefpunkte der Funktion f mithilfe des Vorzeichenwechselkriteriums. Bestimme auch die Nullstellen von f und skizziere anschließend den Graphen von f. Überprüfe die Skizze gegebenenfalls mit einem GTR.

a) $f(x) = x^2 - \frac{1}{2}x$ **d)** $f(x) = (x^2 - 1)^2$ **g)** $f(x) = \frac{1}{4}x^2 - \sqrt{x}$

b) $f(x) = \frac{1}{9}x^3 - 3x$ **e)** $f(x) = x + \frac{1}{x}$ **h)** $f(x) = x^4 + 3x^3 + 3x^2 + x$

c) $f(x) = x^4 + x$ **f)** $f(x) = \frac{1}{2}x - \frac{1}{x}$ **i)** $f(x) = x^4 - 4x^3 + 3x^2 + 4x - 4$

GTR **4.**
Von einer Funktion f ist die Ableitungsfunktion f′ gegeben.
Überprüfe mithilfe eines GTR, an welchen Stellen die Funktion f einen Extrempunkt hat. Gib jeweils an, ob es sich um einen Hochpunkt oder um einen Tiefpunkt handelt.

a) $f'(x) = x^2 - 7x + 12$ **b)** $f'(x) = x^3 - 2x^2 - x + 1$ **c)** $f'(x) = x^4 - 6x^2 + 8x - 3$

5.
Hat die Ableitung von f′ an den angegebenen Stellen einen Vorzeichenwechsel?

a) $f(x) = x^4$; Stellen 0; 2 **d)** $f(x) = \sin(x)$; Stellen 0; $\frac{\pi}{2}$; π

b) $f(x) = x^5$; Stellen 0; −1 **e)** $f(x) = 1 + \frac{1}{x}$; Stellen 1; −2

c) $f(x) = \frac{1}{4}x^4 + \frac{1}{3}x^3$; Stellen 0; 1 **f)** $f(x) = x - 2\sqrt{x}$; Stellen 1; 2

6.
a) Prüfe die folgenden Aussagen auf ihre Richtigkeit. Gib Begründungen bzw. Gegenbeispiele an.
(1) $f'(x_e) = 0$ und ein Vorzeichenwechsel von f′ an der Stelle x_e sind hinreichend dafür, dass x_e eine Extremstelle ist.
(2) f ist im Intervall I differenzierbar und x_e liegt im Innern von I. $f'(x_e) \neq 0$ ist hinreichend dafür, dass x_e keine Extremstelle von f ist.

b) Formuliere die Aussagen (1) und (2) aus Teilaufgabe a) in der Wenn-dann-Form (siehe dazu auch Aufgabe 2).

3.2.3 Hinreichendes Kriterium für relative Extremstellen mittels der 2. Ableitung

Der Nachweis eines Vorzeichenwechsels von f' an der Stelle x_e mit $f'(x_e) = 0$ ist oft rechnerisch aufwändig. Ist die Funktion f in einer Umgebung von x_e *zweimal* differenzierbar, so kann man einen Vorzeichenwechsel auch mithilfe der Steigung der Tangente an den Graphen von f' durch den Punkt $P(x_e \mid 0)$ nachweisen.

Aufgabe 1 Gegeben ist eine Funktion f, die in einer Umgebung der Stelle x_e zweimal differenzierbar ist.
Außerdem gilt $f'(x_e) = 0$ und $f''(x_e) < 0$.

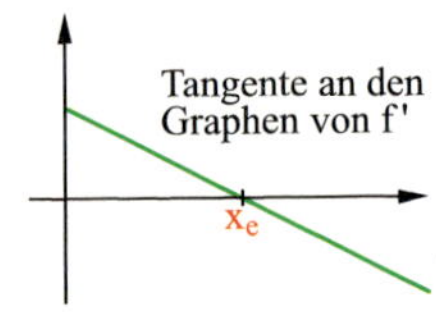

a) Skizziere einen möglichen Verlauf des Graphen von f' in einer geeigneten Umgebung U von x_e.
Was ergibt sich aus der Bedingung „$f''(x_e) < 0$" für das Vorzeichen von $f'(x)$ für $x \in U$?
Was ergibt sich entsprechend für den Fall $f''(x_e) > 0$?

b) Formuliere mithilfe der Ergebnisse aus Teilaufgabe a) einen Wenn-dann-Satz als hinreichendes Kriterium für einen relativen Hochpunkt bzw. Tiefpunkt.

c) Bestimme mithilfe des gefundenen Kriteriums aus Teilaufgabe b) die Extremstellen der Funktion f mit $f(x) = \frac{1}{8}x^4 - \frac{5}{4}x^2 + 1$.

Lösung **a)** Die Tangente fällt und schneidet die 1. Achse an der Stelle x_e; ferner muss sie sich dem Graphen von f an der Stelle x_e anschmiegen. Es ist denkbar, dass das von einer Seite geschieht oder dass die Tangente den Graphen von f durchsetzt, aber auch, dass sie zu einem oszillierenden Graphen gehört:

oszillieren (lat.): schwingen, sich auf- und abwärts bewegen

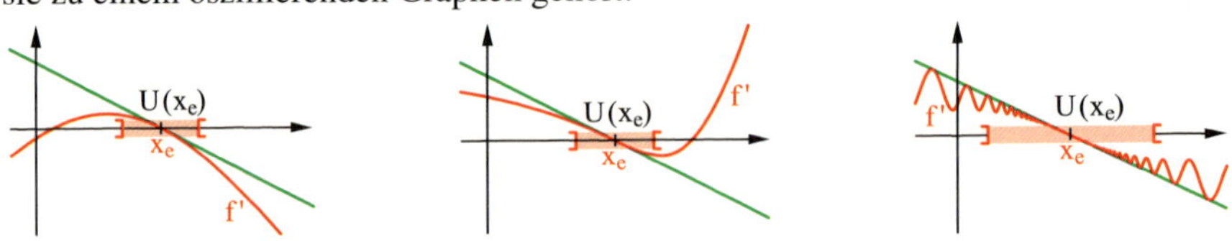

Wir entnehmen den Bildern, dass f' aufgrund der negativen Tangentensteigung an der Stelle x_e einen $(+/-)$-Vorzeichenwechsel hat.
Entsprechend ergibt sich, dass f' an der Stelle x_e einen $(-/+)$-Vorzeichenwechsel hat, falls $f''(x_e) > 0$ ist.

b) Wenn eine Funktion f mit $f'(x_e) = 0$ an der Stelle x_e einen $(+/-)$-Vorzeichenwechsel bzw. einen $(-/+)$-Vorzeichenwechsel hat, dann liegt an der Stelle x_e ein Hochpunkt bzw. Tiefpunkt.
Da in Teilaufgabe a) deutlich wurde, dass für eine Funktion f mit $f'(x_e) = 0$ und $f''(x_e) < 0$ bzw. $f''(x_e) > 0$ die Voraussetzungen des Vorzeichenwechselkriteriums erfüllt sind, folgt:

Satz 5: *Hinreichendes Kriterium für relative Extremstellen mithilfe der 2. Ableitung*
Für eine Funktion f, die in einer Umgebung der Stelle x_e zweimal differenzierbar ist, gilt:

Wenn $f'(x_e) = 0$ und zugleich
$f''(x_e) < 0$ | $f''(x_e) > 0$
gelten, dann hat der Graph von f an der Stelle x_e einen relativen
Hochpunkt. | *Tiefpunkt.*

c) *(1) Bestimmen möglicher Extremstellen*

Die Gleichung $f'(x) = \frac{1}{2}x^3 - \frac{5}{2}x = \frac{1}{2}x\left(x^2 - 5\right) = 0$ hat die Lösungen $x_1 = -\sqrt{5}$, $x_2 = 0$ und $x_3 = \sqrt{5}$. Höchstens an diesen Stellen können Extrempunkte liegen.

(2) Prüfen, ob wirklich Extrempunkte vorliegen

Es ist $f''(x) = \frac{3}{2}x^2 - \frac{5}{2}$.

$f''\left(-\sqrt{5}\right) = \frac{3}{2}\left(-\sqrt{5}\right)^2 - \frac{5}{2} = 5 > 0$: An der Stelle $-\sqrt{5}$ liegt ein Tiefpunkt vor.

$f''(0) = \frac{3}{2} \cdot 0^2 - \frac{5}{2} = -\frac{5}{2} < 0$: An der Stelle 0 liegt ein Hochpunkt vor.

$f''\left(\sqrt{5}\right) = \frac{3}{2}\left(\sqrt{5}\right)^2 - \frac{5}{2} = 5 > 0$: An der Stelle $\sqrt{5}$ liegt ein Tiefpunkt vor.

(3) Bestimmen der Koordinaten der Extrempunkte

Beachte: Der Graph von f ist symmetrisch zur 2. Achse.

$f\left(-\sqrt{5}\right) = \frac{1}{8}\left(-\sqrt{5}\right)^4 - \frac{5}{4}\left(-\sqrt{5}\right)^2 + 1 = -2\frac{1}{8}$,

also $T_1\left(-\sqrt{5}\,\middle|\,-2\frac{1}{8}\right)$

und $T_2\left(\sqrt{5}\,\middle|\,-2\frac{1}{8}\right)$

$f(0) = \frac{1}{8} \cdot 0^4 - \frac{5}{4} \cdot 0^2 + 1 = 1$,

also $H(0\,|\,1)$

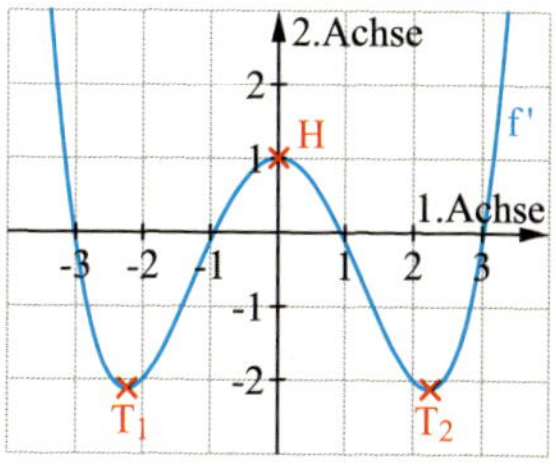

Weiterführende Aufgaben

2. *Das hinreichende Kriterium mittels der 2. Ableitung ist nur anwendbar, wenn alle Voraussetzungen erfüllt sind.*

In den Bildern ist der Graph der 1. Ableitung einer Funktion f gezeichnet.
Warum ist das hinreichende Kriterium mittels der 2. Ableitung nicht anwendbar?

a)

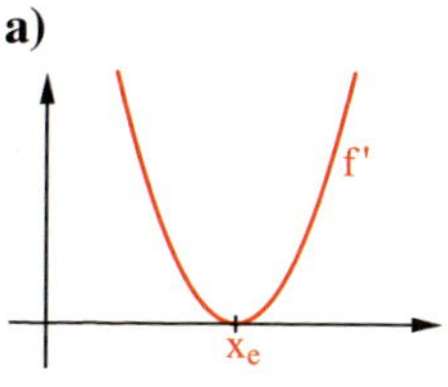

b)

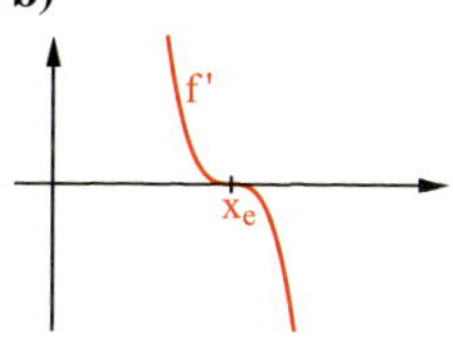

c)

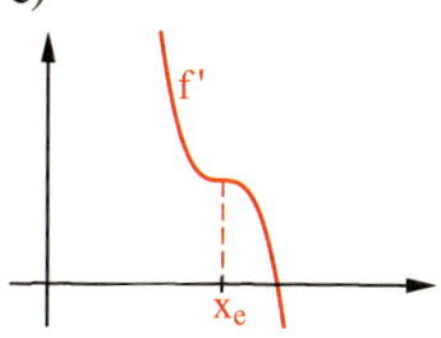

3. *Das hinreichende Kriterium mittels der 2. Ableitung ist nicht notwendig für das Vorliegen eines Extrempunktes.*

Zeige am Beispiel der Funktion f mit $f(x) = x^4$, dass das hinreichende Kriterium nicht notwendig für das Vorliegen eines Extrempunktes ist.

CAS **4.** *Das hinreichende Kriterium mittels der 2. Ableitung mithilfe eines CAS überprüfen*

Betrachte das CAS-Fenster rechts. Hier wurde die Funktion f aus der Aufgabe 1 von Seite 158 eingegeben, also

$f(x) = \frac{1}{80}x^5 - \frac{6667}{40000}x^3 + \frac{10001}{10000}x$.

Erkläre, wie mithilfe des CAS festgestellt wurde, dass an der Stelle $x_e = \frac{-\sqrt{10001}}{50}$ ein relativer Hochpunkt liegt. Führe dies selbst mit einem CAS für die anderen möglichen Extremstellen von f durch.

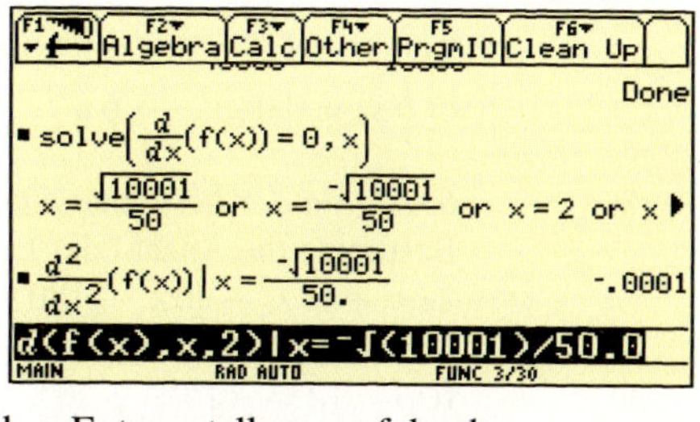

Information

(1) Beweis des hinreichenden Kriteriums mittels der 2. Ableitung

Die Funktion f sei in einer Umgebung der Stelle x_e zweimal differenzierbar mit $f'(x_e) = 0$. Wir nehmen $f''(x_e) < 0$ an und wollen zeigen, dass f' dann einen $(+/-)$-Vorzeichenwechsel hat.

$f''(x_e)$ ist Grenzwert des Differenzenquotienten $\frac{f'(x) - f'(x_e)}{x - x_e} = \frac{f'(x) - 0}{x - x_e} = \frac{f'(x)}{x - x_e}$

Da $f''(x_e) < 0$ ist, kann man eine Umgebung U von x_e finden, sodass für alle $x \in U$ auch die Differenzenquotienten $\frac{f'(x)}{x - x_e} < 0$ sind.

Somit folgt für alle $x \in U$: Ist $x < x_e$, so ist $f'(x) > 0$, und ist $x > x_e$, so ist $f'(x) < 0$.

Das bedeutet, dass f' an der Stelle x_e einen $(+/-)$-Vorzeichenwechsel hat. Aufgrund des Vorzeichenwechselkriteriums liegt daher bei x_e ein Hochpunkt. Entsprechend kann man zeigen, dass bei x_e ein Tiefpunkt liegt, falls $f''(x_e) > 0$ ist.

(2) Hinreichendes Kriterium für relative Extremstellen mittels der ersten von null verschiedenen Ableitung gerader Ordnung

Das Beispiel der Funktion f mit $f(x) = x^4$ hat gezeigt, dass das hinreichende Kriterium mittels der 2. Ableitung nicht notwendig für das Vorliegen eines Extrempunktes ist.

Um hier genauere Erkenntnisse zu gewinnen, sehen wir uns die Ableitungen der Funktionen f mit $f(x) = x^n, n \in \mathbb{N}$, an der Stelle 0 an:

$f(x) = x^2$ Es ist $f'(0) = 0, f''(0) = 2 > 0$ — $(0|0)$ ist Tiefpunkt.

$f(x) = x^3$ Es ist $f'(0) = f''(0) = 0, f^{(3)}(0) = 6 > 0$ — $(0|0)$ ist **kein** Tiefpunkt.

$f(x) = x^4$ Es ist $f'(0) = f''(0) = f^{(3)}(0) = 0, f^{(4)}(0) = 24 > 0$ — $(0|0)$ ist Tiefpunkt.

$f(x) = x^5$ Es ist $f'(0) = f''(0) = ... = f^{(4)}(0) = 0, f^{(5)}(0) = 120 > 0$ — $(0|0)$ ist **kein** Tiefpunkt.

Entsprechend für $f(x) = x^6$ usw. Dies legt den folgenden Satz nahe:

Auch dieses Kriterium ist nur hinreichend, aber nicht notwendig.

Satz 6: *Hinreichendes Kriterium mittels einer geraden Ableitung*

Für eine Funktion f, die in einer Umgebung der Stelle x_e n-mal differenzierbar ist, gilt:

Wenn n gerade ist und $f'(x_e) = f''(x_e) = ... = f^{(n-1)}(x_e) = 0$ sowie
$f^{(n)}(x_e) < 0$, | $f^{(n)}(x_e) > 0$,
dann hat der Graph von f an der Stelle x_e einen relativen
Hochpunkt. | *Tiefpunkt.*

Übungsaufgaben

5.

Bestimme die relativen Hoch- und Tiefpunkte der Funktion f mithilfe des hinreichenden Kriteriums mittels der 2. Ableitung.

a) $f(x) = \frac{1}{6}x^3 + 12x^2$ **d)** $f(x) = x^6 + x^4$ **g)** $f(x) = x^4 - 2x^3 + 3x^2 - 4x + 4$

b) $f(x) = 4x^3 - 6x^2 + 9x$ **e)** $f(x) = (x-1)^4$ **h)** $f(x) = x^5 - 5x^3 + 10x - 2$

c) $f(x) = 0{,}04x^5 - 1{,}6x^3$ **f)** $f(x) = \frac{1}{2}x - \sin(x)$ **i)** $f(x) = |x|^3 + 3|x|$

6. *Anzahl der Lösungen einer Gleichung*

Bestimme die Anzahl der Lösungen der Gleichung
$12x^5 + 15x^4 - 40x^3 - 180x^2 - 240x - 50 = 0$.

Hinweis: Untersuche dazu die Lage der Extrempunkte der Funktion f mit
$f(x) = 12x^5 + 15x^4 - 40x^3 - 180x^2 - 240x - 50$.

7.

Die monatlichen Produktionskosten für die Erzeugung eines Produktes werden durch die Kostenfunktion K mit $K(x) = 0{,}01\,x^3 - 2\,x^2 + 248\,x + 2\,000$ angegeben, wobei x die Produktionsmenge pro Monat ist und K(x) in Euro angegeben ist. Der Marktpreis pro hergestellter Produktionseinheit beträgt 200 €.

a) Gib allgemein an, wie hoch der Gewinn pro Monat ist, wenn alle x hergestellten Produktionseinheiten sofort verkauft werden.

b) Für welche Produktionsmenge wird der Gewinn maximal?

c) Für welche Produktionsmengen ergibt sich ein Verlust (negativer Gewinn)?

GTR **8.**

Gegeben ist die Funktion f mit $f(x) = -x^3 + 9\,x^2 - 26\,x + 30$.

a) Zeichne den Graphen von f mithilfe eines GTR und bestimme alle Nullstellen.

b) Betrachte alle Rechtecke mit achsenparallelen Seiten und dem Koordinatenursprung als einen Eckpunkt. Der dem Koordinatenursprung gegenüberliegende Eckpunkt soll im 1. Quadranten auf dem Graphen von f liegen.
Bestimme das Rechteck mit maximalem Flächeninhalt.

9.

a) Gegeben sind Funktionen f_1, f_2 und f_3. Von ihnen ist nur bekannt:
$f_1'(x) = (x+1)(x-2)$; $f_2'(x) = -(x+1)(x-2)$; $f_3'(x) = x(x+1)(x-2)$
Zeige, dass die Funktionen gemeinsame Extremstellen besitzen.
Wo hat f_3 eine zusätzliche Extremstelle?

b) Von einer Funktion f ist bekannt:
$f'(-1) = 0$, $f'(2) = 0$, $f(-2) = 3$, $f'(0) = -1$, $f'(3) = 4$
Skizziere den Graphen einer Funktion, die diese Angaben erfüllt und genau an den Stellen −1 und 2 relative Extrempunkte besitzt.

10.

Bestimme die Extremstellen von f. Welche Art von Extremum liegt jeweils vor?

a) $f(x) = x^5 - x^3$ **b)** $f(x) = x^5 + 2\,x^4 + x^3 + 1$ **c)** $f(x) = x^{11} - 3\,x^{10} + 3\,x^9 - x^8 - 5$

11.

Überprüfe die angegebenen Behauptungen auf ihre Richtigkeit.
Begründe oder widerlege durch ein Gegenbeispiel.

(1) $f'(x_e) = 0$ und $f''(x_e) > 0$ ist ein hinreichendes Kriterium für einen Tiefpunkt.
(2) $f'(x_e) = 0$ ist ein hinreichendes Kriterium für einen relativen Extrempunkt.
(3) $f''(x_e) < 0$ ist ein notwendiges Kriterium für einen relativen Hochpunkt.
(4) $f'(x_e) = 0$ ist hinreichend, aber nicht notwendig für das Vorhandensein eines relativen Extrempunktes des Graphen von f an der Stelle x_e.

3.3 Linkskurve, Rechtskurve – Wendepunkte

Einführung

(1) Anschauliche Erklärung des Begriffs Wendepunkt

Bei Motorradrennen lässt sich beobachten, wie sich die Motorradfahrer beim Übergang von einer Linkskurve in eine Rechtskurve „einen Moment lang“ aus ihrer Schräglage aufrichten und geradlinig zur Fahrtrichtung fahren, bevor sie eine neue Schräglage einnehmen. Dieser Punkt, an dem eine Linkskurve in eine Rechtskurve bzw. eine Rechtskurve in eine Linkskurve übergeht, heißt **Wendepunkt**.

In der Abbildung rechts ist ein Teilstück einer Grand-Prix-Rennstrecke für Motorradrennen (idealisiert) abgebildet.
Wie lässt sich die jeweilige momentane Fahrtrichtung des Fahrers veranschaulichen? Beschreibe die jeweilige Schräglage. Wo durchfährt der Fahrer eine Linkskurve, wo eine Rechtskurve? Wo liegt ein Wendepunkt?

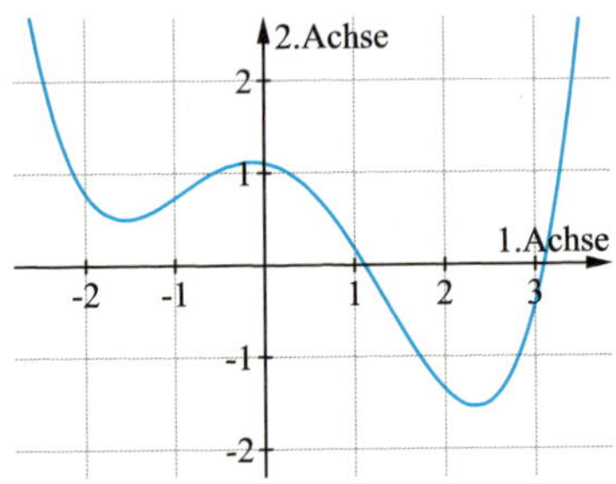

(2) Mathematische Definition der Begriffe Wendepunkt sowie Rechts- und Linkskurve

Ein Wendepunkt einer Funktion trennt eine Rechtskurve von einer Linkskurve. Wir wollen die Begriffe Rechts- und Linkskurve mithilfe der Ableitung dieser Funktion präzisieren. Dazu betrachten wir die folgenden Funktionsgraphen und die Graphen ihrer jeweiligen Ableitungsfunktionen:

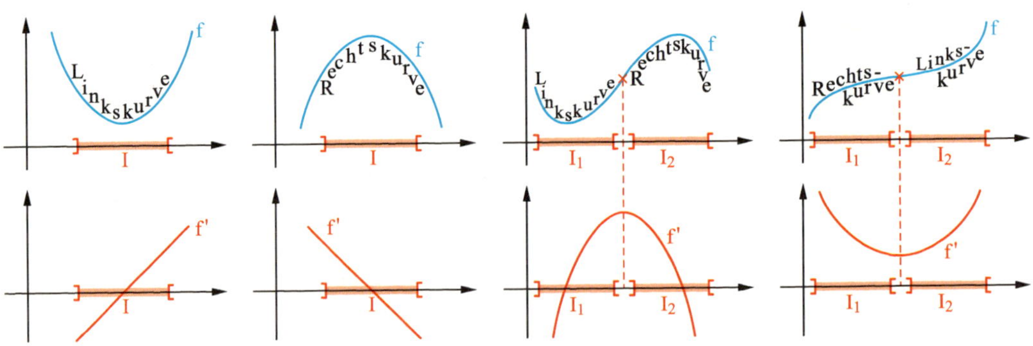

Durchlaufe die Graphen von f jeweils von links nach rechts. Betrachte dabei jeweils das Monotonieverhalten der Ableitungsfunktion f' von f in den vorgegebenen Intervallen und versuche, die anschauliche Vorstellung von Rechts- bzw. Linkskurve mithilfe der 1. Ableitung von f zu definieren.
Definiere dann auch den Begriff Wendepunkt.

Definition 3

Gegeben ist eine im Intervall I differenzierbare Funktion f.

Der Graph dieser Funktion bildet im Intervall I eine
Linkskurve, | **Rechtskurve,**
falls die Ableitungsfunktion f' im Intervall I
streng monoton wächst. | **streng monoton fällt.**
Man sagt: Der Graph von f ist
linksgekrümmt. | **rechtsgekrümmt.**

Ein Punkt, der Links- und Rechtskurve des Graphen einer differenzierbaren Funktion voneinander trennt, heißt **Wendepunkt** des Graphen von f.
Eine Stelle, an der der Graph von f einen Wendepunkt hat, heißt **Wendestelle**.

(3) Hinreichendes Kriterium für Links- bzw. Rechtskurve mittels der 2. Ableitung

Da das Krümmungsverhalten einer Funktion f über die Monotonieeigenschaft der 1. Ableitung f' definiert ist, können wir die Aussage (3) des Monotoniesatzes (siehe S. 154) auf die Funktion f' anwenden. Dabei ergibt sich: Wenn $f''(x) > 0$ für alle $x \in I$, dann ist die Funktion f' im Intervall I streng monoton wachsend.
Entsprechend gilt: Wenn $f''(x) < 0$ für alle $x \in I$, dann ist die Funktion f' im Intervall I streng monoton fallend. Daraus folgt unmittelbar der folgende Satz:

Satz 7: *Hinreichendes Kriterium für eine Links- bzw. Rechtskurve mittels der 2. Ableitung*

Ist f eine im Intervall I zweimal differenzierbare Funktion, so gilt:

Wenn $f''(x) > 0$ für alle $x \in I$ ist, | *Wenn $f''(x) < 0$ für alle $x \in I$ ist,*
dann bildet der Graph der Funktion f im Intervall I eine
Linkskurve. | *Rechtskurve.*

(4) Notwendiges bzw. hinreichendes Kriterium für Wendestellen

An einer Wendestelle einer Funktion f geht der Graph von f von einer Links- in eine Rechtskurve über oder umgekehrt von einer Rechts- in eine Linkskurve. Das hat folgende Bedeutung für die Wendestelle:

1. Fall: *Übergang von einer Links- in eine Rechtskurve:*
Die 1. Ableitung f' geht von streng monotonem Wachsen in streng monotones Fallen über. Der Graph von f' hat an der Wendestelle von f einen Hochpunkt.

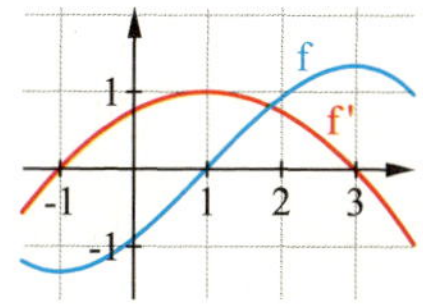

2. Fall: *Übergang von einer Rechts- in eine Linkskurve:*
Die 1. Ableitung f' geht von streng monotonem Fallen in streng monotones Wachsen über. Der Graph von f' hat an der Wendestelle von f einen Tiefpunkt.

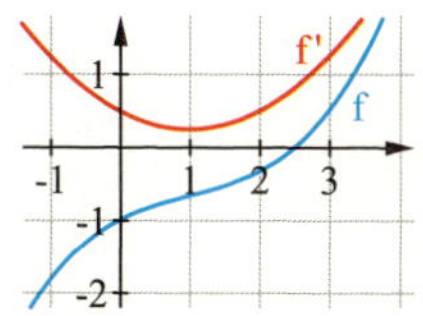

Wenden wir die Kriterien für relative Extremstellen auf die Ableitungsfunktion f' an, so erhalten wir den folgenden Satz:

Satz 8: *Kriterien für Wendestellen*

(a) *Notwendige Kriterien für Wendestellen*

(1) Wenn x_w eine Wendestelle von f ist, dann ist x_w eine Extremstelle von f'.

(2) Ist die Funktion f an der Stelle x_w zweimal differenzierbar, so gilt:
Wenn x_w eine Wendestelle der Funktion f ist, dann ist $f''(x_w) = 0$.

(b) *Hinreichende Kriterien für Wendestellen*

Kriterium mittels Vorzeichenwechsel von f'' bei x_w

(1) Ist die Funktion f in einer Umgebung der Stelle x_w zweimal differenzierbar, so gilt:
Wenn $f''(x_w) = 0$ und f'' an der Stelle x_w einen Vorzeichenwechsel hat, dann ist x_w Wendestelle der Funktion f.

Kriterium mittels $f'''(x_w) \neq 0$

(2) Ist die Funktion f in einer Umgebung der Stelle x_w dreimal differenzierbar, so gilt:
Wenn $f''(x_w) = 0$ und zugleich $f'''(x_w) \neq 0$ gelten, dann ist x_w Wendestelle von f.

(5) Sattelpunkte als spezielle Wendepunkte

Bereits im Unterkapitel 3.1 haben wir Sattelpunkte kennen gelernt als Punkte mit waagerechter Tangente, die weder Hoch- noch Tiefpunkte sind.
Jetzt können wir dies präzisieren:

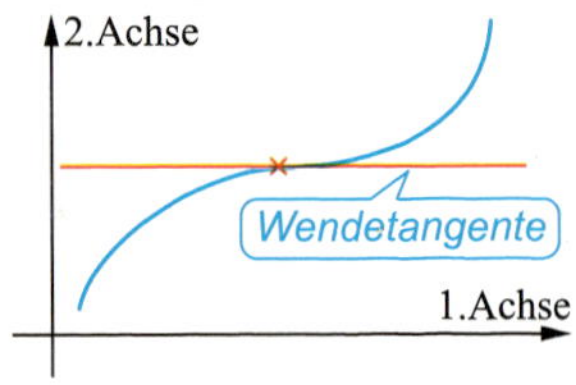

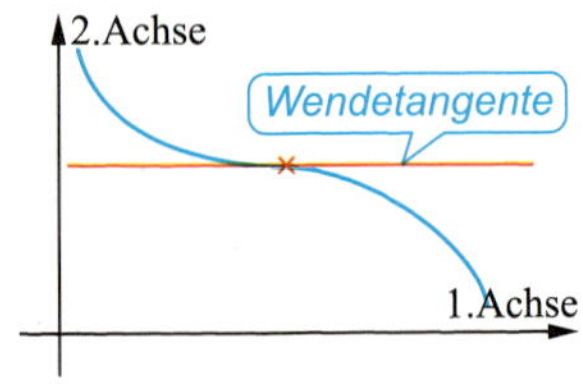

Definition 4

Ein **Sattelpunkt** ist ein Wendepunkt mit einer zur 1. Achse parallelen Tangente.

Eine Funktion hat also an den Stellen x_w genau dann einen Sattelpunkt, wenn x_w Wendestelle und zusätzlich $f'(x_w) = 0$ ist.

Aufgabe 1 *Bestimmen der Wendepunkte eines Funktionsgraphen mithilfe der Kriterien*

Gegeben ist die Funktion f mit $f(x) = 6x^5 - 21x^4 + 4x^3$.
Bestimme die Wendepunkte des Graphen von f. Überprüfe das Ergebnis gegebenenfalls mithilfe eines GTR.

Lösung *(1) Bestimmen möglicher Wendestellen mithilfe eines notwendigen Kriteriums*

$f(x) = 6x^5 - 21x^4 + 4x^3$ $\qquad f'(x) = 30x^4 - 84x^3 + 12x^2$

$f''(x) = 120x^3 - 252x^2 + 24x$ $\qquad f'''(x) = 360x^2 - 504x + 24$

Nach dem notwendigen Kriterium (2) von Satz 8 für Wendestellen liegen diese höchstens dort, wo die 2. Ableitung gleich 0 ist, also an den Stellen x mit
$f''(x) = 12x(10x^2 - 21x + 2) = 0$.

Diese Gleichung hat die Lösungen 0, $\frac{1}{10}$ und 2.

Ergebnis: Höchstens an den Stellen 0, $\frac{1}{10}$ und 2 können Wendestellen von f liegen.

(2) Mithilfe hinreichender Kriterien entscheiden, ob an den möglichen Stellen Wendepunkte vorliegen
Wir wenden eines der hinreichenden Kriterien (b)(1) und (b)(2) aus Satz 8 an:

Lösen mithilfe von f'''	*Lösen mithilfe des Vorzeichenwechselkriteriums von f''*
Es gilt: $f'''(0) = 24 \neq 0$ $f'''\left(\frac{1}{10}\right) = -22{,}8 \neq 0$ $f'''(2) = 456 \neq 0$	Es gilt: $f''(x) = 120x^3 - 252x^2 + 24x$ $= 120x \cdot (x-2) \cdot \left(x - \frac{1}{10}\right)$ siehe auch Seite 62 Da alle drei Nullstellen von f'' einfache Nullstellen sind, hat f'' an den Stellen 0; $\frac{1}{10}$ und 2 jeweils einen Vorzeichenwechsel.

Ergebnis: An den Stellen 0, $\frac{1}{10}$ und 2 liegen Wendepunkte vor.

(3) Bestimmen der Koordinaten der Wendepunkte
Es ist $f(0) = 0$, $f\left(\frac{1}{10}\right) = \frac{49}{25000} = 0{,}00196$ und $f(2) = -112$.

Ergebnis:
Wendepunkte des Graphen von f sind $W_1(0\,|\,0)$, $W_2\left(\frac{1}{10}\,\middle|\,\frac{49}{25000}\right)$ und $W_3(2\,|\,-112)$.

(4) Entscheiden, ob einer der Wendepunkte ein Sattelpunkt ist
Es ist $f'(0) = 0$, $f'\left(\frac{1}{10}\right) = \frac{39}{1000} \neq 0$ und $f'(2) = -144 \neq 0$.

Ergebnis:
Der Wendepunkt $W_1(0\,|\,0)$ ist auch ein Sattelpunkt.

GTR *(5) Überprüfung mithilfe eines GTR*
Ein erster Überblick über den Graphen von f stellt nicht alle Wendepunkte deutlich heraus: Lediglich der Wendepunkt an der Stelle 2 ist deutlich erkennbar.
Man gewinnt den falschen Eindruck, dass der Punkt $O(0\,|\,0)$ ein Hochpunkt sein könnte.

$-4 \le x \le 4$;
$-200 \le y \le 200$

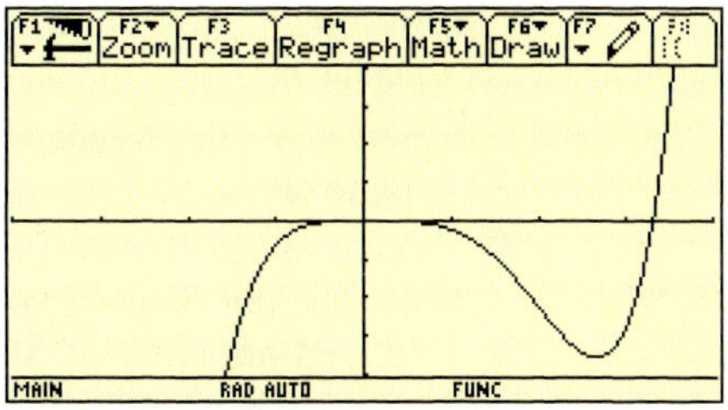

Daher zoomen wir das Bild in der Nähe des Ursprungs $O(0\,|\,0)$. Nunmehr sind der Sattelpunkt an der Stelle 0 und der Wendepunkt an der Stelle $\frac{1}{10}$ erkennbar.
Dafür ist der Wendepunkt $W_3(2\,|\,-112)$ aus dem Blickfeld verschwunden.

$-0{,}2 \le x \le 0{,}2$;
$-0{,}001 \le y \le 0{,}004$

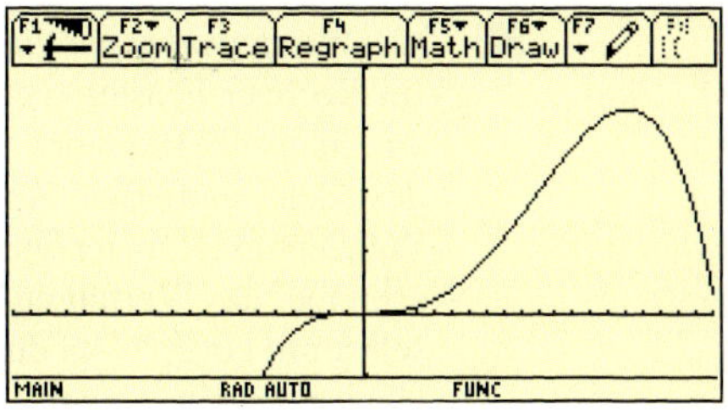

Weiterführende Aufgaben

2. *Notwendige bzw. hinreichende Kriterien für einen Sattelpunkt*

a) Gib ein notwendiges Kriterium für einen Sattelpunkt an.

b) Gib ein hinreichendes Kriterium für einen Sattelpunkt an.

c) Wende die Kriterien bei der Bestimmung des Sattelpunktes des Graphen der Funktion f mit $f(x) = x^3$ an.

3. *Umkehrung der notwendigen bzw. hinreichenden Kriterien für Wendestellen*

a) Zeige durch ein Gegenbeispiel, dass das notwendige Kriterium (a)(2) aus Satz 8 für Wendestellen nicht hinreichend ist.

b) Zeige durch ein Gegenbeispiel, dass das hinreichende Kriterium (b)(2) aus Satz 8 für Wendestellen nicht notwendig ist.

Nicht jeder Punkt $P(x_0 \mid f(x_0))$ mit $f'(x_0) = 0$, der kein Extrempunkt ist, ist schon ein Sattelpunkt.

4. *Nicht immer folgt aus $f'(x_0) = 0$, dass x_0 Extremstelle oder Sattelstelle ist.*

Die Funktion f ist gegeben durch $f(x) = \begin{cases} x^2 \cdot \sin\left(\frac{1}{x}\right) & \text{für } x \neq 0 \\ 0 & \text{für } x = 0 \end{cases}$

Zeige, dass $f'(0) = 0$ ist und dass der Punkt $O(0 \mid 0)$ weder ein Extrempunkt noch ein Sattelpunkt von f ist.

5. *Bestimmen der Wendepunkte einer Funktion mithilfe eines GTR oder CAS*

Gegeben ist die Funktion f mit $f(x) = \frac{1}{100}\left(x^4 + 4x^3 - 48x^2 + 600\right)$.

a) Mithilfe eines GTR erhält man die nebenstehende Darstellung des Graphen von f.
Welche Informationen lassen sich dem Graphen über die Existenz von Wendepunkten entnehmen? Stelle Vermutungen über die Lage der Wendepunkte auf.

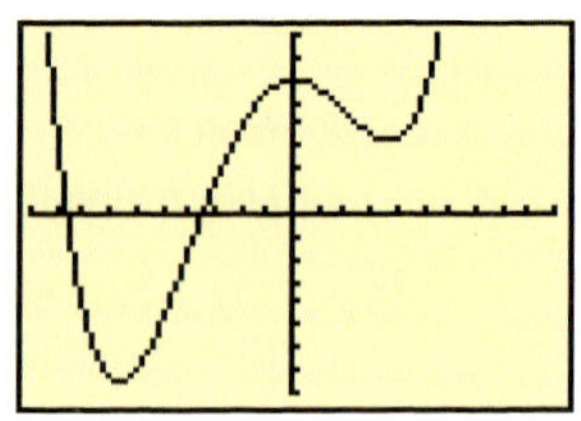

$-10 \leq x \leq 10;\ -8 \leq y \leq 8$

b) Begründe, dass die Funktion f genau zwei Wendepunkte hat.

c) Berechne alle Wendepunkte von f. Gehe dabei wie folgt vor:

GTR *(1) Wendepunkte mit einem GTR bestimmen*
Zeichne die Graphen von f und von f′ mithilfe eines GTR. Bestimme über die Befehle **Minimum** bzw. **Maximum** die Extrempunkte von f′ (siehe hierzu auch Aufgabe 6 auf Seite 147). Berechne anschließend die Koordinaten der Wendepunkte mit dem GTR. Überprüfe mit einem GTR auch den Vorzeichenwechsel bei $f''(x_e)$.

CAS *(2) Wendepunkte mit einem CAS bestimmen*
Im Rechner-Fenster rechts ist gezeigt, wie man mithilfe eines CAS die Wendestellen und die Koordinaten der Wendepunkte berechnen kann. Beschreibe das Verfahren und führe es selbst mit einem CAS durch.
Überprüfe mit einem CAS auch das Kriterium $f'''(x_e) \neq 0$.

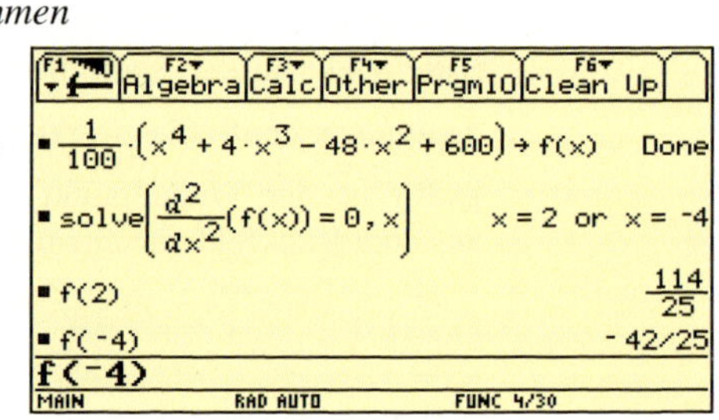

Information **Hinreichendes Kriterium für Wendestellen mittels der ersten von null verschiedenen Ableitung ungerader Ordnung**

Das hinreichende Kriterium mittels der 3. Ableitung für Wendestellen versagt bei den Funktionen f mit $f(x) = x^5$, $f(x) = x^7$, ...

Es gibt ein entsprechendes Kriterium zu Satz 6 auf Seite 164. Es gilt:

Satz 9: *Hinreichendes Kriterium für Wendestellen mittels $f^{(k)}(x_w) = 0$ für $k < n$ und $f^{(n)}(x_w) \neq 0$*

Ist die Funktion f in einer Umgebung U von x_w n-mal $(n > 2)$ differenzierbar, so gilt:

Wenn n ungerade ist und $f'(x_w) = f''(x_w) = \ldots = f^{(n-1)}(x_w) = 0$ und zugleich $f^{(n)}(x_w) \neq 0$ ist, dann hat der Graph an der Stelle x_w einen Wendepunkt.

Für $n \geq 3$ liegt dann an der Stelle x_w ein Sattelpunkt vor.

Übungsaufgaben

6.

Bestimme die Intervalle, in denen der Graph der Funktion f eine Linkskurve bzw. eine Rechtskurve bildet.

a) $f(x) = \frac{1}{3}x^3 - x$ **e)** $f(x) = \frac{1}{2}x^2 + \sin(x)$ **i)** $f(x) = (x-1)^3$

b) $f(x) = \frac{1}{4}x^4 - \frac{1}{2}x^2$ **f)** $f(x) = 3x - \frac{1}{2}\cos(x)$ **j)** $f(x) = x^5 - x^3 - 2x$

c) $f(x) = \frac{1}{2}x^2 - x + 2$ **g)** $f(x) = x^5 - 4x^3$ **k)** $f(x) = \frac{1}{4}x^4 - 9x^3 + 48x^2 + 3x - 1$

d) $f(x) = \frac{1}{4}(x-2)^4$ **h)** $f(x) = x^5$ **l)** $f(x) = x^4 + 3x^3 + \frac{15}{8}x^2 - 2x + 2$

7.

Bestimme die Intervalle, in denen der Graph von f eine Linkskurve [Rechtskurve] bildet.

a) $f(x) = \begin{cases} x^2 & \text{für } x < 0 \\ x^3 & \text{für } x \geq 0 \end{cases}$ **c)** $f(x) = \begin{cases} x^2 & \text{für } x > 0 \\ x^3 & \text{für } x \leq 0 \end{cases}$

b) $f(x) = \left|\frac{1}{4}x^4 - \frac{1}{2}x^2\right|$ **d)** $f(x) = \frac{1}{3}|x|^3 - 2|x|$

8. *Stelle mit $f''(x) = 0$ ohne Extrem- oder Wendepunkt des Funktionsgraphen*

Untersuche die Funktion mit $f(x) = x^4 - 4x$ auf relative Extremstellen und Wendestellen. Begründe, warum der Graph der Funktion f an der Stelle 0 trotz $f''(0) = 0$ keinen Wendepunkt hat. Untersuche dazu auch die Monotonie von f'' und zeige so, dass f' dort auch keine Extremstelle hat.

9. *Links- und Rechtskurve bei Geraden*

Ist eine Gerade eine Rechtskurve oder eine Linkskurve oder keines von beiden? Begründe.

10.

Eine Funktion f hat an der Stelle x_e eine Tangente parallel zur 1. Achse und der Graph bildet in einem Intervall, in dessen Innerem x_e liegt, eine Linkskurve [Rechtskurve]. Welche besondere Stelle ist x_e?

11.

Bestimme die Wendepunkte des Graphen der Funktion f. Gib an, ob ein Minimum oder ein Maximum der Steigung vorliegt. Prüfe auch, ob Sattelpunkte vorliegen.

a) $f(x) = x^2 + 3x - 4$

b) $f(x) = 2x + 1$

c) $f(x) = x^4 - 3x^3 - 2x^2$

d) $f(x) = x^4 + 3x$

e) $f(x) = x^4 + 3x^3 + 3x^2 + x$

f) $f(x) = x^3 - 2x^2 - 4x + 8$

g) $f(x) = x^4 + 2x^3 + 4x^2 + 8x - 7$

h) $f(x) = x^6 + x^4 + 2x + 1$

i) $f(x) = 2x^2 - \cos(x)$

j) $f(x) = 2\sin(x) + \frac{1}{2}\cos(x)$

k) $f(x) = -\frac{1}{4}x^2 + x - 3 + \sin(x)$

l) $f(x) = \left|\frac{1}{4}x^3 - 2x^2\right|$

12.

In der nebenstehenden Abbildung sind der Graph der Funktion f sowie der Graph der 1. Ableitung f′ dargestellt.
Ordne die Graphen f bzw. f′ zu und lies näherungsweise die Koordinaten der Extrem- und Wendepunkte von f ab.

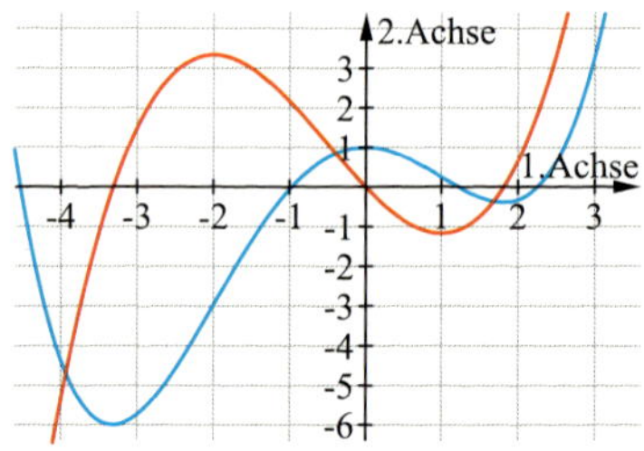

13.

In der nebenstehenden Abbildung ist der Graph der 1. Ableitung f′ einer Funktion f dargestellt.

a) Gib an, an welchen Stellen die Funktion f Extrempunkte bzw. Wendepunkte hat.

b) Der Graph der Ausgangsfunktion f verläuft durch den Koordinatenursprung. Skizziere den Graphen von f.

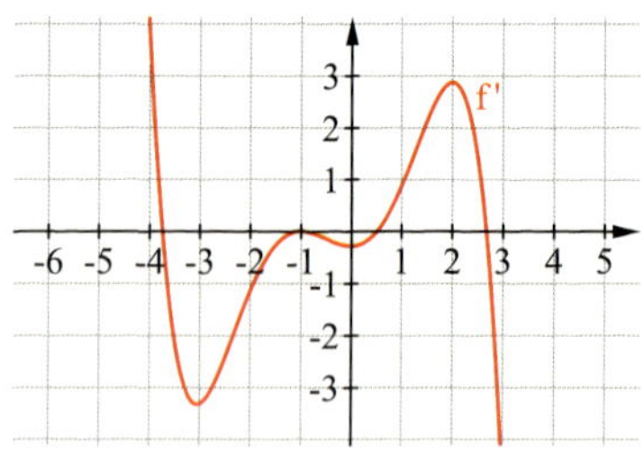

14.

Von einer Funktion f ist die zweite Ableitung f″ bekannt. Was lässt sich über Wendepunkte und Extrempunkte von f aussagen? Skizziere einen möglichen Verlauf des Funktionsgraphen.

a) $f''(x) = -x + 1$

b) $f''(x) = x^2 - 1$

15.

a) Der Funktionsgraph einer ganzrationalen Funktion f ist symmetrisch zum Koordinatenursprung $O(0|0)$.
Begründe, dass f an der Stelle 0 einen Wendepunkt hat.

b) Begründe, dass jede ganzrationale Funktion mit ungeradem Grad mindestens einen Wendepunkt hat.

16.

Gegeben ist die Funktion f mit $f(x) = x^4 - 12ax^2 + 6x + 4$ mit $a \in \mathbb{R}$.
Bestimme a so, dass die Funktion f zwei Wendepunkte [keinen Wendepunkt] hat.

17.

Skizziere den Graphen einer Funktion, die genau folgende charakteristische Punkte besitzt:

a) einen Wendepunkt, keinen Extrempunkt

b) einen Wendepunkt, einen relativen Hochpunkt und einen relativen Tiefpunkt

c) einen Wendepunkt, einen relativen Hochpunkt und keinen relativen Tiefpunkt

d) drei [zwei] Wendepunkte, keinen relativen Extrempunkt

e) zwei relative Tiefpunkte, einen relativen Hochpunkt, zwei Wendepunkte

f) einen relativen Tiefpunkt, keinen relativen Hochpunkt, zwei Wendepunkte

18.

Bestimme die Extrem- und Wendepunkte des Graphen von f. Gib die Gleichungen der Wendetangenten an und skizziere mit ihrer Hilfe den Graphen von f.

a) $f(x) = x^3 + 3x + 4$ **c)** $f(x) = \frac{1}{3}x^3 - 2x^2 + 5$ **e)** $f(x) = x^3 - 2x + 3$

b) $f(x) = \frac{1}{12}x^4 + 2x^2 + 5$ **d)** $f(x) = x^5 - \frac{10}{3}x^3 - 1$ **f)** $f(x) = -\frac{1}{6}|x|^3 + x^2 - 1$

GTR **19.**

Zeichne mithilfe eines GTR den Graphen von f und bestimme die Wendepunkte von f. Begründe die Anzahl der Wendepunkte.

a) $f(x) = x^4 - 8x^3 + 21x^2 - 20x + 4$ **c)** $f(x) = x^5 - \frac{10}{3}x^3 - \frac{20}{3}x^2$

b) $f(x) = 3x^5 + 10x^4 - 60x - 120$ **d)** $f(x) = 0{,}2x^5 - 0{,}425x^4 - 2{,}5x^2 + 8{,}5x - 6$

20.

Die Kostenfunktion K eines Betriebes ist gegeben durch:

$K(x) = \frac{1}{5000}x^3 - \frac{1}{50}x^2 + 4x + 200$

Die Grenzkostenfunktion ist die 1. Ableitung der Kostenfunktion.

a) Nimm Stellung zu folgender Aussage: „Die Grenzkosten geben an, um welchen Betrag sich die Gesamtkosten K(x) erhöhen, wenn die Produktionsmenge x um eine Einheit erhöht wird."

b) Bestimme das Minimum der Grenzkosten.

c) Die durchschnittlichen Stückkosten sind gegeben durch $\frac{K(x)}{x}$. Für welches x sind die durchschnittlichen Stückkosten minimal? Vergleiche mit dem Ergebnis aus Teilaufgabe b). Stelle gegebenenfalls die Grenzkostenfunktion und die Durchschnittskostenfunktion mithilfe eines GTR oder eines CAS dar.

21.

Gute oder schlechte Nachrichten? Erläutere die Aussagen mithilfe des Begriffs Wendepunkt anhand typischer Funktionsgraphen.

Die Zuwachsraten sinken

Der Aufschwung erlahmt

Eine Trendwende ist eingetreten

Die Talfahrt ist gebremst

selbst lernen

3.4 Ausführliche Untersuchung ganzrationaler Funktionen

Mithilfe der in den vorangehenden Unterkapiteln behandelten Sätze können wir nun den Verlauf eines Funktionsgraphen einer ganzrationalen Funktion vollständig untersuchen.

Die folgenden Aufgaben zeigen, wie man bei einer vollständigen Funktionsuntersuchung vorgeht. Die erste Aufgabe zeigt die Vorgehensweise, falls kein grafikfähiger Taschenrechner benutzt wird. Bei der zweiten Aufgabe werden dagegen die graphischen und rechnerischen Möglichkeiten eines GTR bei der Lösung der Aufgabe verwendet.

Aufgabe 1 *Funktionsuntersuchung ohne einen GTR*

Untersuche den Funktionsgraphen der Funktion f mit $f(x) = x^5 - \frac{15}{4}x^3$ auf

(1) Symmetrie,
(2) Verhalten für $x \to \infty$ und $x \to -\infty$,
(3) gemeinsame Punkte von Graph und Koordinatenachsen,
(4) Extrempunkte,
(5) Wendepunkte,
(6) Wertemenge.

Skizziere den Graphen von f.

Lösung Als ganzrationale Funktion hat f den Definitionsbereich $\mathbb{R}$.

1. Symmetrie	$f(x) = x^5 - \frac{15}{4}x^3$ Bei den Potenzen von x treten nur ungerade Exponenten auf. Der Graph von f ist also symmetrisch in Bezug auf den Koordinatenursprung $O(0\|0)$.	*Prüfen, ob nur gerade oder nur ungerade Exponenten von x auftreten*
$f(-x) = f(x)$ Symmetrie zur 2. Achse $f(-x) = -f(x)$ Symmetrie zum Ursprung Bei ganzrationalen Funktionen: Treten nur gerade (ungerade) Exponenten bei den Potenzen von x auf, so liegt Symmetrie in Bezug auf die 2. Achse (den Ursprung) vor.		
2. Verhalten für $x \to \infty$ und für $x \to -\infty$	$f(x) = x^5 \cdot \left(1 - \frac{15}{4x^2}\right)$ Für $x \to \infty$ und für $x \to -\infty$ strebt der Term in der Klammer gegen 1. Das Globalverhalten wird von x^5 bestimmt. Wenn $x \to \infty$, dann $f(x) \to \infty$. Wenn $x \to -\infty$, dann $f(x) \to -\infty$.	*Summand mit höchster Potenz von x ausklammern*
Bei einer ganzrationalen Funktion f mit $f(x) = a_n x^n + a_{n-1} x^{n-1} + \ldots + a_2 x^2 + a_1 x + a_0$, $a_n \neq 0$, entscheidet der Summand $a_n x^n$ über das Verhalten für $x \to \infty$ bzw. $x \to -\infty$.		
3. Gemeinsame Punkte von Graph und Koordinatenachsen	Die Gleichung $f(x) = x^5 - \frac{15}{4}x^3 = x^3 \cdot \left(x^2 - \frac{15}{4}\right) = 0$ liefert die Nullstellen 0; $-\sqrt{\frac{15}{4}} \approx -1{,}94$ und $\sqrt{\frac{15}{4}} \approx 1{,}94$. *Schnittpunkte mit der 1. Achse:* $P_1(0\|0), P_2\left(-\sqrt{\frac{15}{4}}\middle\|0\right), P_3\left(\sqrt{\frac{15}{4}}\middle\|0\right)$ $P_1(0\|0)$ ist gleichzeitig auch *Schnittpunkt mit der 2. Achse.*	*Kontrolle der Ergebnisse mithilfe der Punktsymmetrie des Graphen*
1. Achse: $P(x\|0)$; d.h. $f(x) = 0$, also sind die Nullstellen zu bestimmen. 2. Achse: $Q(0\|f(0))$, also ist $f(0)$ zu berechnen.		

selbst lernen

4. Extrempunkte		
(a) *Bestimmen möglicher Extremstellen* Es können höchstens dort relative Extremstellen vorliegen, wo die 1. Ableitung gleich 0 ist.	(a) $f'(x) = 5x^4 - \frac{45}{4}x^2 = 5x^2 \cdot \left(x^2 - \frac{9}{4}\right)$ Die Gleichung $f'(x) = 0$ hat die Lösungen 0; $-\frac{3}{2}$ und $\frac{3}{2}$. Höchstens an diesen Stellen können Extrempunkte liegen.	notwendiges Kriterium $f'(x) = 0$ anwenden
(b) *Prüfen, ob tatsächlich ein Hochpunkt oder ein Tiefpunkt vorliegt* Vorzeichenwechselkriterium oder hinreichendes Kriterium mittels der 2. Ableitung anwenden.	(b) $f''(x) = 20x^3 - \frac{45}{2}x$ $f''(0) = 0$: Das f''-Kriterium kann nicht angewendet werden. Daher ist noch keine eindeutige Aussage möglich. Wir vermuten, dass an der Stelle 0 ein Sattelpunkt vorliegt und führen die weitere Untersuchung an der Stelle 0 im Rahmen der Untersuchung der Wendepunkte fort. $f''\left(-\frac{3}{2}\right) = -\frac{135}{4} < 0$; $f\left(-\frac{3}{2}\right) = \frac{81}{16}$ $H\left(-\frac{3}{2}\middle\vert\frac{81}{16}\right)$ ist Hochpunkt. $f''\left(\frac{3}{2}\right) = \frac{135}{4} > 0$; $f\left(\frac{3}{2}\right) = -\frac{81}{16}$ $T\left(\frac{3}{2}\middle\vert -\frac{81}{16}\right)$ ist Tiefpunkt.	z. B. f''-Kriterium anwenden Prüfen, ob die Ergebnisse zum Globalverlauf, zur Symmetrie und zu den Nullstellen passen
5. Wendepunkte		
(a) *Bestimmen möglicher Wendestellen* Es können höchstens dort Wendestellen liegen, wo die 2. Ableitung gleich 0 ist.	(a) $f''(x) = 20x^3 - \frac{45}{2}x = 5x \cdot \left(4x^2 - \frac{9}{2}\right)$ Die Gleichung $f''(x) = 0$ hat die Lösungen 0; $-\sqrt{\frac{9}{8}}$ und $\sqrt{\frac{9}{8}}$. Höchstens an diesen Stellen können Wendepunkte liegen.	notwendiges Kriterium $f''(x) = 0$ anwenden
(b) *Prüfen, ob tatsächlich ein Wendepunkt vorliegt* Vorzeichenwechselkriterium oder hinreichendes Kriterium mittels der 3. Ableitung anwenden.	(b) $f'''(x) = 60x^2 - \frac{45}{2}$ $f'''(0) = -\frac{45}{2} \neq 0$; $f(0) = 0$ Der Punkt $P_1(0\vert 0)$ ist ein Sattelpunkt. $f'''\left(-\sqrt{\frac{9}{8}}\right) = 45 \neq 0$; $f\left(-\sqrt{\frac{9}{8}}\right) \approx 3{,}13$ $W_1(\approx -1{,}06 \vert \approx 3{,}13)$ ist Wendepunkt. $f'''\left(\sqrt{\frac{9}{8}}\right) = 45 \neq 0$; $f\left(\sqrt{\frac{9}{8}}\right) \approx -3{,}13$ $W_2(\approx 1{,}06 \vert \approx -3{,}13)$ ist Wendepunkt.	z. B. f'''-Kriterium anwenden Prüfen, ob die Ergebnisse zur Symmetrie, zu den Nullstellen und zu den Extrempunkten passen
6. Wertemenge		
Mithilfe der Extremstellen und des Verhalten von f für $x \to \infty$ bzw. $x \to -\infty$ lässt sich die Wertemenge W bestimmen.	Wegen $f(x) \to \infty$ für $x \to \infty$ und $f(x) \to -\infty$ für $x \to -\infty$ gilt: $W = \mathbb{R}$	

7. Graph	
Die ermittelten Punkte werden eingetragen. Da keine weiteren Nullstellen, Hoch- oder Wendepunkte vorliegen können, genügen diese Punkte, um den Graphen zu skizzieren.	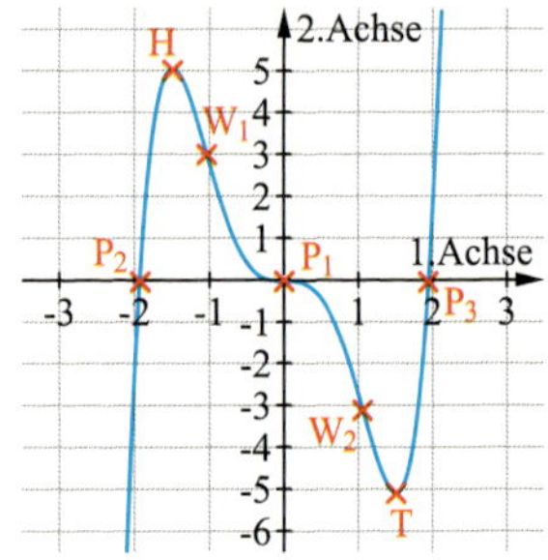

Aufgabe 2 *Funktionsuntersuchung mithilfe eines GTR*

GTR Gegeben ist die Funktion f mit $f(x) = \frac{1}{5}x^5 - \frac{1}{3}x^3 - x^2 - x - \frac{3}{10}$.

a) Zeichne den Graphen von f mithilfe eines GTR und stelle Vermutungen bezüglich der Anzahl und Lage von Nullstellen, Extrempunkten und Wendepunkten auf. Könnten diese Vermutungen auch falsch sein? Begründe.

b) Untersuche mithilfe eines GTR den Funktionsgraphen auf gemeinsame Punkte von Graph und Koordinatenachsen sowie auf Extrempunkte und Wendepunkte. Welche Schwierigkeiten gibt es, den Funktionsgraphen angemessen darzustellen?

Lösung

a) Betrachtet man den Graphen von f in verschiedenen Fenstereinstellungen des GTR, so scheint die nebenstehende Einstellung die charakteristischen Punkte des Funktionsgraphen gut darzustellen.

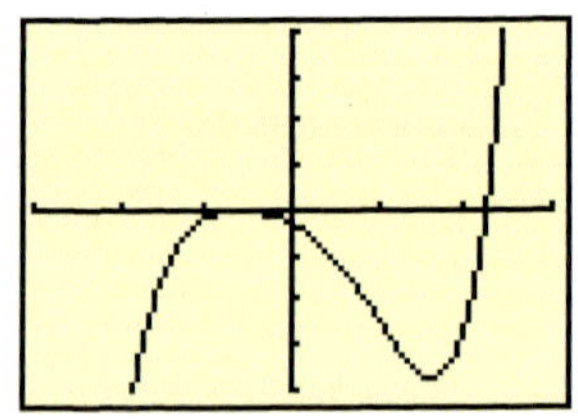

$-3 \le x \le 3;\ -4 \le y \le 4$

Die Abbildung legt folgende *erste Vermutungen* nahe:

- f könnte genau zwei Nullstellen haben, und zwar etwa an den Stellen $-0{,}6$ und 2,3. Dabei könnte die linke Nullstelle eine doppelte Nullstelle sein.
- Die Funktion könnte (genau) einen Hochpunkt und einen Tiefpunkt haben. Im Hochpunkt scheint der Funktionsgraph etwa an der Stelle $-0{,}6$ die 1. Achse zu berühren (doppelte Nullstelle). Der Tiefpunkt hat etwa die Koordinaten $(1{,}5 \mid -3{,}8)$.
- Schließlich scheint f genau einen Wendepunkt zu haben, näherungsweise mit den Koordinaten $(1 \mid -2{,}4)$.

Allerdings könnten diese Vermutungen auch falsch sein. Eine ganzrationale Funktion 5. Grades kann bis zu 5 Nullstellen haben. Es könnten weitere Nullstellen außerhalb der betrachteten Bereiche liegen. Entsprechendes gilt für die Extrempunkte und für die Wendepunkte. Eine ganzrationale Funktion 5. Grades kann bis zu 4 Extrempunkte und 3 Wendepunkte haben.

Schließlich kann man der Abbildung nicht sicher entnehmen, ob wirklich eine doppelte Nullstelle vorliegt. Daher betrachten wir mithilfe der ZOOM-Taste den Funktionsgraphen in der Nähe der vermeintlichen doppelten Nullstelle genauer. Hier zeigt bereits ein Detailausschnitt, dass der Funktionsgraph tatsächlich die 1. Achse weder schneidet noch berührt. Daher vermuten wir nunmehr, dass der Graph von f nur eine Nullstelle hat.

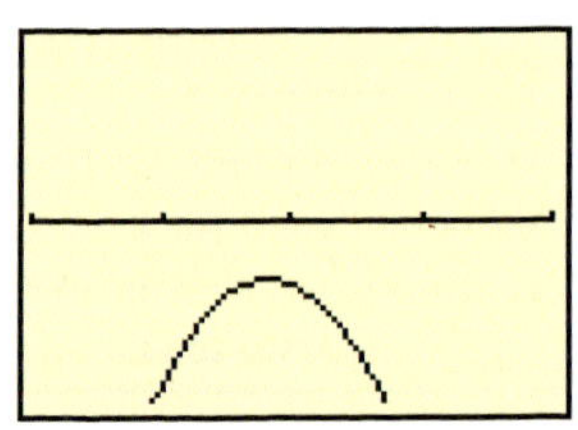

$-0{,}8 \le x \le -0{,}4;\ -0{,}01 \le y \le 0{,}01$

selbst lernen

b) Gemeinsame Punkte von Graph und Koordinatenachsen

Schnittpunkt mit der 2. Achse:

Wegen $f(0) = -0{,}3$ ist $P_0(0\,|\,-0{,}3)$ Schnittpunkt mit der 2. Achse.

Schnittpunkte mit der 1. Achse:

Der Graph von f schneidet die 1. Achse an den Nullstellen von f. Zur Bestimmung der Nullstellen rufen wir im **CALCULATE**-Menü den Befehl **zero** auf. Nachdem wir jeweils eine Abschätzung nach unten und nach oben für die vermutete Nullstelle eingegeben haben, lesen wir als Nullstelle näherungsweise den Wert 2,24 ab. Der Punkt $P_1(\approx 2{,}24\,|\,0)$ ist Schnittpunkt des Funktionsgraphen mit der 1. Achse.

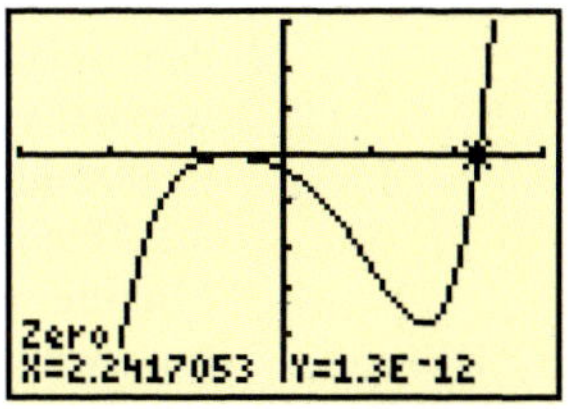

$-3 \le x \le 3;\ -5 \le y \le 3$

Kann es noch weitere Nullstellen von f geben?

Möglicherweise gibt es noch weitere Nullstellen von f. Dazu müsste aber die Funktion rechts von der Nullstelle $\approx 2{,}24$ oder links von der Stelle -1 ihr Monotonieverhalten ändern. Ändert sich das Monotonieverhalten nämlich nicht, so werden rechts von der Nullstelle $\approx 2{,}24$ die positiven Funktionswerte immer größer und können somit nicht den Wert 0 annehmen; die analoge Überlegung stellt man für das Verhalten links von der Stelle -1 an. Es müssen also, falls es außerhalb $[-1;\ \approx 2{,}24]$ noch Nullstellen geben sollte, außerhalb dieses Intervalls noch Extremstellen vorliegen. Daher bestimmen wir zunächst alle Extrempunkte von f.

Falls es weitere Nullstellen gibt, muss es auch weitere Extremstellen geben.

Extrempunkte

Zur Bestimmung der Extrempunkte rufen wir im **CALCULATE**-Menü den Befehl **minimum** bzw. den Befehl **maximum** auf. Nachdem wir die Befehle ausgeführt haben, können wir auf dem Display jeweils beide Koordinaten der gesuchten Extrempunkte ablesen.

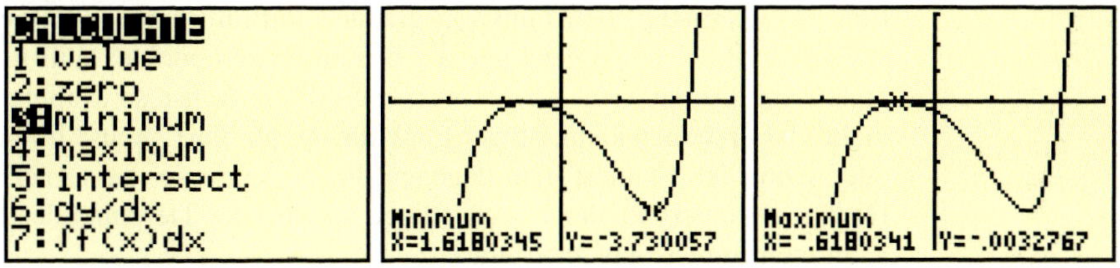

Wir erhalten als Ergebnis: $T(\approx 1{,}62\,|\approx -3{,}73)$ ist Tiefpunkt und $H(\approx -0{,}62\,|\approx -0{,}003)$ Hochpunkt des Graphen von f.

Kann es noch weitere Extrempunkte von f geben?

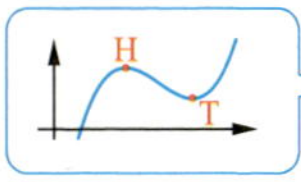

Dies ist möglich. Hierzu überlegen wir: Da der Funktionsgraph einer differenzierbaren Funktion in einer Umgebung eines Hochpunktes rechtsgekrümmt und in einer Umgebung eines Tiefpunktes linksgekrümmt ist, muss zwischen zwei benachbarten Extrempunkten einer ganzrationalen Funktion stets ein Wendepunkt liegen.

Falls es weitere Extremstellen gibt, muss es auch weitere Wendestellen geben.

Wenn die Funktion f noch weitere Extrempunkte außerhalb des Intervalls $[\approx -0{,}62;\ \approx 1{,}62]$ hat, dann muss es dort auch weitere Wendepunkte geben.

Daher lassen wir – analog wie bei der Nullstellenbestimmung – die Frage, ob es noch weitere Extrempunkte gibt, vorläufig offen und bestimmen zunächst alle Wendepunkte von f. (Die Analogie ergibt sich auch daraus, dass die Wendestellen von f Extremstellen von f'' sind.)

selbst lernen

Wendepunkte

notwendiges Kriterium

hinreichendes Kriterium

Da der GTR keinen direkten Befehl zur Bestimmung von Wendepunkten hat, suchen wir die möglichen Wendestellen von f unter den Extremstellen von f′. Anschließend prüfen wir am Graphen von f″, ob an den möglichen Wendestellen auch ein Vorzeichenwechsel von f″ vorliegt. Dazu definieren wir im Funktioneneditor des Rechners zusätzlich mit Y_2 bzw. Y_3 die Ableitungsfunktionen f′ bzw. f″.

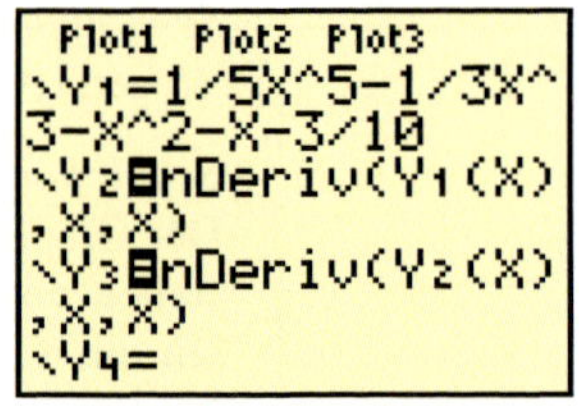

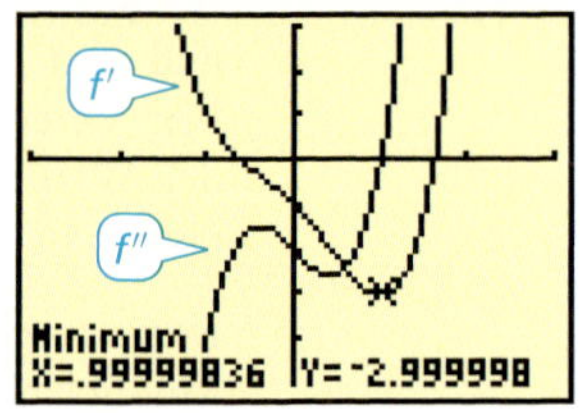

Mithilfe des Befehls **minimum** bestimmen wir näherungsweise 1 als Extremstelle von f′ und somit als mögliche Wendestelle von f. Am Graphen von f″ erkennen wir einen Vorzeichenwechsel an der Stelle 1. Somit ist 1 Wendestelle von f. Durch Eingabe von Y1(1) in den Rechner erhalten wir die Koordinaten des Wendepunktes $W(\approx 1 \mid \approx -2{,}43)$.

Kann es noch weitere Wendepunkte von f geben?

Jede Wendestelle von f muss eine Nullstelle der 2. Ableitung f″ sein. Wenn f″ noch eine weitere, in der obigen Abbildung des Graphen nicht erfasste Nullstelle hätte, würde das bedeuten, dass f″ mindestens 3 Extrema hätte. Da f″ aber eine ganzrationale Funktion 3. Grades ist, kann das nicht sein.

Es gibt also keine weiteren Wendepunkte.

Nun können wir auch die Fragen nach weiteren Extrempunkten und weiteren Nullstellen beantworten:

- Da die Funktion f nur *einen* Wendepunkt hat, sind die Punkte $T(1{,}62 \mid -3{,}73)$ und $H(-0{,}62 \mid -0{,}003)$ die einzigen Extrempunkte des Graphen von f.
- Hieraus ergibt sich: Der Punkt $P_1(2{,}24 \mid 0)$ ist einziger Schnittpunkt des Graphen von f mit der 1. Achse.

Eine Schwierigkeit, den Funktionsgraphen mithilfe eines GTR angemessen darzustellen, ergibt sich aus der Lage der beiden Extrempunkte: Will man beide Extrempunkte im Display erfassen, so muss man die 2. Achse so skalieren, dass man nicht mehr klar erkennen kann, ob der Funktionsgraph die 1. Achse im Hochpunkt berührt oder schneidet. Skaliert man dagegen die 2. Achse so, dass man erkennt, dass der Hochpunkt unterhalb der 1. Achse liegt, so wird der Tiefpunkt des Funktionsgraphen nicht mehr im Display angezeigt.

Wir fassen abschließend die wichtigsten Gesichtspunkte im Zusammenhang mit der Untersuchung einer Funktion mit dem GTR zusammen:

Information **(1) Dokumentation von Lösungen bei Verwendung des GTR**

- Der Lösungsweg muss deutlich erkennbar dargestellt werden.
- Die verwendeten GTR-Werkzeuge sollen in Kurzform aufgelistet werden.
- Ergebnisse und Begründungen sollen in vollständigen Sätzen formuliert werden.
- Die Graphen von Funktionen und Ableitungsfunktionen sollen sorgfältig vom Display des Rechners ins Heft übertragen werden.
- Beachte, dass mit dem GTR berechnete Punkte unter Umständen nur *näherungsweise* richtig sind.
- Die Lage charakteristischer Punkte muss eindeutig erkennbar sein. Benutze gegebenenfalls die Möglichkeit einer Wertetabelle.

selbst lernen

(2) Reihenfolge der Untersuchung der charakteristischen Punkte von f

Nicht immer zeigt der GTR alle Nullstellen, Extrempunkte und Wendepunkte einer zu untersuchenden Funktion an.

Bei einer ganzrationalen Funktion f kann man eine Aussage über die Anzahl der Nullstellen machen, wenn man die Extrempunkte von f kennt. Über die Anzahl der Extrempunkte von f kann man eine Aussage machen, wenn man die Wendepunkte von f kennt. Daher empfiehlt sich bei der Untersuchung einer ganzrationalen Funktion mit einem GTR folgende Reihenfolge für die Bestimmung der charakteristischen Punkte:

(1) Wendepunkte (2) Extrempunkte (3) Achsenschnittpunkte

(3) Anzahl der Nullstellen, Extrempunkte und Wendepunkte

Für eine ganzrationale Funktion f mit dem Grad n, $n \in \mathbb{N}$, $n \geq 2$ gilt:

Nullstellen: Die Funktion f hat höchstens n Nullstellen. Ist n eine ungerade Zahl, so hat f mindestens eine Nullstelle.

Extrempunkte: Die Funktion f hat höchstens $n-1$ Extrempunkte. Ist n eine gerade Zahl, so hat f mindestens einen Extrempunkt. Zwischen zwei Nullstellen liegt stets mindestens ein Extrempunkt.

Wendepunkte: Die Funktion f hat höchstens $n-2$ Wendepunkte. Ist n eine ungerade Zahl, so hat f mindestens einen Wendepunkt. Zwischen zwei Extrempunkten liegt stets mindestens ein Wendepunkt.

(4) Zusammenhang zwischen den Vorzeichen der Ableitungen und dem Monotonieverhalten, den Extrempunkten und dem Krümmungsverhalten

In der Übersicht sind die Graphen von f gezeigt.

	$f''(x) > 0$	$f''(x) < 0$	$f''(x_0) = \ldots = f^{(n-1)}(x_0) = 0$ und $f^{(n)}(x_0) \neq 0$, $n \geq 3$	
			n ungerade	n gerade
$f'(x) > 0$	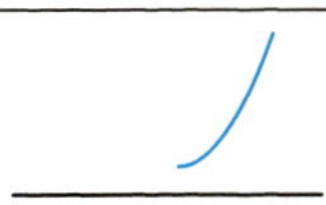 streng monoton steigend, linksgekrümmt	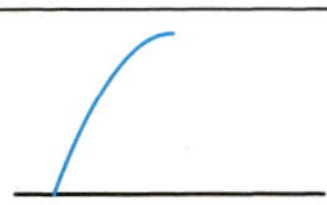 streng monoton steigend, rechtsgekrümmt	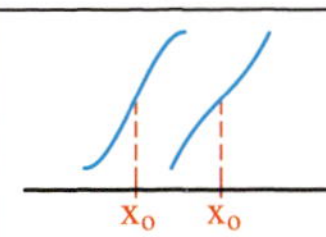 Wendepunkt	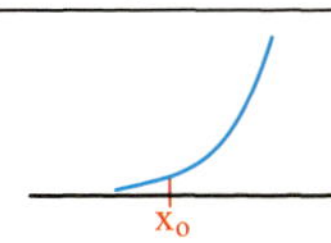 kein Wendepunkt
$f'(x) < 0$	 streng monoton fallend, linksgekrümmt	 streng monoton fallend, rechtsgekrümmt	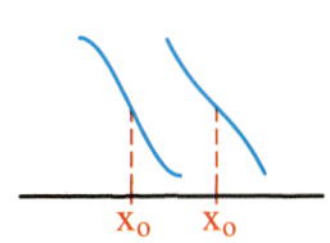 Wendepunkt	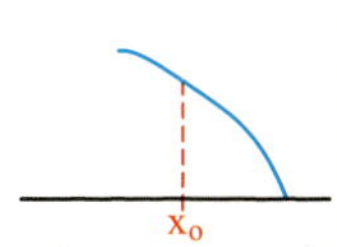 kein Wendepunkt
$f'(x_0) = 0$	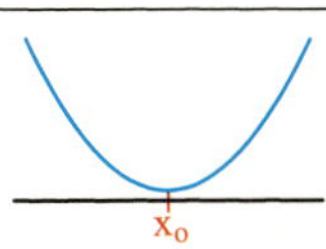 Tiefpunkt	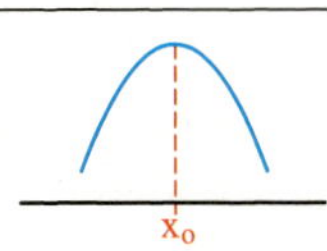 Hochpunkt	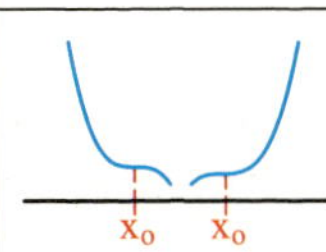 Sattelpunkt	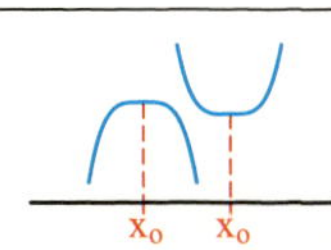 Hoch- bzw. Tiefpunkt

selbst lernen

Weiterführende Aufgabe

3. *Trotz GTR kann Rechnen sinnvoll sein*
Der Graph der Funktion f mit
$f(x) = 0{,}25\,x^4 - 0{,}07\,x^3 + 0{,}001\,x^2$
wurde mithilfe eines GTR gezeichnet.

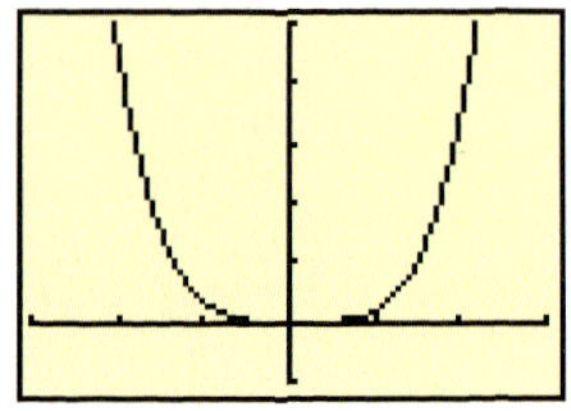

$-3 \le x \le 3;\ -1 \le y \le 5$

a) Stelle eine erste Vermutung über Extrem- und Wendepunkte auf und überprüfe die Vermutung, indem du den Graphen mit dem **ZOOM**-Menü detaillierter betrachtest.
Korrigiere gegebenenfalls die erste Vermutung.

b) Untersuche den Funktionsgraphen rechnerisch anhand geeigneter Kriterien. Was ergibt sich im Hinblick auf die Vermutungen aus Teilaufgabe a)?

Übungsaufgaben

4.
Untersuche den Graphen der Funktion f ohne Verwendung eines GTR.

a) $f(x) = x^3 + 3x^2 - 9x$
b) $f(x) = 2x^3 - 5x$
c) $f(x) = x^3 + 4x^2$
d) $f(x) = -2x^3 + 3x^2 + 12x - 13$
e) $f(x) = x^4 - 2x^2$
f) $f(x) = \frac{1}{4}x^4 - \frac{1}{3}x^3 - \frac{1}{2}x^2 + x$

5.
Untersuche den Graphen der Funktion f ohne Verwendung eines GTR.

a) $f(x) = x(x-4)^2$
b) $f(x) = (x-1)(x+2)(x+3)$
c) $f(x) = x^2(x-2)^2$
d) $f(x) = \frac{1}{3}(x^2-1)(x^2-4)$
e) $f(x) = x^3(1-x^2)$
f) $f(x) = (x^3-1)(x^3+1)$

6.

Überprüfe dein Ergebnis ggf. mit einem GTR

a) Gegeben ist eine ganzrationale Funktion f mit $f(x) = a\,x^3 + b\,x$ und $a, b \in \mathbb{R}$.
Skizziere in Abhängigkeit von a und b verschiedene Verläufe des Graphen von f.
Welche unterschiedlichen Typen gibt es?

b) Gegeben ist eine ganzrationale Funktion f mit $f(x) = a\,x^3 + b\,x^2$ und $a, b \in \mathbb{R}$.
Skizziere in Abhängigkeit von a und b verschiedene Verläufe des Graphen von f.
Welche unterschiedlichen Typen gibt es?

c) Skizziere alle Typen einer ganzrationalen Funktion 3. Grades.

7.
Gegeben ist die Funktion f mit
$f(x) = 0{,}25\,x^4 + x^3 - 4{,}5\,x^2$.
Das GTR-Fenster zeigt den nebenstehenden Ausschnitt des Funktionsgraphen.

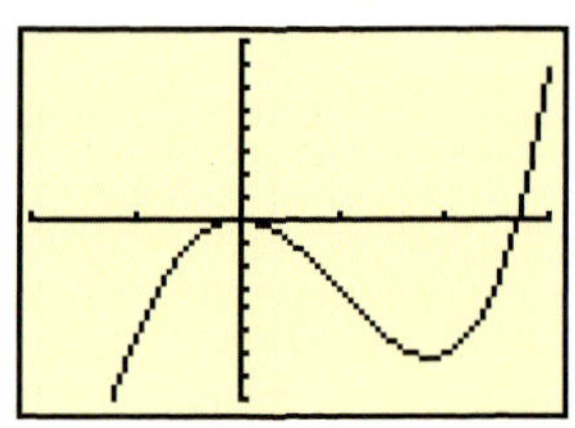

$-2 \le x \le 3;\ -8 \le y \le 8$

a) Begründe, dass die Funktion f genau drei Nullstellen und genau drei Extrempunkte hat.

b) Gib ohne zu rechnen an, wie viele Wendepunkte die Funktion f hat.

selbst lernen

8.

a) Gegeben ist die Funktion f mit $f(x) = x^3 + a x^2 + 4$ mit einem Parameter $a \in \mathbb{R}$. Bestimme a so, dass f keinen Extrempunkt [zwei Extrempunkte] hat.

b) Gegeben ist die Funktion f mit $f(x) = 2x^3 - (3a + 3)x^2 + ax$ und $a \in \mathbb{R}$. Für welche Werte von a liegt der Hochpunkt von f oberhalb der 1. Achse?

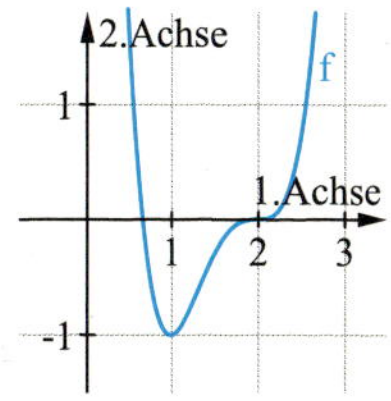

c) Der rechts abgebildete Funktionsgraph gehört zur Funktion f mit $f(x) = 3x^4 - (4a + 16)x^3 + (24a + 24)x^2 - 48ax + (32a - 16)$. Bestimme a.

9.

Welchen Grad hat die ganzrationale Funktion zum abgebildeten Graphen mindestens?

a)

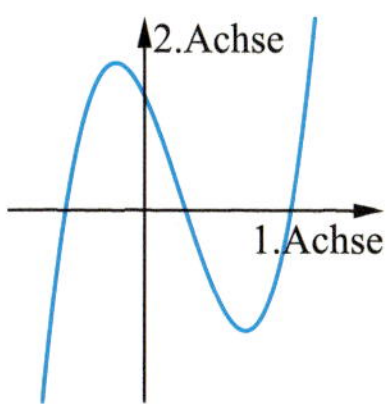

b)

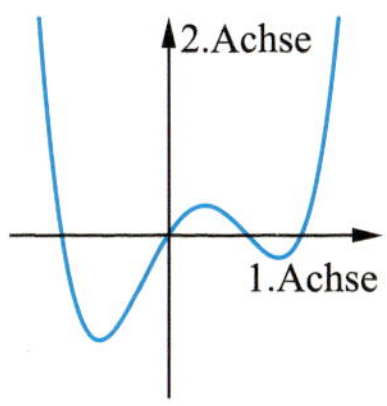

c)

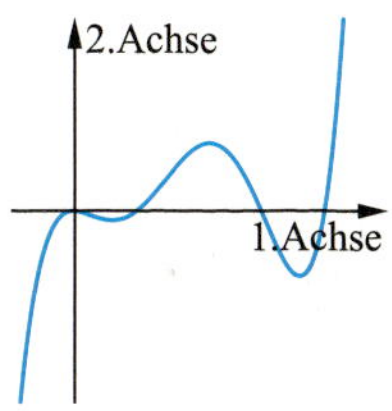

d)

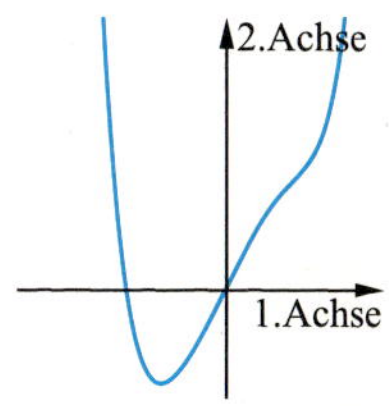

10.

Begründe oder widerlege:

a) Zwischen zwei Extrempunkten einer ganzrationalen Funktion liegt stets ein Wendepunkt.

b) Zwischen zwei Wendepunkten einer ganzrationalen Funktion liegt stets ein Extrempunkt.

c) Eine ganzrationale Funktion mit ungeradem Grad hat stets einen Wendepunkt.

d) Wenn der Graph einer ganzrationalen Funktion symmetrisch zur 2. Achse ist, dann liegt an der Stelle 0 ein Extrempunkt.

11.

Ordne die nachstehend abgebildeten Graphen begründet den Funktionen f, g und h zu:

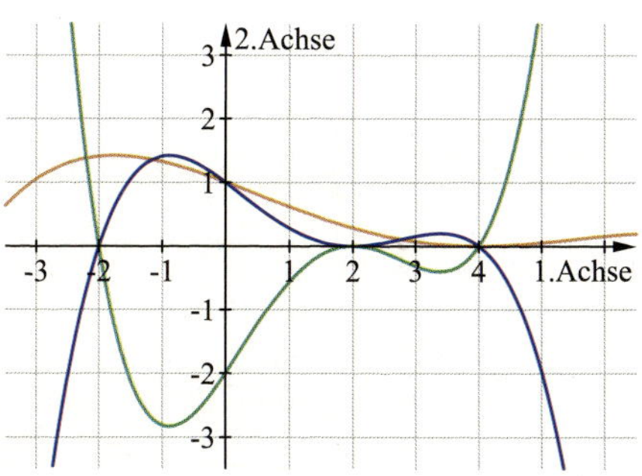

$$f(x) = \frac{1}{16}\left(x^4 - 6x^3 + 4x^2 + 24x - 32\right)$$

$$g(x) = \frac{1}{32}\left(-x^4 + 6x^3 - 4x^2 - 24x + 32\right)$$

$$h(x) = \frac{1}{512}\left(-x^4 + 12x^3 - 16x^2 - 192x + 512\right)$$

selbst lernen

GTR **12.**

Untersuche den Graphen von f mithilfe eines GTR.

a) $f(x) = x^4 - 4x^3 - 6x^2 + 12x - 4{,}3$

b) $f(x) = 0{,}2x^6 - 2{,}5x^4 + 3x^2 + 10$

c) $f(x) = 0{,}3x^4 - 0{,}84x^3 + 0{,}12x^2 - 1$

d) $f(x) = 0{,}1x^5 - 0{,}75x^4 + 8x^2 - 22{,}4$

13.

Der Graph der Funktion f mit $f(x) = x^4 - 6{,}8x^3 - 52x^2 + 530{,}4x$ wurde mithilfe eines GTR gezeichnet.

Es liegt die Vermutung nahe, dass ein Sattelpunkt vorliegt.

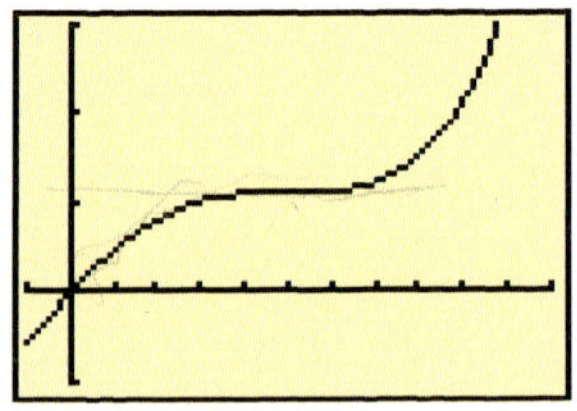

$-1 \leq x \leq 11;\ -1000 \leq y \leq 3000$

a) Untersuche den Funktionsgraphen rechnerisch ohne Zuhilfenahme eines GTR anhand geeigneter Kriterien.
Hinweis: Es ist $f'(x) = 0{,}4 \cdot (x^2 - 26)(10x - 51)$.

GTR **b)** Untersuche den Funktionsgraphen mithilfe eines GTR.

14.

Die Funktion f ist gegeben durch:
$f(x) = 0{,}1x^6 - 15{,}6x^5 + 75{,}25x^4 + 103x^3 - 606x^2 + 679{,}4x - 236{,}15$

a) Nimm Stellung zum rechts abgebildeten Ausschnitt des Graphen von f.

GTR **b)** Untersuche den Graphen von f mithilfe eines GTR.

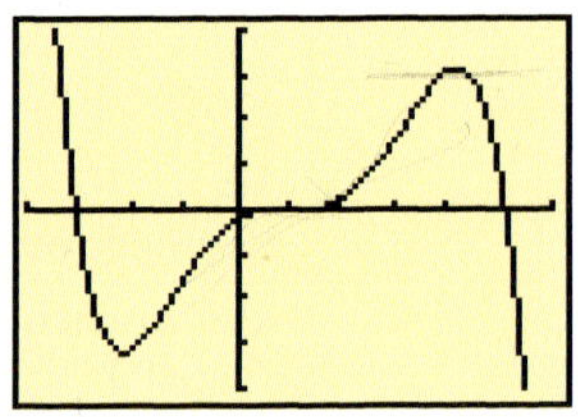

$-4 \leq x \leq 6;\ -4000 \leq x \leq 4000$

c) Vergleiche den Graphen von f mit dem Graphen von g mit:
$g(x) = -14{,}86x^5 + 74{,}3x^4 + 99x^3 - 594{,}3x^2 + 668{,}6x - 236{,}15$

GTR **15.**

Um den Graphen der Funktion f mit $f(x) = \frac{5}{1 + x^2}$ über dem Intervall $[-5; 5]$ näherungsweise durch eine ganzrationale Funktion zu beschreiben, soll als Näherungsfunktion eine ganzrationale Funktion g 5. Grades so gewählt werden, dass sie mit f in den Wertepaaren $(-5\,|\,f(-5))$, $(-2{,}5\,|\,f(-2{,}5))$, $(0\,|\,f(0))$, $(2{,}5\,|\,f(2{,}5))$ und $(5\,|\,f(5))$ übereinstimmt.

Diese Punkte nennt man Stützpunkte.

a) Zeige, dass $g(x) = \frac{10}{377}x^4 - \frac{645}{754}x^2 + 5$ Lösung ist. Zeichne die Graphen von f und g mithilfe des GTR in ein Koordinatensystem und beurteile die Eignung von g als Näherungsfunktion für f.

b) Die ganzrationale Funktion h wird so gewählt, dass sie einen möglichst kleinen Grad hat und ihr Graph als Stützpunkte die Punkte $P_1(-6\,|\,f(-6))$, $P_2(-5\,|\,f(-5))$, $P_3(-4\,|\,f(-4))$, $P_4(-3\,|\,f(-3))$, $P_5(-2\,|\,f(-2))$, $P_6(-1\,|\,f(-1))$, $P_7(0\,|\,f(0))$, $P_8(1\,|\,f(1))$, $P_9(2\,|\,f(2))$, $P_{10}(3\,|\,f(3))$, $P_{11}(4\,|\,f(4))$, $P_{12}(5\,|\,f(5))$ und $P_{13}(6\,|\,f(6))$ hat.
Zeige, dass
$h(x) = \frac{1}{327080}x^{12} - \frac{23}{81770}x^{10} + \frac{619}{65416}x^8 - \frac{5946}{40885}x^6 + \frac{42983}{40885}x^4 - \frac{27925}{8177}x^2 + 5$ ist,
und zeichne die Graphen von f und h mithilfe des GTR in ein Koordinatensystem.
Untersuche die Funktion h auf Extrempunkte.

selbst lernen

3.5 Vermischte Übungen

1.

a) Der Graph einer ganzrationalen Funktion f hat den Punkt $P\left(-3 \,\middle|\, -\frac{1}{2}\right)$ als Tiefpunkt und den Punkt $Q(4\,|\,2)$ als Hochpunkt. Außerdem ist der Punkt $R(0\,|\,0)$ Sattelpunkt. Skizziere einen möglichen Funktionsgraphen.

b) Skizziere den Graphen einer ganzrationalen Funktion f, die $R(0\,|\,0)$ als Sattelpunkt, $P\left(-3 \,\middle|\, -\frac{1}{2}\right)$ als Hochpunkt und $Q(4\,|\,2)$ als Tiefpunkt hat. Welchen Grad muss f mindestens haben?

2.

Skizziere den Graphen einer Funktion f, die den abgebildeten Graphen als Graph der Ableitungsfunktion f′ hat.

a)

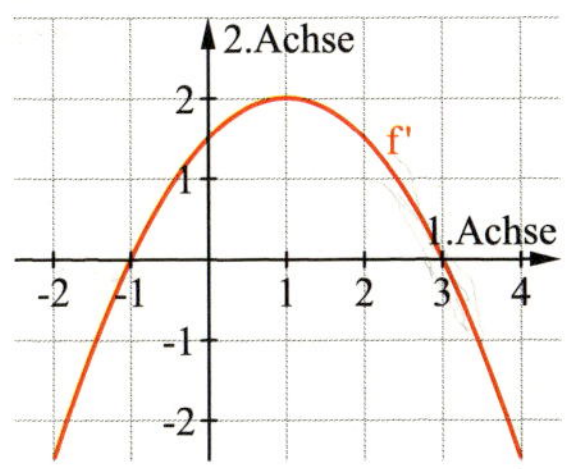

b)

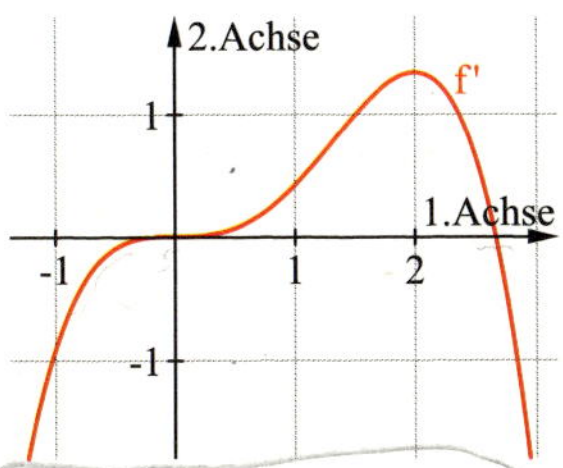

c)

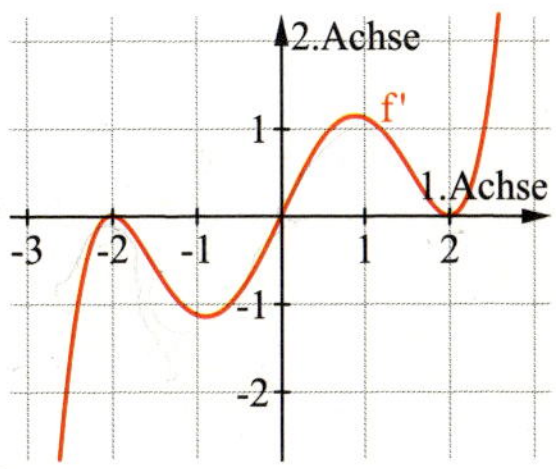

punktsymmetrisch → ungeraden Grades → ungerade Exponenten → Ableitung: nur gerade Exponenten

3.

a) Untersuche das Monotonieverhalten von f.

(1) $f(x) = 2x^3 - 9x^2 - 24x + 5$ (2) $f(x) = -\frac{3}{4}x^3 + \frac{7}{2}x^2 + 3x - 8$

b) Gib eine ganzrationale Funktion f an, die für $x < -3$ und für $x > 1$ monoton fällt und für $-3 \le x \le 1$ monoton steigt.

4.

Gib das Monotonieverhalten der Funktion f in Abhängigkeit vom Parameter $a \in \mathbb{R}$ an.

a) $f(x) = x^3 + ax$ **b)** $f(x) = 2x^3 - 3ax^2$ **c)** $f(x) = x^4 - 2a^2x^2 + a$

5.

Zeige, dass der Graph von f keine Extrempunkte hat.

a) $f(x) = 6x^5 - 15x^4 + 20x^3 - 12$ **b)** $f(x) = -3x^5 - 20x^3 - 45x + 15$ **c)** $f(x) = 2x^5 + \frac{10}{3}x^3 - 4$

6.

Es ist $f'(x) = (x-2)^7$.

a) Begründe, dass der Graph von f an der Stelle 2 einen Tiefpunkt hat.

b) Hat der Graph von f weitere Extrempunkte? Begründe.

c) Untersuche das Verhalten von g mit $g'(x) = (x-2)^n$ an der Stelle 2 in Abhängigkeit von $n \in \mathbb{N}$.

7.

Bestimme alle Extrempunkte von f.

a) $f(x) = 2x^3 + 3x^2 - 72x + 5$ **c)** $f(x) = 3x^4 - 4x^3 + 6x^2 - 12x - 8$ **e)** $f(x) = 6x^5 - 15x^4 + 10x^3 + 2$

b) $f(x) = \frac{1}{4}x^4 - \frac{3}{2}x^2 + \frac{2}{5}$ **d)** $f(x) = \frac{1}{2}x^4 - 2x^3 + 8x - 8$ **f)** $f(x) = \frac{3}{2}x^4 + x^3 - \frac{9}{2}x^2 + 3x - 1$

↓ achsensymmetrisch (Exponenten gerade!)

8.

Bestimme alle Extrempunkte von f.

a) $f(x) = x^4 - 4x^3 + 6x^2 - 4x + 1$ **b)** $f(x) = x^3 + 3x^2 + 3x + 5$ **c)** $f(x) = 10x^6 - 24x^5 + 15x^4 - 20$

9.

Finde einen möglichen Funktionsterm für den abgebildeten Funktionsgraphen. Überprüfe das Ergebnis mithilfe eines GTR oder CAS.

a) $f(x) = ax^3 + bx + c$

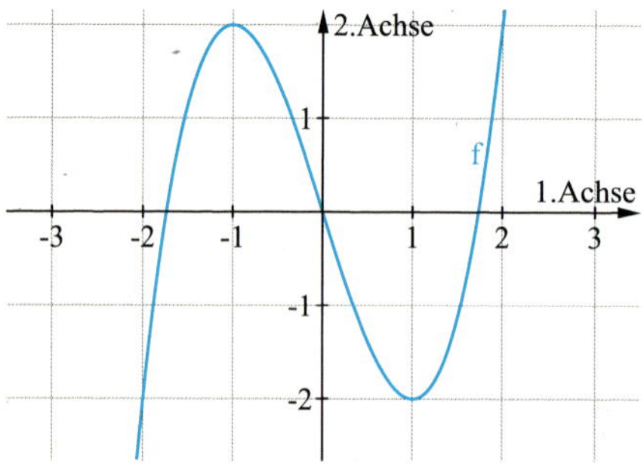

c) $f(x) = ax^3 + bx + c$

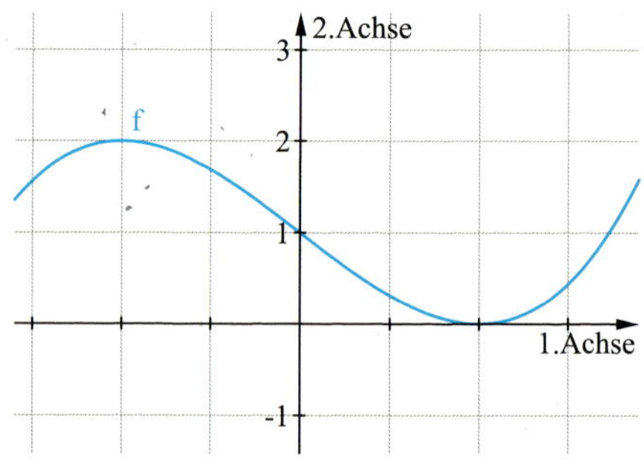

b) $f(x) = ax^4 + bx^2 + c$

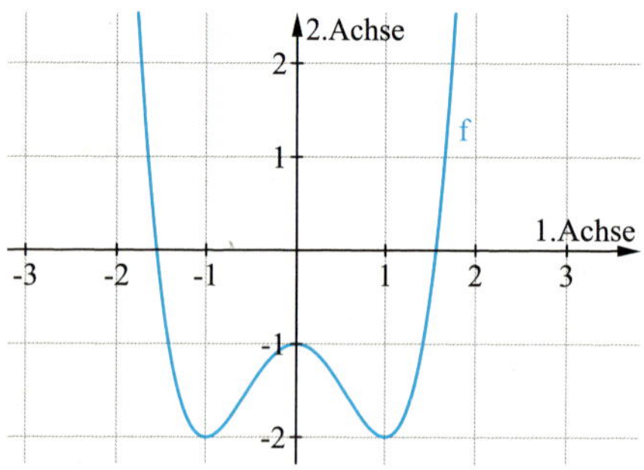

d) $f(x) = ax^4 + bx^3$

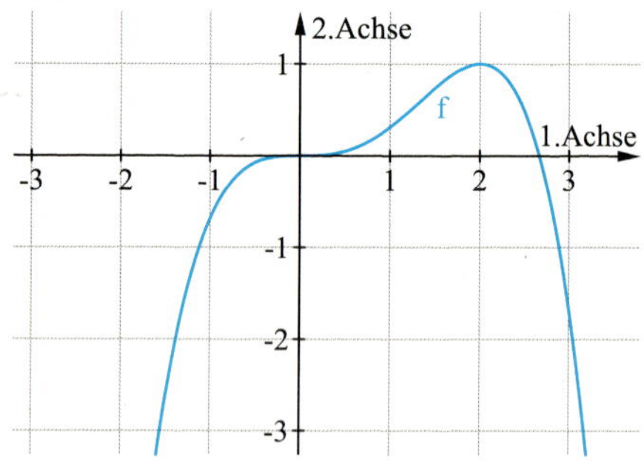

10.

Die Produktionskosten für die Herstellung eines Produktes lassen sich durch die Kostenfunktion K mit $K(x) = 0{,}01x^3 - 3x^2 + 500x + 10000$ angeben. Dabei ist x die Produktionsmenge pro Monat und K(x) ist in Euro angegeben. Der Marktpreis pro hergestellter Produktionseinheit beträgt 400 €.

Alle hergestellten Produktionseinheiten werden sofort verkauft.

a) Gib allgemein an, wie hoch der Gewinn pro Monat ist.

b) Für welche Produktionsmenge wird der Gewinn maximal?

c) Für welche Produktionsmengen ergibt sich ein Verlust?

d) Für welche Produktionsmenge werden die Grenzkosten (siehe S. 173, Aufgabe 20) minimal?

11.

Ein Ball wird im Punkt $P(0|2)$ abgeworfen und schlägt im Punkt $Q(40|0)$ auf.

a) Zeige, dass sich alle möglichen Flugbahnen mithilfe der Funktionsgleichungen $f(x) = kx^2 - \left(40k + \frac{1}{20}\right)x + 2$ beschreiben lassen.
Welche Einschränkungen muss man für k vornehmen?

b) An welcher Stelle wird jeweils das Maximum erreicht?

12.

Bestimme die Wendepunkte von f. Prüfe auch, ob Sattelpunkte vorliegen.
Überprüfe das Ergebnis gegebenenfalls mithilfe eines GTR.

a) $f(x) = x^3 - 4x^2 + 5x - 7$ **c)** $f(x) = x^4 + 2x^3 - 12x^2 + 24x + 24$ **e)** $f(x) = 3x^5 - 10x^4 + 60x - 12$

b) $f(x) = x^4 - 4x^3 + 8$ **d)** $f(x) = x^4 - 4x^3 + 6x^2 - 16x + 4$ **f)** $f(x) = x^2 - \frac{2}{x}$

13.

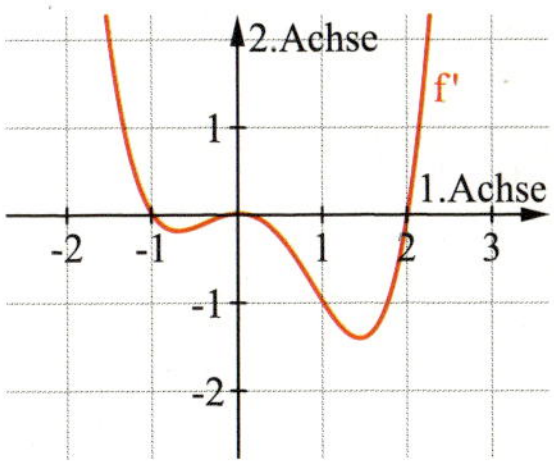

In der nebenstehenden Abbildung ist der Graph der 1. Ableitung f' einer Funktion f dargestellt.

a) Gib an, an welchen Stellen die Funktion f Extrempunkte bzw. Wendepunkte hat.

b) Der Graph der Funktion f verläuft durch den Koordinatenursprung. Skizziere den Graphen von f.

14.

Gegeben ist die Funktion f mit $f(x) = x^4 - 2ax^3 + 6x^2 - 5$ und $a \in \mathbb{R}$.

a) Für welche Werte von a hat die Funktion f keinen Wendepunkt [zwei Wendepunkte]?
Warum kann für keinen Wert von a die Funktion f genau einen Wendepunkt haben?

b) Für welche Werte von a hat die Funktion f genau einen Extrempunkt [drei Extrempunkte]?
Warum kann für keinen Wert von a die Funktion f genau zwei Extrempunkte haben?

15.

Untersuche den Graphen der Funktion f ohne Verwendung eines GTR oder CAS.

a) $f(x) = 2x^3 + 9x^2 - 24x - 4$ **b)** $f(x) = -x^4 + 4x^3 - 27$ **c)** $f(x) = \frac{1}{4}x^4 + x^3 + \frac{1}{2}x^2 - x + \frac{1}{4}$

GTR **16.**

Untersuche den Graphen der Funktion f mithilfe eines GTR oder CAS.

a) $f(x) = 2x^4 + 4x^3 - 9x^2 + 6x - 12$ **c)** $f(x) = x^5 - 4x^3 + 3x$

b) $f(x) = 0{,}6x^5 - 3{,}5x^4 + 4x^3 + 12x^2 - 22x$ **d)** $f(x) = (x^2 + 1)(x - 4)^3(x^2 + 2x - 1)$

GTR **17.**

Gegeben ist die Funktion f mit $f(x) = -x^4 + 6{,}4x^3 + 2x^2$.

a) Mifhilfe eines GTR erhält man die nebenstehende Darstellung des Graphen von f.
Nimm Stellung zum Verlauf.

b) Untersuche das Monotonieverhalten der Funktion f mithilfe des Monotoniesatzes.

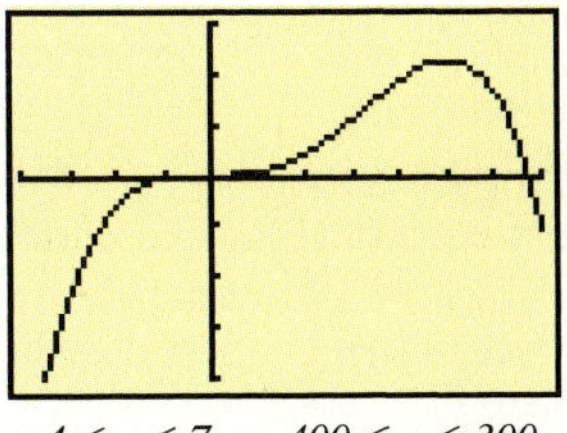

$-4 \le x \le 7;\ -400 \le y \le 300$

Blickpunkt

Produktionsfunktionen, Kostenfunktionen und Gewinnmaximierung

Unternehmen stellen ihre Produkte in der Regel unter Einsatz verschiedener Produktionsmittel wie beispielsweise Maschinen, Arbeit, Material, Energie her. Diese Produktionsmittel werden in den Wirtschaftswissenschaften als *Produktionsfaktoren* bezeichnet.

Wir wollen den Zusammenhang zwischen verschiedenen Produktionsfaktoren am Beispiel der Produktion von Weizen betrachten. Produktionsfaktoren, die in die landwirtschaftliche Herstellung von Weizen eingehen, sind Arbeit, Boden, Saatgut und Düngemittel. Für den Landwirt ist es wichtig zu wissen, wie er diese Produktionsfaktoren zur Herstellung einer bestimmten Weizenmenge kombinieren muss. Er muss wissen, welches Produktionsergebnis (Menge geernteten Weizens) er jeweils mit einer ganz bestimmten mengenmäßigen Kombination der einzelnen Produktionsfaktoren (Arbeitsstunden, Anbaufläche, eingesetzte Düngermenge, Saatmenge) erzielt. Dieser Zusammenhang wird durch die zugehörige Produktionsfunktion beschrieben:

Eine *Produktionsfunktion* gibt zu vorgegebenen Einsatzmengen $r_1, r_2, \ldots, r_n$ der Produktionsfaktoren (inputs) jeweils die (maximal) zugehörige Produktionsmenge x (output)[1] an: $x = f(r_1, r_2, \ldots, r_n)$

1.

Ein landwirtschaftlicher Betrieb will durch eine Intensivierung der Düngung die Getreideproduktion erhöhen. Dabei werden die weiteren Produktionsfaktoren nicht variiert; man spricht von partieller Faktorvariation.

Die nebenstehende Tabelle gibt an, wie sich dabei die Getreideproduktion in Abhängigkeit vom Düngemitteleinsatz verändert.

Düngermenge in kg pro ha	Ernteertrag dt (Dezitonne) pro ha
0	45,0
25	51,6
50	60,0
75	68,4
100	75,0
125	77,8
150	75,0

a) Zeige, dass sich die zugehörige Produktionsfunktion f wie folgt näherungsweise beschreiben lässt:

$$f(r) = -\frac{1}{50000}r^3 + \frac{3}{1000}r^2 + \frac{1}{5}r + 45$$

b) Untersuche den Graphen von f auf Extrem- und Wendepunkte und zeichne ihn für $0 \leq r \leq 150$.

c) Beschreibe anhand des Graphen der Produktionsfunktion, wie sich eine Erhöhung des Inputs auf den Output auswirkt. Gib eine mögliche Erklärung.

Information

Die Funktion f ist ein Beispiel für eine so genannte **ertragsgesetzliche Produktionsfunktion**.

Ein ertragsgesetzlicher Verlauf einer Produktionsfunktion ist im Wesentlichen dadurch gekennzeichnet, dass bei Zunahme des (partiell variierten) Produktionsfaktors der Gesamtertrag zunächst überproportional und später unterproportional steigt und schließlich sogar wieder abnehmen kann.

Ertragsgesetzliche Produktionsfunktionen sind die ältesten wirtschaftswissenschaftlich beschriebenen Produktionsfunktionen. Sie wurden bereits im 18. Jahrhundert im Hinblick auf landwirtschaftliche Produktionen beschrieben und später auch für andere Produktionen verwendet.

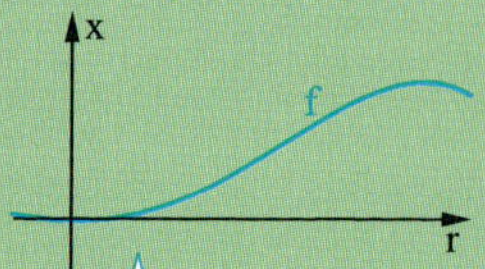

Charakterisiere den Verlauf einer ertragsgesetzlichen Produktionsfunktion anhand des Krümmungsverhaltens des Graphen

[1] Die Ausbringungsmenge wird in den Wirtschaftswissenschaften üblicherweise mit x bezeichnet. Hier ist also x eine abhängige Variable.

2.

Prüfe, ob die folgenden Produktionsfunktionen einen ertragsgesetzlichen Verlauf aufweisen.

a) $f(r) = -0{,}2r^3 + 2{,}4r^2 + 0{,}4r$ **b)** $f(r) = 0{,}1r^3 + 2{,}5r^2 + r$ **c)** $f(r) = 8r - 0{,}1r^2$

3.

Eine ertragsgesetzliche Produktionsfunktion, die von zwei Produktionsfaktoren abhängt, kann man als „Ertragsgebirge" darstellen.
Erkläre die nebenstehende Abbildung.

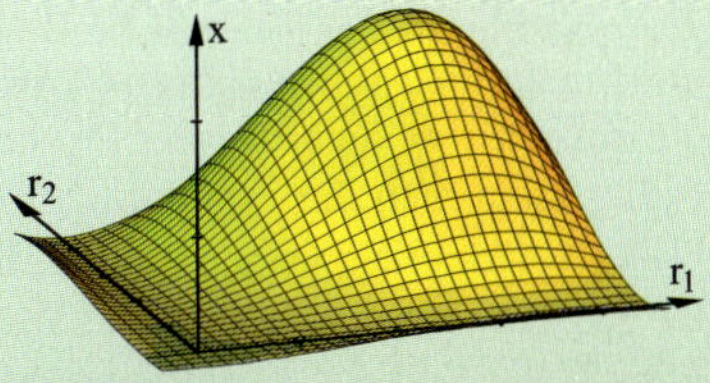

4.

Für eine Produktionsfunktion f, die nur von der Einsatzmenge r eines Produktionsfaktors abhängt, ist der *Grenzertrag* als die 1. Ableitung $f'(r)$ der Produktionsfunktion definiert.

Der *Durchschnittsertrag* ist das Verhältnis $\frac{f(r)}{r}$ der Ausbringungsmenge $f(r)$ zur Faktoreinsatzmenge r.

a) Erläutere die folgende Aussage: „Der Grenzertrag gibt den Produktionszuwachs an, wenn die Faktoreinsatzmenge minimal erhöht wird."

b) Zeige, dass die Funktion f mit $f(r) = -\frac{1}{10}r^3 + \frac{6}{5}r^2$ eine ertragsgesetzliche Produktionsfunktion ist.

Zeichne die Graphen der Produktionsfunktion f, der Grenzertragsfunktion und der Durchschnittsertragsfunktion in ein Koordinatensystem. Zeige, dass der Graph der Grenzertragsfunktion den Graphen der Durchschnittsertragsfunktion in dessen Hochpunkt schneidet.

c) Vergleiche anhand der nebenstehenden Abbildung für eine beliebige ertragsgesetzliche Produktionsfunktion f den Graphen der Grenzertragsfunktion mit dem der Durchschnittsertragsfunktion und begründe, dass der Graph der Grenzertragsfunktion durch den Hochpunkt der Durchschnittsertragsfunktion verläuft.

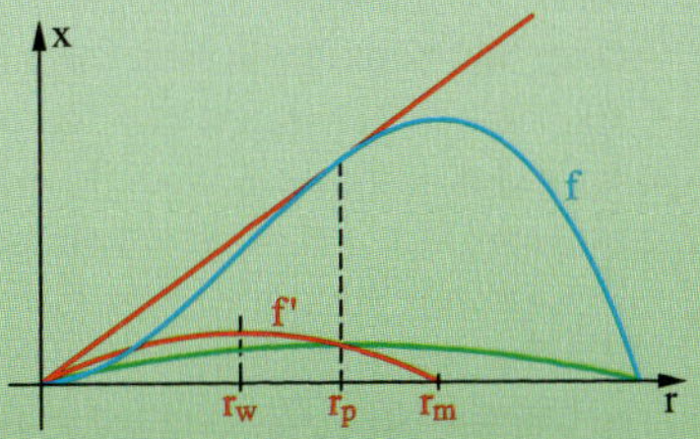

d) In der Abbildung zu Teilaufgabe c) bezeichnet r_w die Wendestelle von f, r_m die Extremstelle von f und r_p die Schnittstelle von Grenzertragsfunktion und Durchschnittsertragsfunktion. Beschreibe jeweils das Wachstum der Produktionsfunktion f für (1) $0 < r < r_w$ (2) $r_w < r_p$ (3) $r_p < r_m$ (4) $r_m < r$. Warum ist eine Faktoreinsatzmenge $r > r_m$ ökonomisch nicht mehr sinnvoll? Lohnt sich die Produktion noch für $r > r_w$ bzw. für $r > r_p$?

Lässt sich zu einer vorgegebenen Produktionsfunktion stets entscheiden, wie weit sich eine Ausweitung der Faktoreinsatzmenge(n) ökonomisch lohnt? Wie wir in der vorangegangenen Aufgabe gesehen haben, kann man für gewisse Bereiche sagen, dass eine Erhöhung der Faktoreinsatzmenge ökonomisch nicht sinnvoll ist: Werden die Grenzerträge negativ, so lohnt sich eine Ausweitung der Faktoreinsatzmenge nicht, weil die Produktionsmenge dann wieder kleiner wird.
Ob sich eine Erhöhung der Faktoreinsatzmenge lohnt, so lange die Grenzerträge positiv sind, lässt sich nicht ohne Weiteres beantworten. Zwar wächst bei positiven Grenzerträgen mit steigender Faktoreinsatzmenge auch die Produktionsmenge, aber *allein* die Höhe der Produktionsmenge ist im Allgemeinen nicht Entscheidungskriterium für den Umfang einer Produktion.

Villeroy & Boch Konzern Gewinn- und Verlustrechnung
für das Geschäftsjahr vom 1. Januar bis 31. Dezember 2002

	2002 TEuro	2001 TEuro
Umsatzerlöse	977.452	975.192
Einstandskosten der verkauften Waren	−591.092	−576.765
Bruttoergebnis vom Umsatz	386.423	398.427
Vertriebs-, Marketing- und Entwicklungskosten	−298.034	−305.960
Allgemeine Verwaltungskosten	−53.636	−53.029
Abschreibungen auf Geschäfts- oder Firmenwerte	−4.393	−4.222
Sonstige betriebliche Aufwendungen/Erträge	−6.465	−8.851
Beteiligungsergebnis	−3.152	617
Betriebliches Ergebnis (EBIT)	27.047	26.982
Zinsergebnis	−13.418	−11.804
Ergebnis vor Steuern	13.629	15.178
Steuern vom Einkommen und vom Ertrag	−3.345	−5.586
Jahresüberschuss	10.284	9.592
Anteile anderer Gesellschafter	−253	−146
Konzernergebnis	10.031	9.446

In der Regel ist der erwartete *Gewinn* dafür entscheidend, wie viel mit welchem Einsatz von Produktionsfaktoren hergestellt wird. Der Gewinn ergibt sich als Differenz zwischen den Erlösen für die verkauften Produkte und den Kosten für die Produktion.
Die Kosten einer Produktion hängen einerseits von der Produktionsmenge x ab. Andererseits fallen bei den meisten Betrieben auch Kosten an, die (kurzfristig) davon unabhängig sind, wie hoch die Produktionsmenge ist, beispielsweise Mieten, Zinsen, Gehälter. Diese Kosten nennt man *Fixkosten*; soweit die Kosten von der Höhe der Produktion abhängen, bezeichnet man sie als *variable Kosten.*
Daher kann man die Kostenfunktion K zerlegen in $K(x) = k(x) + K_f$, wobei x die Produktionsmenge, $k(x)$ die variablen Kosten und K_f die Fixkosten bezeichnen.
Ob Kosten als fix oder variabel anzusehen sind, hängt davon ab, welchen Zeithorizont man unterstellt. *Langfristig* sind alle Kosten variabel.

5.
Der Verlauf einer Kostenfunktion K hängt wesentlich vom Verlauf der zugehörigen Produktionsfunktion ab. Eine zu einer ertragsgesetzlichen Produktionsfunktion gehörende Kostenfunktion hat den in der nebenstehenden Abbildung dargestellten „S“-förmigen Verlauf.

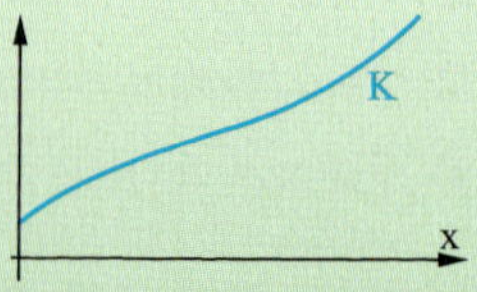

a) Beschreibe den Verlauf einer ertragsgesetzlichen Kostenfunktion.

b) Kann x beliebig groß werden? Wie könnte man den überproportionalen Anstieg der Produktionskosten für große x erklären?

In den Wirtschaftswissenschaften wird eine so genannte *ertragsgesetzliche Kostenfunktion* K eines Betriebes häufig durch eine ganzrationale Funktion beschrieben. Dabei gibt $K(x)$ die Kosten für die Produktionsmenge x an. Es müssen folgende Bedingungen erfüllt sein:
(1) K ist für $x \geq 0$ monoton steigend.
(2) K besitzt für $x \geq 0$ keine Extremwerte.
(3) K besitzt im 1. Quadranten einen Wendepunkt mit Übergang von Rechts- in Linkskrümmung.
(4) Es ist $K(0) \geq 0$.

6.

a) Prüfe, ob eine der Bedingungen (1)–(4) schon in den anderen enthalten ist. Kann man die Bedingungen teilweise zusammenfassen?

b) Überprüfe, ob die Kostenfunktion K ertragsgesetzlich ist.
(1) $K(x) = 0{,}2x^3 - 8x^2 + 150x + 30$
(2) $K(x) = 0{,}2x^3 - 8x^2 + 100x + 30$
(3) $K(x) = 0{,}2x^3 + 2x^2 + 150x + 30$
(4) $K(x) = -0{,}2x^3 + 8x^2 + 150x + 30$

c) Welchen Grad muss eine Kostenfunktion K, die die Bedingungen (1)–(4) erfüllt, mindestens haben? Gib eine Funktion an, die diese Bedingungen erfüllt.

7.
Für eine Kostenfunktion K sind die *Grenzkosten* als die 1. Ableitung $K'(x)$ definiert. Unter den *Durchschnittskosten* versteht man das Verhältnis $\frac{K(x)}{x}$ der Gesamtkosten zur Produktionsmenge.

a) Erläutere die folgende Aussage:
„Die Grenzkosten geben den Kostenanstieg an, wenn die Produktionsmenge minimal erhöht wird.“

b) Zeige, dass die Funktion K mit $K(x) = x^3 - 15x^2 + 125x + 75$ eine ertragsgesetzliche Kostenfunktion ist. Zeichne die Graphen der Kostenfunktion K, der Grenzkostenfunktion K′ und der Durchschnittskostenfunktion in ein Koordinatensystem und zeige, dass die Grenzkostenfunktion die Durchschnittskostenfunktion in deren Tiefpunkt schneidet.

c) Begründe für eine beliebige ertragsgesetzliche Kostenfunktion K, dass die Grenzkostenfunktion die Durchschnittskostenfunktion in deren Minimum schneidet.

Die Produktionsmenge, für die die Gesamtstückkosten minimal werden, nennt man Betriebsoptimum.

Der Gewinn, den ein Unternehmen aus einer Produktion erzielt, hängt einerseits von den Produktionskosten ab, andererseits aber auch von den Verkaufserlösen, die das Unternehmen beim Verkauf der Produktion erzielt. Für viele Unternehmen ist es dabei nicht möglich, den Verkaufspreis von sich aus zu beeinflussen. Das kann beispielsweise daran liegen, dass das Angebot des einzelnen Unternehmens im Hinblick auf die vielen konkurrierenden Mitanbieter sehr gering ist. Für diese Unternehmen ist der Preis p, den sie für eine verkaufte Produktionseinheit erzielen, fest vorgegeben. Man bezeichnet solche Unternehmen als *Preisnehmer* oder auch als *Mengenanpasser*, da sie nur ihre Produktionsmenge variieren können.
Für den Gewinn G(x) in Abhängigkeit von der Produktionsmenge x eines Mengenanpassers ergibt sich also: $G(x) = p \cdot x - K(x)$. Dabei wird unterstellt, dass die gesamte Produktionsmenge x vollständig verkauft wird und pro Einheit der Preis p erzielt wird.

8.
Begründe mathematisch und auch ökonomisch:

Ein Mengenanpasser erreicht sein Gewinnmaximum dann, wenn die Grenzkosten $K'(x)$ gleich dem Marktpreis p sind.

9. *Gewinnmaximierung*

Die Kostenfunktion K eines Unternehmens ist gegeben durch $K(x) = 0{,}001\,x^3 - 1{,}5\,x^2 + 1170\,x + 200\,000$. Der Marktpreis beträgt 1500 Euro pro Produktionseinheit. Es können maximal 2000 Produktionseinheiten pro Monat verkauft werden.
Welche Menge x muss das Unternehmen monatlich herstellen, wenn der Gewinn maximiert werden soll?

Information *Kritische Anmerkung zum Realitätsbezug von ertragsgesetzlichen Produktions- bzw. Kostenfunktionen*

Für ertragsgesetzliche Produktionsfunktionen und die zugehörigen Kostenfunktionen gelten relativ enge Anwendungsvoraussetzungen. So wird unterstellt, dass nur ein Produkt in einem einstufigen Produktionsprozess hergestellt wird und dass die Einsatzmenge der Produktionsfaktoren beliebig teilbar und variierbar ist. Außerdem wird bei mehreren Produktionsfaktoren unterstellt, dass diese gegenseitig substituierbar sind, d. h., dass man eine Verringerung der Einsatzmenge eines Produktionsfaktors durch eine Erhöhung der Einsatzmengen der anderen Produktionsfaktoren ausgleichen kann. Reale Produktionszusammenhänge sind im Allgemeinen viel komplexer.
Die Bedeutung von ertragsgesetzlichen Produktionsfunktionen und zugehörigen Kostenfunktionen liegt vor allem darin, dass sie modellhaft ökonomische Zusammenhänge verdeutlichen, etwa zwischen Grenzertrag und Durchschnittsertrag oder zwischen Grenz- und Durchschnittskosten.

Fragen zum Basiswissen

- Definiere die Begriffe Extremstelle sowie Hochpunkt und Tiefpunkt. (S. 144)
- Wie lautet das notwendige Kriterium für Extremstellen? Wie kann man mithilfe des notwendigen Kriterums mögliche Extremstellen berechnen? (S. 145)
- Welche Zusammenhänge zwischen dem Monotonieverhalten einer Funktion und dem Vorzeichen der 1. Ableitung präzisiert der Monotoniesatz? (S. 152 und 154)
- Wie lautet das Vorzeichenwechselkriterium für relative Extremstellen? Wie kann man damit entscheiden, ob an einer möglichen Extremstelle ein Hochpunkt oder ein Tiefpunkt vorliegt? (S. 158)
- Wie lautet das hinreichende Kriterium für Extremstellen mittels der 2. Ableitung? Wie kann man damit entscheiden, ob an einer möglichen Extremstelle ein Hochpunkt oder ein Tiefpunkt vorliegt? (S. 162 ff.)
- In welchen Fällen versagt das hinreichende Kriterium für Extremstellen mittels der 2. Ableitung? Wie kann man in einem solchen Fall vorgehen? (S. 163 f.)
- Erkläre die Begriffe *notwendige Bedingung* und *hinreichende Bedingung* anhand eines Beispiels. (S. 147 und 161)
- Was versteht man unter einer Rechts- bzw. Linkskurve? (S. 167)
- Was ist ein Wendepunkt? Welche Kriterien zur Bestimmung eines Wendepunktes gibt es? (S. 167 ff.)
- Was ist ein Sattelpunkt, wie erkennt man ihn? (S. 168 ff.)
- Was kann man über den Zusammenhang zwischen dem Grad einer ganzrationalen Funktion und der Anzahl der möglichen Nullstellen [Extremstellen, Wendestellen] aussagen? (S. 179)

Aufgaben zum Basiswissen

Lösungen zum Klausurtraining im Anhang

1.
Bestimme die Nullstellen der Funktion f mit $f(x) = x^3 + 3x^2 - x - 3$.
Skizziere den Graphen von f.
Was lässt sich über die Anzahl der Extrempunkte und über die Anzahl der Wendepunkte von f sagen?

2.
a) Gegeben ist die Funktion f mit $f(x) = x^3 - 12x$.
Bestimme die Gleichung der Tangente an den Graphen von f im Hochpunkt.
Berechne alle Schnittpunkte dieser Tangente mit dem Graphen von f.

b) Gegeben ist die Funktion f mit $f(x) = x^3 - ax$ und $a \in \mathbb{R}$.
Für welche Werte von a besitzt der Graph von f Extrempunkte?
Bestimme für diese Werte von a die Gleichung der Tangente an den Graphen von f im Hochpunkt.
Berechne alle Schnittpunkte dieser Tangente mit dem Graphen von f. Was fällt auf?

3.
Gegeben ist die Funktion f mit $f(x) = x^3 - 6x^2 + 3ax + 4$ und $a \in \mathbb{R}$.
Untersuche, für welche Werte von a die Funktion f Extrempunkte hat.

4.
Prüfe ohne Verwendung eines GTR oder CAS anhand der Extrempunkte, ob der Graph zum jeweiligen Funktionsterm f(x) passt.

a) $f(x) = -2x^3 - 3x^2 + 12x + 6$

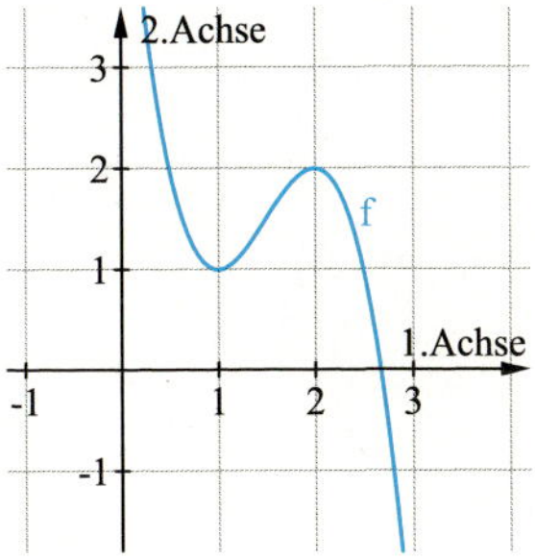

b) $f(x) = \frac{3}{16}x^4 + \frac{7}{4}x^3 + \frac{15}{4}x^2$

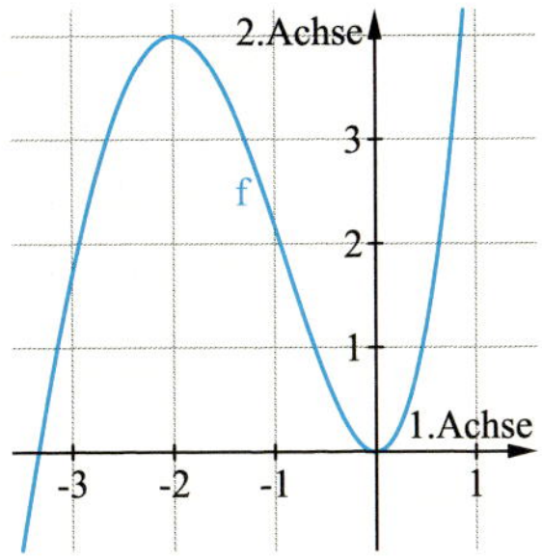

5.
Untersuche den Graphen der Funktion f mit $f(x) = x^5 - 10x^3 + 25x$ ohne Verwendung eines CAS oder eines GTR.

Komplexe Aufgaben

1.
Bestimme die Extremstellen der Funktion f mithilfe geeigneter Kriterien.

a) $f(x) = x^3 - 6x^2 + 12x - 8$ **b)** $f(x) = x^4 + 4x^3 - 8x^2 + 8$ **c)** $f'(x) = \left(x - \frac{1}{2}\right)^5$

2.
Bestimme $a \in \mathbb{R}$ so, dass die Funktion f mit $f(x) = 4x^3 - 9ax^2 + 6a^2x + 24$ an der Stelle 4 einen Hochpunkt hat.

3.
Eine ganzrationale Funktion 4. Grades hat genau an den Stellen –4; 0 und 2 Nullstellen.

a) Skizziere drei mögliche Funktionsgraphen.

b) Begründe, dass die Funktion f genau drei Extremstellen hat. Wie viele Wendestellen hat f? Begründe.

c) Gib einen Funktionsterm für eine ganzrationale Funktion 4. Grades an, die genau an den Stellen –4; 0 und 2 Nullstellen hat.

4.
Von einer Funktion f ist der Graph der Ableitungsfunktion f′ gezeichnet.

a) Was kann man über Extrempunkte und Wendepunkte von f aussagen? Begründe jeweils.

b) Der Graph von f verläuft durch den Koordinatenursprung. Skizziere den Graphen von f.

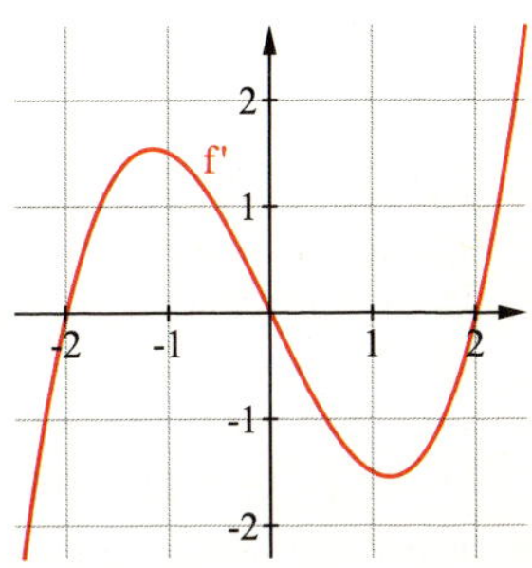

TR **5.**
Untersuche den Graphen der Funktion f mit $f(x) = \frac{1}{2}x^6 - \frac{3}{4}x^5 - 5x^4 + \frac{5}{2}x^3 + \frac{15}{2}x^2 + 30x$ mithilfe eines GTR bzw. eines CAS.

4. BESCHREIBENDE STATISTIK

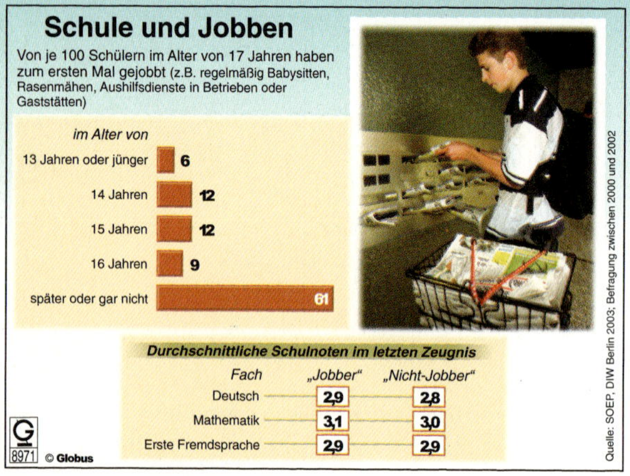

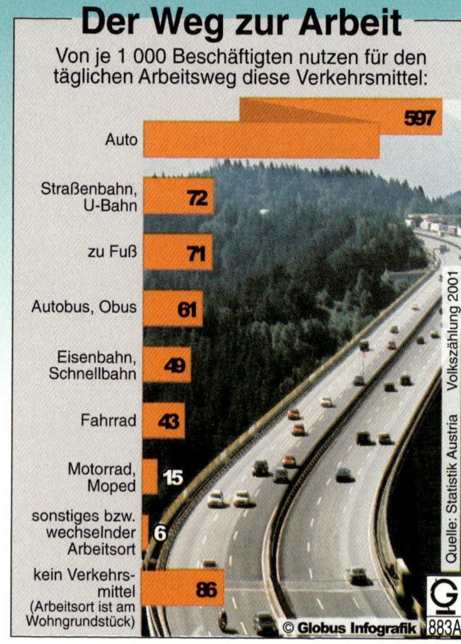

Täglich werden wir durch Zeitungen und andere Medien mit so vielen Daten konfrontiert, dass wir kaum noch in der Lage sind, die Bedeutung aller Meldungen richtig einzuordnen. Häufig wird in Schlagzeilen auf Umfragen oder statistische Erhebungen Bezug genommen, deren Ergebnis dabei in wenigen Worten verdichtet wird.

In diesem Kapitel werden wir uns mit Methoden beschäftigen, mit denen man sich einen Überblick über statistische Daten verschaffen und aus ihnen charakteristische, verdichtete Informationen gewinnen kann.

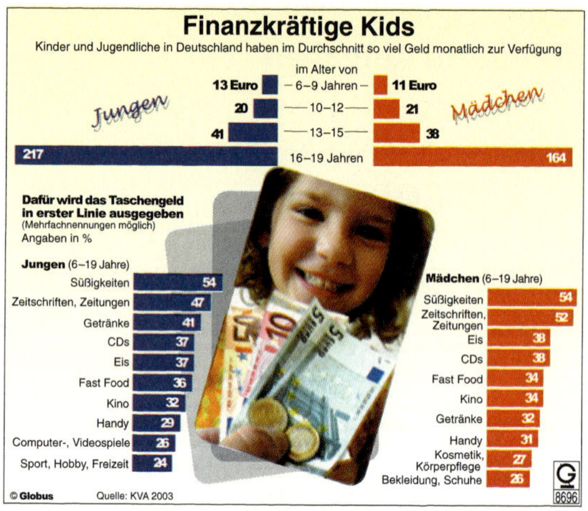

- Wir untersuchen **Häufigkeitsverteilungen** von unterschiedlichen Typen von **Merkmalen.** Dabei ist es teilweise notwendig, dass wir Daten in **Klassen** zusammenfassen.
- Oft werden statt vieler Detailangaben nur Durchschnittswerte von erhobenen Daten abgedruckt. Wie werden diese **Mittelwerte** gebildet? Was geben sie an?
- Mittelwerte sind wichtige und nützliche Kennwerte für Datenmengen. Durch die Konzentration von vielen Einzeldaten auf eine einzige Zahl gehen jedoch auch Informationen verloren. Einen besseren Überblick über eine Datenmenge geben uns die **Quartile einer Verteilung** und deren grafische Veranschaulichung durch **Boxplots**. Andere **Streuungsmaße** dienen ebenfalls dazu, mehr Informationen über Datenmengen zu erhalten.
- Aus Daten lassen sich manchmal Prognosen für die Zukunft ableiten. Hierfür benötigt man geeignete **mathematische Modelle**, mit deren Hilfe sich die erhobenen Daten angemessen beschreiben lassen. Die Anpassung von Modellen an gegebene Daten und die Qualität dieser Anpassung wird in der **Regressions- und Korrelationsrechnung** untersucht.

4.1 Häufigkeitsverteilungen

4.1.1 Merkmale und deren Häufigkeiten

Aufgabe 1 In einer Zeitung war die nebenstehende Schlagzeile abgedruckt. Anlass hierfür war eine Veröffentlichung des Kraftfahrt-Bundesamtes mit Daten des zurückliegenden Jahres. Die Tabelle unten enthält Angaben über die Lackfarben der Pkw, die im Jahr 2002 neu zugelassen wurden. (Aktuelle Daten findet man im Internet unter *www.kba.de*.)
Haben Frauen tatsächlich einen anderen Farbgeschmack als Männer? Ist die Schlagzeile berechtigt?
Untersuche dies anhand der angegebenen Daten.

Frauen bevorzugen farbige Autos
Neue Daten des Kraftfahrt-Bundesamtes veröffentlicht

	Anzahl							
	gesamt	weiß	rot	blau	grün	grau	schwarz	sonstige
gesamt	3 252 898	101 839	165 062	657 649	205 389	1 352 806	705 764	64 389
zugelassen auf weibl. Personen	490 038	9 560	34 595	102 276	32 769	195 012	105 076	10 750
sonstige Zulassungen	2 762 860	92 279	130 467	555 373	172 620	1 157 794	600 688	53 639

Beachte:
In der Tabelle sind die auf Männer zugelassenen Fahrzeuge nicht ausdrücklich aufgeführt. Unter „sonstige Zulassungen" sind auch Zulassungen von Firmen und Gesellschaften (so genannten „juristischen Personen") enthalten. Insofern vergleichen wir – streng genommen – in der Lösung den Farbgeschmack von *Frauen* mit dem der *Männer und „juristischen Personen"*. Diese Gruppe nennen wir vereinfachend „Männer".

Lösung Um die Daten für Frauen und Männer vergleichen zu können, muss man statt der absoluten Häufigkeiten die relativen Häufigkeiten der Pkw betrachten, die im Jahr 2002 zugelassen wurden. Wir bestimmen deshalb die relativen Häufigkeiten in der folgenden Tabelle.

	Anzahl gesamt	Anteil						
		weiß	rot	blau	grün	grau	schwarz	sonstige
gesamt	3 252 898	3,1 %	5,1 %	20,2 %	6,3 %	41,6 %	21,7 %	2,0 %
Frauen	490 038	2,0 %	7,1 %	20,9 %	6,7 %	39,8 %	21,4 %	2,2 %
Männer	2 762 860	3,3 %	4,7 %	20,1 %	6,2 %	41,9 %	21,7 %	1,9 %

$= \frac{64\,389}{3\,252\,898}$

$= \frac{10\,750}{490\,038}$

hier: gesamte Anzahl / Anzahl (gesamt, weiß ...)

Wir lesen ab:

- Bei den von Frauen gekauften Autos ist der Anteil der rot, blau oder grün lackierten Autos höher als bei den Männern;
- Bei den von Männern gekauften Autos ist der Anteil der weiß, grau oder schwarz lackierten Autos höher als bei den Frauen.

Nun ermitteln wir die Anteile der von Frauen gekauften Autos mit farbigen bzw. nicht farbigen Lackierungen und vergleichen sie mit den Anteilen bei Männern (siehe Tabelle rechts).

Wir stellen fest: Sowohl bei den Frauen als auch bei den Männern ist der Anteil der eher „farblosen" Pkw höher als der mit farbiger Lackierung. Die Schlagzeile, dass Frauen farbige Lacke bevorzugen, ist also nicht berechtigt. Eine Formulierung „Frauen kaufen eher ein Auto mit farbigem Lack als Männer" wäre angemessener.

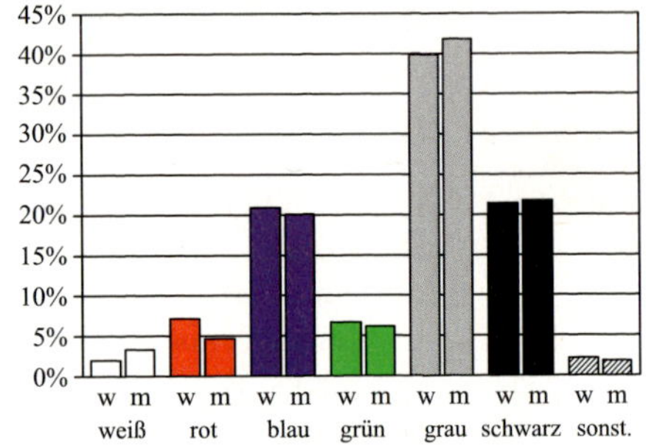

Darstellung der relativen Häufigkeiten (Anteile) mithilfe eines Säulendiagramms

	farbig	nicht farbig
Frauen	36,8 %	63,2 %
Männer	32,9 %	66,9 %

Summe rundungsbedingt nicht gleich 100 %

Weiterführende Aufgaben

2. *Stichprobe – Rangmerkmale*

Bei Befragungen in West- und Ostdeutschland antworteten die befragten Personen auf die Frage *„Sind sie mit Ihrer Lebenssituation zufrieden?"* wie folgt:

	Westd.	Ostd.
sehr zufrieden	27 %	12 %
zufrieden	34 %	31 %
mal so, mal so	24 %	25 %
nicht zufrieden	13 %	22 %
überhaupt nicht zufrieden	2 %	10 %

a) Welches Merkmal wurde in der Erhebung erfasst, welche Ausprägungen wurden erfasst?

b) Die Stichprobe setzte sich zu 20 % aus Personen aus Ostdeutschland sowie zu 80 % aus Personen aus Westdeutschland zusammen. Warum wurde diese Stichprobe daher als „repräsentativ" bezeichnet? relative Werte (Prozente gleich ausgerechnet => repräsentativ)

c) Gib auch ein Gesamtergebnis der Erhebung an.

3. *Häufigkeitsverteilung von qualitativen und quantitativen Merkmalen*

Die Tabelle unten enthält die Spielergebnisse aller 306 Spiele der Fußball-Bundesliga aus der Spielzeit 2002/2003.

Die Tabelle kann man nach unterschiedlichen Gesichtspunkten (Eigenschaften) auswerten. Zähle aus, wie oft die folgenden Ausprägungen auftreten:

(1) Anzahl der Siege von Heimmannschaften bzw. von Gastmannschaften und Anzahl der Unentschieden

(2) Anzahl der deutlichen Siege (mindestens 2 Tore Unterschied), knappen Siege, der Unentschieden, knappen Niederlagen, deutlichen Niederlagen aus der Sicht der Heimmannschaften

(3) Anzahl der Spiele mit Tordifferenz +6, +5, …, 0, −1, …, −5 aus der Sicht der Heimmannschaften

(4) Anzahl der Spiele mit 0, 1, 2, …, 9 Toren

Stelle die statistischen Daten angemessen dar.

Bundesliga 2002/03	Bayern München	VfB Stuttgart	Borussia Dortmund	Hamburger SV	Hertha BSC Berlin	Werder Bremen	Schalke 04	VfL Wolfsburg	VfL Bochum	1860 München	Hannover 96	B. Mönchengladbach	Hansa Rostock	1. FC Kaiserslautern	Bayer Leverkusen	Arminia Bielefeld	1. FC Nürnberg	Energie Cottbus
Bayern München		2:1	2:1	1:1	2:0	0:1	0:0	1:0	4:1	3:1	3:3	3:0	1:0	1:0	3:0	6:2	2:0	3:1
VfB Stuttgart	0:3		1:0	1:1	3:1	0:1	1:1	2:0	3:2	4:1	3:0	4:0	1:1	1:1	3:0	3:0	0:2	0:0
Borussia Dortmund	1:0	3:1		1:1	2:2	1:2	1:1	2:2	4:1	1:0	2:0	1:0	2:0	3:1	2:0	0:1	4:1	1:1
Hamburger SV	0:3	3:2	1:1		1:0	1:0	3:1	2:0	1:1	1:0	2:1	1:0	2:0	2:0	4:1	1:0	4:0	1:1
Hertha BSC Berlin	3:6	1:1	2:1	2:0		0:1	4:2	2:2	1:0	6:0	2:0	1:2	3:1	2:0	1:1	0:0	2:1	3:1
Werder Bremen	2:0	3:1	1:4	2:1	4:2		2:1	0:1	2:0	1:2	1:2	2:0	0:0	5:3	3:2	2:2	4:1	0:1
Schalke 04	1:0	2:0	2:2	3:0	0:0	1:1		1:0	1:2	1:1	0:2	2:1	2:2	2:2	0:1	1:1	1:1	3:0
VfL Wolfsburg	0:2	1:2	2:0	2:1	2:0	3:1	1:2		2:0	1:1	1:0	1:0	1:0	2:2	2:0	2:0	0:2	3:2
VfL Bochum	1:4	3:1	0:0	1:1	3:0	1:4	0:2	4:2		1:1	1:2	1:1	0:1	1:1	2:1	0:3	2:1	5:0
1860 München	0:5	0:1	0:0	1:1	1:0	3:0	3:0	2:2	2:4		0:1	2:0	0:2	0:0	0:3	3:1	2:2	3:0
Hannover 96	2:2	1:2	0:3	2:2	0:1	4:4	0:2	3:1	2:2	1:3		2:2	3:1	2:1	1:2	0:0	4:2	1:3
B. Mönchengladbach	0:0	1:1	1:0	2:0	0:2	4:1	2:2	2:0	2:2	0:1	1:0		3:0	3:0	2:2	3:0	2:0	3:0
Hansa Rostock	0:1	1:1	0:1	0:0	0:1	1:0	3:1	1:0	1:1	1:4	1:2	3:1		2:2	1:3	3:0	2:0	0:0
1. FC Kaiserslautern	0:2	1:2	0:0	2:0	2:1	1:0	1:3	2:0	0:2	0:0	0:1	2:0	1:0		1:0	1:1	5:0	4:0
Bayer Leverkusen	2:1	0:1	1:1	2:3	4:1	3:0	1:3	1:1	2:4	3:0	1:3	2:2	1:2	1:0		3:1	0:2	0:3
Arminia Bielefeld	0:0	0:1	0:0	2:1	0:1	3:0	2:1	1:0	1:3	2:1	0:1	4:1	3:0	1:1	2:2		0:1	2:2
1. FC Nürnberg	1:2	1:2	1:2	1:3	0:3	1:0	0:0	1:1	1:3	1:2	3:1	2:1	0:1	1:0	0:1	0:0		2:2
Energie Cottbus	0:2	2:3	0:4	0:0	0:2	0:1	0:1	0:1	2:1	3:4	3:0	1:1	0:4	1:3	1:1	2:1	2:1	

Information

(1) Merkmale, Merkmalsausprägungen, Merkmalsträger und Merkmalsarten

Die Daten in den Aufgaben 1, 2 und 3 sind statistischen Erhebungen entnommen. Da in der Tabelle von Aufgabe 1 *alle* Fahrzeuge erfasst sind, die im Jahr 2002 neu zugelassen wurden, geben uns die Daten Informationen über die **Grundgesamtheit** aller *im Jahr 2002 zugelassenen Pkw*, den so genannten **Merkmalsträgern** der Erhebung.
Im Unterschied zu einer Erhebung in der Gesamtheit erfasst man in einer **Stichprobe** nur die Daten für einen Teil der Grundgesamtheit (siehe Aufgabe 2).
Für das **Merkmal** *Lackfarbe* wurden die **Merkmalsausprägungen** *weiß, rot, blau, grün, grau, schwarz* und *sonstige* unterschieden.
Im Unterschied zu Aufgabe 1 werden in Aufgabe 3(3) und (4) **quantitative Merkmale** betrachtet: Die Merkmalsausprägungen sind Zahlen $+6, +5, \ldots, -5$ bzw. $0, 1, 2, \ldots, 9$.
Dagegen gehören die Ausprägungen *weiß, rot* usw. in Aufgabe 1 bzw. die Ausprägungen *Heimsieg, Auswärtssieg, Unentschieden* in Aufgabe 3(1) zu so genannten **qualitativen Merkmalen**.
Bei Eigenschaften oder Bewertungen wie in den Aufgaben 2 oder 3(2), für die eine natürliche Reihenfolge möglich ist, spricht man auch von **Rangmerkmalen**.

- Ausprägungen von quantitativen Merkmalen sind Zahlen oder Größenwerte (Messdaten), mit denen sinnvolle Rechenoperationen durchgeführt werden können.
- Ausprägungen von qualitativen Merkmalen sind Namen oder Eigenschaften, mit denen keine Rechenoperationen möglich sind.
- Ausprägungen von speziellen qualitativen Merkmalen, den Rangmerkmalen, sind Eigenschaften oder Bewertungen, für die eine natürliche Reihenfolge der Anordnung möglich ist.

(2) Absolute und relative Häufigkeit, Häufigkeitsverteilung eines Merkmals

Unter der **absoluten Häufigkeit** einer Merkmalsausprägung versteht man die Anzahl der Merkmalsträger, auf welche die Merkmalsausprägung zutrifft.
Als **relative Häufigkeit** einer Merkmalsausprägung bezeichnet man den Anteil, mit dem diese Ausprägung unter den Merkmalsträgern einer Erhebung auftritt. Es gilt also:

$$\text{relative Häufigkeit einer bestimmten Merkmalsausprägung} = \frac{\text{Anzahl der Merkmalsträger mit dieser bestimmten Merkmalsausprägung}}{\text{Anzahl aller Merkmalsträger in der Erhebung}}$$

Relative Häufigkeiten oder Anteile werden in Prozent, als Bruch oder als Dezimalbruch angegeben und am übersichtlichsten in Tabellenform festgehalten.

Siehe Aufgaben 1 und 3

Autofarbe	Anteil
weiß	3,1 %
rot	5,1 %
blau	20,2 %
grün	6,3 %
grau	41,6 %
schwarz	21,7 %
sonstige	2,0 %
Summe	100,0 %

Anzahl k der Tore	Anteil der Spiele mit k Toren
0	0,065
1	0,180
2	0,245
3	0,216
4	0,176
5	0,075
6	0,026
7	0,003
8	0,010
9	0,003
Summe	0,999

Rundungsfehler

Eine Tabelle oder eine grafische Darstellung, in der jeder Merkmalsausprägung eines bestimmten Merkmals eine relative Häufigkeit zugeordnet wird und in der die Summe der relativen Häufigkeiten 1 beträgt, beschreibt die **Häufigkeitsverteilung** dieses Merkmals.

In den Beispielen ist die Häufigkeitsverteilung des Merkmals *Autofarbe* bzw. die Häufigkeitsverteilung des Merkmals *Anzahl der in einem Fußballspiel der Saison 2002/03 geschossenen Tore* in Form einer Tabelle gegeben.
Da die Tabellen alle möglichen Ausprägungen eines Merkmals enthalten, muss die Summe der zugehörigen relativen Häufigkeiten stets 100 % ergeben; rundungsbedingt sind geringe Abweichungen möglich.

(3) Grafische Darstellung von Häufigkeitsverteilungen

In Zeitungen finden wir Häufigkeitsverteilungen oft als **Säulendiagramme** (auch **Stabdiagramme** genannt) mit nebeneinander stehenden, gleich breiten Rechtecken dargestellt.
Auf der Achse nach rechts werden die möglichen Merkmalsausprägungen abgetragen. Diese Achse heißt **Merkmalsachse.** Auf der Achse nach oben werden die relativen oder absoluten Häufigkeiten abgetragen – diese Achse heißt **Häufigkeitsachse.**

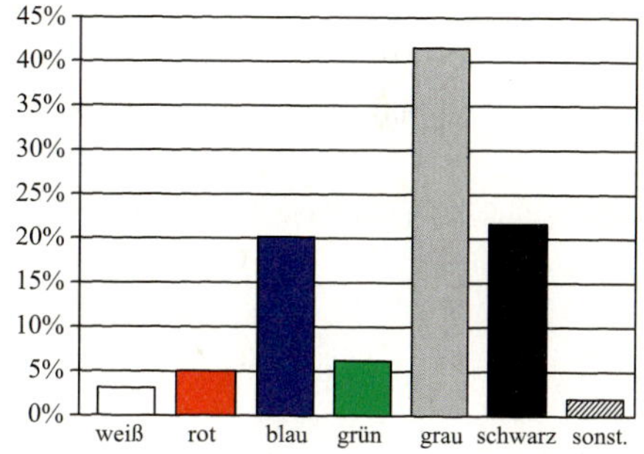

Beispiel: Säulendiagramm zur Häufigkeitsverteilung des Merkmals *Autofarbe*

Statt Säulendiagrammen findet man auch häufig Balkendiagramme, das sind um 90° gedrehte Säulendiagramme.
Weitere Darstellungsformen sind: Kreisdiagramm und Blockdiagramm.

In **Kreisdiagrammen** ist jeder Merkmalsausprägung ein Kreissektor zugeordnet, dessen Mittelpunktswinkel (im Vergleich zum Vollwinkel von 360°) der relativen Häufigkeit der jeweiligen Ausprägung entspricht.

Bei **Blockdiagrammen** ist jeder Merkmalsausprägung ein Teilrechteck (Block) eines großen Rechtecks zugeordnet, dessen Länge (im Vergleich zur Gesamtlänge des Rechtecks) der relativen Häufigkeit der jeweiligen Ausprägung entspricht.

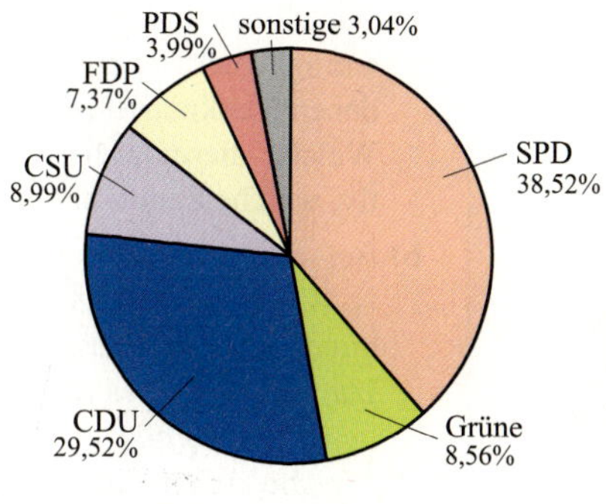

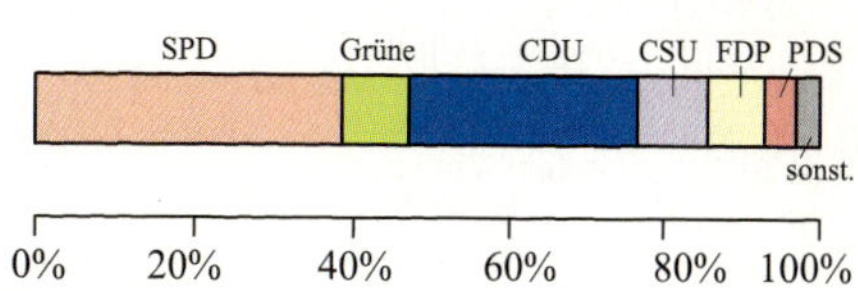

Beispiel:
Ergebnis der Bundestagswahl 2002

Übungsaufgaben

4.

Überlege, welche Merkmale mit welchen Merkmalsausprägungen in einer Erhebung erfasst werden können. Notiere mindestens drei Beispiele mit unterschiedlichen Arten von Merkmalen. Gib jeweils an, ob es sich bei den Merkmalen um quantitative oder qualitative Merkmale (gegebenenfalls auch Rangmerkmale) handelt.

(1) Erfassung von Schülerdaten durch das Sekretariat einer Schule

(2) Erfassung von Wetterdaten in einer Wetterstation

(3) Durchführung einer Meinungsbefragung mit vorgegebenen Standpunkten

5.

Bei Meinungsbefragungen sind oft mögliche Antwort-Alternativen vorgegeben: „Dieser Meinung stimme ich voll und ganz zu.“; „Dieser Meinung stimme ich im Wesentlichen zu.“; „Weiß nicht, kann ich nicht beurteilen.“; „Diese Meinung teile ich nicht.“; „Diese Meinung lehne ich ganz und gar ab.“

Manchmal benutzt man auch eine Rangskala oder Bewertungsskala $+2, +1, 0, -1, -2$ zur Bewertung. Man spricht dann von *skalierten Merkmalen.*

Überlege, warum Merkmale, die auf solche Weise bewertet werden, trotzdem keine quantitativen Merkmale sind.

6.

Untersuche, an welchen Wochentagen deine Mitschülerinnen und Mitschüler geboren wurden. Welche Daten sind besonders auffallend?

Erläutere, was hier Grundgesamtheit, Merkmal, Merkmalsausprägungen sind.

Hinweis: Man kann bei Tabellenkalkulationsprogrammen den Befehl Wochentag (Datum) benutzen. Durch diese Funktion wird jedem Datum eine Zahl zugeordnet, wobei 1 für Sonntag, 2 für Montag usw. stehen.

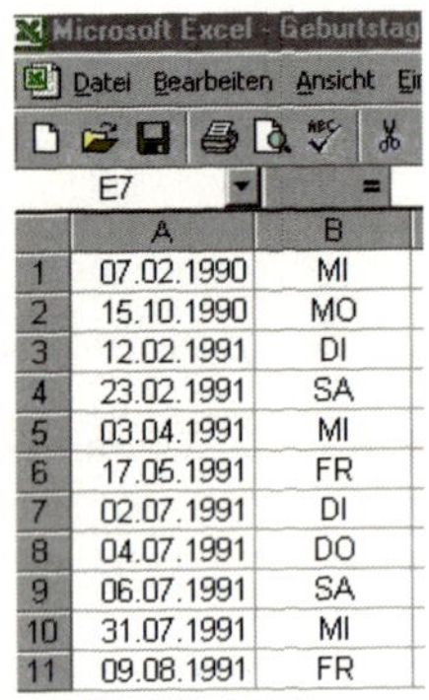

	A	B
1	07.02.1990	MI
2	15.10.1990	MO
3	12.02.1991	DI
4	23.02.1991	SA
5	03.04.1991	MI
6	17.05.1991	FR
7	02.07.1991	DI
8	04.07.1991	DO
9	06.07.1991	SA
10	31.07.1991	MI
11	09.08.1991	FR

7.

Betrachte die Tabelle mit den Ergebnissen aller 306 Begegnungen der Fußball-Bundesliga von Seite 195. Bestimme die Häufigkeitsverteilung für die von der Heimmannschaft [von der Gastmannschaft] geschossenen Tore.

	Name	*Stufe*
weitere Kinder der Familie an der Schule	....	....
Kinder der Familie an anderen Schulen	....	....
	Schule	*Dauer*
bisher besuchte andere Schulen	....	....
	Sprache	*Dauer*
bisher erlernte Fremdsprachen	....	....

8.

a) Wenn man einen Personalausweis beantragt, muss man Fragen zu verschiedenen Merkmalen beantworten.
Welche dieser Merkmale sind qualitativ, welche quantitativ?

b) Bei der Anmeldung an einer Schule (z. B. bei einem Schulwechsel zur Sekundarstufe II) muss man Angaben zur Familie und über die bisherige Schullaufbahn machen.
Welche Arten von Merkmalen werden hier angesprochen?

9.

Seit dem 1. Januar 2002 ist der EURO als gemeinsame Währung in 12 Ländern der Europäischen Union eingeführt. Die einzelnen Länder prägen die Münzen mit den nachfolgend angegebenen Quoten.

Land	Anteil	Land	Anteil	Land	Anteil
Deutschland	32,9 %	Niederlande	5,4 %	Portugal	2,5 %
Frankreich	15,8 %	Belgien	3,8 %	Finnland	2,1 %
Italien	15,4 %	Österreich	3,5 %	Irland	2,1 %
Spanien	13,7 %	Griechenland	2,6 %	Luxemburg	0,2 %

a) Führe eine Stichprobe durch. Prüfe z. B., wie hoch der Anteil von Münzen aus anderen Ländern in den Portmonees der Schüler/innen deines Kurses ist. Wie lässt sich erklären, dass die Abweichungen zum Teil sehr groß sind?

b) Die deutschen Münzen werden in fünf Prägeanstalten hergestellt. Prüfe, ob die Anteile in der Stichprobe mit den gesetzlich festgelegten Anteilen übereinstimmen. Überlege, warum Abweichungen auftreten.

Prägeanstalt (Zeichen)	Anteil
A (Berlin)	20 %
D (München)	21 %
F (Stuttgart)	24 %
G (Karlsruhe)	14 %
J (Hamburg)	21 %

Vorschläge für eigene Projekte

10.

Aus den Daten des Kraftfahrt-Bundesamtes (Internet unter *www.kba.de*) kann man auch Informationen über die bevorzugten Farben von Fahrzeugen verschiedener Hersteller entnehmen, z. B. fällt auf, dass die Lackfarbe schwarz bei BMW-Fahrern besonders beliebt ist.

Untersuche die Abweichungen der relativen Häufigkeiten einzelner Hersteller zu den Anteilen in der Gesamtheit. Formuliere geeignete Zeitungsschlagzeilen.

11.

Ermittle die geforderten Daten und stelle diese grafisch dar.
Gib zunächst an:

- Welche Grundgesamtheit wird betrachtet?
- Nach welchem Merkmal wird gefragt?
- Welche Ausprägungen hat dieses Merkmal?
- Mit welchen absoluten Häufigkeiten treten diese Ausprägungen in der betrachteten Gesamtheit auf?

a) Welche Wahlkurse haben die Schüler/innen deiner Klasse belegt? Bestimme die Belegungsanteile für die einzelnen Fächer. Gibt es Unterschiede bei Mädchen/Jungen?

b) Wie viel Prozent der Schüler/innen deiner Jahrgangsstufe haben eine 3. Fremdsprache belegt? Unterscheide die Belegung nach Geschlechtern.

c) Welche Musikrichtungen sind zur Zeit unter Jugendlichen am beliebtesten? Führe eine Befragung in deiner Schule durch.

d) Für welche Fernsehsendungen interessieren sich Jugendliche? Führe eine Befragung durch.

e) Vergleiche die Ergebnisse der letzten beiden Kommunalwahlen in deiner Gemeinde.

4.1.2 Kumulierte Häufigkeitsverteilung

Aufgabe 1

Das Känguru der Mathematik ist ein Mathematikwettbewerb für alle Schülerinnen und Schüler der Klassen 3 bis 13. An jedem dritten Donnerstag im Monat März, dem so genannten Känguru-Tag, beschäftigen sich weltweit Schülerinnen und Schüler mit den gleichen mathematischen Aufgaben.
Zu jeder Aufgabe sind fünf Lösungsmöglichkeiten gegeben, von denen nur eine richtig ist.
Im Internet unter der Adresse *www.mathe-kaenguru.de* kann man mehr über Ablauf und Organisation dieses Wettbewerbs erfahren.

Am Känguru-Wettbewerb 2003 beteiligten sich in Deutschland 12508 Schülerinnen und Schüler der Klassenstufen 11 bis 13.
Das Organisationskomitee gab die nebenstehende Ergebnisliste bekannt.
Die erreichbaren Punktzahlen lagen zwischen 0 und 150 Punkten; die erreichten Punktzahlen lagen wie angegeben in den einzelnen Intervallen.

unter ... Punkte	absolute Häufigkeit
10	24
20	253
30	1519
40	4833
50	8250
60	10430
70	11482
80	12008
90	12260
100	12404
110	12455
120	12479
130	12496
140	12504
150	12508

Wie viel Prozent der Teilnehmer erreichten Punktzahlen

(1) unter 70 Punkten,

(2) von 50 Punkten oder mehr,

(3) von mindestens 60 Punkten, aber weniger als 80 Punkten?

Lösung

(1) Zunächst ergänzen wir für die obige Tabelle die zugehörigen relativen Häufigkeiten und lesen unmittelbar in der Tabelle ab: 91,80 % der Teilnehmer erzielten weniger als 70 Punkte.

(2) Man kann die Gesamtheit aller Teilnehmer unterteilen in solche, die weniger als 50 Punkte erzielten (65,96 %), und solche, die auf mindestens 50 Punkte kamen. Da beide Anteile zusammen 100 % ergeben müssen, ergibt sich, dass 34,04 % der Teilnehmer mindestens 50 Punkte erreichten.

(3) 96,00 % der Teilnehmer hatten weniger als 80 Punkte, 83,39 % weniger als 60 Punkte. Die Differenz 96,00 % − 83,39 % = 12,61 % ergibt den gesuchten Anteil der Teilnehmer zwischen 60 Punkten (einschließlich) und 80 Punkten (ausschließlich).

unter ... Punkte	absolute Häufigkeit	relative Häufigkeit
10	24	0,19 %
20	253	2,02 %
30	1519	12,14 %
40	4833	38,64 %
50	8250	65,96 %
60	10430	83,39 %
70	11482	91,80 %
80	12008	96,00 %
90	12260	98,02 %
100	12404	99,17 %
110	12455	99,58 %
120	12479	99,77 %
130	12496	99,90 %
140	12504	99,97 %
150	12508	100,00 %

Weiterführende Aufgabe

Errechnen v. Zwischenwerten

2. *Schätzung von Anteilen durch Interpolation*
Betrachte die Lösung von Aufgabe 1. Schätze, wie viel Prozent der Teilnehmer der Klassen 11 bis 13 aus Deutschland beim Känguru-Wettbewerb 2003
(1) weniger als 65 Punkte erreichten; (2) 75 Punkte und mehr erreichten.
Welche Annahme macht man bei dieser Schätzung?

Information

(1) Kumulierte Häufigkeitsverteilungen
Oft liegen Daten so vor, dass sich die relativen Häufigkeiten auf Merkmalswerte bis zu einer oberen Intervallgrenze beziehen. Diesen **kumulierten Häufigkeitsverteilungen** kann man unmittelbar oder durch kleine Rechnung die relativen Häufigkeiten für ganze Bereiche entnehmen (siehe Aufgabe 1). Umgekehrt kann man zu jeder Häufigkeitsverteilung durch fortgesetztes Addieren von relativen Häufigkeiten eine kumulierte Häufigkeitsverteilung erstellen. (Zur Tabelle rechts siehe Aufgabe 3 auf Seite 195.)

cumulare (lat.): anhäufen

Anzahl k der Tore	Anteil der Spiele mit k Toren	Anteil der Spiele mit bis zu k Toren
0	0,065	0,065
1	0,180	0,245
2	0,245	0,490
3	0,216	0,706
4	0,176	0,882
5	0,075	0,958
6	0,026	0,984
7	0,003	0,987
8	0,010	0,997
9	0,003	1,000

+0,180
+0,245

Abweichung durch Rundungsfehler

(2) Grafische Darstellung von kumulierten Häufigkeitsverteilungen
Kumulierte Verteilungen können in Form von treppenförmigen Säulendiagrammen dargestellt werden, bei denen zwischen den Rechtecken keine Lücken gelassen werden (siehe die linke Abbildung).
Eine andere Darstellungsform ist die des so genannten **Polygonzuges** (siehe die rechte Abbildung). Dabei werden die Punkte (die man der Tabelle mit den kumulierten Häufigkeiten entnimmt) durch Strecken verbunden. Dies legt nahe, nachträglich Zwischenwerte zu **interpolieren**, d. h. einen abschnittsweise linearen Verlauf des Graphen anzunehmen (siehe Aufgabe 2 und Übungsaufgabe 3).

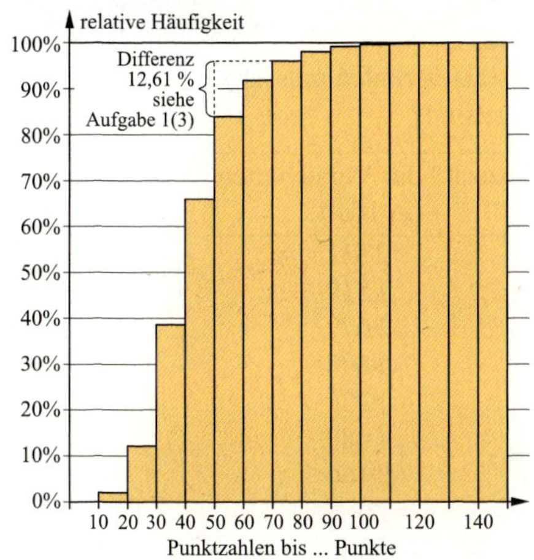

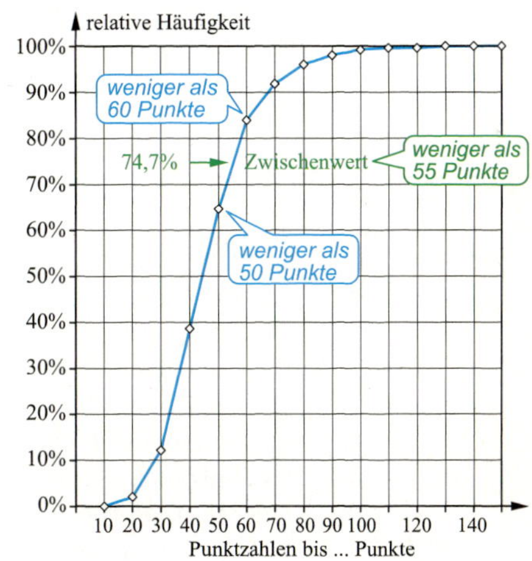

Welches wem präsentieren?
Hat kumuliertes Sinn? (Heft)

Übungsaufgaben

3.

Am 1. 1. 2003 waren in Deutschland insgesamt 44 637 457 Pkw zugelassen, davon hatten 37 028 971 einen Ottomotor (Benzinmotor) und 7 608 486 einen Dieselmotor.

a) Was bedeuten die Angaben in der nebenstehenden Tabelle? Wie lässt sich hieraus ablesen, wie viele der am 1. 1. 2003 zugelassenen Fahrzeuge im Jahr 2000 [1995] zugelassen wurden?

b) Bestimme den Anteil der Pkw mit Ottomotor [mit Dieselmotor], die zum ersten Mal
(1) in den Jahren 1998 oder 1999
(2) vor dem Jahr 1996
(3) zwischen 1995 und 2000 (einschließlich)
zugelassen wurden.

c) Schätze den Anteil der Pkw mit Ottomotor [mit Dieselmotor], die zum ersten Mal vor 1. 7. 1998 [1. 5. 1999] zugelassen werden. Welche Annahme muss man für die Schätzung machen? Ist sie gerechtfertigt?

Erstzulassung nach dem	Benzin	Diesel
1. 1. 2002	2 021 283	1 228 989
1. 1. 2001	4 228 335	2 362 115
1. 1. 2000	6 527 620	3 307 531
1. 1. 1999	9 370 638	4 061 601
1. 1. 1998	12 293 396	4 599 245
1. 1. 1997	15 127 176	4 998 481
1. 1. 1996	17 898 972	5 375 189
1. 1. 1995	20 484 218	5 697 980
1. 1. 1994	22 807 241	6 028 515
1. 1. 1993	25 034 726	6 286 172
1. 1. 1992	27 553 278	6 580 650
1. 1. 1991	30 127 520	6 803 918
1. 1. 1990	32 052 036	6 945 392
1. 1. 1989	33 456 717	7 046 287

4.

Viele Autofahrer mit 50 % Rabatt
Nach Angaben des Verbandes der Haftpflichtversicherer sind ca. zwei Drittel der Autofahrer sieben oder mehr Jahre schadenfrei, was in der Regel 50 % Rabatt bringt.

Wie groß ist der Anteil der Autofahrer, die
(1) mindestens 50 % Rabatt [40 %; 60 %] erhalten,
(2) mehr als 5 Jahre unfallfrei sind,
(3) weniger als 70 % des Beitragssatzes zahlen müssen,
(4) höchstens 10 Jahre schadenfrei sind?

Anzahl der schadenfreien Jahre	Anzahl der Versicherten (in 1000)	Höhe des Beitragssatzes
0 bis unter 2	2 531	mind. 100 %
2 bis unter 3	1 519	85 %
3 bis unter 4	1 672	75 %
4 bis unter 5	1 698	65 %
5 bis unter 6	1 722	60 %
6 bis unter 7	1 689	55 %
7 bis unter 9	3 160	50 %
9 bis unter 11	2 955	45 %
11 bis unter 14	5 480	40 %
14 bis unter 18	3 699	35 %
18 und mehr	11 861	30 %

4.1.3 Klassenbildung – Histogramme

Aufgabe 1

	A	B	C
1	**Zulässiges Gesamtgewicht (in kg)**	**Anzahl der Pkw**	**Anteil**
2	0 bis 1000	338174	0,8%
3	1001 bis 1400	9597757	21,5%
4	1401 bis 1700	17434798	39,0%
5	1701 bis 2000	11785190	26,4%
6	2001 bis 2800	5144794	11,5%
7	2801 bis 3500	354601	0,8%
8	3501 bis 5000	1989	0,0%
9	gesamt	44657303	100,0%

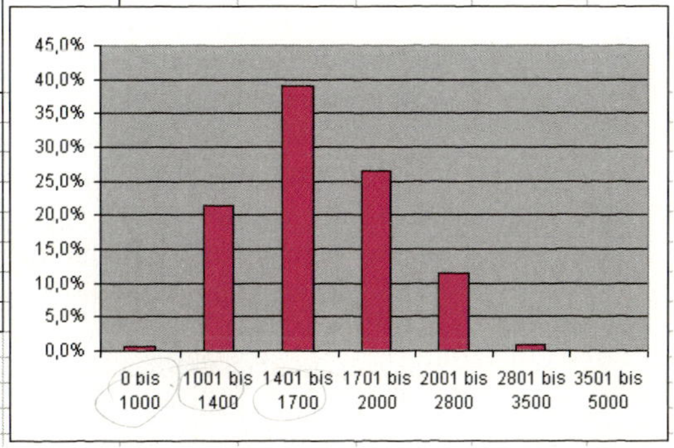

Das obenstehende Blatt einer Tabellenkalkulation enthält statistische Angaben über das zulässige Gesamtgewicht von in Deutschland zugelassenen Pkw.
Bei der statistischen Erhebung der Daten wurden alle möglichen Merkmalsausprägungen erfasst. Für die Auswertung und Darstellung dieser Daten war es jedoch sinnvoll, nicht alle auftretenden Merkmalsausprägungen einzeln aufzulisten, sondern ganze Bereiche zu so genannten **Klassen** zusammenzufassen.
Die **Klassengrenzen** wurden dabei so gewählt, dass Pkws, die gleichen steuerlichen und rechtlichen Regeln unterliegen, zu einer Klasse gehören. Dies führt dazu, dass die **Klassenbreiten**, also die Differenzen zweier aufeinander folgender Klassengrenzen, unterschiedlich groß sind.
Die Häufigkeitsverteilung des Merkmals *zulässiges Gesamtgewicht (in kg)* wurde für die gewählten Klassen oben in einer Tabelle und in einem Säulendiagramm dargestellt.
Unten ist die Häufigkeitsverteilung in einem anderen Diagrammtyp, einem **Histogramm**, dargestellt.
Vergleiche die beiden grafischen Darstellungen miteinander.
Beschreibe, wie man mithilfe der Daten aus der Tabelle oben zu dem dargestellten Histogramm gelangt.

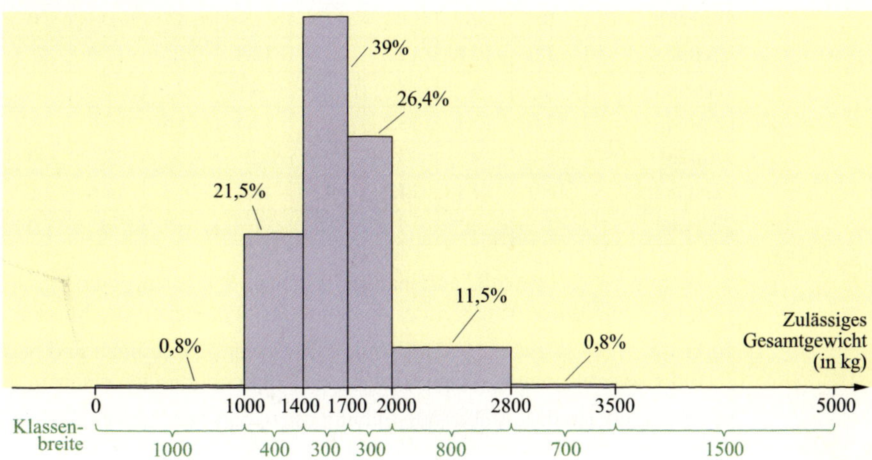

Lösung

Vergleich von Säulendiagramm und Histogramm

- *Rechteckbreiten:* Alle Rechtecke haben beim *Säulendiagramm* die gleiche Breite, obwohl die Klassenbreiten offensichtlich unterschiedlich sind. So hat z. B. die Klasse von 0 bis 1 000 kg die Breite 1 000, die Klasse von 1 001 bis 1 400 kg hat die Breite 400 und die Klasse von 1 401 bis 1 700 hat die Breite 300. Beim *Histogramm* dagegen ist die Breite eines Rechteckes gleich der jeweiligen Klassenbreite.
- *Rechteckhöhen:* Die Höhe der Rechtecke im *Säulendiagramm* ist proportional zu der zugehörigen relativen Häufigkeit, welche man auf der Häufigkeitsachse ablesen kann. Das *Histogramm* hat keine Häufigkeitsachse, die zugehörigen relativen Häufigkeiten wurden hier in die jeweiligen Rechtecke geschrieben. Sie sind in diesem Diagramm offensichtlich nicht proportional zur Höhe des jeweiligen Rechtecks. Vergleicht man den Flächeninhalt eines Rechtecks mit der zugehörigen relativen Häufigkeit, so stellt man fest: In einem Histogramm sind die Flächeninhalte der Rechtecke über den Klassen proportional zur relativen Häufigkeit dieser Klassen.

Zeichnen eines Histogramms aus den Daten einer Tabelle

Beim einem Histogramm zeichnet man über der jeweiligen Klasse auf der Merkmalsachse ein Rechteck.

Das Rechteck hat dabei die gleiche Breite wie die jeweilige Klasse auf der Merkmalsachse. So hat z. B. die Klasse von 1 001 bis 1 400 kg eine Breite 400 auf der Merkmalsachse, das zugehörige Rechteck ebenfalls.

Um die Höhe für ein Rechteck zu bestimmen, wählt man zunächst einen Gesamtflächeninhalt G für das Histogramm, z. B. $G = 100$. Die Klasse von 1 001 bis 1 400 kg hat eine relative Häufigkeit von 21,5 %, dies entspricht für $G = 100$ einem Flächeninhalt von 21,5 bei einer Breite von 400. Also hat dieses Rechteck eine Höhe von $\frac{21{,}5}{400}$.

Die Höhen der anderen Rechtecke erhält man entsprechend.

Weiterführende Aufgabe

2. *Unterschiedliche Möglichkeiten der Klassenbildung*

Bei einem Sportfest in einer Schule wurden folgende 50 Zeiten für den 75-m-Lauf der Mädchen gemessen:

Zeit in s	11,0	11,1	11,2	11,3	11,4	11,5	11,6	11,7	11,8	11,9
Anzahl	0	1	0	1	0	1	0	0	1	2
Zeit in s	12,0	12,1	12,2	12,3	12,4	12,5	12,6	12,7	12,8	12,9
Anzahl	1	1	4	2	4	2	0	1	2	5
Zeit in s	13,0	13,1	13,2	13,3	13,4	13,5	13,6	13,7	13,8	13,9
Anzahl	3	4	1	3	2	0	2	0	1	1
Zeit in s	14,0	14,1	14,2	14,3	14,4	14,5	14,6	14,7	14,8	14,9
Anzahl	2	0	1	0	0	1	0	0	1	0

a) Warum ist es sinnvoll, aufeinander folgende Werte zu einer *Klasse von Daten* zusammenzufassen? Wie steht es dann um die Genauigkeit der Messdaten?

b) Fasse (1) je zwei, (2) je drei Messwerte zusammen und bestimme die Häufigkeitsverteilungen. Welche der beiden Klassenbildungen erscheint günstiger?

c) Wie groß ist der Anteil der Schülerinnen, die weniger als 11,5 s; 12,0 s; 12,5 s; 13,0 s; …; 15,0 s benötigten? Welche Klassenbildung wählt man am günstigsten, um die geforderten Anteile zu bestimmen?

Information (1) **Klassenbildung**

Wenn die Anzahl der Merkmalsträger zu gering oder die Anzahl der Merkmalsausprägungen zu hoch ist, kann es sinnvoll sein, verschiedene Merkmalsausprägungen zusammenzufassen. Dies kann geschehen

- bei quantitativen Merkmalen, indem man Intervalle von Messdaten bildet,
- bei qualitativen Merkmalen ohne natürliche Reihenfolge, indem man mehrere Eigenschaften zusammenfasst, bei Farben z.B. kann man mit *rot* eine ganze Klasse von Rottönen erfassen,
- bei Rangmerkmalen, indem man die Anzahl der Ränge reduziert.

Durch diese so genannte **Klassenbildung** werden Statistiken übersichtlicher; es gehen aber durch die Zusammenfassung auch Informationen verloren. Allerdings können durch Klassenbildung auch Informationen manipuliert werden, indem die Klassenbreiten unterschiedlich gewählt werden, dies aber bei der Grafik nicht berücksichtigt wird.

(2) Grafische Darstellung von klassierten Daten in einem Histogramm

Häufigkeitsverteilungen von qualitativen Merkmalen werden mithilfe von Säulendiagrammen dargestellt. Bei klassierten quantitativen Merkmalen schließen sich die einzelnen Klassen aneinander an; daher zeichnet man hier die Rechtecke ohne Lücken aneinander (Histogramm).

Für die Zeichnung ist zu beachten:

Beim **Histogramm** wird über jeder Klasse auf der Merkmalsachse ein Rechteck gezeichnet, dessen Fläche der relativen Häufigkeit der Klasse proportional ist.

Beachte: Es ist nicht sinnvoll, bei Histogrammen mit unterschiedlichen Rechteckbreiten eine Häufigkeitsachse abzutragen, da die relativen Häufigkeiten für die einzelnen Ausprägungen in der Zeichnung nur durch die Flächenmaßzahlen wiedergegeben werden. Dennoch ist es nützlich, die relativen Häufigkeiten der jeweiligen Klassen anzugeben, wie auf Seite 203 unten. Falls alle Klassen dieselbe Breite haben, so sind auch bei Histogrammen die Rechteckhöhen proportional zur relativen Häufigkeit und man kann auch eine Häufigkeitsachse einzeichnen.

Übungsaufgaben

3.

Vergleiche die beiden Geburtenstatistiken, in denen unterschiedliche Klassen gebildet wurden. Zeichne die zugehörigen Histogramme.

Alter der Mutter	Anzahl der Geburten
unter 18	4740
18 bis unter 21	33048
21 bis unter 25	101464
25 bis unter 28	120691
28 bis unter 30	109198
30 bis unter 32	120100
32 bis unter 35	150818
35 bis unter 40	112483
40 und mehr	18202
gesamt	770744

Alter der Mutter	Anzahl der Geburten
unter 15	80
15 bis unter 20	22150
20 bis unter 25	117022
25 bis unter 30	229889
30 bis unter 35	270918
35 bis unter 40	112483
40 bis unter 45	17538
45 und mehr	664
gesamt	770744

4.
Bei einem Lehrgang werden die unten angegebenen Zeiten beim 50-m-Kraulschwimmen erzielt.

Zeit (in s)	30	31	32	33	34	35	36	37	38	39	40	41	42	43
Anzahl der Schwimmer	1	1	1	3	1	4	6	5	7	4	3	1	2	1

a) Erläutere, inwiefern hier schon eine Klassenbildung bei den Merkmalsausprägungen vorliegt.

b) Reduziere die Anzahl der Klassen auf die Hälfte und stelle die Häufigkeitsverteilung in einem Histogramm dar.

5.
Kinder kosten Geld. Wie viel Geld für den (privaten) Verbrauch der Kinder zur Verfügung steht, hängt wesentlich vom monatlichen Haushaltseinkommen ab, aber natürlich spielt auch die Anzahl der Personen im Haushalt eine wichtige Rolle.

Monatliche Aufwendungen pro Kind in €	Alleinerziehende mit 1 Kind	Ehepaare mit 1 Kind	Ehepaare mit zwei Kindern
unter 150	3,5 %	0,5 %	3,5 %
150–250	24,5 %	9,0 %	35,0 %
250–350	33,0 %	27,5 %	37,5 %
350–500	28,5 %	39,5 %	19,0 %
500 und mehr	10,5 %	23,5 %	5,0 %

Erstelle Histogramme für die drei Typen von Haushalten.

6.
In der Studie *Die Bevölkerung Deutschlands bis 2050* wurden verschiedene Modellrechnungen hinsichtlich der Bevölkerungsentwicklung vorgenommen. Bestimme jeweils die relativen Häufigkeiten für die verschiedenen Altersgruppen und stelle die Verteilungen mithilfe von Histogrammen dar. Wähle als Klassenbreite der Merkmalsausprägung *65 und älter* ein Intervall von 30 Jahren.

Alter von … bis unter … Jahren	Modellrechnung zum 31.12. des Jahres*)				
	2010	2020	2030	2040	2050
unter 20	15524	14552	13927	12874	12094
20–35	15445	14860	13254	12639	12086
35–50	19060	15691	16064	14569	13574
50–65	16448	19500	16361	15672	15123
65 und älter	16589	18219	21219	22786	22240
Insgesamt	83066	82822	81220	78539	75117

*) Variante 5: mittlere Lebenserwartung, mittlerer Wanderungssaldo von mindestens 200000

7. *Vorschläge für eigene Projekte*
Ermittle die geforderten Daten und stelle diese grafisch dar. Wähle geeignete Klassen.

a) Wie viel Taschengeld erhalten Jugendliche monatlich?

b) Wie viel Geld geben Jugendliche monatlich für Kinobesuche aus?

Blickpunkt

Fehlinterpretation und Manipulation statistischer Daten

1. *Piktogramme*

Erläutere, was durch die Piktogramme ausgesagt werden soll. Ist die Darstellungsform angemessen?

a) Ergebnis einer Meinungsbefragung zu einem Gesetzesvorhaben

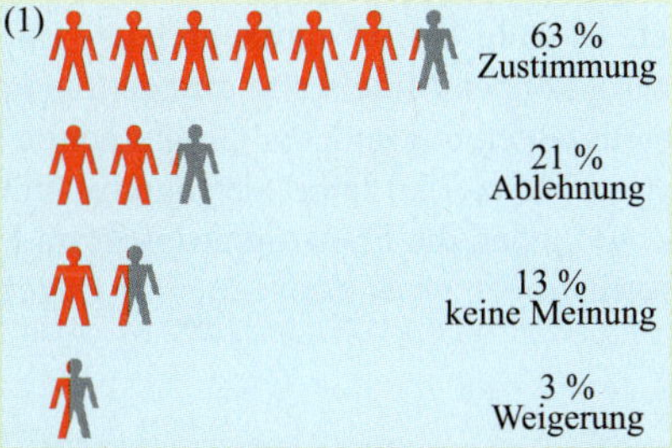

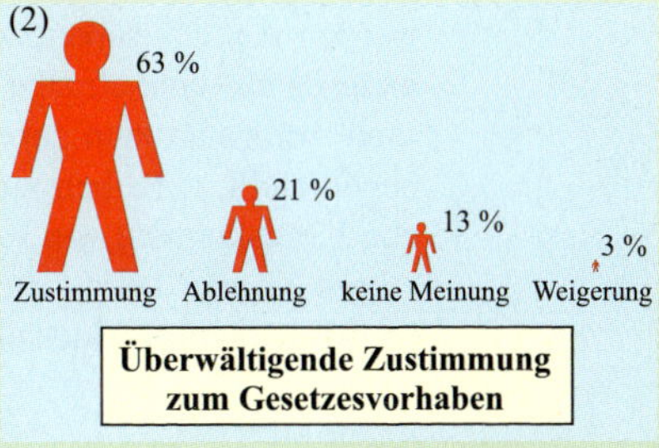

b)

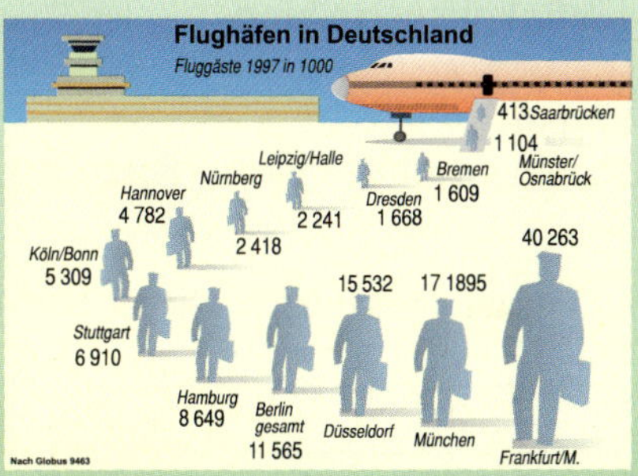

c)

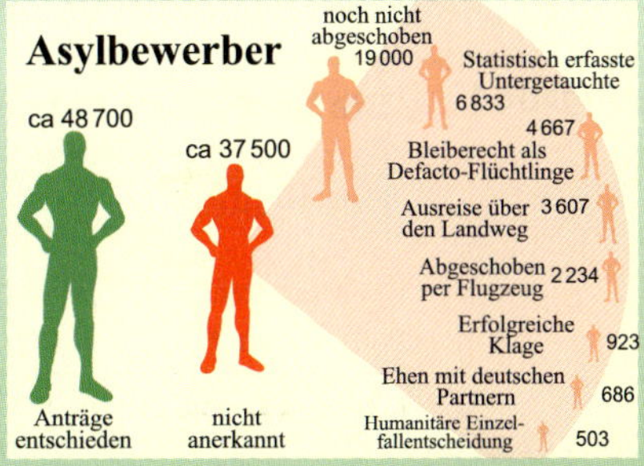

Piktogramme (lat. pingere, pingo, pictum – malen) stellen Häufigkeiten grafisch durch Symbole dar. Solche Darstellungen erwecken Aufmerksamkeit und lassen sich vom Leser schnell erfassen. Die Häufigkeit wird dabei durch Größe (oft Flächeninhalt oder Volumen) oder Anzahl der Symbole repräsentiert. Oft jedoch sind dabei Größen und Häufigkeiten nicht proportional zueinander oder die Symbole sind perspektivisch verzerrt.

2. *Polygonzüge*

Polygonzüge entstehen, wenn man Punkte durch Strecken miteinander verbindet. Warum wurde wohl diese Darstellung gewählt? Was sagen Zwischenwerte aus? Ist die Darstellungsform angemessen?

a) Gibt es einen Zusammenhang zwischen den Werten in der Tabelle und in der Grafik?

Schulabbrecher

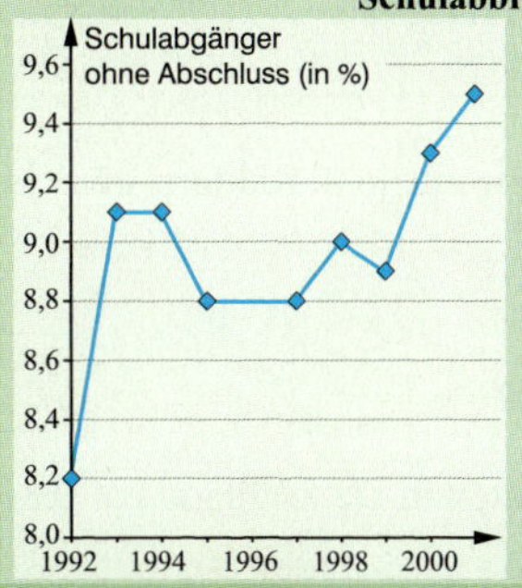

im Jahr 2001 in % aller Absolventen	
Sachsen-Anhalt	17,9
Mecklenburg-Vorp.	13,6
Hamburg	12,5
Thüringen	12,4
Sachsen	11,0
Schleswig-Holstein	11,0
Berlin	10,7
Bayern	10,1
Niedersachsen	10,1
Hessen	9,6
Bremen	9,3
Rheinland-Pfalz	9,3
Brandenburg	8,9
Baden-Württemberg	8,0
Saarland	7,7
Nordrhein-Westfalen	6,8

b) Zur Bundestagswahl 2002 erschien die folgende Grafik

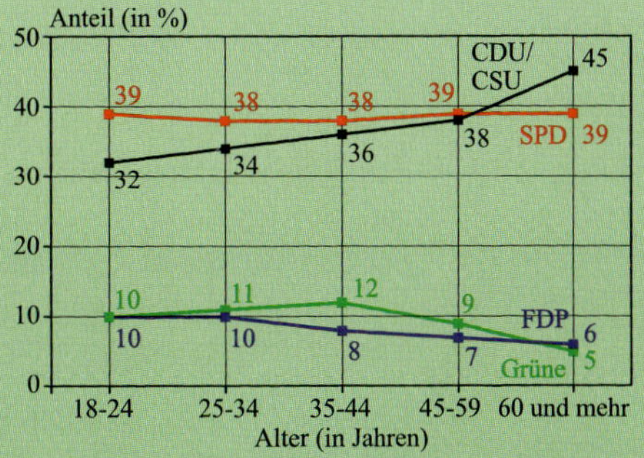

4.2 Mittelwerte

Im Mittel werden deutsche Männer 75,1 Jahre alt; sie essen im Mittel pro Jahr 71 kg Kartoffel(-produkte) und trinken im Mittel pro Tag 0,35 l Bier.

Solche oder ähnliche Nachrichten findet man täglich in den Zeitungen. Die Mittelwerte werden aus Häufigkeitsverteilungen berechnet. Obwohl hierbei umfangreiches Datenmaterial auf eine einzige Kennzahl reduziert wird, können Mittelwerte trotzdem interessante Informationen geben, wenn man Vergleichszahlen aus anderen Gesamtheiten daneben stellt, z. B. beträgt die Lebenserwartung in Irland 73,0 Jahre, der durchschnittliche Jahreskonsum von Kartoffeln in Italien ist 40 kg und die Franzosen trinken im Mittel pro Tag 0,1 l Bier. Ziel dieser Ein-Zahl-Informationen ist es, dem Leser ein ungefähres Bild von einer Sachsituation zu vermitteln.

4.2.1 Das arithmetische Mittel einer Häufigkeitsverteilung

Aufgabe 1

Die Deutschen haben immer weniger Kinder:
Nur noch 0,9 Kinder leben im Schnitt in jedem Haushalt – viele 1-Personen-Haushalte.

Im Statistischen Jahrbuch für Deutschland findet man folgende Informationen über die Anzahl der Kinder in den Haushalten:

Anzahl k der Kinder	0	1	2	3	4 und mehr
Anteil h(k) der Haushalte mit k Kindern	48,0 %	26,0 %	19,4 %	5,1 %	1,5 %

a) Wie viele Kinder sind dies im Mittel?
(1) Bestimme zunächst den Mittelwert unter der Annahme, dass die Daten aus einer repräsentativen Stichprobe von 1 000 Haushalten stammen.
(2) Wie kann man den Mittelwert auch ohne absolute Häufigkeiten bestimmen?

b) Über Haushalte mit 5, 6, ... Kindern sind in der o. a. Häufigkeitsverteilung keine Angaben gemacht. Welchen Einfluss hätten Daten hierüber auf die Mittelwertbildung?

Lösung

a) (1) Wir können die Gesamtzahl der Kinder in den 1000 Haushalten der Stichprobe wie folgt bestimmen:

$$480 \cdot 0 \quad + 260 \cdot 1 \quad + 194 \cdot 2 \quad + 51 \cdot 3 \quad + 15 \cdot 4 = 861$$

480 Haushalte ohne Kinder | *260 Haushalte mit je 1 Kind* | *194 Haushalte mit je 2 Kindern* | *51 Haushalte mit je 3 Kindern* | *15 Haushalte mit je 4 Kindern*

Zur Vereinfachung haben wir hier mit 15 Haushalten mit je 4 Kindern gerechnet.

Für den Mittelwert $\overline{x}$ gilt also:

Im Zähler des Bruchs steht die Gesamtzahl der Kinder in 1000 Haushalten. Im Nenner steht die Gesamtzahl der Haushalte bei dieser Stichprobe.

$$\overline{x} = \frac{480 \cdot 0 + 260 \cdot 1 + 194 \cdot 2 + 51 \cdot 3 + 15 \cdot 4}{1\,000} = \frac{861}{1000} = 0{,}861$$

Ergebnis: Durchschnittlich leben also in den Haushalten in Deutschland ca. 0,86 Kinder.

(2) Den Bruch zur Berechnung von $\overline{x}$ in (1) kann man auch anders schreiben:

$$\overline{x} = \frac{480}{1\,000} \cdot 0 + \frac{260}{1\,000} \cdot 1 + \frac{194}{1\,000} \cdot 2 + \frac{51}{1\,000} \cdot 3 + \frac{15}{1\,000} \cdot 4$$

also

$$\overline{x} = 0{,}48 \cdot 0 + 0{,}26 \cdot 1 + 0{,}194 \cdot 2 + 0{,}051 \cdot 3 + 0{,}015 \cdot 4$$

Anteil der Haushalte ohne Kinder

Anteil der Haushalte mit 2 Kindern

Ergebnis: Man kann den Mittelwert auch ohne Kenntnis der absoluten Häufigkeiten berechnen, indem man die Summe der Produkte aus der Anzahl k der Kinder und dem zugehörigen Anteil h(k) bildet.

b) Die „ungenauere“ Angabe „4 Kinder und mehr“ spielt bei der Mittelwertbildung praktisch keine Rolle, da der Anteil dieser Haushalte sehr klein ist. Auch wenn man mit einer genaueren Information rechnen würde, z. B. 1 % Haushalte mit 4 Kindern, 0,4 % Haushalte mit 5 Kindern, 0,1 % Haushalte mit 6 Kindern, ergäbe sich (fast) der gleiche Wert:

$$\overline{x} = 0{,}48 \cdot 0 + 0{,}26 \cdot 1 + 0{,}194 \cdot 2 + 0{,}051 \cdot 3 + 0{,}01 \cdot 4 + 0{,}004 \cdot 5 + 0{,}001 \cdot 6 = 0{,}867$$

Weiterführende Aufgabe

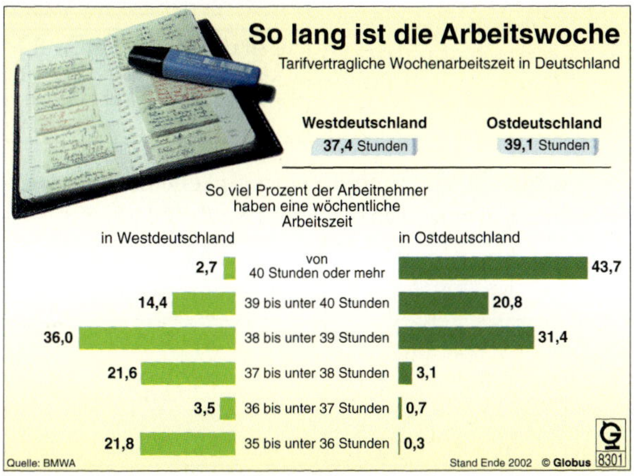

2. *Mittelwert bei klassierten Daten*

Liegen statistische Daten nur in Form von klassierten Daten vor, dann kann man statt des Mittelwertes der Einzelwerte (ersatzweise) den Mittelwert der *Klassenmitten* berechnen.

(1) Bestimme die durchschnittliche Wochenarbeitszeit in West- bzw. Ostdeutschland.

(2) Woran liegt es, dass der berechnete Mittelwert nicht mit dem in der Grafik angegebenen Wert übereinstimmt?

Information **(1) Arithmetisches Mittel einer Häufigkeitsverteilung**

In den Aufgaben 1 und 2 haben wir den Mittelwert bei quantitativen Merkmalen betrachtet. Zur Unterscheidung von anderen Mittelwerten bezeichnen wir diesen Mittelwert als *arithmetisches Mittel.*

Definition 1

Gegeben ist ein quantitatives Merkmal mit den Merkmalsausprägungen (Merkmalswerten) $x_1, x_2, x_3, \ldots, x_m$.
Sind $h(x_1), h(x_2), h(x_3), \ldots, h(x_m)$ die zugehörigen relativen Häufigkeiten, mit denen diese Merkmalsausprägungen auftreten, dann ist das **arithmetische Mittel $\overline{x}$ der Häufigkeitsverteilung** definiert durch:

$$\overline{x} = h(x_1) \cdot x_1 + h(x_2) \cdot x_2 + h(x_3) \cdot x_3 + \ldots + h(x_m) \cdot x_m,$$

wobei $h(x_1) + h(x_2) + \ldots + h(x_m) = 1$.
Man bezeichnet $\overline{x}$ auch als **gewichtetes Mittel** der Ausprägungen $x_1, x_2, x_3, \ldots, x_m$.

Hinweis: Sind statt der relativen Häufigkeiten $h(x_i)$ die absoluten Häufigkeiten $H(x_i)$ bei einer Grundgesamtheit vom Umfang n gegeben, so kann man das arithmetische Mittel $\overline{x}$ wie folgt berechnen:

$$\overline{x} = h(x_1)\cdot x_1 + h(x_2)\cdot x_2 + h(x_3)\cdot x_3 + \dots + h(x_m)\cdot x_m$$
$$= \frac{H(x_1)}{n}\cdot x_1 + \frac{H(x_2)}{n}\cdot x_2 + \frac{H(x_3)}{n}\cdot x_3 + \dots + \frac{H(x_m)}{n}\cdot x_m$$
$$= \frac{H(x_1)\cdot x_1 + H(x_2)\cdot x_2 + H(x_3)\cdot x_3 + \dots + H(x_m)\cdot x_m}{n},$$

wobei $H(x_1) + H(x_2) + H(x_3) + \dots + H(x_m) = n.$

(2) Arithmetisches Mittel mithilfe von Rechnern bestimmen

GTR Beim GTR wird der Befehl **mean** zur Berechnung des arithmetischen Mittels von Zahlen oder Verteilungen mit absoluten oder relativen Häufigkeiten benutzt.

Beispiele:

(1) *Arithmetisches Mittel von Zahlen*

mean({4; 8; 9}) ergibt $\overline{x} = \frac{4+8+9}{3} = 7$

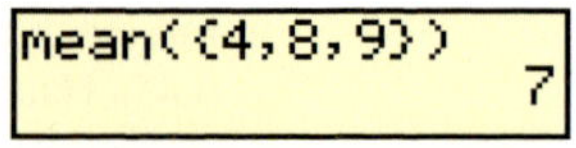

(2) *Arithmetisches Mittel einer Häufigkeitsverteilung*

mean ({0; 1; 2; 3; 4}; {480; 260; 194; 51; 15})

ergibt $\overline{x} = 0{,}861$ (vgl. Aufgabe 1), ebenso wie

mean ({0; 1; 2; 3; 4;}; {0,48; 0,26; 0,194; 0,051; 0,015})

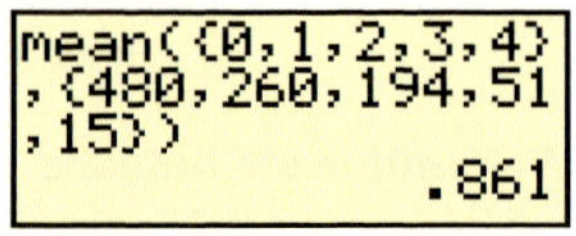

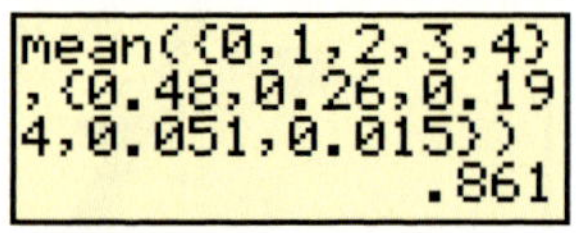

TAB Die schriftliche Berechnung oder die Berechnung mithilfe eines Tabellenkalkulationsprogramms erfolgt am praktischsten in Form einer Tabelle (eines Rechenblatts):

Merkmals-ausprägungen x_i	relative Häufigkeiten $h(x_1)$	Produkte $x_i \cdot h(x_i)$
x_1	$h(x_1)$	$x_1 \cdot h(x_1)$
x_2	$h(x_2)$	$x_2 \cdot h(x_2)$
$\vdots$	$\vdots$	$\vdots$
x_m	$h(x_m)$	$x_m \cdot h(x_m)$
	Summe:	$\overline{x}$

Übungsaufgaben

3.

Bei einer Verkehrszählung wurde untersucht, wie viele Personen in den erfassten Pkw saßen.

a) Bestimme das arithmetische Mittel $\overline{x}$ der Anzahl k der Personen pro Pkw.

b) Stelle die Häufigkeitsverteilung in einem Histogramm dar. Zeichne an der Stelle $\overline{x}$ eine Orthogonale zur Merkmalsachse.
Warum teilt diese Gerade die gesamte Fläche des Histogramms nicht in zwei gleich große Flächenstücke?

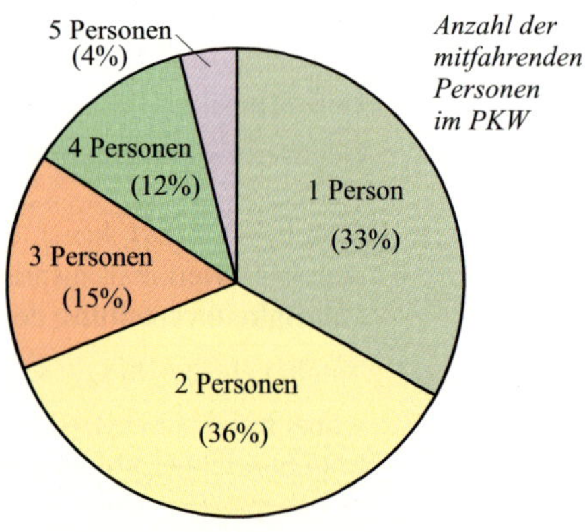

4.

a) Wie alt ist die Bevölkerung Deutschlands im Mittel?

b) Berechne auch die Mittelwerte getrennt für Frauen und Männer.

Alter von … bis unter	Bevölkerung in Tausend männlich	Bevölkerung in Tausend weiblich	Alter von … bis unter	Bevölkerung in Tausend männlich	Bevölkerung in Tausend weiblich
0…10	4113,6	3903,6	50…60	4940,0	4913,9
10…20	4808,8	4563,6	60…70	4762,5	5112,5
20…30	4885,6	4692,0	70…80	2506,6	3943,9
30…40	7171,2	6751,5	80…90	702,2	1858,7
40…50	6149,5	5954,0	ab 90	116,5	409,2

5.

Welcher Mittelwert ergibt sich ungefähr?

a)

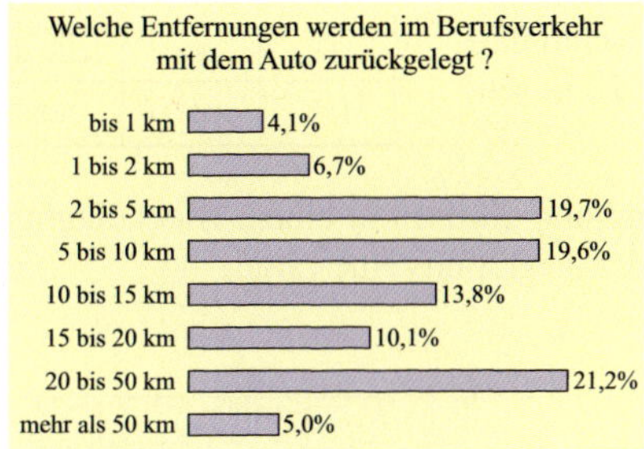

b)

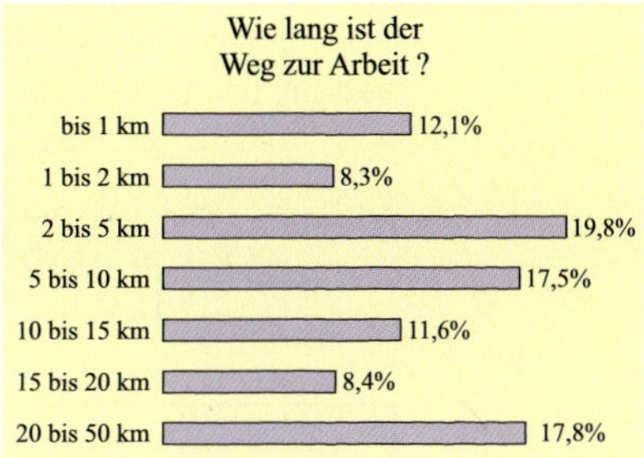

Wie erklären sich die Unterschiede der berechneten Mittelwerte aus den Teilaufgaben a) und b)?

6.

In Deutschland gibt es ca. 11,5 Mio. Ein-Personen-Haushalte. 13,2 % davon haben eine Wohnfläche unter 40 m^2, 62,1 % von 40 m^2 bis unter 80 m^2, 12,2 % von 80 m^2 bis unter 100 m^2 und 12,5 % von 100 m^2 und mehr.
Als Durchschnittswert wird in der Statistik eine Fläche von 65,5 m^2 angegeben.
Überprüfe den angegebenen Wert. Wie lässt sich die Abweichung erklären?

7. *Vorschläge für eigene Projekte*

Ermittle die geforderten Daten, stelle diese grafisch dar und bestimme den Mittelwert.

a) Führe eine Verkehrszählung durch. Bestimme jeweils während eines Zeitraums von 10 Minuten pro Stunde die Anzahl der verschiedenen Fahrzeuge, die z. B. an der Schule vorbeifahren. Spielt es eine Rolle, wann die 10 Minuten im Zeitraum einer Stunde liegen?

b) Miss die Wurfweiten mit einem Tennisball der Schülerinnen und Schüler deiner Klasse. Stelle auch die Häufigkeitsverteilung für klassierte Wurfweiten auf (Klassenbreite 1 m; ergibt sich ein anderer Mittelwert?).

c) Wie viel Taschengeld erhalten die Mitglieder deiner Klasse pro Monat?

d) Wie viele Stunden Fernsehen haben die Schülerinnen und Schüler deiner Klasse am vergangenen Sonntag gesehen?

e) Welche Augensumme erhält man beim Würfeln mit zwei [drei] Würfeln? Führe den Doppelwurf [Dreifachwurf] 50-mal durch.

4.2.2 Der Median einer Häufigkeitsverteilung

Einführung **Mittelwert bei rangskalierten Merkmalen – Median**

Hotel Seeblick Hat Ihnen der Aufenthalt in unserem Hotel gefallen? Bitte nehmen Sie sich eine Minute Zeit, die folgenden Fragen zu beantworten. Damit helfen Sie uns, unseren Service zu verbessern.	sehr gut	gut	zufriedenstellend	ausreichend	mangelhaft
Zimmerausstattung	◯	◯	◯	◯	◯
Restaurant	◯	◯	◯	◯	◯
Freizeitangebot	◯	◯	◯	◯	◯
Gesamteindruck	◯	◯	◯	◯	◯

Die Auswertung der Befragung der Gäste zum Gesamteindruck ergab die nebenstehende Häufigkeitsverteilung.
Ist es gerechtfertigt, als Durchschnittsbewertung das Urteil „gut“ gelten zu lassen?

sehr gut	gut	zufriedenstellend	ausreichend	mangelhaft
15%	32%	30%	13%	10%

Wir stellen die Häufigkeitsverteilung grafisch in einem Blockdiagramm dar und zeichnen zusätzlich als Mitte des Blockdiagramms eine Linie.

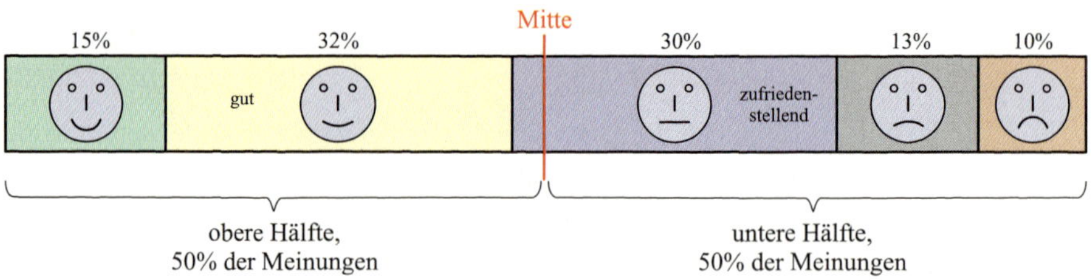

Ordnet man die Bewertungen so an, wie im Blockdiagramm dargestellt, so trifft die Linie in der Mitte auf die Merkmalsausprägung „zufriedenstellend“. Man erkennt, dass das Urteil „gut“ zwar am häufigsten genannt wurde, jedoch gaben mehr als die Hälfte aller Gäste eine schlechtere Bewertung als „gut“ ab. Man sollte daher sagen: Im Mittel war das Urteil „zufriedenstellend“.
Da es sich hier um ein qualitatives Merkmal handelt, können wir das arithmetische Mittel nicht verwenden. Wir haben deshalb einen anderen Mittelwert verwendet, den so genannten **Median** (oder auch Zentralwert) der Häufigkeitsverteilung.

$\tilde{x}$ für Median

Gegeben ist eine Häufigkeitsverteilung mit geordneten Rangmerkmalen oder mit geordneten quantitativen Merkmalsausprägungen.
Der **Median** (oder auch Zentralwert) $\tilde{x}$ einer Häufigkeitsverteilung ist ein Wert (auf der Merkmalsachse der Verteilung), der die Merkmalsausprägungen in zwei Hälften teilt:
Alle Ausprägungen der unteren Hälfte sind kleiner oder gleich dem Median.
Alle Ausprägungen der oberen Hälfte sind größer oder gleich dem Median.
Falls der Median selbst Merkmalsausprägung der Verteilung ist, gehört er sowohl zur unteren Hälfte als auch zur oberen Hälfte.

Aufgabe 1 *Median einer kompletten Datenliste von diskreten Merkmalsausprägungen bestimmen*

Schokoladentafeln der Marke *Choc* werden zu unterschiedlichen Preisen angeboten. Bei einer Erhebung eines Marktforschungsinstituts in 15 Geschäften wurden folgende Preise notiert (Preise nach der Größe geordnet):

0,59 €; 0,65 €; 0,69 €; 0,75 €; 0,75 €; 0,79 €; 0,79 €; 0,80 €;
0,85 €; 0,89 €; 0,90 €; 0,99 €; 0,99 €; 1,00 €; 1,20 €.

In einem Marktbericht wurden dann folgende Daten veröffentlicht:

Preisspanne: 0,59 € bis 1,20 € *mittlerer Preis:* 0,80 €

Der veröffentlichte mittlere Preis ist *nicht* das arithmetische Mittel der erhobenen Preise und auch nicht der Mittelwert aus niedrigstem und höchstem Preis.
Warum hat man nicht diese Werte veröffentlicht?
Wie wurde hier der *„mittlere Preis“* bestimmt?

Lösung Das arithmetische Mittel der erhobenen Preise wäre $\overline{x} = \frac{12{,}63}{15}$ € = 0,842 €, das arithmetische Mittel aus niedrigstem und höchstem Preis 0,895 €.

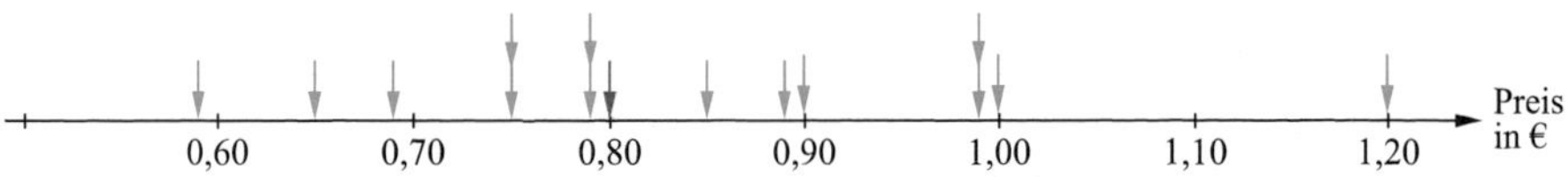

Ordnet man alle Preise auf einer Skala an, so kann man sehen: Der veröffentlichte Preis liegt in der Mitte der 15 erhobenen Preise, d.h. es handelt sich hier um den Median; er steht an 8. Stelle in der Reihe der 15 erhobenen Preise. In diesem Fall ist der Median also tatsächlich bei der Erhebung aufgetreten. In der Stichprobe wurden genauso viele Preise entdeckt, die niedriger als der angegebene mittlere Preis waren, wie Preise, die höher waren.
Das arithmetische Mittel, nämlich $\overline{x} = 0{,}842$ €, trat dagegen als Preis bei der Erhebung nicht auf.
Würde man den mittleren Preis mithilfe des kleinsten und des größten Wertes festlegen, dann wäre dieser Mittelwert sehr stark davon abhängig, welche extremen Preise in der Stichprobe gefunden werden. Ein *mittlerer Preis* darf aber nicht allzu sehr von extremen Sonderangeboten oder übertrieben teurer Preisgestaltung abhängen.

Aufgabe 2 *Median bei Häufigkeitsverteilungen mit Merkmalsklassen bestimmen*

Auch ohne Trauschein glücklich

Immer mehr Paare heiraten spät

Wiesbaden – Wie das Statistische Bundesamt meldet, ist auch im vergangenen Jahr das mittlere Heiratsalter weiter gestiegen – bei Männern beträgt es jetzt 32,6 Jahre, bei Frauen 29,9 Jahre.

Überprüfe die Angaben des Statistischen Bundesamtes hinsichtlich des mittleren Heiratsalters für Männer.
Wie kann man das oben angegebene mittlere Heiratsalter für Männer bestimmen?

Heiratsalter	Männer	relative Häufigkeit
unter 20	3103	0,7 %
20 – 25	41778	10,0 %
25 – 30	102725	24,5 %
30 – 35	114288	27,3 %
35 – 40	63611	15,2 %
40 – 45	32367	7,7 %
45 – 50	20832	5,0 %
50 – 55	14596	3,5 %
55 – 60	11069	2,6 %
60 und mehr	14181	3,4 %
Summe	418550	99,9 %

Rundungsfehler

Lösung

Wir bestimmen zunächst das arithmetische Mittel der Häufigkeitsverteilung als Summe von Produkten der Klassenmitten, gewichtet mit den jeweiligen relativen Häufigkeiten (siehe Seite 209). Der Einfachheit halber betrachten wir lauter Klassen der Breite 5, also die Klassenmitten 17,5; 22,5; 27,5; …; 57,5; 62,5.

Hier überschreitet die kumulierte relative Häufigkeit erstmals den Wert 0,5.

Intervall	Klassenmitte	relative Häufigkeit	Produkt	kumulierte relative Häufigkeit
unter 20	17,5	0,007	0,12	0,007
20 – 25	22,5	0,100	2,25	0,107
25 – 30	27,5	0,245	6,74	0,353
30 – 35	32,5	0,273	8,87	0,626
35 – 40	37,5	0,152	5,70	0,778
40 – 45	42,5	0,077	3,27	0,855
45 – 50	47,5	0,050	2,38	0,905
50 – 55	52,5	0,035	1,84	0,940
55 – 60	57,5	0,026	1,50	0,966
60 und mehr	62,5	0,034	2,13	1,000
		Summe	34,80	

Als arithmetisches Mittel des Heiratsalters bei Männern ergibt sich 34,8 Jahre. Dieser Wert wurde in der Pressemitteilung nicht genannt.

Wir bestimmen deshalb als nächstes den Median der Häufigkeitsverteilung. Dazu müssen wir herausfinden, bei welchem Heiratsalter die Gesamtheit aller Männer, die im vergangenen Jahr heirateten, in zwei Hälften unterteilt wird. Wir betrachten zunächst die kumulierte Häufigkeitsverteilung in der Tabelle.

Wir stellen fest, dass die kumulierten relativen Häufigkeiten erstmals im Intervall zwischen 30 und 35 Jahren den Wert 0,5 (50 %) überschreiten. Da uns keine näheren Informationen vorliegen, gehen wir *näherungsweise* davon aus, dass der Zuwachs von 35,3 % auf 62,6 % gleichmäßig, d. h. linear erfolgt. Wir suchen also diejenige Stelle, an der die lineare Funktion den Funktionswert 0,5 annimmt.

Aus der Grafik lesen wir ab, dass dies ungefähr bei $\tilde{x} = 32{,}7$ Jahren der Fall ist.

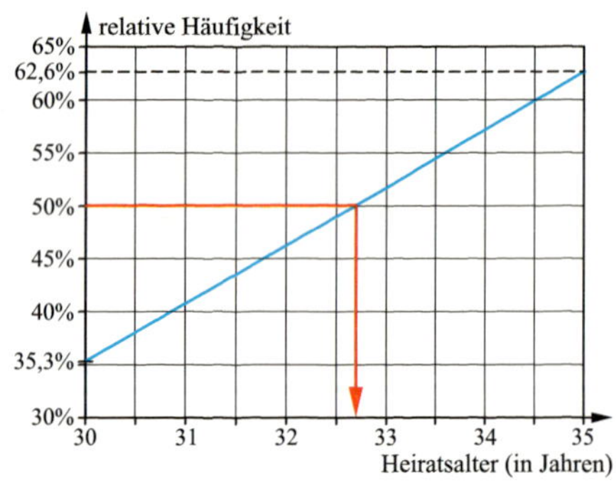

Weiterführende Aufgabe

3. *Einfluss von Ausreißern auf die Mittelwertbildung*

Bei einem Konzentrationstest benötigen die Teilnehmer folgende Zeiten:

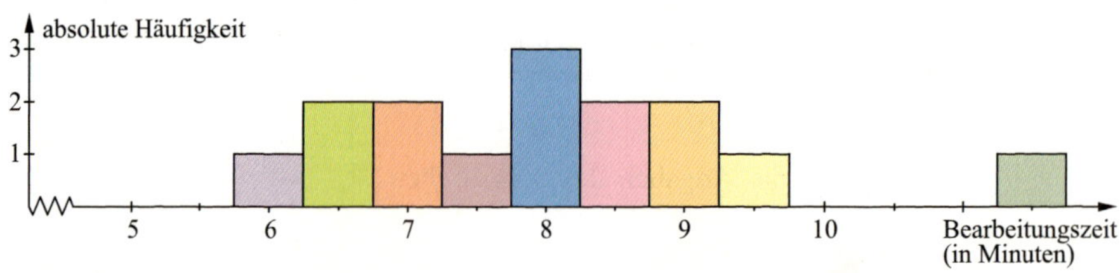

Bestimme das arithmetische Mittel $\bar{x}$, wenn man den *Ausreißer* $x_{15} = 11{,}5$ min.

(1) mitzählt, (2) nicht beachtet, also weglässt.

Welchen Mittelwert sollte man angeben?

Information

(1) Den Median einer Häufigkeitsverteilung bestimmen

Durch den Median $\tilde{x}$ wird eine Menge von Merkmalswerten (eines quantitativen Merkmals oder eines Rangmerkmals) in zwei gleich große Hälften geteilt.

Beispiel 1: Den Median einer geordneten Zahlenliste bestimmen

- *bei ungerader Anzahl von Merkmalswerten*

$$\underbrace{x_1 = 3,\ x_2 = 4,\ x_3 = 8,\ x_4 = 9}_{\text{untere Hälfte}},\quad x_4 = 9,\ x_5 = 10,\ x_6 = 11,\ x_7 = 20 \text{ (obere Hälfte: } x_4 \text{ bis } x_7)$$

Der Median $\tilde{x}$ ist dann gleich $x_4 = 9$. Ist die Anzahl der Merkmalswerte ungerade, dann gehört der mittlere Wert $\tilde{x}$ sowohl zur unteren wie zur oberen Hälfte.

- *bei gerader Anzahl von Merkmalswerten*

$$\underbrace{x_1 = 3,\ x_2 = 4,\ x_3 = 8,}_{\text{untere Hälfte}}\ \underbrace{x_4 = 9,\ x_5 = 10,\ x_6 = 11}_{\text{obere Hälfte}}$$

Der Median $\tilde{x}$ ist dann gleich $\tilde{x} = \frac{8+9}{2} = 8{,}5$. Ist die Anzahl der Merkmalswerte gerade, dann gehört der mittlere Wert $\tilde{x}$ weder zur unteren noch zur oberen Hälfte. Man definiert $\tilde{x}$ durch das arithmetische Mittel des größten Merkmalswertes der unteren Hälfte und des kleinsten Merkmalswertes der oberen Hälfte. Man könnte im Prinzip auch jeden Zwischenwert als Median bezeichnen.

Beispiel 2: Den Median einer diskreten Häufigkeitsverteilung bestimmen

Für ein Produkt wurde die folgende Häufigkeitsverteilung für den Preis ermittelt:

Preis (in €)	3,80	3,90	4,00	4,30	5,99
relative Häufigkeit	0,2	0,1	0,1	0,4	0,2
kumulierte rel. H.	0,2	0,3	0,4	0,8	1

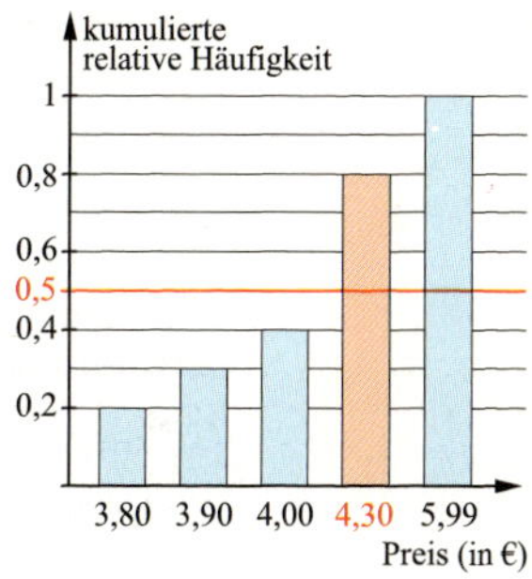

Die kumulierten relativen Häufigkeiten überschreiten erstmals bei 4,30 € den Wert 0,5. Also ist 4,30 € der Median dieser Häufigkeitsverteilung.

Wird die kumulierte relative Häufigkeit 0,5 (50 %) genau bei einem Merkmalswert erreicht, so definiert man $\tilde{x}$ durch das arithmetische Mittel dieses Merkmalswertes und des nächstgrößeren Merkmalswertes.

Beispiel 3: Den Median bei klassierten Häufigkeitsverteilungen bestimmen

Eine Schule untersuchte den Schulweg, der täglich zurückgelegt wird.

Weglänge (in km)	unter 5	5–10	10–15	15–20	über 20
relative Häufigkeit	0,15	0,23	0,34	0,23	0,05
kumulierte relative Häufigkeit	0,15	0,38	0,72	0,95	1

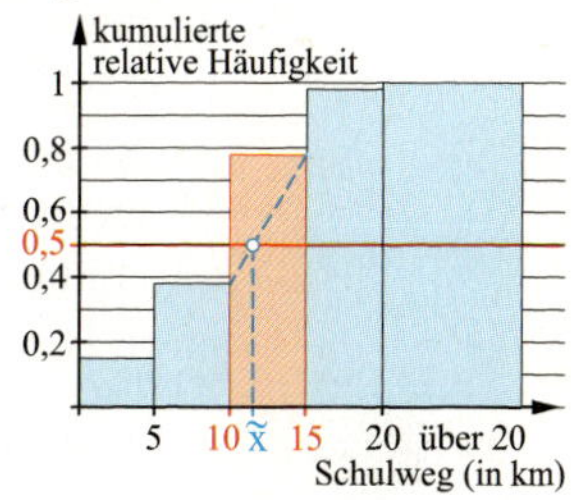

Für die Klasse *10–15* wird erstmals der Wert 0,5 für die kumulierten Häufigkeiten überschritten. Den Median berechnen wir wie folgt:

$$\tilde{x} = 10 + \frac{12\,\%}{34\,\%} \cdot 5 \approx 11{,}8$$

Klassenbreite (zu 5)

untere Intervallgrenze der Klasse 10–15 (zu 10)

Anteil bis zur 50 %-Grenze der zugehörigen relativen Häufigkeit (zu $\frac{12\,\%}{34\,\%}$)

(2) Median im Vergleich zum arithmetischen Mittel

Wie aus der Grafik in der Aufgabenstellung von Aufgabe 2 ersichtlich ist, sind die Häufigkeitsverteilungen des Merkmals *Heiratsalter von Männern* nicht symmetrisch; das Maximum der Verteilung liegt im Intervall zwischen 30 und 35 Jahren. Vom Maximum aus ist der Abstand zur Klasse mit dem niedrigsten Heiratsalter („unter 20 Jahre") deutlich kleiner als zur Klasse mit dem höchsten Heiratsalter („60 Jahre und mehr"). Bei der Bildung des arithmetischen Mittels geht dieser Abstand wesentlich in die Rechnung ein. Daher ergeben sich unterschiedliche Werte für das arithmetische Mittel und den Median. Das *mittlere Heiratsalter* (der Median) ist kleiner als das *Durchschnittsheiratsalter* (das arithmetische Mittel), weil die Mehrheit der Männer früher heiratet als das arithmetische Mittel angibt. Die Abweichungen im Vergleich zu den Angaben des Statistischen Bundesamtes beruhen darauf, dass wir den 50 %-Wert nur näherungsweise bestimmt haben.

Aufgabe 3 zeigt, dass der Median im Vergleich zum arithmetischen Mittel wenig empfindlich gegenüber so genannten *Ausreißern* ist, da es bei der Medianbestimmung nicht auf die einzelnen Werte, sondern nur auf die Reihenfolge der Werte ankommt. Man sagt: Der Median ist im Gegensatz zum arithmetischen Mittelwert eine *robuste* Größe.

Bei der Erhebung von Daten weiß man im Allgemeinen nicht, warum Ausreißer auftreten, ob sie vielleicht nur Messfehler darstellen, oder ob sie typisch für das Merkmal sind. Diese Unsicherheit kann man umgehen, indem man auch stets den Median angibt und Abweichungen vom arithmetischen Mittel und vom Median überprüft.

Der Median ist gegenüber dem arithmetischen Mittelwert zu bevorzugen, wenn
- die Häufigkeitsverteilung asymmetrisch ist,
- nur wenige Messwerte vorliegen,
- der Verdacht besteht, dass Ausreißer unter den Messwerten sind,
- Rangmerkmale vorliegen.

Obwohl es eigentlich nicht sinnvoll ist, wird bei Rangmerkmalen, die durch Zahlen bewertet werden, z. B. bei Noten, oft auch der Durchschnittswert gebildet.

(3) Median mit einem GTR oder einem Tabellenkalkulationsprogramm bestimmen

- Beim GTR wird der Befehl **median** zur Bestimmung des Medians verwendet.

  (1) *bei einer geordneten Zahlenliste*
  median ({4, 7, 8, 8, 9, 9, 10, 70})
  ergibt $\tilde{x} = 8{,}5$

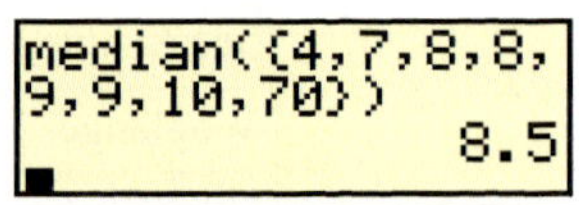

  (2) *bei gegebenen absoluten Häufigkeiten*
  median ({1, 2, 3, 4, 5, 6}, {3, 7, 6, 3, 0, 1})
  ergibt $\tilde{x} = 2{,}5$

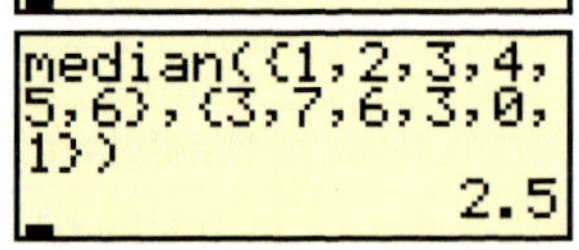

  (3) *bei gegebenen relativen Häufigkeiten*
  median ({3.8, 3.9, 4.0, 4.3, 5.99},
  {0.2, 0.1, 0.1, 0.4, 0.2})
  ergibt $\tilde{x} = 4{,}3$

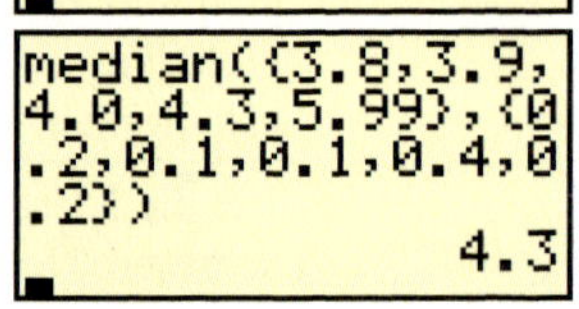

- In Tabellenkalkulationsprogrammen lautet der Befehl oft **MEDIAN**(*Bereich*), also z. B. MEDIAN(A1 : A10), um den Median der in den Zellen A1 bis A10 stehenden Werte zu bestimmen.

Übungsaufgaben

4.

Vergleiche das Preisniveau der beiden Schuhgeschäfte, in deren Schaufenstern Schuhe mit folgenden Preisen zu sehen sind.
Was ist dein erster Eindruck? Überprüfe diesen Eindruck.

Geschäft A: 79,9/89,9/69,9/64,9/125/130/87,9/99,9/94,9/74,9/94,9/89,9/105/99,9/94,9/130

Geschäft B: 125/77,9/84,9/84,9/84,9/84,9/89,9/81,9/125/119/84,9/119/77,9/77,9/119

5.

Bestimme analog zu Aufgabe 2 das mittlere Heiratsalter und das Durchschnittsheiratsalter von Frauen.

Heiratsalter	Frauen	relative Häufigkeit
unter 20	14975	3,6 %
20 – 25	79732	19,0 %
25 – 30	118225	28,2 %
30 – 35	90983	21,7 %
35 – 40	47200	11,3 %
40 – 45	25950	6,2 %
45 – 50	17540	4,2 %
50 – 55	10648	2,5 %
55 – 60	6617	1,6 %
60 und mehr	6680	1,6 %
	418550	99,9 %

6.

Durch eine Befragung von 200 Kunden möchte die Geschäftsführung eines Kaufhauses herausfinden, inwieweit die Kunden mit dem Service zufrieden sind.
72 sehr zufrieden 65 im Allgemeinen zufrieden 8 unzufrieden
38 zufrieden 17 nicht immer zufrieden.
Welches ist der Median des Rangmerkmals *Beurteilung des Kundenservice?*

7.

Bestimme arithmetisches Mittel und Median. Vergleiche.

a) Reaktionstest-Zeiten:
2,6 sec; 3,1 sec; 3,0 sec; 5,2 sec; 2,8 sec; 3,0 sec; 2,9 sec; 4,1 sec; 3,6 sec; 3,5 sec; 3,0 sec; 3,2 sec.

b) Sprungweiten beim Weitsprung:
5,32 m; 5,06 m; 4,88 m; 5,46 m; 5,45 m; 4,70 m; 4,81 m; 5,12 m; 4,84 m; 4,93 m; 5,27 m; 4,22 m; 4,90 m; 5,17 m; 5,03 m; 4,82 m; 4,79 m; 4,61 m; 4,70 m.

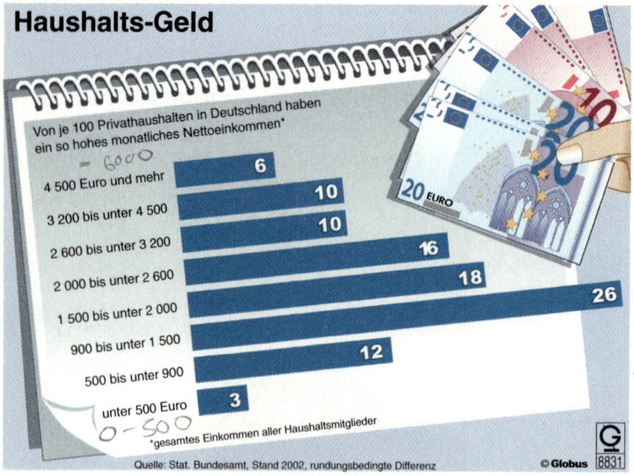

8.

a) Bestimme das mittlere monatliche Nettoeinkommen der Haushalte in Deutschland.

b) Erläutere die Aussage:
Da die Mehrzahl der Familien ein Einkommen hat, das unter dem Durchschnitt liegt, ist das mittlere Einkommen der Bevölkerung kleiner als das Durchschnittseinkommen.

Median, Mittelwert, arithm. Mittel, Histogramm

9.

Stereoanlagen im Test										
	Mittlerer Preis in € ca.	Preisspanne in €	Lautsprecher	Verstärker	Radio	CD-Player	Aufnahme/ Wiedergabe	Handhabung	Umwelt-Eigenschaften	Qualitätsurteil
Gewichtung			20 %	10 %	15 %	15 %	15 %	15 %	10 %	
Kanon 201	549,–		○	+	+	+	○	○	○	zufriedenstellend
Tuba 3000	680,–	600,– bis 700,–	○	+	+	++	+	○	○	gut
Woodo MP	740,–	650,– bis 750,–	○	+	+	+	○	–	○	zufriedenstellend
Hippo 73L	745,–	690,– bis 750,–	+	+	+	+	○	+	○	gut
Astro 400	745,–	700,– bis 750,–	○	+	○	+	○	–	○	zufriedenstellend
KZL 500	825,–	700,– bis 850,–	+	+	+	+	++	○	○	gut
Reihenfolge der Bewertung	++ = sehr gut, + = gut, ○ = zufriedenstellend, – = mangelhaft, – – = sehr mangelhaft									

Der von einer Zeitschrift veröffentlichte *mittlere Preis* ist jeweils der Median von verschiedenen Preisangeboten.

a) Erkläre, warum dieser nicht genau in der Mitte des Intervalls „Preisspanne" liegt.

b) Das *Qualitätsurteil* (letzte Spalte der Tabelle) ist (mit einer Einschränkung) ebenfalls ein Mittelwert aus den einzelnen Test-Gesichtspunkten.
Wie wird dieser Mittelwert bestimmt?

10. *Vorschläge für eigene Projekte*
Führe die Erhebungen durch und werte die Daten aus; bestimme einen geeigneten Mittelwert.

- Erfasse die Körpergröße der Schülerinnen und Schüler deiner Klasse.
- Vergleiche die Ergebnisspiegel von Klassenarbeiten in verschiedenen Fächern.
  Gibt es „schwere" oder „leichte" Fächer?
- Wie viel Taschengeld erhalten die Mitglieder deiner Klasse pro Monat?
- Wirf 12-mal einen Tennisball und miss die Wurfweite.
- Führe eine Befragung über die Beliebtheit von Fächern durch.
  Wähle selbst Ausprägungen für das qualitative Merkmal *Beliebtheit.*

Blickpunkt

Das geometrische und das harmonische Mittel

1. *Mittelwertbildung bei Wachstumsprozessen*

a) Wie groß sind die Wachstumsfaktoren, die zu den Zinssätzen der nebenstehenden Anzeige gehören?

Wachstumssparen
Ihr Vermögen wächst von Jahr zu Jahr immer stärker!

1. Jahr	3,5% Zinsen
2. Jahr	4,25% Zinsen
3. Jahr	4,75% Zinsen
4. Jahr	5,0% Zinsen

Auf welchen Betrag wächst ein Ausgangskapital von 10 000 € in 4 Jahren?

b) Beim Wachstumssparen steigen die Wachstumsfaktoren von Jahr zu Jahr.
Wie groß ist der *durchschnittliche* Wachstumsfaktor, d.h. bei welchem *gleichbleibenden* Zinssatz kommt man in 4 Jahren auf den gleichen Betrag wie beim Wachstumssparen? Dieser Zinssatz wird *Rendite* genannt.

Definition: *Geometrisches Mittel*
Gegeben sind n positive Zahlen $g_1, g_2, \ldots, g_n$.
Dann heißt $\hat{g} = \sqrt[n]{g_1 \cdot g_2 \cdot \ldots \cdot g_n}$ das **geometrische Mittel** von $g_1, g_2, \ldots, g_n$.

Sind $g_1, g_2, \ldots, g_n$ Wachstumsfaktoren, dann gibt das geometrische Mittel den durchschnittlichen Wachstumsfaktor an.

Hinweis: Der Begriff *geometrisches Mittel* kommt auch in der Dreieckslehre der Geometrie vor:
Mithilfe des Höhensatzes des EUKLID für rechtwinklige Dreiecke kann man ein Rechteck mit den Seitenlängen x und y in ein flächeninhaltsgleiches Quadrat der Seitenlänge z verwandeln. Man sagt:
Die Seitenlänge des Quadrats ist das geometrische Mittel der Seitenlängen des Rechtecks:
$z = \sqrt[2]{x \cdot y}$

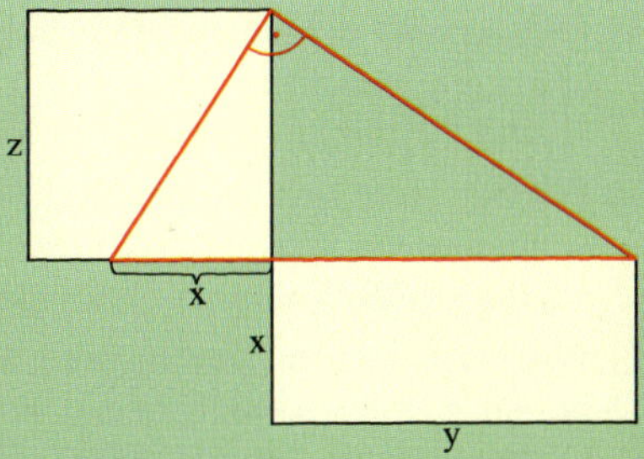

2. *Mittelwerte bei Größen, die sich als Quotienten von zwei Größen berechnen lassen*

Die Durchschnittsgeschwindigkeit $\overline{v}$ eines Fahrzeugs berechnet sich als Quotient aus der Länge s des zurückgelegten Weges und der hierfür benötigten Zeit t.
Begründe zunächst an einem selbst gewählten Beispiel, dann allgemein:

(1) Fährt man t Minuten lang mit der Geschwindigkeit v_1 und danach t Minuten mit der Geschwindigkeit v_2, dann ist man insgesamt mit der Durchschnittsgeschwindigkeit $\overline{v} = \frac{v_1 + v_2}{2}$ gefahren (arithmetisches Mittel).

Erläutere auch die nebenstehende Grafik: Woran lässt sich in der Grafik die Geschwindigkeit ablesen?

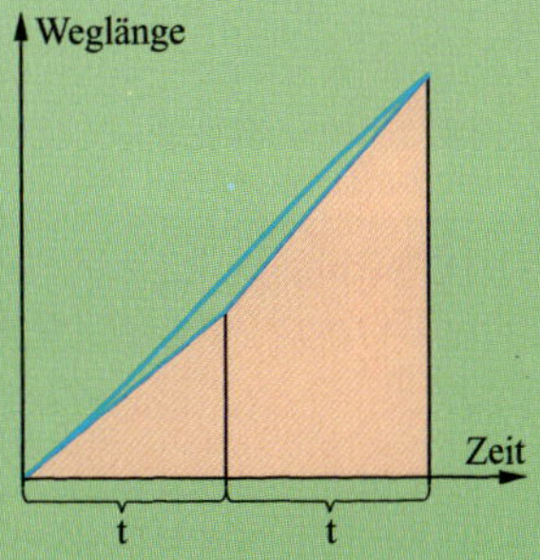

(2) Fährt man eine bestimmte Strecke der Länge s mit der Geschwindigkeit v_1 und dann wieder eine Strecke von der gleichen Länge s mit der Geschwindigkeit v_2, dann ist die Durchschnittsgeschwindigkeit $\overline{v}$ für die gesamte Strecke der Länge 2 s kleiner als das arithmetische Mittel $\frac{v_1 + v_2}{2}$. Die Durchschnittsgeschwindigkeit berechnet sich als: $\overline{v} = \frac{2s}{t_1 + t_2} = \frac{2s}{\frac{s}{v_1} + \frac{s}{v_2}} = \frac{2}{\frac{1}{v_1} + \frac{1}{v_2}}$

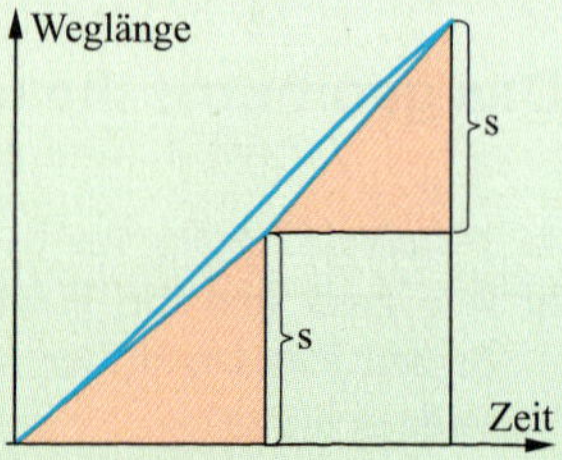

Definition: *Harmonisches Mittel*

Gegeben sind n positive Zahlen $x_1, x_2, \ldots, x_n$.

Dann heißt $\overline{x}_h = \frac{n}{\frac{1}{x_1} + \frac{1}{x_2} + \ldots + \frac{1}{x_n}}$ das **harmonische Mittel** von $x_1, x_2, \ldots, x_n$.

3.

Setze die folgenden Aussagen richtig fort (siehe Aufgabe 1):

(1) Nimmt ein Ausgangskapital vier Jahre hintereinander jeweils um 5 % ab, dann …

(2) Wächst ein Ausgangskapital zunächst um 10 %, nimmt danach aber wieder um 10 % ab, dann …

(3) Nimmt ein Ausgangskapital drei Jahre hintereinander um 2 %, um 4 % und um 6 % ab, dann ist es im Mittel …

4.

Löse die Teilaufgabe durch schrittweise Berechnung der benötigten Größen. Erläutere dann, bei welcher Teilaufgabe es sich um ein harmonisches Mittel handelt.

a) Jemand tankt dreimal hintereinander zu Preisen von 1,05 € pro Liter, 1,10 € pro Liter, 1,20 € pro Liter. Wie berechnet man den Durchschnittspreis, wenn dreimal
(1) das gleiche Volumen, (2) für den gleichen Betrag getankt wird?

b) Wie berechnet sich die spezifische Dichte einer Metall-Legierung, bei der zwei verschiedene Metalle miteinander verschmolzen werden, wenn man von jeder Metallsorte
(1) die gleiche Masse, (2) das gleiche Volumen nimmt?

c) Wie berechnet man den mittleren Umtauschkurs von Euro zum Dollar, wenn man zunächst 0,90 € für einen Dollar bezahlt, dann 0,96 €?
(1) Man tauscht zweimal 400 € um. (2) Man tauscht zweimal 500 $ ein.

5.

Man kann allgemein zeigen, dass zwischen dem arithmetischen, dem harmonischen und dem geometrischen Mittel von n positiven Zahlen $x_1, x_2, \ldots, x_n$ die folgende Ungleichung gilt:

$$\frac{n}{\frac{1}{x_1} + \frac{1}{x_2} + \ldots + \frac{1}{x_n}} \leq \sqrt[n]{x_1 \cdot x_2 \cdot \ldots \cdot x_n} \leq \frac{x_n + x_2 + \ldots + x_n}{n}$$

harmonisches Mittel — geometrisches Mittel — arithmetisches Mittel

Die Gleichheit gilt genau dann, wenn alle Zahlen $x_1, x_2, \ldots, x_n$ gleich sind.
Beweise diese Aussage für $n = 2$, d. h. zeige für die positiven Zahlen x_1 und x_2:

(1) $\frac{2}{\frac{1}{x_1} + \frac{1}{x_2}} \leq \sqrt{x_1 \cdot x_2} \leq \frac{x_1 + x_2}{2}$

(2) Das Gleichheitszeichen gilt in Ungleichung (1) genau dann, wenn $x_1 = x_2$.

4.3 Streuung bei Häufigkeitsverteilung

4.3.1 Perzentile einer Verteilung und Boxplots

Einführung **Häufigkeitsverteilungen mithilfe von Boxplots vergleichen**

Bei einem Vergleichstest zweier Kurse wurden folgende Punkte erreicht:

Kurs 1:	4, 18, 20, 26, 27, 28, 30, 30, 31, 31, 31, 32, 32, 32, 36, 38, 38, 40, 42, 43, 43, 44, 46, 46, 49
Kurs 2:	0, 10, 14, 18, 18, 20, 22, 24, 26, 26, 28, 34, 34, 34, 36, 37, 38, 38, 40, 40, 44, 46, 48, 50

Die beiden Ergebnisse sollen miteinander verglichen werden. Wir bestimmen deshalb jeweils das arithmetische Mittel und den Median der Verteilung.

	arithmetisches Mittel	Median
Kurs 1	33,48 Punkte	32 Punkte
Kurs 2	30,21 Punkte	34 Punkte

Man erkennt: Im Kurs 1 erreichten die Schülerinnen und Schüler im Durchschnitt mehr Punkte als im Kurs 2.
Allerdings erreichten 50 % der Schülerinnen und Schüler aus Kurs 2 mindestens 34 Punkte, was dem Kurs 1 nicht gelang. Ein Vergleich der beiden Ergebnisse einzig anhand der Mittelwerte liefert hier nicht genügend Informationen.

Wir bestimmen deshalb zusätzlich für jeden Kurs

- die Merkmalsausprägung, ab der die kumulierten Häufigkeiten erstmals über 25 % liegen – dieser Wert heißt **unteres Quartil** – sowie
- die Merkmalsausprägung, ab der die kumulierten Häufigkeiten erstmals über 75 % liegen – dieser Wert heißt **oberes Quartil**.

Wir erhalten folgende Werte:

	unteres Quartil	Median	oberes Quartil
Kurs 1	30 Punkte	32 Punkte	42 Punkte
Kurs 2	21 Punkte	34 Punkte	40 Punkte

Zum Vergleich zeichnen wir zu diesen Werten so genannte **Boxplots**.

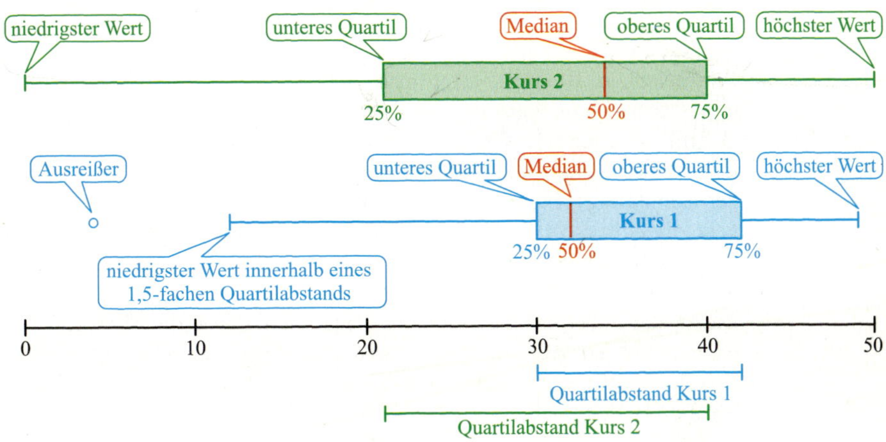

Aus den Boxplots kann man ablesen:

- 75 % der Schülerinnen und Schüler aus Kurs 1 haben 30 Punkte und mehr erreicht, im Kurs 2 haben 75 % der Schülerinnen und Schüler 21 Punkte und mehr erreicht.
- 25 % der Schülerinnen und Schüler aus Kurs 1 haben 42 Punkte und mehr, im Kurs 2 haben 25 % mehr als 40 Punkte erreicht.

Danach würde man sagen, dass der Kurs 1 die besseren Ergebnisse erzielt hat.

Information **Perzentile und Quartile einer Häufigkeitsverteilung – Boxplots**

Die Einführung zeigt, dass es manchmal sinnvoll ist, gegebene Datenmengen geeignet zu unterteilen.

In einer geordneten Datenmenge mit Ausprägungen eines quantitativen Merkmals oder eines Rangmerkmals ist das **p %-Perzentil** (kurz P_p) derjenige Wert, für den gilt:
p % der Daten sind kleiner oder genauso groß wie das p %-Perzentil,
100 % − p % sind größer oder genauso groß wie das p %-Perzentil.

Das 25 %-Perzentil (kurz P_{25}) einer Häufigkeitsverteilung wird auch als **unteres Quartil** Q_1 bezeichnet, das 75 %-Perzentil (kurz P_{75}) als **oberes Quartil** Q_3. Für den Median sind auch die Bezeichnungen 50 %-Perzentil oder mittleres Quartil üblich.
Die Lage wichtiger Perzentile einer Häufigkeitsverteilung kann man in so genannten **Boxplots** veranschaulichen.

Boxplots bestehen aus einem Kasten, in welchem die Linien die einzelnen Quartile auf der Merkmalsachse kennzeichnen. Die Differenz $Q_3 - Q_1$ wird als **Quartilabstand** bezeichnet, die Differenz $P_{95} - P_5$ als **Spannbreite**.

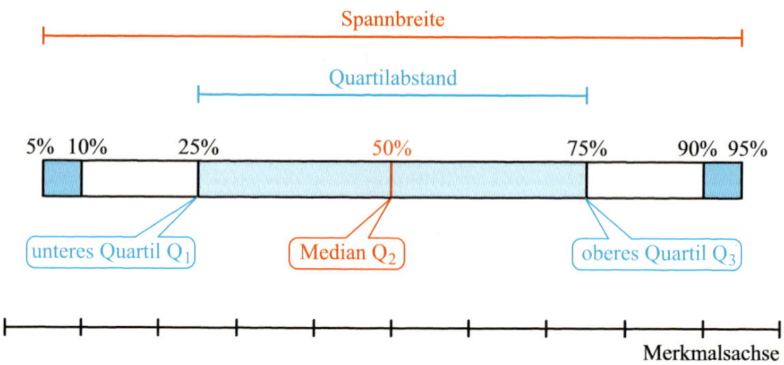

Bei manchen Boxplots trägt man links bzw. rechts vom oberen bzw. unteren Quartil so genannte *Whiskers* (Schnurrhaare einer Katze) ab (siehe Beispiel in der Einführung). Für die Breite der Whiskers gibt es verschiedene Vereinbarungen. So findet man Whiskers von einer Breite bis zum 1,5-fachen des Quartilabstands oder bis zum kleinsten oder größten Wert der Datenmenge.

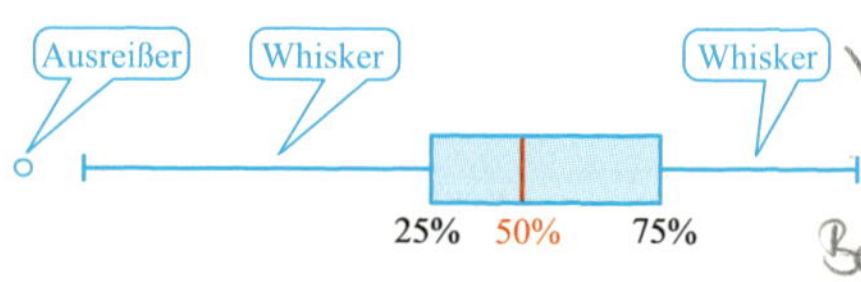

Daten, die außerhalb des Bereichs liegen, der durch die Whiskers beschrieben wird, werden als *Ausreißer* angegeben und durch Kreise oder Kreuze angedeutet.
Boxplots geben also anschaulich wieder, wie sich die Ausprägungen eines Merkmals auf die Merkmalsachse verteilen.

Aufgabe 1 *Vergleich von Perzentilen bei Häufigkeitsverteilungen*

PISA: Programme for International Student Assessment

Testleistungen der Schülerinnen und Schüler im Fach Mathematik werden in der PISA-Studie mithilfe von Boxplots veranschaulicht.

Land	Median	Spannbreite $P_{95} - P_5$
Finnland	536	264
Schweiz	529	329
Großbritannien	529	302
Belgien	520	350
Frankreich	517	292
Österreich	515	306
Dänemark	514	283
Schweden	510	309
OECD-Durchschnitt	500	329
Tschechien	498	320
Deutschland	490	338
Russland	478	343
Spanien	476	298
Polen	470	336
Italien	457	299
Portugal	454	299
Griechenland	447	357

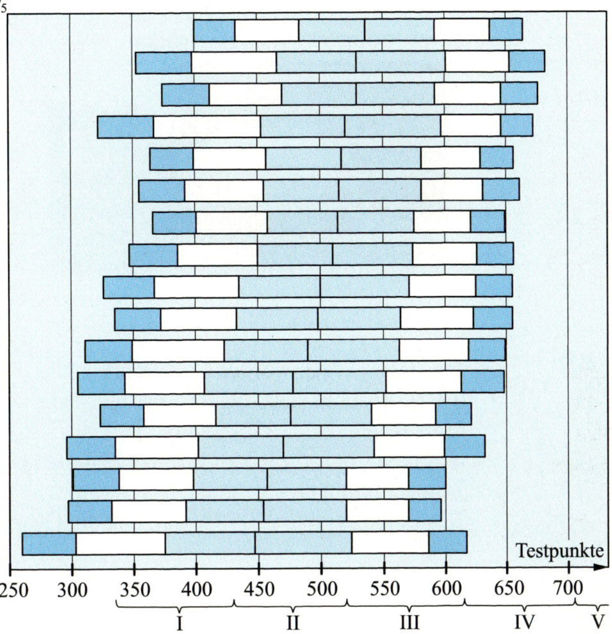

Kompetenzstufe I: Niveau am Ende der Grundschule
Kompetenzstufe V: selbstständig mathematisch argumentieren und reflektieren können

Nach der Veröffentlichung der PISA-Studie wurden besonders oft die Testergebnisse der finnischen und der deutschen Schülerinnen und Schüler miteinander verglichen:

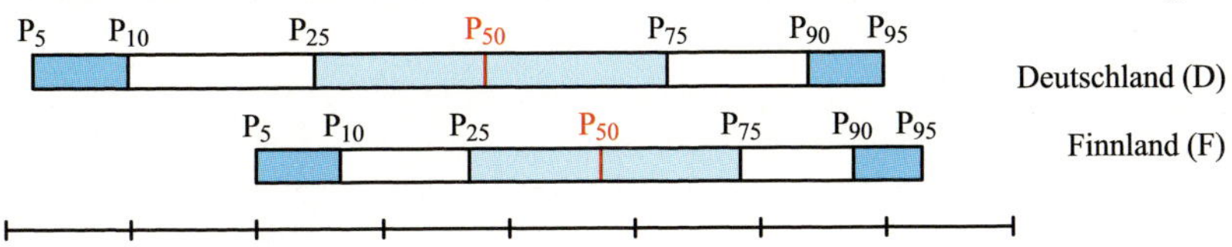

Welche Besonderheiten fallen auf?

Lösung

(1) Der Median der finnischen Erhebung liegt deutlich über dem der deutschen: $M_F = 536$, $M_D = 490$, d. h. im Mittel schneiden die deutschen Schüler schlechter ab als die finnischen.

(2) Der Abstand der Perzentile P_{95} und P_5 ist in der deutschen Testgruppe größer als in der finnischen: $P_{95D} - P_{5D} = 338$; $P_{95F} - P_{5F} = 264$. D. h., die Ergebnisse der deutschen Teilnehmer streuen stärker als die der finnischen.

(3) Der Median der deutschen Gruppe liegt ungefähr beim unteren Quartil Q_1 der finnischen Schüler ($P_{50D} \approx P_{25F}$), d. h. die finnischen Probanden, die zum unteren Leistungsviertel in Mathematik gehören, sind vergleichbar mit den unteren 50 % der deutschen Schüler.

(4) $P_{10F} \approx P_{25D}$, d. h. die leistungsschwächsten 10 % aus Finnland werden nur von 75 % der deutschen Testteilnehmer übertroffen.

Aufgabe 2 *Bestimmung der Quartile von Häufigkeitsverteilungen*

Pkw werden immer schneller

Unterschiede zwischen langsameren und schnelleren Fahrzeugen werden größer

Höchstgeschwindigkeit	Anzahl der neu zugelassenen Pkw	
	2002	1990
bis 130 km/h	3183	121799
von 131 bis 140 km/h	62113	70493
von 141 bis 150 km/h	73257	270244
von 151 bis 160 km/h	349862	476160
von 161 bis 170 km/h	405472	568785
von 171 bis 180 km/h	425762	471343
von 181 bis 190 km/h	583842	447178
von 191 bis 200 km/h	389998	297198
von 201 bis 210 km/h	361516	106900
von 211 bis 220 km/h	281806	84721
von 221 bis 230 km/h	158252	72531
von 231 bis 240 km/h	66375	31643
von 241 bis 250 km/h	77619	13984
über 250 km/h	13817	7770
Unbekannt	24	34
Insgesamt	3252898	3040783

Im Jahr 1990 wurden in Deutschland 3040783 Pkw neu zugelassen, im Jahr 2002 waren dies 3252898.

Wie lässt sich die obenstehende Zeitungsschlagzeile aus den nebenstehenden Häufigkeitsverteilungen ableiten?

Bestimme dazu jeweils Median und die Quartile Q_1 und Q_3 der beiden Verteilungen.

Lösung Wir suchen die Merkmalsausprägungen, ab denen die kumulierten Häufigkeiten erstmals über 25 %, über 50 % und über 75 % liegen. Deshalb erstellen wir eine Tabelle mit den kumulierten relativen Häufigkeiten (siehe Seite 201).

Höchstgeschw. bis einschl. ... km/h	kumulierte rel. H. 2002	kumulierte rel. H. 1990
130	0,10 %	4,01 %
140	2,01 %	6,32 %
150	4,26 %	15,21 %
160	15,01 %	30,87 %
170	27,48 %	49,58 %
180	40,57 %	65,08 %
190	58,52 %	79,78 %
200	70,51 %	89,56 %
210	81,62 %	93,07 %
220	90,28 %	95,86 %
230	95,15 %	98,24 %
240	97,19 %	99,28 %
250	99,57 %	99,74 %
über 250	100,00 %	100,00 %

Um die Werte innerhalb einer Klasse genauer zu bestimmen, zeichnen wir Polygonzüge für die kumulierten Häufigkeiten und bestimmen die Stellen für die Werte 25%, 50% und 75%.

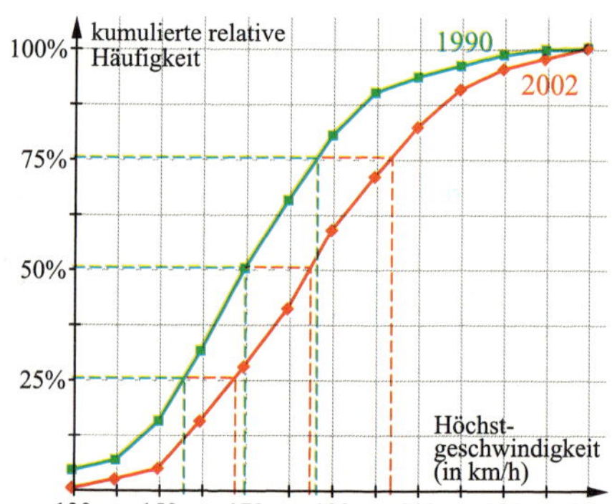

Wir finden mithilfe der Zeichnung etwa folgende Werte:

	Verteilung 2002	Verteilung 1990
1. Quartil Q_1 Median M 2. Quartil Q_2	168 km/h 185 km/h 203 km/h	157 km/h 170 km/h 187 km/h

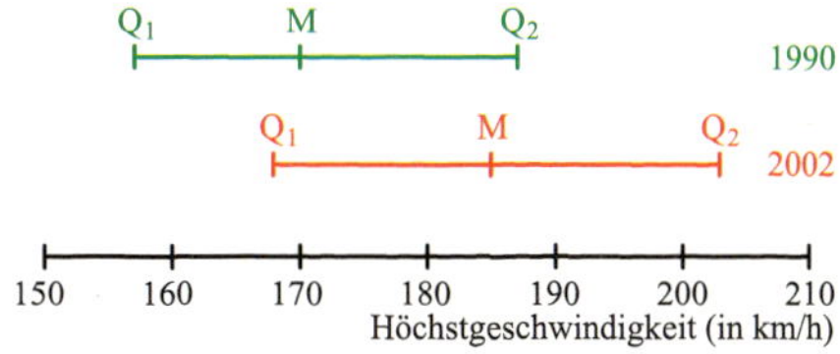

Während 1990 noch bei der Hälfte der neu zugelassenen Pkw die Höchstgeschwindigkeit ungefähr 170 km/h betrug, ist sie bei den Neuzulassungen im Jahr 2002 auf 185 km/h angestiegen. Ein Viertel der Fahrzeuge fuhr 1990 höchstens 157 km/h; im Jahr 2002 war dieser Wert auf 168 km/h angestiegen. Die 25 % schnellsten Pkw von 2002 hatten eine Höchstgeschwindigkeit, die über 200 km/h lag. Der Unterschied der Quartilswerte betrug 1990 ca. 30 km/h, 2002 dagegen ca. 35 km/h.
Kurz: Die Pkw von 2002 sind im Mittel um 15 km/h schneller geworden. Allerdings hat sich der Unterschied zwischen langsameren und schnelleren Fahrzeugen ebenfalls erhöht (um 5 km/h bei der Differenz der Quartilswerte), was durch die Schlagzeile in der Zeitung zum Ausdruck gebracht wurde.

Information

(1) Quartile bestimmen

Quartile Q_1, Q_2 und Q_3 unterteilen eine geordnete Datenmenge von quantitativen Merkmalsausprägungen oder Rangmerkmalen in vier gleich große Teile.
Wir können die Quartile Q_1, Q_2 und Q_3 wie folgt anhand der kumulierten relativen Häufigkeiten der geordneten Datenmenge ermitteln:
Die kumulierte relative Häufigkeit ist

- bei Q_1 erstmals größer oder gleich 0,25
- bei Q_2 erstmals größer oder gleich 0,5
- bei Q_3 erstmals größer oder gleich 0,75

GTR

(2) Boxplot-Diagramme auf einem GTR

GTR besitzen Befehle, mit deren Hilfe man Boxplots zeichnen kann. Zunächst werden die erhobenen Daten in eine Liste eingegeben, dann stellt man im Grafikmenü **STATPLOT** die Option Boxplot (ohne Ausreißer) oder ModBoxplot (mit Ausreißern) ein. Als Beispiel wurden hier die Daten aus der Einführung (S. 221) für den Kurs 1 gewählt.

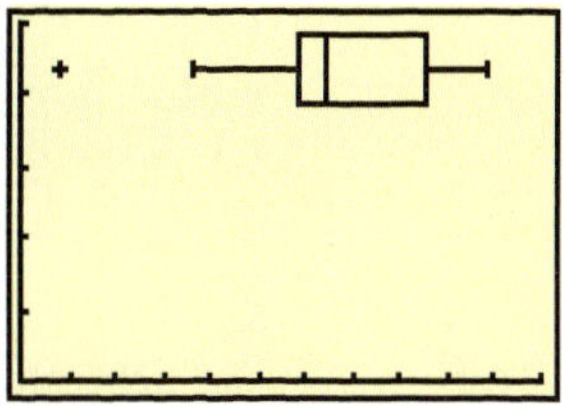

Hinweis: Um ein brauchbares Ansichtsfenster zu erhalten, wählt man unter **Zoom** zunächst den Befehl **ZoomStat** und korrigiert anschließend die Einstellungen des Ansichtsfensters.

TAB

(3) Bestimmung der Quartile mithilfe eines Tabellenkalkulationsprogramms

In Tabellenkalkulationsprogrammen gibt es oft den Befehl **QUARTILE** (*Bereich; Zahl*), wobei unterschiedliche Werte für *Zahl* das Minimum (0), das 1. Quartil (1), den Median (2), das 3. Quartil (3) oder das Maximum (4) beschreiben.
Beispiel:
Stehen in den Feldern A1 bis A13 des Tabellenblatts die Zahlen 1, 2, 3, …, 13, dann ist
QUARTILE (A1 : A13; 0) = 1, QUARTILE (A1 : A13; 1) = 4,
QUARTILE (A1 : A13; 2) = 7, QUARTILE (A1 : A13; 3) = 10 und
QUARTILE (A1 : A13; 4) = 13.

Übungsaufgaben

3.

a) Bestimme Median, unteres und oberes Quartil für die folgenden geordneten Datenmengen:

(1) 3, 5, 7, 8, 12, 12, 15
(2) 8, 9, 11, 13, 14, 18, 21, 24
(3) 4, 7, 8, 10, 11, 12, 12, 13, 16, 19
(4) 2, 4, 5, 5, 6, 6, 7, 7, 7, 8, 8, 9, 9, 9, 9

b) Gib ein Beispiel für eine geordnete Datenmenge mit 7 Daten an, für die gilt:

(1) $Q_1 = 4, Q_2 = 7, Q_3 = 12$
(2) $Q_1 = 3, Q_2 = 4, Q_3 = 5$
(3) $Q_1 = 8, Q_2 = 10, Q_3 = 11$

4.

Ordne die Häufigkeitsdiagramme den passenden Boxplots zu.
Erkläre die unterschiedliche Länge der Whisker.

(1)

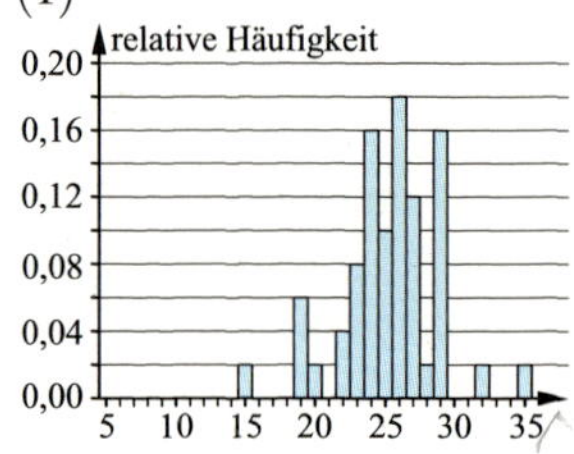

(2)

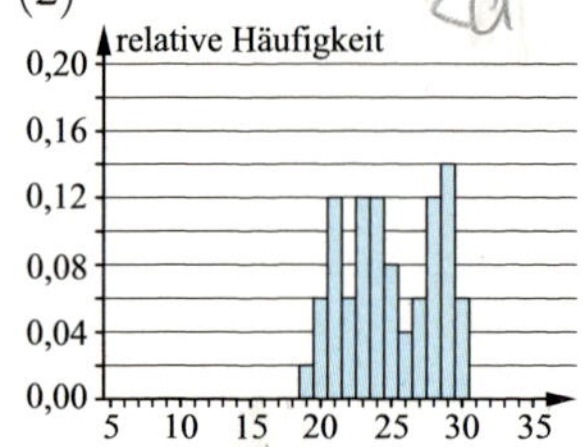

(a)

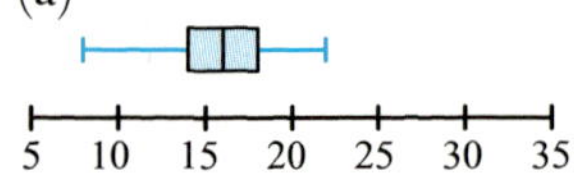

(b)

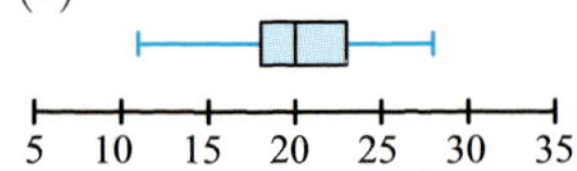

(3)

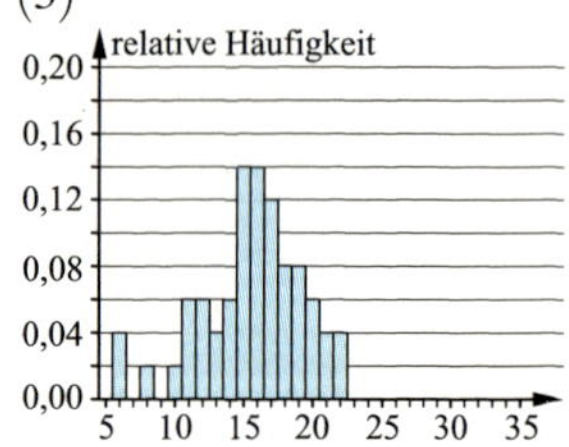

(4)

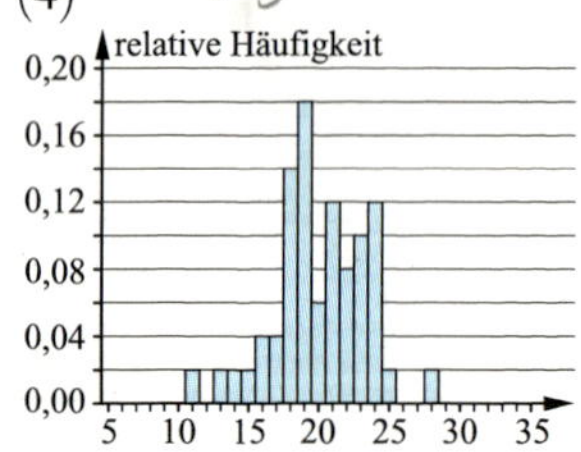

(c)

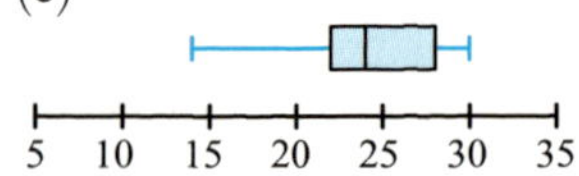

(d)

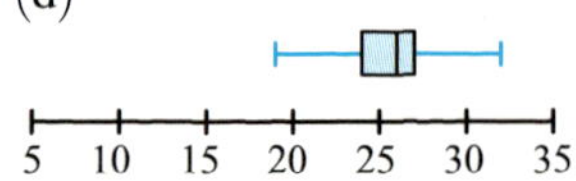

5.

Die nebenstehende Tabelle enthält Daten über die Altersverteilung der Fahrzeughalter der am 1. 1. 2003 zugelassenen Pkw.

a) Bestimme Median und Quartile für die Fahrzeughalter insgesamt.

b) Gibt es Unterschiede hinsichtlich Median und Quartilabstand in den Teilgesamtheiten der weiblichen bzw. männlichen Fahrzeughalter?

Altersgruppe	insgesamt	Frauen
bis unter 18	90 001	20 260
18 bis unter 21	350 850	131 022
21 bis unter 25	1 344 940	512 909
25 bis unter 30	2 525 786	958 508
30 bis unter 35	3 932 989	1 437 070
35 bis unter 40	5 162 265	1 819 936
40 bis unter 45	5 272 238	1 875 025
45 bis unter 50	4 920 190	1 734 115
50 bis unter 55	4 450 002	1 442 700
55 bis unter 60	3 287 898	965 507
60 bis unter 65	3 570 644	901 347
75 bis unter 70	2 513 911	557 726
70 und mehr	3 141 603	714 489

6.
Betrachte die abgebildete Folge von Boxplots zur Entwicklung des Haushaltseinkommens in Deutschland. In der Darstellung sind die Whiskers so gewählt, dass die unteren und oberen 10 % der Haushalte abzulesen sind. Die Breite der Boxplots entspricht dem jeweiligen Bevölkerungsumfang.
Erläutere den Kommentar in der zugehörigen Studie.

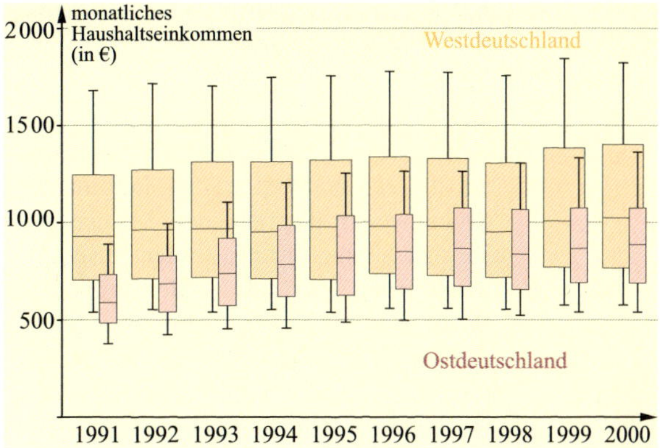

Die Abbildung zeigt anschaulich, wie sich im unteren Einkommensbereich die Realeinkommen in den neuen Ländern vor allem in der ersten Hälfte der 90er-Jahre schrittweise an die der alten Länder angeglichen haben, während die Realeinkommen in den alten Ländern über weite Strecken stagnieren. Dieser Angleichungsprozess verlangsamt sich aber in der zweiten Hälfte des Dezenniums. Die Abbildung macht zugleich deutlich, dass die Streuung der Einkommen in den neuen Ländern weit weniger ausgeprägt ist und dies vor allem die Differenzierung im oberen Einkommensbereich betrifft. Lediglich 10 % der Bevölkerung in den neuen Ländern erreichen Einkommensverhältnisse, die über den mittleren Einkommensbereich in den alten Ländern hinausreichen.

7.
quintus (lat.) = fünf

Im so genannten *Wohlfahrtssurvey* werden die Quintile des Haushaltseinkommens angegeben.

	mittleres monatliches Einkommen	Quintile				
		1.	2.	3.	4.	5.
Haushalte (insgesamt)	2003 €	7,8 %	13,1 %	17,8 %	23,5 %	37,9 %
1-Personen-Haushalte	1285 €	8,9 %	14,2 %	18,1 %	22,9 %	35,9 %
Paare ohne Kinder	2312 €	10,2 %	14,5 %	18,0 %	22,5 %	34,9 %
Alleinerziehende	1592 €	9,5 %	14,0 %	18,1 %	23,2 %	35,1 %
Paare mit Kindern	2735 €	10,8 %	15,1 %	18,2 %	22,4 %	33,4 %

Erläuterung: 1. Quintil: das Fünftel der Haushalte mit den niedrigsten Einkommen
5. Quintil: das Fünftel der Haushalte mit den höchsten Einkommen

Beispiel: Die einkommensärmsten 20 % der Haushalte hatten 7,8 % des Einkommens aller Haushalte.

Formuliere Aussagen über die Einkommensverteilung in verschiedenen Bevölkerungsgruppen.

8. *Vorschläge für eigene Projekte*
- Vergleiche die Ergebnisse verschiedener Abiturgänge (Verteilung der Gesamtpunktzahl oder der Durchschnittsnoten).
- Vergleiche die Streuung des Alters von Schülerinnen und Schülern in deiner Jahrgangsstufe. Gibt es Unterschiede zwischen Mädchen und Jungen?
- Vergleiche die Wetterdaten aus verschiedenen Jahren einer lokalen Wetterstation miteinander (Sonnenscheindauer, Niederschlagsmenge).

4.3.2 Streuungsmaße für Häufigkeitsverteilungen von quantitativen Merkmalen

Einführung

Bei einem Schul-Sportfest treten jeweils die besten Leichtathleten in Klassenmannschaften gegeneinander an. In einem Wettbewerb kommt es zwar auf gute Sprungweiten an; für einen Trainer spielt aber auch die Zuverlässigkeit (Konstanz der Leistungen) eine entscheidende Rolle. Wer soll bei den Jungen die Klasse 10a im Weitsprung vertreten? Daniel sprang zuletzt 5,21 m; 5,10 m; 5,32 m; 4,95 m; 5,02 m. Tobias schaffte 4,81; 5,36 m; 5,30 m; 5,01 m. Beide erreichten im Mittel eine Weite von 5,12 m.
Bei wem von beiden traten die geringeren Leistungsschwankungen auf?

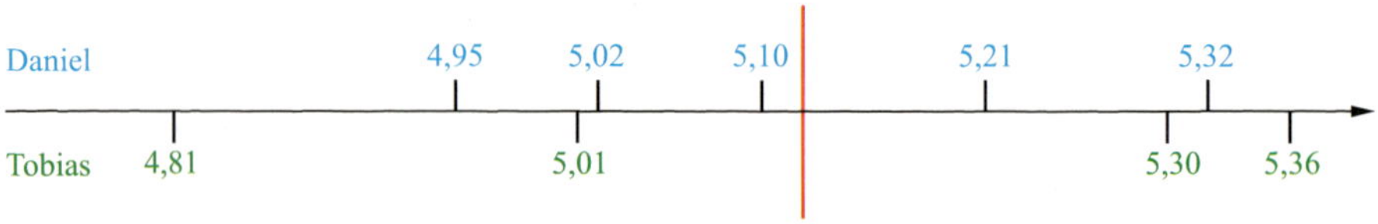

Um Aussagen über die Leistungsschwankungen zu machen, können wir drei mathematische Kenngrößen benutzen, die das Streuverhalten der Daten charakterisieren.

(1) Die Spannweite
Wir berechnen jeweils die Differenz aus dem größten und dem kleinsten Wert der Stichprobe. Diese Differenz heißt **Spannweite**. Sie beträgt:
- bei Daniel: 5,32 m – 4,95 m = 0,37 m
- bei Tobias: 5,36 m – 4,81 m = 0,55 m

(2) Die mittlere lineare Abweichung vom Mittelwert
Wir bestimmen jeweils den durchschnittlichen Abstand der Daten vom Mittelwert:
- bei Daniel: $\frac{1}{5}(0{,}17 + 0{,}10 + 0{,}02 + 0{,}09 + 0{,}20) = 0{,}116$
- bei Tobias: $\frac{1}{4}(0{,}31 + 0{,}11 + 0{,}18 + 0{,}24) = 0{,}210$

(3) Die empirische Varianz
Rechnerisch ist es oft günstiger, die Quadrate der Abweichungen zu verwenden, statt mit den Beträgen zu rechnen. Deshalb bestimmen wir auch die mittlere quadratische Abweichung vom Mittelwert, **empirische Varianz** $\bar{s}^2$ genannt:

Zelle A7 Inhalt: = Mittelwert (A2 : A6)

Zelle C7 Inhalt: = Mittelwert (C2 : C6)

	A	B	C	D	E	F
1	x_i	$x_i - \bar{x}$	$(x_i - \bar{x})^2$	x_i	$x_i - \bar{x}$	$(x_i - \bar{x})^2$
2	4,95	−0,17	0,0289	4,81	−0,31	0,0961
3	5,02	−0,10	0,0100	5,01	−0,11	0,0121
4	5,10	−0,02	0,0004	5,30	+0,18	0,0324
5	5,21	0,09	0,0081	5,36	+0,24	0,0576
6	5,32	0,20	0,0400			
7	5,12		0,01748	5,12		0,04955

In diesem Beispiel ergibt sich nach allen drei Methoden, dass Daniel geringere Leistungsschwankungen hatte als Tobias.

Information In Abschnitt 4.3.1 wurden Datenmengen betrachtet, die Ausprägungen von quantitativen Merkmalen oder Rangmerkmalen waren. Median und Quartile sowie der Quartilabstand (allgemeiner auch die Perzentile und die Spannbreite $P_{95} - P_5$) dienten dazu, die Datenmenge zu beschreiben.
In der Beschreibenden Statistik verwendet man bei quantitativen Merkmalen auch andere Kenngrößen, um das Streuverhalten von Daten um den Mittelwert zu charakterisieren.

Gegeben ist ein quantitatives Merkmal mit den Ausprägungen $x_1, x_2, \ldots, x_n$.

- Die Differenz aus dem größten und dem kleinsten Wert der Stichprobe heißt **Spannweite.**
- Der durchschnittliche Abstand aller Daten vom zugehörigen Mittelwert $\frac{1}{n}\left[|x_1 - \overline{x}| + |x_2 - \overline{x}| + \ldots + |x_n - \overline{x}|\right]$ heißt **mittlere lineare Abweichung vom Mittelwert**.
- Statt der mittleren linearen Abweichung wird oft auch die **mittlere quadratische Abweichung von Mittelwert** $\overline{s}^2 = \frac{1}{n} \cdot \left[(x_1 - \overline{x})^2 + (x_2 - \overline{x})^2 + \ldots + (x_n - \overline{x})^2\right]$ verwendet.
  $\overline{s}^2$ wird auch als **empirische Varianz** bezeichnet.

$\overline{s} = \sqrt{\overline{s}^2}$ bezeichnet man als empirische Standardabweichung

Die Spannweite ist ein einfach zu bestimmendes Maß, das nur zwei Merkmalswerte berücksichtigt. Im Unterschied zur Spannbreite (siehe S. 222) ist die Spannweite jedoch anfälliger für Messwerte, die man im Vergleich zu den übrigen Daten als Ausreißer ansehen muss.
Bei der mittleren linearen und der mittleren quadratischen Abweichung werden dagegen *alle* Daten berücksichtigt. Durch das Quadrieren wird, wie durch das Nehmen von Beträgen, erreicht, dass keine negativen Summanden auftreten. Im Gegensatz zur mittleren linearen Abweichung werden bei der mittleren quadratischen Abweichung Daten, die stärker vom Mittelwert abweichen, durch das Quadrieren stärker gewichtet. Es sind jedoch vor allem (inner-)mathematische Gründe, warum man in der Praxis eher die mittlere quadratische Abweichung verwendet. So kann man z. B. Terme mit Betragsstrichen nur schwer oder gar nicht vereinfachen. Bei Termen mit Quadraten dagegen ist ein Vereinfachen oft leichter möglich (siehe auch Abschnitt 4.3.3).

Im Unterschied zu Spannweite und mittlerer linearer Abweichung erhält man bei der mittleren quadratischen Abweichung eine Angabe in einer quadrierten Größeneinheit (z. B. in der Einführung: m^2). Damit hier wieder die gleiche Einheit wie bei den Messwerten und beim Mittelwert vorliegt, muss man aus $\overline{s}^2$ die Wurzel ziehen. Man bezeichnet $\overline{s} = \sqrt{\overline{s}^2}$ als **empirische Standardabweichung**.

GTR Auf Taschenrechnern und bei Tabellenkalkulationsprogrammen gibt es eigene Funktionen, mit deren Hilfe $\overline{s}$ direkt berechnet werden kann. Auf Taschenrechnern tragen die zugehörigen Tasten meist die Bezeichnung σ_{x_n}.
Daneben gibt es noch eine Taste $\sigma_{x_{n-1}}$.
Verwendet man diese Taste, dann wird bei der Mittelwertbildung nicht durch n, sondern durch n – 1 geteilt. Die Verwendung von n – 1 statt n hat mathematische Gründe, auf die wir hier nicht näher eingehen.

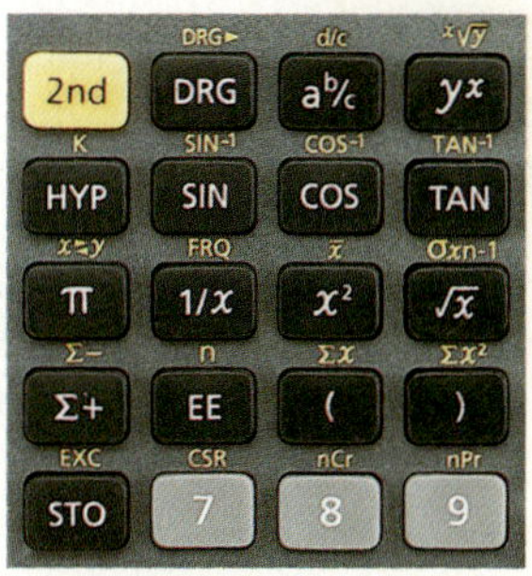

Weiterführende Aufgaben

1. *Mittlere quadratische Abweichung bei einer Häufigkeitsverteilung*

In einem Bio-Bauernhof wird naturtrüber Apfelsaft in 1-Liter-Flaschen abgefüllt. Bei einer Kontrolle der beiden Abfüllanlagen wurden jeweils die Volumina von 50 Flaschen überprüft.

Welche der beiden Abfüllanlagen arbeitet zuverlässiger?

Bestimme dazu jeweils die mittlere quadratische Abweichung $\bar{s}^2$ vom Mittelwert mithilfe der Formel im Kasten unten.

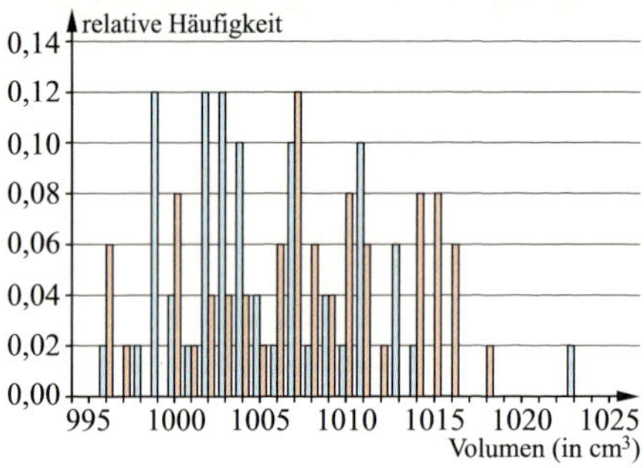

Volumen in cm^3	relative H. Anlage 1	relative H. Anlage 2
995	0,00	0,00
996	0,02	0,06
997	0,00	0,02
998	0,02	0,00
999	0,12	0,00
1000	0,04	0,08
1001	0,02	0,02
1002	0,12	0,04
1003	0,12	0,04
1004	0,10	0,04
1005	0,04	0,02
1006	0,02	0,06
1007	0,10	0,12
1008	0,02	0,06
1009	0,04	0,04
1010	0,02	0,08
1011	0,10	0,06
1012	0,00	0,02
1013	0,06	0,00
1014	0,02	0,08
1015	0,00	0,08
1016	0,00	0,06
1017	0,00	0,00
1018	0,00	0,02
1019	0,00	0,00
1020	0,00	0,00
1021	0,00	0,00
1022	0,00	0,00
1023	0,02	0,00
1024	0,00	0,00
1025	0,00	0,00

Mittlere quadratische Abweichung (empirische Varianz) einer Häufigkeitsverteilung vom Mittelwert $\bar{x}$

Gegeben ist ein quantitatives Merkmal mit den Ausprägungen $x_1, x_2, \ldots, x_m$ und den zugehörigen relativen Häufigkeiten $h(x_1), h(x_2), \ldots, h(x_m)$. Dann berechnet sich die mittlere quadratische Abweichung (empirische Varianz) vom Mittelwert $\bar{x}$ wie folgt:

$$\bar{s}^2 = (x_1 - \bar{x})^2 \cdot h(x_1) + (x_2 - \bar{x})^2 \cdot h(x_2) + \ldots + (x_m - \bar{x})^2 \cdot h(x_m)$$

Hinweis:

Die Berechnung für die Sachsituation in Aufgabe 1 erfolgt am einfachsten mithilfe einer Tabelle.

Volumen in cm^3	rel. H. Anlage 1	rel. H. Anlage 2	$x_i \cdot h(x_i)$ Anlage 1	$x_i \cdot h(x_i)$ Anlage 2	$(x_i - \bar{x})^2 \cdot h(x_i)$ Anlage 1	$(x_i - \bar{x})^2 \cdot h(x_i)$ Anlage 2
995	0,00	0,00	0	0	0	0
996	0,02	0,06	19,92	59,76	1,6708	8,0180
…	…	…	…	…	…	…

2. *Einfachere Berechnung von* $\overline{s}^2$

Der Term von $\overline{s}^2$ kann vereinfacht werden, d.h. die Berechnung ist mit geringerem Aufwand möglich. Zeige die Gültigkeit der folgenden Formeln.
Wie kann die Berechnung mithilfe einer Tabellenkalkulation durchgeführt werden?

$$\overline{s}^2 = \frac{1}{n} \cdot \left(x_1^2 + x_2^2 + \ldots + x_n^2\right) - \overline{x}^2$$

$$\overline{s}^2 = \left(x_1^2 \cdot h(x_1) + x_2^2 \cdot h(x_2) + \ldots + x_m^2 \cdot h(x_m)\right) - \overline{x}^2$$

Übungsaufgaben

3.

Bei einem Schulfest verkauften zwei Klassen jeweils 400 Lose. Bei welcher Klasse kann man eher von einer Leistung der gesamten Klasse sprechen, bei welcher von stärkerem individuellen Einsatz? Zeichne auch die Histogramme.

Anzahl k der verkauften Lose		15	16	17	18	19	20	21	22	23	24	25	26
Anteil der Schüler in %, die k Lose verkauften	Kl. a	10	0	15	5	10	20	5	5	20	10	0	0
	Kl. b	20	5	10	5	5	5	5	15	10	5	10	5

4.

Bei der Olympiade 2000 in Sydney erzielten die Medaillengewinner in ihren Disziplinen folgende Weiten (in m). Welcher Sportler hatte die konstantesten Leistungen?

Kugelstoßen Männer	1	2	3	4	5	6
Harju, Arsi (FIN)	21,20	21,29	20,77	–	20,37	–
Nelson, Adam (USA)	20,53	21,20	21,21	–	20,97	–
Godina, John (USA)	–	20,40	20,25	20,71	21,20	–

Weitsprung Frauen	1	2	3	4	5	6
Drechsler, Heike (GER)	6,48	–	6,99	6,79	–	–
May, Fiona (USA)	6,76	6,82	6,92	6,72	6,73	6,72
Jones, Marion (USA)	–	6,68	6,92	–	–	–

5.

In den 306 Spielen der Fußball-Bundesliga wurden 962 Tore in der Spielzeit 87/88 geschossen und 883 Tore in der Spielzeit 97/98. Vergleiche mit der aktuellen Spielzeit.

Anzahl der Tore		0	1	2	3	4	5	6	7	8	9	10
Anzahl der Spiele	87/88	23	34	61	63	62	28	22	10	1	1	1
	97/98	22	48	69	68	51	19	14	11	3	1	0

6.

Bei welchem der Vereine der Fußball-Bundesliga schwankte die Form am stärksten? Untersuche dazu den Punktestand am Ende der Spielzeiten.

	2002/03	2001/02	2000/01	1999/2000	1998/99
Bayern München	75	68	63	73	78
Bayer 04 Leverkusen	40	69	57	73	63
Werder Bremen	52	56	53	47	38
Borussia Dortmund	58	70	58	40	57
Schalke 04	49	61	62	39	41
Hansa Rostock	41	34	43	38	38

selbst lernen

4.3.3 Die Minimumeigenschaft der mittleren quadratischen Abweichung bezüglich des arithmetischen Mittelwerts

Einführung An einer eingleisigen Eisenbahnlinie befinden sich Signale bei den Kilometersteinen $x_1 = 0$ km, $x_2 = 2$ km, $x_3 = 4$ km, $x_4 = 7$ km und $x_5 = 12$ km. Aus Sicherheitsgründen sollen Kabel einzeln von einem gemeinsamen Verteilerkasten zu den Signalen verlegt werden. Wo sollte der gemeinsame Verteilerkasten aufgestellt werden?

Wir wollen dies für zwei verschiedene Fälle untersuchen:

(1) Wir nehmen an, dass die Kosten linear (proportional) zum Abstand der Signale zum Verteilerkasten wachsen, d. h. wir betrachten die Funktion g mit
$g(x) = |x - 0| + |x - 2| + |x - 4| + |x - 7| + |x - 12|$.

(2) Wir nehmen an, dass die Kosten mit dem Quadrat der Länge der Verbindungskabel zunehmen, d. h. wir betrachten die Funktion f mit
$f(x) = (x - 0)^2 + (x - 2)^2 + (x - 4)^2 + (x - 7)^2 + (x - 12)^2$

Zur Bestimmung des Minimums lassen wir x die Strecke von Kilometerstein 0 km bis 12 km durchlaufen:

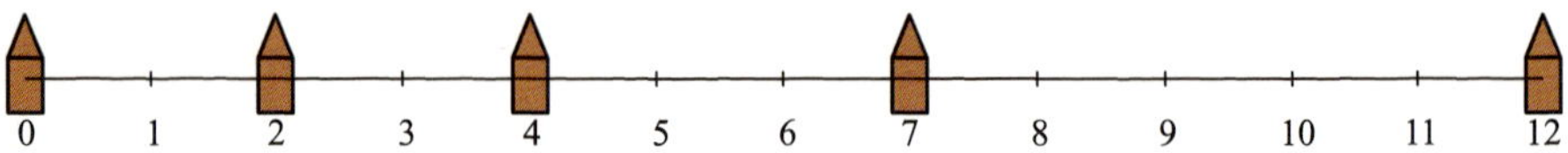

x	$g(x) = \sum_{i=1}^{5} \lvert x_i - x \rvert$	$f(x) = \sum_{i=1}^{5} (x_i - x)^2$
0	25	213
1	22	168
2	19	133
3	18	108
4	17 *Min.*	93
5	18	88 *Min.*
6	19	93
7	20	108
8	23	133
9	26	168
10	29	213
11	32	268
12	35	333

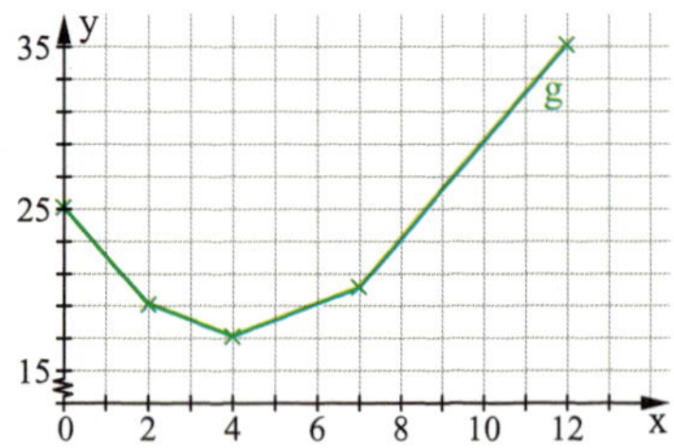

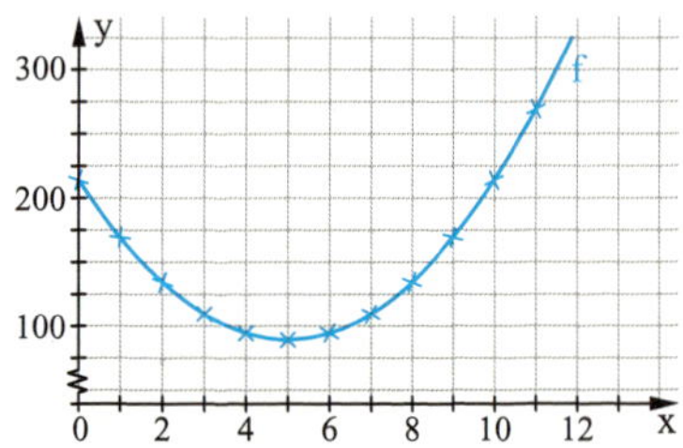

(1) Zwischen den markierten Punkten ist der Graph von g tatsächlich linear:
Bewegt man sich von $x_1 = 0$ aus um a km nach rechts, d. h. nimmt der Abstand zum Signal bei x_1 um a zu, dann nehmen die Abstände zu den Signalen bei x_2, x_3, x_4, x_5 jeweils um a ab; die Summe der Abstände nimmt dann um 3 a ab, d. h. die Steigung des Graphen beträgt $m = -3$.
Bewegt man sich von $x_2 = 2$ aus um a weiter nach rechts, dann nehmen die Abstände zu x_3, x_4 und x_5 jeweils um a ab, die Abstände zu x_2 und x_1 jeweils um a zu. Die Summe der Abstände nimmt dann insgesamt um a ab usw.
Das Minimum der Funktion $g(x)$ liegt beim Median $\tilde{x}$ der Zahlen x_1, x_2, x_3, x_4, x_5, also bei $x_3 = 4$.
Dies gilt auch allgemein: Die Funktion $g(x) = |x_1 - x| + |x_2 - x| + \ldots + |x_n - x|$ ist minimal für $x = \tilde{x}$.

selbst lernen

(2) Zum Nachweis, dass das Minimum der Funktion tatsächlich genau bei $x = \bar{x}$ liegt und nicht nur „in der Nähe" von $x = 5$, formen wir den Funktionsterm um:
$f(x) = (0 - x)^2 + (2 - x)^2 + (4 - x)^2 + (7 - x)^2 + (12 - x)^2 = 5x^2 - 50x + 213$
Die Extremwertuntersuchung von f ergibt, dass das Minimum von $f(x)$ bei $x = 5$ liegt.

Information **Minimumseigenschaften von Streuungsmaßen bezüglich Mittelwert und Median**

Die Überlegungen des Einführungsbeispiels lassen sich verallgemeinern:
Gegeben ist eine Menge von Daten $x_1, x_2 \ldots, x_n$.

(1) Für die Funktion g mit $g(x) = |x_1 - x| + |x_2 - x| + \ldots + |x_n - x|$ gilt:
Betrachtet man irgendeine Stelle x links vom Median $\tilde{x}$ und bewegt sich von dort aus in Richtung Median, dann verkleinert sich die Summe der Abstände, denn rechts von der Stelle liegen mehr x-Werte aus der Datenmenge als links davon. Ist man entsprechend an einer Stelle x rechts vom Median $\tilde{x}$ und entfernt sich vom Median, dann nimmt die Summe der Abstände zu dieser Stelle zu, denn links von der Stelle liegen mehr x-Werte aus der Datenmenge als rechts davon.

(2) Für die Funktion f mit $f(x) = (x_1 - x)^2 + (x_2 - x)^2 + \ldots + (x_n - x)^2$ gilt

$$f(x) = (x_1^2 + x_2^2 + \ldots + x_n^2) - 2\underbrace{(x_1 + x_2 + \ldots + x_n)}_{= n \cdot \bar{x}}x + nx^2$$

$$= nx^2 - 2n\bar{x}x \qquad + (x_1^2 + x_2^2 + \ldots + x_n^2)$$

$$= n(x - \bar{x})^2 - n\bar{x}^2 \qquad + (x_1^2 + x_2^2 + \ldots + x_n^2)$$

$$= n(x - \bar{x})^2 + \left[(x_1^2 + x_2^2 + \ldots + x_n^2) - n\bar{x}^2\right]$$

$$= n(x - \bar{x})^2 + n \cdot \bar{s}^2$$

Die Summe der quadratischen Abweichungen
$f(x) = (x_1 - x)^2 + (x_2 - x)^2 + \ldots + (x_n - x)^2$ nimmt also an der Stelle $x = \bar{x}$ das Minimum an. D.h.: würde man anstelle des arithmetischen Mittelwertes $\bar{x}$ einen anderen Wert für x einsetzen, dann wäre $f(x)$ größer als $f(\bar{x})$.

- Die **mittlere lineare Abweichung**
$$\tilde{d} = \frac{1}{n} \cdot [|x_1 - \tilde{x}| + |x_2 - \tilde{x}| + \ldots + |x_n - \tilde{x}|] = \frac{1}{n} g(\tilde{x})$$
vom Median $\tilde{x}$ liefert unter allen Summen von linearen Abweichungen den kleinstmöglichen Wert.
- Die **mittlere quadratische Abweichung**
$$\bar{s}^2 = \frac{1}{n} \cdot [(x_1 - \bar{x})^2 + (x_2 - \bar{x})^2 + \cdots + (x_n - \bar{x})^2] = \frac{1}{n} f(\bar{x})$$
vom arithmetischen Mittelwert $\bar{x}$ liefert unter allen Summen von Abweichungsquadraten den kleinstmöglichen Wert.

Übungsaufgaben

1.

Führe die Untersuchungen aus der Einführung auch für den Fall einer geraden Anzahl von Merkmalswerten durch, z. B. $n = 6$.
Bestimme das arithmetische Mittel und den Median für 6 Signale an den Kilometersteinen 0 km, 2 km, 3 km, 5 km, 10 km, 13 km.
An welcher Stelle sind $f(x)$ bzw. $g(x)$ minimal? Zeichne die zugehörigen Graphen.

2.

In einem Straßendorf soll ein Briefkasten aufgestellt werden, zu dem die Dorfbewohner insgesamt möglichst kurze Wege zurückzulegen haben. Welche Stelle ist zu wählen?

4.4 Regression und Korrelation

In diesem Abschnitt beschäftigen wir uns wieder mit quantitativen Merkmalen. Bei den Erhebungen betrachten wir jedoch zwei Merkmale gleichzeitig. Die zu den beiden Merkmalen gehörenden Messwerte können wir als Zahlenpaare in ein Koordinatensystem eintragen. Die so entstehenden **„Punktwolken"** können unterschiedliche Gestalt haben, wie die Abbildungen zeigen.

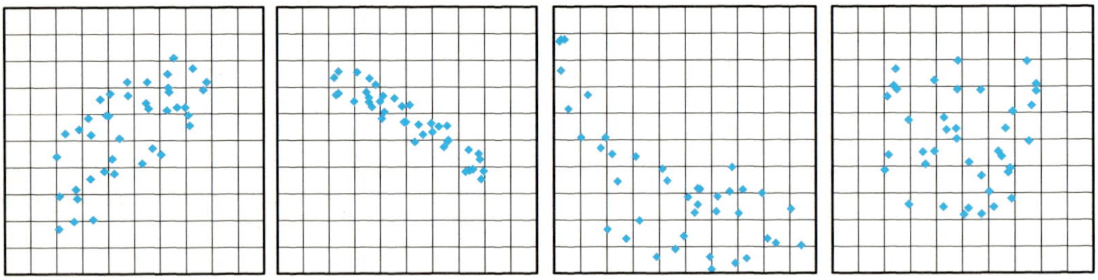

In der **Regressionsrechnung** versuchen wir, einen möglichen funktionalen Zusammenhang zwischen den Merkmalsausprägungen der beiden Merkmale herauszufinden. Dazu bestimmen wir zu gegebenen Punktwolken geeignete Funktionsgleichungen, d. h. wir bestimmen die Koeffizienten von linearen oder anderen Funktionen, die zu den Messdaten am besten „passen".

In der **Korrelationsrechnung** untersuchen wir, wie gut die Anpassung des funktionalen Zusammenhangs an die Messdaten ist.

4.4.1 Ausgleichsgeraden – lineare Regression

Einführung

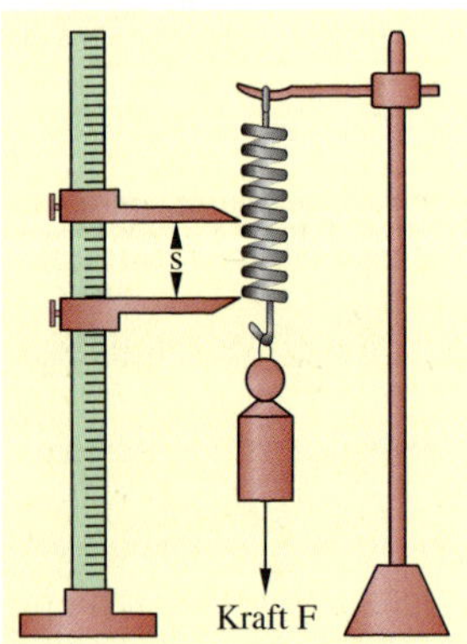

In vielen Experimenten, die im Physikunterricht behandelt werden, geht es darum, aufgrund von Messreihen *Gesetzmäßigkeiten* zwischen den betrachteten physikalischen Größen zu *entdecken*.

Beispiel:

In einem Versuch wird eine Schraubenfeder mit Gewichtsstücken belastet. An einer Messlatte wird abgelesen, um welche Länge s sich die Schraubenfeder ausgedehnt hat.

Aufgrund der Messreihe will man gegebenenfalls ein physikalisches Gesetz formulieren, das einen Zusammenhang zwischen der durch die Gewichtsstücke bewirkten Kraft F und der Auslenkung der Feder s beschreibt.

Trägt man die gemessenen Wertepaare in ein s-F-Koordinatensystem ein, dann erkennt man, dass die Punkte der Messreihe ziemlich genau auf einer Geraden durch den Ursprung liegen: $F = 0{,}3\,s$.

N ist die Einheit Newton.

Gewichtskraft F (in N)	Auslenkung s (in cm)
0	0
0,5	1,7
1	3,2
1,5	4,9
2	6,7
2,5	8,3

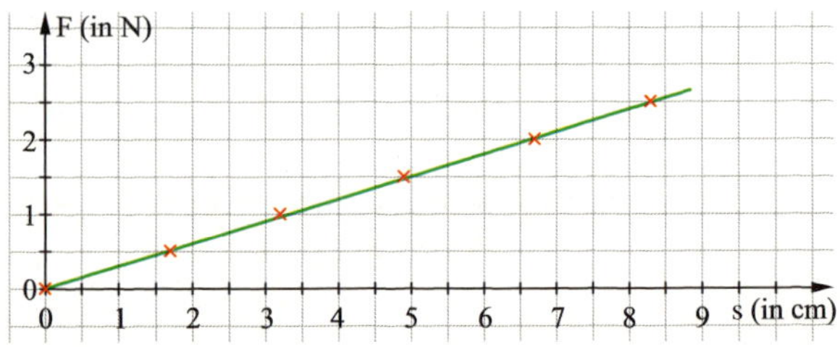

In der Physik formuliert man dann das zugrunde liegende Gesetz – hier das bekannte HOOKEsche Gesetz, das vom englischen Naturforscher Robert HOOKE 1678 entdeckt wurde:

Beim Spannen einer Feder wächst die Rückstellkraft der Feder proportional zur Federdehnung (solange die Feder nicht überdehnt wird).

Aufgrund des Gesetzes $F = 0{,}3\,s$ (d. h. mithilfe des linearen Funktionsterms $F(x) = 0{,}3\,s$) kann man Berechnungen vornehmen, z. B. vorhersagen, dass bei einer Auslenkung von 6 cm ein Gewicht von 1,8 N aufgehängt worden ist oder dass bei Belastung der Feder mit einem Gewicht von 1,3 N eine Auslenkung um 4,3 cm erfolgen wird.
Trotz der Kenntnis des physikalischen Gesetzes weiß man aber nicht, wie groß die Auslenkung s bei der Belastung mit 5 N ist, denn es könnte sein, dass die Feder bei einem solch hohen Gewicht überdehnt wird.

Aufgabe 1 *Näherungsweise Bestimmung eines linearen Zusammenhangs*

Die Körpergröße x und das Körpergewicht y von 10 Schülern wurden bestimmt und die Messwerte (Wertepaare) in ein Koordinatensystem eingetragen.

Körpergröße x (in cm)	Gewicht y (in kg)
155	47
157	47
159	50
163	55
164	52
167	54
168	58
170	53
172	61
176	65

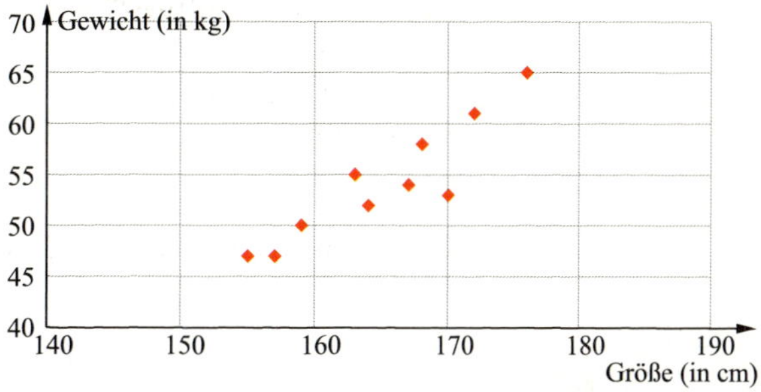

Wir nehmen an, dass – zumindest näherungsweise – ein linearer Zusammenhang zwischen Körpergröße x und Gewicht y besteht.

a) Durch welche Funktionsgleichung wird – unter dieser Annahme – der Zusammenhang zwischen Körpergröße und Gewicht am besten beschrieben?
Um dieses herauszufinden, gehe wie folgt vor:
(1) Ein „Durchschnittsmensch" aus der Stichprobe hätte eine Körpergröße $\bar{x}$ und ein Körpergewicht $\bar{y}$. Es scheint vernünftig, dass diese Daten auch die gesuchte lineare Gleichung erfüllen. Bestimme deshalb den so genannten **Schwerpunkt der Punktwolke** $M(\bar{x}\,|\,\bar{y})$, wobei $\bar{x}$ das arithmetische Mittel aller gemessenen Körpergrößen und $\bar{y}$ das arithmetische Mittel aller gemessenen Körpergewichte ist.
(2) Zeichne eine Gerade nach Augenmaß durch den Schwerpunkt M und durch die Punktwolke $P_1(x_1\,|\,y_1)$, $P_2(x_2\,|\,y_2)$, …, $P_{10}(x_{10}\,|\,y_{10})$.
(3) Bestimme die Gleichung der in (2) gezeichneten Geraden.

b) Begründe: Alle Geraden für die Messwerte aus Teilaufgabe a) erfüllen die Funktionsgleichung $y = g(x)$, wobei $g(x) = m \cdot (x - 165{,}1) + 54{,}2$.

c) Vergleiche die Qualität der Anpassung der folgenden Funktionen g_1, g_2 und g_3 miteinander. Bestimme dazu jeweils die quadratischen Abweichungen der Funktionswerte von den Messwerten $[g_1(x_i) - y_i]^2$, $[g_2(x_i) - y_i]^2$ und $[g_3(x_i) - y_i]^2$. Ermittle jeweils die Summe dieser quadratischen Abweichungen.
$g_1(x) = 0{,}79 \cdot (x - 165{,}1) + 54{,}2$
$g_2(x) = 0{,}8 \cdot (x - 165{,}1) + 54{,}2$
$g_3(x) = 0{,}81 \cdot (x - 165{,}1) + 54{,}2$

Lösung

a) (1) M hat die Koordinaten $\overline{x} = 165{,}1$ und $\overline{y} = 54{,}2$.

(2)

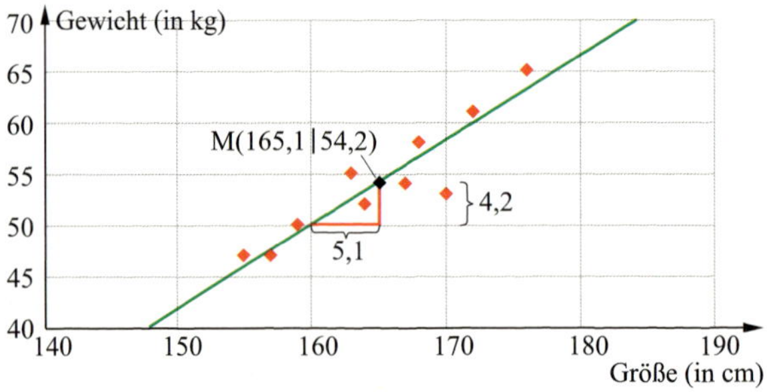

(3) Unsere Gerade nach Augenmaß verläuft außer durch den Schwerpunkt M auch durch den Punkt (160 | 50). Aus den Koordinaten dieser beiden Punkte bestimmen wir Steigung und Achsenabschnitt auf der 2. Achse der Geraden:

Steigung: $m = \frac{54{,}2 - 50}{165{,}1 - 160} \approx 0{,}8$

Achsenabschnitt auf der 2. Achse: $50 \approx 160 \cdot 0{,}8 + b$, also $b \approx -78$

Zwischen Körpergröße x und Gewicht y gilt also ungefähr die Beziehung: $y = 0{,}8x - 78$ (*nach Augenmaß*)

b) Eine Gerade g mit der Steigung m, die durch den Punkt (165,1 | 54,2) – den Schwerpunkt der Punktwolke – verläuft, erfüllt die Gleichung $y = m(x - 165{,}1) + 54{,}2$.

c) Wir berechnen jeweils $g(x_1), \ldots, g(x_{10})$ und vergleichen:

Messwerte		$m_1 = 0{,}79$		$m_2 = 0{,}80$		$m_3 = 0{,}81$	
x_i	y_i	$g_1(x_i)$	$[g_1(x_i) - y_i]^2$	$g_2(x_i)$	$[g_2(x_i) - y_i]^2$	$g_3(x_i)$	$[g_3(x_i) - y_i]^2$
155	47	46,22	0,6068	46,12	0,7744	46,02	0,9624
157	47	47,80	0,6416	47,72	0,5184	47,64	0,4083
159	50	49,38	0,3832	49,32	0,4624	49,26	0,5491
163	55	52,54	6,0467	52,52	6,1504	52,50	6,2550
164	52	53,33	1,7716	53,32	1,7424	53,31	1,7135
167	54	55,70	2,8934	55,72	2,9584	55,74	3,0241
168	58	56,49	2,2771	56,52	2,1904	56,55	2,1054
170	53	58,07	25,7150	58,12	26,2144	58,17	26,7186
172	61	59,65	1,8198	59,72	1,6384	59,79	1,4665
176	65	62,81	4,7917	62,92	4,3264	63,03	3,8848
165,1	54,2		$\Delta_1 = 46{,}9469$		$\Delta_2 = 46{,}9760$		$\Delta_3 = 47{,}0877$

Die Anpassung der Funktion mit $g_1(x) = 0{,}79 \cdot (x - 165{,}1) + 54{,}2$ an die Messdaten ist – im Vergleich zu den beiden anderen Funktionen – am besten, da hier die Summe der quadratischen Abweichungen geringer ist als bei den beiden anderen Funktionen.

Information **(1) Anpassung linearer Modelle an die Messwerte vergleichen**

In Aufgabe 1 haben wir eine Gerade nach Augenmaß durch die Punktwolke gezeichnet. Die hierzu bestimmte lineare Funktion g mit der Gleichung $y = 0{,}8\,x - 78$ stellt ein so genanntes **lineares Modell** für die Punktwolke dar. Es ist üblich, die **Qualität der Anpassung des Modells an die Messwerte der Stichprobe** durch folgende Summe von quadratischen Abweichungen zu messen:

> Sind $(x_1 \mid y_1), (x_2 \mid y_2), \ldots, (x_n \mid y_n)$ die Messwerte einer Stichprobe und $y = g(x)$ mit $g(x) = m \cdot (x - \overline{x}) + \overline{y}$ eine Gerade für die Messwerte durch den **Schwerpunkt** $M(\overline{x} \mid \overline{y})$ dieser Messwerte, dann ist
> $\Delta = [g(x_1) - y_1]^2 + [g(x_2) - y_2]^2 + \ldots + [g(x_n) - y_n]^2$ ein Maß für die Anpassung der Geraden an die Messwerte.

In Teilaufgabe b) haben wir mit diesem Maß drei lineare Modelle miteinander verglichen.

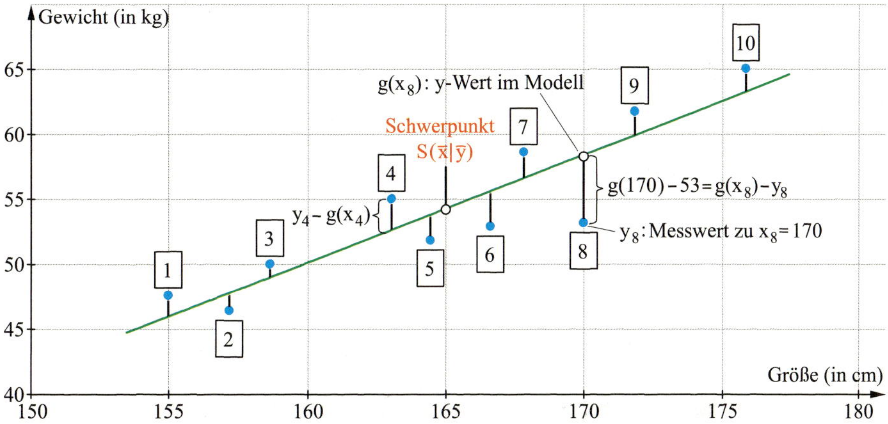

Hat man zwei verschiedene Modelle $g_1(x) = m_1 x + b_1$ und $g_2(x) = m_2 x + b_2$, und es gilt $\Delta_1 < \Delta_2$, dann „passt" das durch die lineare Funktion g_1 beschriebene lineare Modell besser zu den Messwerten als das durch g_2 gegebene Modell.

(2) Regressionsgerade

Gegeben ist eine Messreihe von quantitativen Daten $(x_1 \mid y_1), (x_2 \mid y_2), \ldots, (x_n \mid y_n)$, die sich in einem Koordinatensystem als Punktwolke eintragen lassen. Diejenige Gerade g mit dem Term $g(x) = m\,x + b$, welche

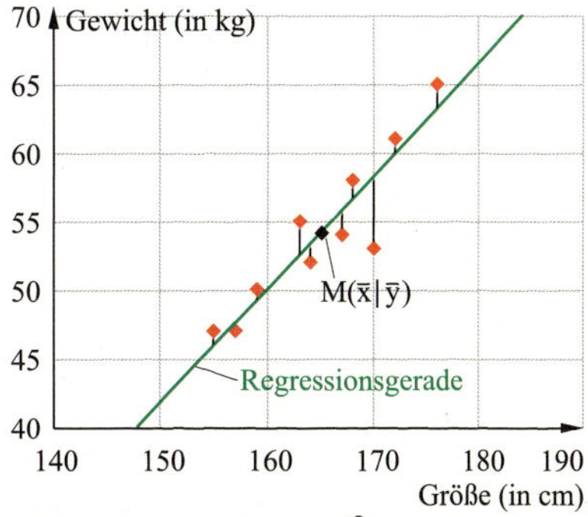

- durch den Punkt $M(\overline{x} \mid \overline{y})$, den so genannten **Schwerpunkt** der Punktwolke verläuft und für welche
- die Summe $[g(x_1) - y_1]^2 + [g(x_2) - y_2]^2 + \ldots + [g(x_n) - y_n]^2$ der quadratischen Abweichungen $[g(x_i) - y_i]^2$ minimal ist,

heißt **Ausgleichsgerade** oder **Regressionsgerade zur Punktwolke.**

regredior, regressus (lat.) – zurückgehen

Der Begriff „Regression" wurde von FRANCIS GALTON im Jahr 1885 geprägt: Er hatte entdeckt, dass große Väter eher kleinere Söhne und kleine Väter eher größere Söhne haben; er nannte diesen Effekt „Regression zum Mittelwert".

(3) Steigung der Regressionsgerade

In Teilaufgabe 1 b) haben wir die Qualität der Anpassung verschiedener linearer Modelle an die Messwerte miteinander verglichen. Durch Variation der Steigung m kann man im Prinzip herausfinden, welches Modell optimal ist. Mithilfe einer Tabellenkalkulation finden wir heraus, dass der Wert von Δ minimal wird, wenn man $m = 0{,}7915$ wählt.

m	$\Delta(m)$
0,73	48,506
0,74	48,04
0,75	47,665
0,76	47,355
0,77	47,136
0,78	47
0,79	46,947
0,8	46,976
0,81	47,088
0,82	47,282
0,83	47,559
0,84	47,918
0,85	48,36

Wie kann man dieses Minimum noch anders finden?

In der linken Tabelle sind Funktionswerte der Funktion Δ in Abhängigkeit von der Steigung m aufgelistet, also

$$\Delta(m) = \sum_{i=1}^{n} [(g(x_i) - y_i)^2] = \sum_{i=1}^{n} [(m(x_i - \bar{x}) + \bar{y} - y_i)^2]$$

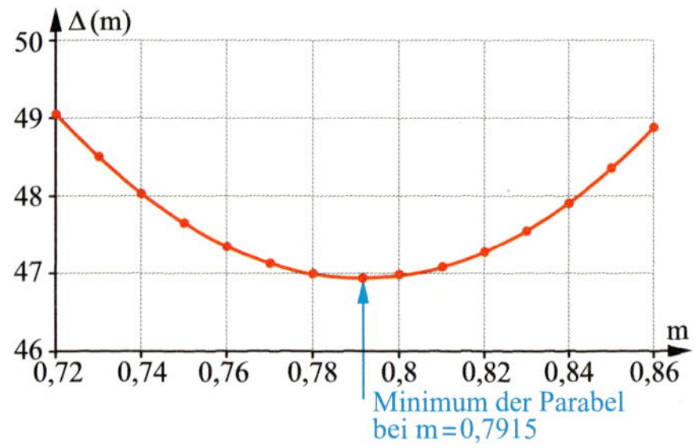

Der Graph dieser Funktion ist eine nach oben geöffnete Parabel. Dass der Graph von Δ eine Parabel ist, wissen wir, da Δ nach Definition eine quadratische Funktion ist. Von einer quadratischen Funktion können wir auch rechnerisch das Minimum bestimmen. Dazu formen wir den Funktionsterm geeignet um:

$$\Delta(m) = \underbrace{[m(x_1 - \bar{x}) + \bar{y} - y_1]^2} + \ldots + \underbrace{[m(x_n - \bar{x}) + \bar{y} - y_n]^2}$$

$$= [m(x_1 - \bar{x}) - (y_1 - \bar{y})]^2 + \cdots + [m(x_n - \bar{x}) - (y_n - \bar{y})]^2$$

$$= m^2(x_1 - \bar{x})^2 - 2m(x_1 - \bar{x})(y_1 - \bar{y}) + (y_1 - \bar{y})^2 + \cdots$$

Folgende Bezeichnungen zum Verkürzen der Schreibweise sind üblich:

$$s_{xx} = (x_1 - \bar{x})^2 + (x_2 - \bar{x})^2 + \ldots + (x_n - \bar{x})^2$$
$$s_{xy} = (x_1 - \bar{x})(y_1 - \bar{y}) + (x_2 - \bar{x})(y_2 - \bar{y}) + \ldots + (x_n - \bar{x})(y_n - \bar{y})$$
$$s_{yy} = (y_1 - \bar{y})^2 + (y_2 - \bar{y})^2 + \ldots + (y_n - \bar{y})^2$$

Damit lässt sich $\Delta(m)$ wie folgt notieren: $\Delta(m) = m^2 \cdot s_{xx} - 2m \cdot s_{xy} + s_{yy}$

Das Minimum dieser quadratischen Funktion liegt bei $m = \frac{s_{xy}}{s_{xx}}$

Die Terme für die Summen s_{xx}, s_{xy} und s_{yy} lassen sich noch wie folgt vereinfachen:

$$s_{xx} = (x_1^2 + x_2^2 + \cdots + x_n^2) - n\bar{x}^2$$
$$s_{xy} = (x_1 y_1 + x_2 y_2 + \ldots + x_n y_n) - n\bar{x}\bar{y}$$
$$s_{yy} = (y_1^2 + y_2^2 + \ldots + y_n^2) - n\bar{y}$$

Die **Regressionsgerade** mit der Gleichung $y = m(x - \bar{x}) + \bar{y}$ verläuft durch den Schwerpunkt $M(\bar{x} \mid \bar{y})$ der Punktwolke und hat die Steigung $m = \frac{s_{xy}}{s_{xx}}$.

Für die Terme s_{xy} und s_{xx} gilt:

$$s_{xy} = (x_1 y_1 + x_2 y_2 + \ldots + x_n y_n) - n\bar{x}\bar{y} = \left(\sum_{i=1}^{n} x_i \cdot y_i\right) - n\bar{x}\bar{y}$$

$$s_{xx} = (x_1^2 + x_2^2 + \ldots + x_n^2) - n\bar{x}^2 = \left(\sum_{i=1}^{n} x_i^2\right) - n\bar{x}^2$$

Beispiel – Rechnung

Für die Berechnung von $\overline{x}$, $\overline{y}$, s_{xy} und s_{xx} benötigen wir in einer Tabelle (z. B. für ein Tabellenkalkulationsprogramm) folgende Spalten:

x_i, y_i Messwerte. Aus ihren Summen berechnen wir die arithmetischen Mittelwerte $\overline{x}$ und $\overline{y}$.

$x_i \cdot y_i$, x_i^2 Potenzen bzw. Produkte der Messwerte. Aus ihren Summen und den Mittelwerten berechnen wir s_{xy} und s_{xx}.

	A	B	C	D
1	x_i (in cm)	y_i (in kg)	$x_i * y_i$	x_i^2
2	155	47	7285	24025
3	157	47	7379	24649
4	159	50	7950	25281
5	163	55	8965	26569
6	164	52	8528	26896
7	167	54	9018	27889
8	168	58	9744	28224
9	170	53	9010	28900
10	172	61	10492	29584
11	176	65	11440	30976
12	165,1	54,2	89811	272993

Zelle A12 Inhalt: = Mittelwert (A2:A11)

Zelle B12 Inhalt: = Mittelwert (B2:B11)

Zelle C12 Inhalt: = Summe (C2:C11)

Zelle D12 Inhalt: = Summe (D2:D11)

Die Steigung der Regressionsgeraden ist:

$$m = \frac{89811 - 10 \cdot 165{,}1 \cdot 54{,}2}{272993 - 10 \cdot 165{,}1^2} = 0{,}7915$$

Die Gleichung ist daher $y = 0{,}7915(x - 165{,}1) + 54{,}2$, also $y = 0{,}7915\,x - 76{,}473$

(4) Regressionsgeraden mithilfe von GTR und Tabellenkalkulation bestimmen

Grafikfähige Taschenrechner und Tabellenkalkulationsprogramme haben Optionen, durch welche die Gleichung der Regressionsgeraden automatisch berechnet werden und die Geraden durch die Punktwolke gezeichnet werden können.

GTR Bei einem GTR speichert man zunächst die Messdaten in Listen L1, L2 ab. Im **STAT-CALC**-Menü wählt man die Option **LinReg(ax+b)**. Nach Drücken der **ENTER**-Taste werden die Werte der Koeffizienten ausgegeben, hier für unser Beispiel oben. Für das Zeichnen der Punktwolke mit Regressionsgerade muss man außerdem noch den Funktionsterm abspeichern:
LinReg(ax+b) L1, L2, Y1 **ENTER**.

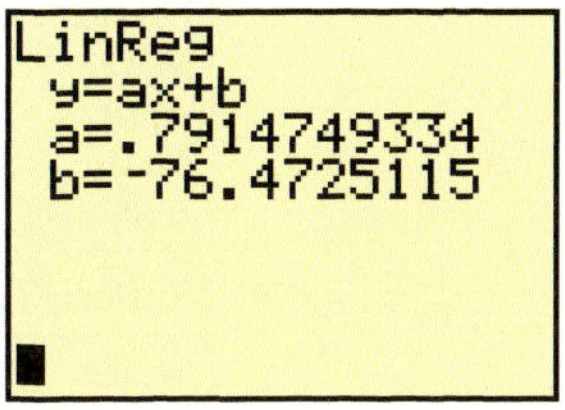

TAB In Tabellenkalkulationsprogrammen wird die Regressionsgerade als *Trendlinie* bezeichnet. Nach Anklicken der Punkte der Punktwolke muss die Option *Trendlinie hinzufügen* gewählt werden. Man kann sich zusätzlich die Gleichung der Geraden angeben lassen und die Gerade über die Punktwolke hinaus verlängern (so genannter *Trend*).

Weiterführende Aufgaben

2. *Interpretation der Regressionsgeraden*

Bestimme zu den Daten aus Aufgabe 1 mithilfe der Regressionsgeraden das Körpergewicht y einer Person mit Körpergröße x = 160 cm [165 cm; 180 cm; 120 cm; 200 cm]. Welche Interpretationen lässt die Regressionsgerade zu?

3. *Beweisen von Formeln*

Beweise, dass man s_{xy}, s_{xx} und s_{yy} auch anders notieren kann (siehe Seite 238).

(1) $s_{xy} = (x_1 y_1 + x_2 y_2 + \ldots + x_n y_n) - n\bar{x}\bar{y}$

(2) $s_{xx} = (x_1^2 + x_2^2 + \ldots + x_n^2) - n\bar{x}^2$

(3) $s_{yy} = (y_1^2 + y_2^2 + \ldots + y_n^2) - n\bar{y}^2$

4. *Eigenschaften von Regressionsgeraden*

a) Begründe: Wenn s_{xy} negativ [positiv] ist, hat die Regressionsgerade einen fallenden [steigenden] Verlauf.

b) Gib Beispiele von Punktwolken an, für die $s_{xy} = 0$ gilt. Begründe, dass die Regressionsgerade dann die Gleichung $g(x) = \bar{y}$ hat.

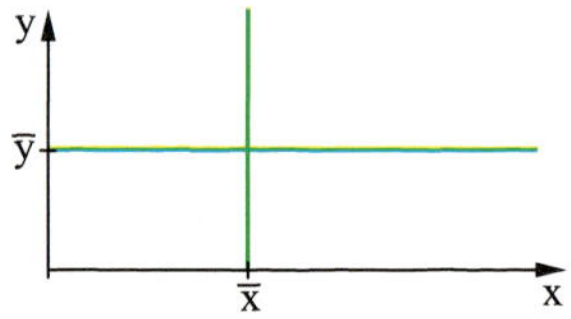

Übungsaufgaben

5.

Untersuche den Zusammenhang zwischen folgenden Wetterdaten aus Leverkusen:

a) Mittlere Maximum- bzw. Minimumtemperaturen (in °C).

Monat	Maximum	Minimum
Januar	11,5	−8,0
Februar	12,6	−6,8
März	18,3	−3,3
April	23,1	−0,2
Mai	27,7	2,8
Juni	30,2	6,9

Monat	Maximum	Minimum
Juli	32,0	9,2
August	31,6	9,0
September	27,6	5,5
Oktober	22,3	1,1
November	16,0	−2,2
Dezember	12,3	−6,9

b) Niederschlagmenge (in mm) und Anzahl der Tage mit Niederschlägen.

Monat	Menge	Tage
Januar	54	18
Februar	43	15
März	45	15
April	51	16
Mai	62	15
Juni	72	14

Monat	Menge	Tage
Juli	74	15
August	76	15
September	57	14
Oktober	53	15
November	60	17
Dezember	58	12

c) Mittlere Temperaturen (in °C) und die monatliche Sonnenscheindauer (in h).

Monat	Temp.	Dauer
Januar	2,4	44,4
Februar	3,1	78,4
März	6,3	111,1
April	9,8	155,3
Mai	13,8	189,0
Juni	16,6	190,8

Monat	Temp.	Dauer
Juli	18,5	189,0
August	18,1	188,2
September	15,2	150,7
Oktober	10,8	109,1
November	6,5	54,6
Dezember	3,5	40,1

d) Beschaffe die entsprechenden Daten für deine Gemeinde und untersuche, welcher lineare Zusammenhang hier vorliegt.

6.

Untersuche folgenden Zusammenhang in der Saison-Abschlusstabelle der Fußball-Bundesliga 2002/03.

a) Zusammenhang zwischen Punkten und erzielten Toren

b) Zusammenhang zwischen Punkten und Gegentoren

c) Zusammenhang zwischen Rangplatz und Punkten

		S	U	N	Tore	Punkte
1	Bayern München	23	6	5	70 : 25	75
2	VfB Stuttgart	17	8	9	53 : 39	59
3	Borussia Dortmund	15	13	6	51 : 27	58
4	Hamburger SV	15	11	8	46 : 36	56
5	Hertha BSC Berlin	16	6	12	52 : 43	54
6	Werder Bremen	16	4	14	51 : 50	52
7	Schalke 04	12	13	9	46 : 40	49
8	VfL Wolfsburg	13	7	14	39 : 42	46
9	VfL Bochum	12	9	13	55 : 56	45
10	1860 München	12	9	13	44 : 52	45
11	Hannover 96	12	7	15	47 : 57	43
12	Borussia Mönchengladbach	11	9	14	43 : 45	42
13	Hansa Rostock	11	8	15	35 : 41	41
14	1. FC Kaiserslautern	10	10	14	40 : 42	40
15	Bayer Leverkusen	11	7	16	47 : 56	40
16	Arminia Bielefeld	8	12	14	35 : 46	36
17	1. FC Nürnberg	8	6	20	33 : 60	30
18	Energie Cottbus	7	9	18	34 : 64	30

7.

Lassen sich Weltrekorde vorhersagen? Wann wird eine bestimmte Zeit unterboten bzw. eine bestimmte Weite übertroffen?

(1) Überprüfe dies durch Bestimmung von Regressionsgeraden zu den sportlichen Leistungen bis zum Jahr 1995. Welche Weltrekordleistung ergibt sich hieraus für das Jahr 2000? Vergleiche die Vorhersage mit dem tatsächlichen Rekord.

(2) Welche Vorhersage ergibt sich für das Jahr 2010 (berechnet aus allen angegebenen Daten)?

Entwicklung der Weltrekorde	a)	b)	c)	d)	e)
Jahr	Weitsprung Frauen Sprungweite in cm	Kugelstoßen Männer Stoßweite in cm	Marathonlauf Männer Zeit in Std.	Brustschwimmen 200 m Frauen Zeit in Min.	Eisschnell-Lauf 10000 m Männer Zeit in Min.
1920	524	1556	2:32:36	03:38,2	17:22,6
1930	598	1604	2:29:02	03:11,2	17:17,4
1940	612	1740	2:26:43	03:01,9	16:46,4
1950	625	1795	2:25:39	02:56,6	16:46,4
1960	640	2006	2:15:17	02:49,5	15:46,6
1970	684	2178	2:08:34	02:38,5	15:03,6
1975	684	2182	2:08:34	02:35,0	14:52,7
1980	709	2215	2:08:05	02:28,4	14:26,7
1985	744	2262	2:07:12	02:28,4	14:17,6
1990	752	2312	2:06:56	02:26,7	13:48,2
1995	752	2312	2:06:05	02:24,76	13:30,55
2000	752	2312	2:05:42	02:23,33	13:03,40

8.

Seit dem 1. 1. 2002 haben 12 der 16 EU-Länder eine gemeinsame Währung – mit Münzen, die auf der „Zahl“-Seite in allen Ländern gleich aussehen und deren „Wappen“-Seite individuell von den Ländern gestaltet werden konnte.

Im Rahmen eines EURO-Projekts wurden zu Beginn eines jeden Monats Stichproben aus dem Wechselgeld einer Bank ausgezählt. Von 500 Münzen (1 Euro) stammten folgende Anzahlen aus den einzelnen Prägeanstalten:

	Quote	Jan. 02	Feb. 02	Mrz. 02	Apr. 02	Mai 02	Juni 02
A (Berlin)	20 %	13	14	19	12	20	29
D (München)	21 %	16	9	11	10	18	14
F (Stuttgart)	24 %	267	298	224	235	240	242
G (Karlsruhe)	14 %	33	20	20	34	37	34
J (Hamburg)	21 %	162	150	215	195	164	172
Deutschland	32,9 %	491	491	489	486	479	491

	Quote	Juli 02	Aug. 02	Sep. 02	Okt. 02	Nov. 02	Dez. 02
A (Berlin)	20 %	37	35	43	63	56	74
D (München)	21 %	16	19	27	40	32	38
F (Stuttgart)	24 %	222	234	204	160	196	150
G (Karlsruhe)	14 %	72	58	72	66	53	69
J (Hamburg)	21 %	123	129	123	138	130	138
Deutschland	32,9 %	470	475	469	467	467	469

Aufgrund der vorliegenden Daten konnten Prognosen aufgrund eines linearen Modells vorgenommen werden.

a) Welchen Anteil in Deutschland geprägter 1-Euro-Münzen konnte man Ende 2003 erwarten?

b) Welchen Anteil in Stuttgart geprägter 1-Euro-Münzen konnte man Ende 2004 erwarten? Nimm kritisch zum Ergebnis Stellung.

c) Man kann davon ausgehen, dass am 1. 1. 02 keine ausländischen Euros in Deutschland im Umlauf waren, d. h. dass am 1. 1. 02 in jeder Stichprobe 500 deutsche Euros enthalten gewesen wären. Es ist also vernünftig zu fordern, dass die Ausgleichsgerade am Tag „Null“ durch den Punkt $P\,(0\,|\,500)$ verläuft. Der neue Ansatz für eine Ausgleichsgerade lautet also: $g(x) = m\,x + 500$. Bestimme einen optimalen Wert für m und formuliere wie in Teilaufgabe a) eine Prognose für Ende 2003.

9. *Vorschläge für eigene Projekte*

Wähle 10 Personen einer Altergruppe aus (z. B. 10 Mädchen aus deinem Mathematik-Kurs) und bestimme folgende Messdaten. Trage die Punkte in ein Koordinatensystem ein und bestimme die Regressionsgerade.

- x: Körpergröße in cm; y: Ellenbogenlänge in cm (Ellenbogenlänge = Abstand Fingerspitze – Ellenbogen)
- x: Körpergröße in cm; y: Spannweite der Arme in cm (Spannweite der Arme = Abstand Fingerspitze – Fingerspitze)
- x: Schuhgröße; y: Handspannweite in cm (Handspannweite = Abstand kleiner Finger – Daumen der gespreizten Hand)
- x: Schädelumfang in cm (gemessen in Stirnhöhe); y: Schädelhöhe in cm
- x: Körpergröße in cm; y: Schrittweite in cm (beim Gehen)

4.4.2 Anpassung von Daten an nicht-lineare Modelle – nicht-lineare Regression

Aufgabe 1

Tankstellen

Das große Sterben blieb aus

Beim Fusionsprozess im Mineralölmarkt ist das erwartete große Tankstellen-Sterben bisher ausgeblieben.

Zum 1. Juli ermittelte der Hamburger Erdölinformationsdienst (EID) 15 890 Stationen und damit nur 81 weniger als Anfang 2003. Auch bis Jahresende dürfte sich entgegen der in der Branche vermuteten Überkapazität von 3 000 bis 4 000 Tankstellen nur ein relativ geringer Rückgang ergeben, schreibt der EID. Nur mit großer Disziplin dürfte deshalb ein Preiskampf bei immer weiter rückläufiger Nachfrage nach Kraftstoffen zu vermeiden sein, hieß es.

Jahr	Anzahl der Tankstellen
1970	46 091
1975	34 804
1980	27 528
1985	19 781
1990	19 317
1995	17 957
1999	16 617
2001	16 324
2003	15 971

In den letzten Jahrzehnten hat sich die Anzahl der Tankstellen in Deutschland stark verringert.

(1) Welche Anzahl von Tankstellen kann man aufgrund der bisherigen Entwicklung für das Jahr 2010 vorhersagen?

(2) Warum ist ein lineares Modell zur Prognose nicht geeignet?

(3) Überlege, welches Modell zur Beschreibung angemessener erscheint.

GTR (4) Bestimme mithilfe eines GTR eine „passende“ Funktion und korrigiere die Vorhersage aus (1).

Lösung

(1) Wir bestimmen eine Regressionsgerade zu den gegebenen Daten. Aufgrund dieses linearen Modells kommen wir zum Ergebnis, dass es im Jahr 2010 nur noch ca. 7 000 Tankstellen in Deutschland gibt.

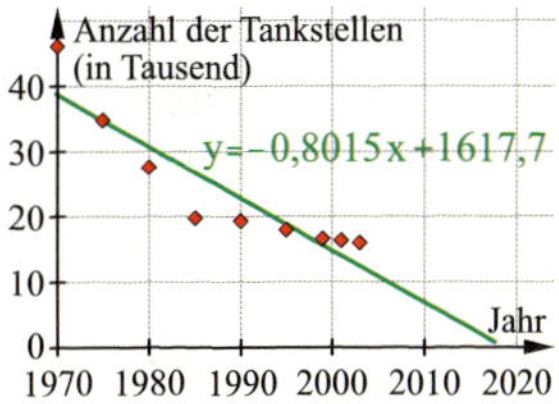

(2) Verfolgen wir den Verlauf der Regressionsgerade weiter, dann sehen wir, dass unser lineares Modell für das Jahr 2017 prognostiziert, dass es keine Tankstellen mehr gibt. Ein solches Modell ist offensichtlich zur Beschreibung der Entwicklung höchstens kurzfristig geeignet.

(3) Es ist anzunehmen, dass sich zwar der Abwärtstrend fortsetzt, aber die Anzahl nur ganz allmählich gegen null geht oder sich einem Sockelbetrag $c > 0$ nähert und sich damit auf einem gewissen Niveau stabilisiert. Eine solche Entwicklung wird eher durch eine Exponentialfunktion beschrieben.

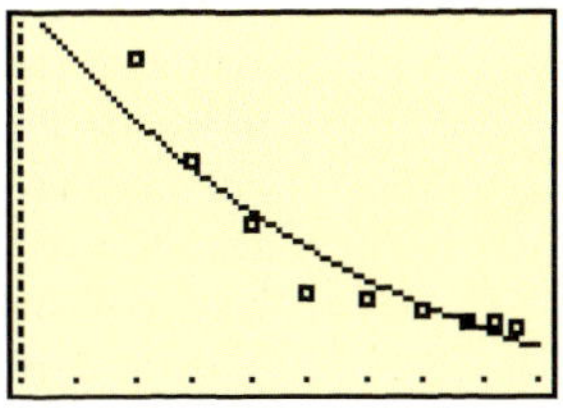

GTR (4) Eine Exponentialfunktion finden wir mithilfe der entsprechenden Optionen der Tabellenkalkulation oder des GTR.

y in Tausend

Der GTR berechnet z. B.: $y = 3{,}38 \cdot 10^{27} \cdot 0{,}97014^x$

Mit diesem exponentiellen Modell ohne Sockelbetrag prognostizieren wir für das Jahr 2010, dass es dann noch ca. 12 000 Tankstellen in Deutschland geben wird: $3{,}38 \cdot 10^{27} \cdot 0{,}97014^{2010} \approx 12\,000$ (In Aufgabe 2 werden wir dieses Modell noch verbessern.)

Information **Nicht-lineare Modelle zur Anpassung von Daten**

In Aufgabe 1 haben wir gesehen, dass lineare Modelle nicht immer geeignet sind, einen funktionalen Zusammenhang zwischen zwei Merkmalen zu beschreiben.

Dass die Qualität der Anpassung durch ein Exponentialmodell besser ist als durch ein lineares Modell, erkennen wir an den entsprechenden Summen der quadratischen Abweichungen von Modell und Realität. Als Summe der quadratischen Abweichungen erhält man für das lineare Modell den Wert 239,94 und für das quadratische Modell den Wert 81,87.

Jahr	Anzahl der Tankstellen (in 1 000)	lineares Modell (in 1 000)	quadratische Abweichung	Exponential-Modell	quadratische Abweichung
1970	46,091	42,000	16,7363	40,313	33,3856
1975	34,804	38,000	10,2144	34,646	0,0251
1980	27,528	34,000	41,8868	29,775	5,0496
1985	19,781	30,000	104,4280	25,589	33,7360
1990	19,317	26,000	44,6625	21,992	7,1550
1995	17,957	22,000	16,3458	18,900	0,8897
1999	16,617	18,800	4,7655	16,743	0,0158
2001	16,324	17,200	0,7674	15,758	0,3199
2003	15,971	15,600	0,1376	14,832	1,2978
			239,9443		81,8745

$= -0{,}80 \cdot 2003 + 1618$

$= 3{,}38 \cdot 10^{27} \cdot 0{,}97014^{2003}$

Summe der quadrat. Abweichungen

GTR und Tabellenkalkulation bieten außer der linearen Regression verschiedene Optionen an: Anpassung durch Polynome ganzrationaler Funktionen, durch Logarithmus-, Exponential- und Potenzfunktionen, der GTR zusätzlich auch Sinusregression (siehe Aufgaben 2 und 3).

Weiterführende Aufgaben

2. *Verbessertes Exponentialmodell*

In Aufgabe 1 (3) wurde die Vermutung geäußert, dass sich der Abwärtstrend bei der Anzahl der Tankstellen zwar fortsetzt, aber die Anzahl sich stabilisiert. Diese mögliche Entwicklung legt ein anderes Modell nahe: Die Daten werden besser beschrieben durch $y = c + a \cdot b^x$, mit einem Sockelbetrag $c > 0$.

Jahr	Anzahl der Tankstellen (in 1 000)	vermindert um Sockelbetrag	neues Modell	quadr. Abw.
1970	46,091	31,191	31,493	0,0909
1975	34,804	19,904	19,111	0,6292
1980	27,528	12,628	11,597	1,0628
1985	19,781	4,881	7,037	4,6505
1990	19,317	4,417	4,271	0,0214
1995	17,957	3,057	2,592	0,2167
1999	16,617	1,717	1,738	0,0004
2001	16,324	1,424	1,423	0,0000
2003	15,971	1,071	1,165	0,0089
				6,6809

neue Listen für den GTR

Durch Variation des Sockelbetrags kann so eine noch bessere Anpassung gefunden werden.

Erläutere das Vorgehen anhand der Tabelle. Welcher „Sockelbetrag" wurde verwendet? Welche Prognose ergibt sich jetzt für das Jahr 2010?

3. *Anpassung durch eine geeignete Sinusfunktion*

In Kapitel 1 (Seite 71 f.) wurde eine Funktionsgleichung für die Beschreibung der astronischen Sonnenscheindauer gesucht. Die Option *SinReg* liefert nach Eingabe der in der Tabelle stehenden 13 Datenpaare sowie der Periodenlänge 365 die im GTR-Bild angegebenen Koeffizienten der Funktion vom Typ $y = a\sin(bx + c) + d$.

Datum	Dauer (in h)	Modell
22	8,6	8,47
52	7,8	8,06
83	8,7	8,70
114	10,3	10,24
142	12,2	12,07
173	13,9	14,05
203	15,4	15,45
234	16,2	15,97
264	15,4	15,45
295	13,8	13,99
326	12	11,99
356	10,2	10,06
387	8,6	8,59

(1) Vergleiche mit den Überlegungen aus Kapitel 1.
(2) Welche Sonnenscheindauer ergibt sich jetzt für den 10. Juli?

Hinweis: Das Datum in der Tabelle wurde ab dem 1. November fortlaufend gezählt.

Übungsaufgaben

4.
Welche Prognosen ergeben sich für die Anzahl der „getränkeorientierten Gaststätten" für das Jahr 2005 aufgrund eines
(1) linearen Modells
(2) Exponentialmodells
(3) verbesserten Exponentialmodells (siehe Aufgabe 2, Seite 244)?

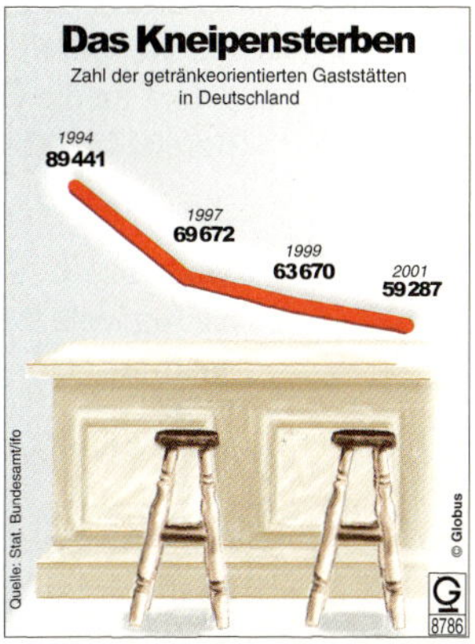

5.
Mit welchem Modell ergeben sich die Prognosen der Lebenserwartung für die Jahre 2020, 2035, 2050?

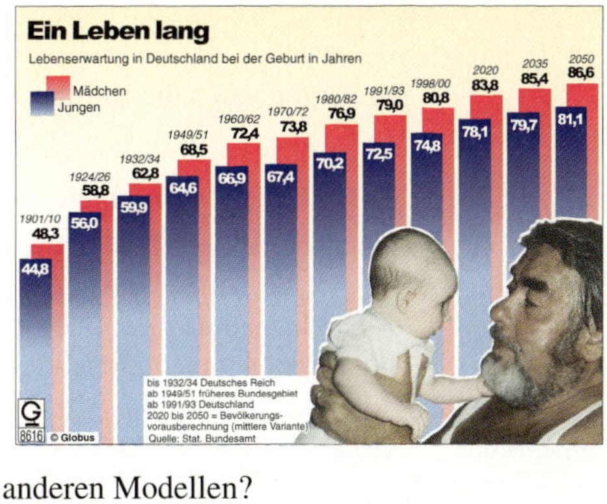

6.
Auch bei der Prognose zur Entwicklung der Weltrekorde in verschiedenen Sportarten zeigen lineare Modelle ihre Grenzen (siehe Aufgabe 8, Seite 241). Begründe, warum dies so ist. Welcher Ansatz verspricht eine bessere Anpassung an die Daten? Welche Voraussagen für die Weltrekorde ergeben sich mit anderen Modellen?

7.
Bestimme mithilfe der SinReg-Option des GTR die Koeffizienten geeigneter Sinusfunktionen zu den Aufgaben 11 bis 13 auf Seite 73 f.

4.4.3 Korrelation

Einführung

(1) Allgemeiner Korrelationskoeffizient

Gegeben ist eine Punktwolke aus n Punkten mit den Koordinaten $(x_1 \mid y_1)$, $(x_2 \mid y_1)$, ..., $(x_n \mid y_n)$ und eine Modellannahme über eine Funktion f, die einen funktionalen Zusammenhang zwischen den Größen x und y beschreiben soll. Außerdem wurde f derart bestimmt, dass die Summe der Abstandsquadrate

$\Delta = [f(x_1) - y_1]^2 + [f(x_2) - y_2]^2 + \ldots + [f(x_n) - y_n]^2$

minimal ist (siehe Seite 237).

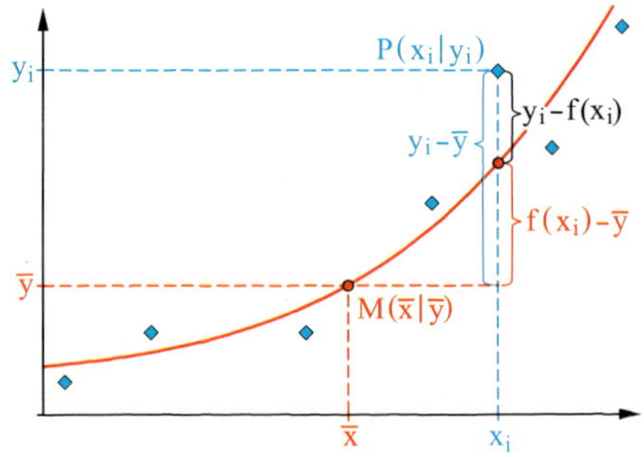

Wir wollen nun ein Maß einführen, das die Anpassung des Graphen von f an die Punktwolke beschreibt, also angibt, wie stark die Daten der Punktwolke vom Modell f abweichen. Anschaulich ist klar, dass bei einer Punktwolke mit sehr vielen Punkten der Wert von Δ durchaus sehr groß werden kann, auch wenn sich der Graph von f gut an die Punktwolke anschmiegt. Daher ist Δ als *absolutes* Maß für die Qualität der Anpassung eines Modells f an die Daten ungeeignet.

Bereits im Abschnitt 4.3.2 auf der Seite 229 haben wir die mittlere quadratische Abweichung der Werte y_i vom Mittelwert $\bar{y}$, also $\frac{1}{n}[(y_1 - \bar{y})^2 + (y_2 - \bar{y})^2 + \ldots + (y_n - \bar{y})^2]$, als Maß für die Streuung der Daten $y_1, y_2, \ldots, y_n$ kennen gelernt. Dieses Maß ist unabhängig vom Modell f. Wir wollen es deshalb auch hier benutzen und mit der mittleren quadratischen Abweichung der Modellwerte $f(x_i)$ vom Mittelwert $\bar{y}$, also $\frac{1}{n}[(f(x_1) - \bar{y})^2 + (f(x_2) - \bar{y})^2 + \ldots + (f(x_n) - \bar{y})^2]$, vergleichen.

Der Quotient r^2 aus diesen beiden mittleren quadratischen Abweichungen heißt **Bestimmtheitsmaß:**

$$r^2 = \frac{\frac{1}{n}[(f(x_1) - \bar{y})^2 + (f(x_2) - \bar{y})^2 + \cdots + (f(x_n) - \bar{y})^2]}{\frac{1}{n}[(y_1 - \bar{y})^2 + (y_2 - \bar{y})^2 + \cdots + (y_n - \bar{y})^2]}$$

Wir vereinfachen dieses Maß, indem wir durch $\frac{1}{n}$ kürzen.

f wurde derart bestimmt, dass die Summe der Abstandsquadrate Δ minimal ist.

Definition: *Bestimmtheitsmaß und allgemeiner Korrelationskoeffizient*

Gegeben ist eine Punktwolke aus n Punkten mit den Koordinaten $(x_1 \mid y_1)$, $(x_2 \mid y_2)$, ..., $(x_n \mid y_n)$. Der Punkt $M(\bar{x} \mid \bar{y})$ ist der Schwerpunkt dieser Punktwolke. Durch eine Modellannahme über eine Funktion f soll ein funktionaler Zusammenhang zwischen den Größen x und y beschrieben werden. Die Zahl r^2 mit

$$r^2 = \frac{(f(x_1) - \bar{y})^2 + (f(x_2) - \bar{y})^2 + (f(x_3) - \bar{y})^2 + \ldots + (f(x_n) - \bar{y})^2}{(y_1 - \bar{y})^2 + (y_2 - \bar{y})^2 + (y_3 - \bar{y})^2 + \ldots + (y_n - \bar{y})^2}$$

heißt **Bestimmtheitsmaß**, die Wurzel aus r^2 wird als **allgemeiner Korrelationskoeffizient** bezeichnet.

(2) Linearer Korrelationskoeffizient

Untersucht man die Qualität der Anpassung einer Regressionsgeraden an eine gegebene Punktwolke, so gilt: Die Regressionsgerade lässt sich beschreiben durch den Term $f(x) = m(x - \overline{x}) + \overline{y}$.

Damit ergibt sich $f(x_i) - \overline{y} = m(x_i - \overline{x})$ und somit

$$r = \sqrt{\frac{m^2(x_1 - \overline{x})^2 + m^2(x_2 - \overline{x})^2 + \dots + m^2(x_n - \overline{x})^2}{(y_1 - \overline{y})^2 + (y_2 - \overline{y})^2 + \dots + (y_n - \overline{y})^2}}$$

$$= |m| \cdot \sqrt{\frac{(x_1 - \overline{x})^2 + (x_2 - \overline{x})^2 + \dots + (x_n - \overline{x})^2}{(y_1 - \overline{y})^2 + (y_2 - \overline{y})^2 + \dots + (y_n - \overline{y})^2}}$$

Lässt man die Betragszeichen von m weg, dann kann r positiv oder negativ sein, je nachdem, welches Vorzeichen m hat.

Verwenden wir die Bezeichnungen s_{xx}, s_{xy}, s_{yy} von Seite 238, so erhält man:

$r = \frac{s_{xy}}{s_{xx}} \cdot \sqrt{\frac{s_{xx}}{s_{yy}}} = \frac{s_{xy}}{\sqrt{s_{xx} \cdot s_{yy}}}$. r ist positiv bzw. negativ, wenn s_{xy} positiv bzw. negativ ist.

Definition: *Linearer Korrelationskoeffizient*

Gegeben ist eine Punktwolke aus n Punkten mit den Koordinaten $(x_1 | y_1)$, $(x_2 | y_2)$, ..., $(x_n | y_n)$ und eine Regressionsgerade, welche den funktionalen Zusammenhang zwischen den Größen x und y beschreiben soll. Dann wird $r = \frac{s_{xy}}{\sqrt{s_{xx} \cdot s_{yy}}}$ als **linearer Korrelationskoeffizient nach BRAVAIS-PEARSON** bezeichnet und

$r^2 = \frac{{s_{xy}}^2}{s_{xx} \cdot s_{yy}} = \frac{s_{xy}}{s_{xx}} \cdot \frac{s_{xy}}{s_{yy}}$ als **Bestimmtheitsmaß** des linearen Modells.

Der lineare Korrelationskoeffizient ist ein Maß für die Anpassung einer Regressionsgeraden an eine Punktwolke.

(3) Linearer Korrelationskoeffizient und Regressionsgerade bezüglich x und y

Auf Seite 238 haben wir herausgefunden, dass sich die Steigung der Regressionsgerade bezüglich y durch $m_x = \frac{s_{xy}}{s_{xx}}$ berechnen lässt. Für die zugehörige Gerade gilt, dass die Abweichungen zwischen Graph und Punktwolke in vertikaler Richtung (deshalb *bezüglich y*) minimal sind. Analog kann man auch untersuchen, für welche Gerade die horizontale Abweichung am kleinsten ist. Man findet heraus, dass dies der Fall ist, falls $m_y = \frac{s_{xy}}{s_{yy}}$ (vgl. Aufgabe 1) – mit anderen Worten:

Das Bestimmheitsmaß r^2 einer Regressionsgeraden für eine Punktwolke berechnet sich als Produkt der Steigungen der beiden Regressionsgeraden, der lineare Korrelationskoeffizient r als Wurzel hieraus: $r = \sqrt{m_x \cdot m_y}$ oder $r = -\sqrt{m_x \cdot m_y}$ – je nachdem, welches Vorzeichen s_{xy} hat.

Weiterführende Aufgaben

1. *Regressionsgerade bezüglich x*

a) Zeige: Die Regressionsgerade bezüglich x mit der Gleichung $x = m_y \cdot (y - \overline{y}) + \overline{x}$ verläuft durch den Schwerpunkt $(\overline{x} | \overline{y})$ der Punktwolke und hat die Steigung $m_y = \frac{s_{xy}}{s_{yy}}$.

b) Zeichne zu den Daten der Aufgabe 1 von Seite 235 beide Regressionsgeraden in ein Koordinatensystem. Beachte, dass man die Gleichung $x = m_y \cdot (y - \overline{y}) + \overline{x}$ erst nach y auflösen muss, um die Gerade in dasselbe Koordinatensystem zeichnen zu können.

2. *Bedeutung des linearen Korrelationskoeffizienten*

(1) R. Doll untersuchte 1955 als Erster systematisch den möglichen Zusammenhang zwischen Zigarettenkonsum und Erkrankungen an Lungenkrebs. Er trug folgende Daten zusammen:

Land	Zigarettenverbrauch pro Kopf im Jahr 1930	Todesfälle an Lungenkrebs je Million im Jahr 1950
Island	230	60
Norwegen	250	90
Schweden	300	110
Dänemark	380	170
Australien	480	180
Holland	490	240
Kanada	500	150
Schweiz	510	250
Finnland	1 100	350
England	1 100	460
USA	1 300	200

(2) In den neuen Bundesländern gab es nach der Wiedervereinigung einen Rückgang beim Verbrauch von Braunkohle und einen Rückgang in den Geburtenzahlen:

Jahr	Primärenergieverbrauch von Braunkohle (in Petajoule)	Anzahl der Geburten (in Tausend)
1990	2 260	178,5
1991	1 539	107,8
1992	1 187	88,3
1993	1 052	80,5
1994	932	78,7
1995	803	83,8

Was lässt sich in (1) bzw. (2) über die Zusammenhänge zwischen den jeweils betrachteten Größen sagen? Gibt es kausale Abhängigkeiten zwischen den Merkmalen?

Stelle zunächst die Datenmengen und die zugehörige Regressionsgerade in je einem Koordinatensystem dar. Bestimme jeweils die Korrelationskoeffizienten.

Information **(1) Bedeutung des linearen Korrelationskoeffizienten**

Wir vergleichen die folgenden Punktwolken miteinander.

Dazu bestimmen wir jeweils die Gleichungen der beiden Regressionsgeraden und berechnen den zugehörigen Korrelationskoeffizienten.

	(a)	(b)	(c)	(d)	(e)
x_i	y_i	y_i	y_i	y_i	y_i
1	28,1	26	4	4	4,1
2	26,4	22	21	13	5,9
3	24,7	19	22	6	7,7
5	21,3	25	10	16	11,3
6	19,6	12	24	12	13,1
9	14,5	9	10	23	18,5
10	12,8	25	17	16	20,3
11	11,1	17	12	19	22,1
12	9,4	25	20	25	23,9
15	4,3	3	14	29	29,3

$r = -1$
Die Punkte liegen auf den Geraden.

(a)
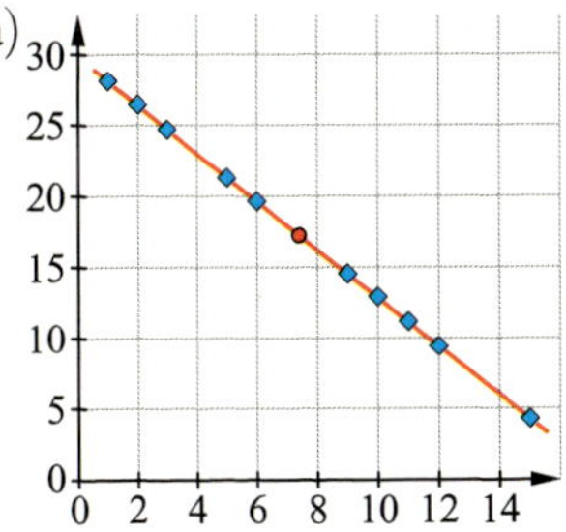

Schwerpunkt der Punktwolke $M(7{,}4 \mid 17{,}22)$
Regressionsgerade bezüglich y:
$y = -1{,}7(x - 7{,}4) + 17{,}22$
Regressionsgerade bezüglich x:
$x = 0{,}5882(y - 17{,}22) + 7{,}4$
Also: $y = -1{,}7(x - 7{,}4) + 17{,}22$
$r^2 = m_x \cdot m_y = (-1{,}7) \cdot (-0{,}5882) = 1$
Da $m_x < 0$ und $m_y < 0$ sind, gilt: $r = -1$
Die beiden Regressionsgeraden stimmen überein.

$r = -0{,}5$
Die Punkte liegen nicht dicht bei den Geraden.

(b)
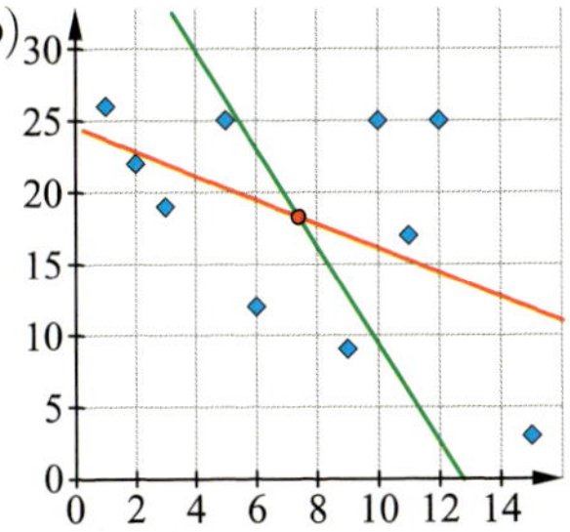

Schwerpunkt der Punktwolke $M(7{,}4 \mid 18{,}3)$
Regressionsgerade bezüglich y:
$y = -0{,}8427(x - 7{,}4) + 18{,}3$
Regressionsgerade bezüglich x:
$x = -0{,}2933(y - 18{,}3) + 7{,}4$
Also: $y = -3{,}4097(x - 7{,}4) + 18{,}3$
$r^2 = m_x \cdot m_y = (-0{,}8427) \cdot (-0{,}2933) = 0{,}25$
Da $m_x < 0$ und $m_y < 0$ sind, gilt: $r = -0{,}5$

$r = 0{,}03$
Die Punkte liegen nicht dicht bei den Geraden.

(c)
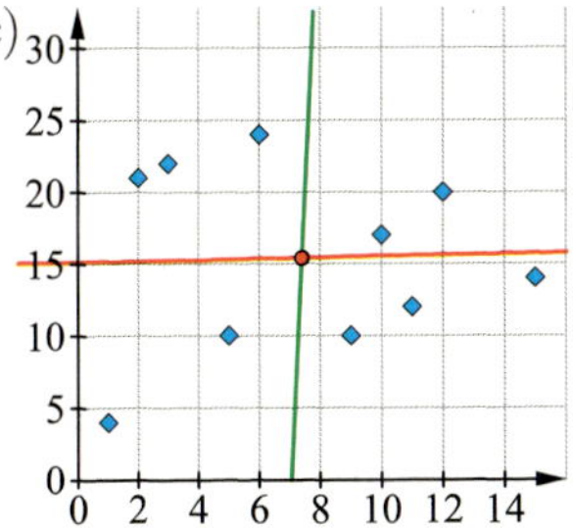

Schwerpunkt der Punktwolke $M(7{,}4 \mid 15{,}4)$
Regressionsgerade bezüglich y:
$y = 0{,}0423(x - 7{,}4) + 15{,}4$
Regressionsgerade bezüglich x:
$x = 0{,}0224(y - 15{,}4) + 7{,}4$
Also: $y = 44{,}5714(x - 7{,}4) + 15{,}4$
$r^2 = m_x \cdot m_y = (+0{,}0432) \cdot (+0{,}0224) = 0{,}0009$
Da $m_x > 0$ und $m_y > 0$ sind, gilt: $r = 0{,}03$
Die Regressionsgeraden verlaufen fast achsenparallel.

$r = 0{,}9$
Die Punkte liegen dicht bei den Geraden.

(d)
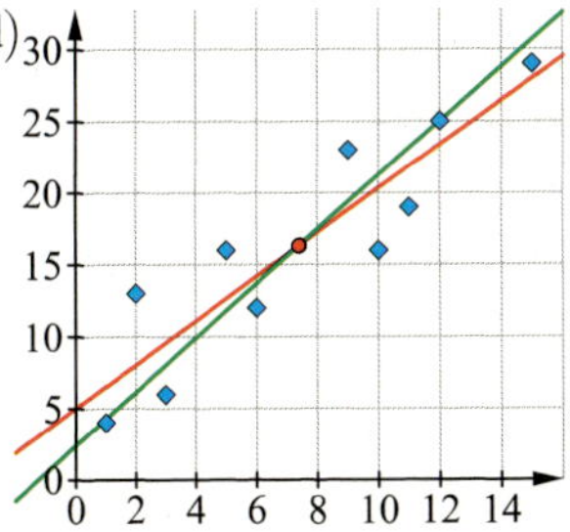

Schwerpunkt der Punktwolke $M(7{,}4 \mid 16{,}3)$
Regressionsgerade bezüglich y:
$y = 1{,}5363(x - 7{,}4) + 16{,}3$
Regressionsgerade bezüglich x:
$x = 0{,}5291(y - 16{,}3) + 7{,}4$
Also: $y = 1{,}8901(x - 7{,}4) + 16{,}3$
$r^2 = m_x \cdot m_y = (+1{,}5363) \cdot (+0{,}5291) = 0{,}8129$
Da $m_x > 0$ und $m_y > 0$ sind, gilt: $r = +0{,}9$

$r = 1$
Die Punkte liegen auf den Geraden.

(e)
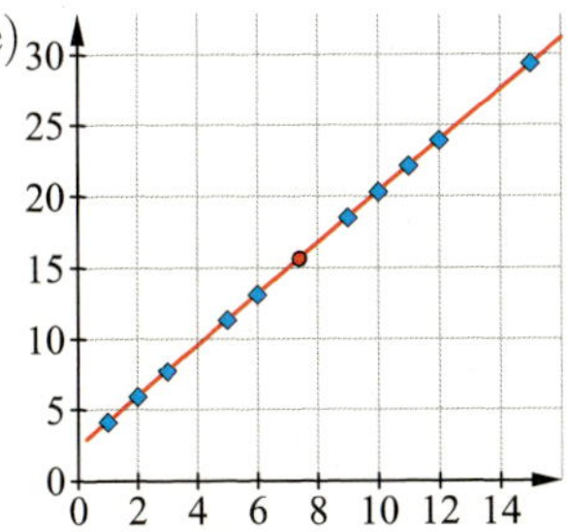

Schwerpunkt der Punktwolke $M(7{,}4 \mid 15{,}62)$
Regressionsgerade bezüglich y:
$y = 1{,}8(x - 7{,}4) + 15{,}62$
Regressionsgerade bezüglich x:
$x = 0{,}5556(y - 15{,}62) + 7{,}4$
Also: $y = 1{,}8(x - 7{,}4) + 15{,}62$
$r^2 = m_x \cdot m_y = (+1{,}8) \cdot (+0{,}5556) = 1$
Da $m_x > 0$ und $m_y > 0$ sind, gilt: $r = +1$
Die beiden Regressionsgeraden stimmen überein.

Zusammenfassung:
- Liegen die Punkte der Punktwolke auf einer Geraden, dann stimmen die beiden Regressionsgeraden mit dieser Geraden überein. Der zugehörige Korrelationskoeffizient ist dann $+1$ oder -1, je nachdem, ob die Steigungen der Regressionsgeraden positiv oder negativ sind.
- Wenn $r \neq +1$ oder $r \neq -1$, dann stimmen die beiden Regressionsgeraden nicht überein.
  Je dichter die Punkte der Punktwolke an den Regressionsgeraden liegen, umso näher liegt der Korrelationskoeffizient bei $+1$ bzw. -1.
- Zeigt die Punktwolke keine erkennbare Struktur, dann verläuft die Regressionsgerade bezüglich y (fast) parallel zur 1. Achse, die Regressionsgerade bezüglich x (fast) parallel zur 2. Achse. Der Korrelationskoeffizient ist (ungefähr) gleich null.

(2) Starke bzw. schwache Korrelation

Der Korrelationskoeffizient r kann Werte zwischen $r = -1$ und $r = +1$ annehmen. In den beiden Fällen $r = +1$ oder $r = -1$ ist es berechtigt, von einem vollständigen linearen Zusammenhang zwischen den betrachteten Merkmalen zu sprechen. Für andere Werte von r sind folgende Sprechweisen üblich:

- Bei Werten $r < -0{,}8$ bzw. $r > +0{,}8$ spricht man von **starker Korrelation** der beiden Merkmale oder auch von einem „statistischen Zusammenhang".
- Bei Werten von r mit $-0{,}5 \leq r \leq +0{,}5$ spricht man von **schwacher Korrelation**.

Man sagt auch, dass die Merkmale stark bzw. schwach korreliert sind.

(3) Korrelation und Kausalität

Eine starke Korrelation (also $r < -0{,}8$ bzw $r > +0{,}8$) bedeutet noch nicht, dass zwischen den betrachteten Merkmalen ein direkter kausaler Zusammenhang besteht. Eine starke Korrelation weist lediglich eine „Gleichläufigkeit" von Merkmalen nach. Sie kann aus folgenden Gründen auftreten:

- Es besteht ein direkter kausaler Zusammenhang. Dies ist beim Beispiel aus Aufgabe 2, Teilaufgabe (1) der Fall. Aufgrund weiterer Untersuchungen ist der direkte kausale Zusammenhang zwischen Zigarettenkonsum und Lungenkrebserkrankung nachgewiesen.
- Es besteht kein direkter kausaler Zusammenhang, aber es gibt eine gemeinsame Ursache für die Gleichläufigkeit der betrachteten Merkmale. Dies ist beim Beispiel aus Aufgabe 2, Teilaufgabe (2) der Fall: Die Wiedervereinigung Deutschlands führte zu einer Umstrukturierung der Wirtschaft, wobei auch die Bedeutung von Braunkohle für die Energieerzeugung abnahm. Gleichzeitig sank die Geburtenrate aufgrund der gesellschaftlichen Veränderungen. Die wirtschaftlichen und sozialen Folgen der Wiedervereinigung sind also die *gemeinsame* Ursache für die Entwicklung von Braunkohleverbrauch und Geburtenzahl. Es besteht aber kein *direkter* kausaler Zusammenhang: Weder hat der geringere Braunkohleverbrauch die geringere Geburtenzahl verursacht noch umgekehrt.
- Es besteht überhaupt kein kausaler Zusammenhang und die Merkmale sind zufällig korreliert.

Eine starke Korrelation kann also nur Hinweise auf *mögliche* kausale Zusammenhänge geben. Ob ein solcher Zusammenhang tatsächlich vorliegt, muss immer auch noch sachlich beurteilt werden.

Übungsaufgaben

3.

SPIEGEL-Online 01.01.04

ANGST VOR JOBVERLUST

Krankenstand sinkt auf Vor-Wende-Niveau

Kopfschmerzen, Rückenverspannungen oder gar eine Grippe waren 2003 für viele Arbeitnehmer nicht mehr Grund genug, um im Bett zu bleiben. Gegenüber dem Vorjahr sanken die krankheitsbedingten Fehlzeiten in den Betrieben um zehn Prozent und damit auf den niedrigsten Stand seit der Wiedervereinigung.

Berlin – Wie die Zeitung „Die Welt“ unter Berufung auf neue Statistiken des Bundesministeriums für Gesundheit und Soziale Sicherung (BMGS) berichtet, fehlten Arbeitnehmer im Jahr 2003 3,6 Prozent der Sollarbeitszeit (2002: 4,0 Prozent). Dies entspreche neun Arbeitstagen. Arbeitsmarktforscher nannten als Gründe für den niedrigen Krankenstand die schwache Konjunktur und die Angst der Arbeitnehmer, in Zeiten hoher Arbeitslosigkeit den Job zu verlieren, wie es hieß.

Jahr	Krankenstand in %	Arbeitslosenquote in %
1975	5,30	4,7
1976	5,32	4,6
1977	5,39	4,5
1978	5,53	4,2
1979	5,65	3,8
1980	5,67	3,8
1981	5,27	5,5
1982	4,65	7,5
1983	4,44	9,1
1984	4,54	9,1
1985	4,54	9,3
1986	4,76	9,0
1987	4,84	8,9
1988	4,96	8,7
1989	5,08	7,9
1990	5,20	7,2
1991	5,21	7,3
1992	5,10	8,5
1993	4,86	9,8
1994	4,86	10,6
1995	5,08	10,4
1996	4,69	11,5
1997	4,13	12,7
1998	4,08	12,3
1999	4,21	11,7
2000	4,20	10,7
2001	4,18	10,3
2002	4,00	10,8
2003	3,60	11,7

Gibt es einen Zusammenhang zwischen der Arbeitslosenquote und der Anzahl der Fehltage wegen Krankheit? Zeichne dazu die Regressionsgerade und bestimme den Korrelationskoeffizienten.

4.

a) Gibt es einen Zusammenhang zwischen der Höhe der Staatsschulden und der Anzahl der Arbeitslosen oder gibt es eine gemeinsame Ursache für die Entwicklung der Daten?

b) Gibt es einen Zusammenhang zwischen dem Schuldenstand der einzelnen Bundesländer und der Kriminalitätsrate in diesen Ländern?

Jahr	Staatsschulden (in Mrd. €)	Arbeitslose in Mio.
1960	29	0,27
1970	64	0,15
1975	130	1,07
1980	237	0,89
1985	386	2,30
1990	536	1,88
1991	600	2,60
1992	680	2,98
1993	766	3,42
1994	840	3,70
1995	1009	3,61
1996	1069	3,97
1997	1119	4,38
1998	1153	4,28
1999	1183	4,10
2000	1198	3,89
2001	1220	3,85
2002	1240	4,06

Land	Schuldenstand Ende 2002 (in € je Einwohner)	Bekannt gewordene Straftaten 2002 je 100 Tsd. Einwohner
MV	6170	9917
BB	6360	9422
ST	7413	9159
TH	6325	6899
SN	3782	7678
BE	13172	17236
SH	6958	9155
HH	10535	15589
HB	14505	14444
NI	6017	7648
NW	6456	8099
RP	6262	6935
HE	5446	7041
SL	7012	6800
BW	3796	5643
BY	2732	5630

5.

a) Untersuche den Zusammenhang zwischen dem Kraftfahrzeugbestand und der Anzahl der Verkehrstoten in Deutschland.

b) Untersuche den Zusammenhang zwischen der Anzahl der Verletzten und der Anzahl der Verkehrstoten in den Bundesländern. Interpretiere die Lage der Punkte der Punktwolke in Bezug auf die Regressionsgerade.

Jahr	Bestand an Kfz (am Jahresende in Mio.)	bei Verkehrsunfall Getötete
1970	18,0	19193
1971	19,0	18753
1972	20,3	18811
1973	20,6	16302
1974	21,2	14614
1975	22,3	14870
1976	23,5	14820
1977	24,8	14978
1978	26,3	14662
1979	27,1	13222
1980	27,9	13041
1981	28,5	11674
1982	29,1	11608
1983	29,9	11732
1984	30,6	10199
1985	31,7	8400
1986	32,8	8948
1987	33,8	7967
1988	34,7	8213
1989	35,7	7995
1990	37,4	7906
1991	42,0	11300
1992	45,2	10631
1993	46,5	9949
1994	47,5	9814
1995	48,3	9454
1996	49,0	8758
1997	49,6	8549
1998	50,6	7792
1999	51,4	7772
2000	52,5	7503
2001	53,3	6977
2002	53,7	6842

Verkehrsunfälle 2002		
Land	Getötete	Verletzte
Baden-Württemberg	895	56922
Bayern	1280	83645
Berlin	82	17522
Brandenburg	358	14896
Bremen	14	4092
Hamburg	34	12191
Hessen	501	35784
Mecklenburg-Vorpommern	289	11052
Niedersachsen	832	50629
Nordrhein-Westfalen	996	89512
Rheinland-Pfalz	363	24512
Saarland	65	6661
Sachsen	393	22607
Sachsen-Anhalt	276	14298
Schlewig-Holstein	199	18641
Thüringen	265	13449

6. *Vorschläge für eigene Projekte*

a) Finde selbst Schein-Korrelationen wie in Aufgabe 2 (2). Prüfe, ob es vielleicht einen gemeinsamen Grund für die festgestellte Korrelation gibt.

b) Untersuche Wetterdaten einer Wetterstation deiner Region: Gibt es einen Zusammenhang zwischen der Niederschlagsmenge und der Anzahl der Regentage?

c) Welche Zusammenhänge gibt es zwischen der Körpergröße
(1) von Vätern und Söhnen;
(2) von Müttern und Töchtern,
(3) von Geschwistern?

Hinweis: Beachte das Alter der betreffenden Personen, d.h. wähle Väter und Mütter aus *einer* Generation.

Fragen zum Basiswissen

- Was versteht man unter Merkmalsausprägungen, was unter der Häufigkeitsverteilung eines Merkmals? Welche Typen von Merkmalen kann man unterscheiden? (S. 196 f.)
- Welche Vor- und Nachteile können Klassenbildungen haben? (S. 205)
- Wie berechnet man den arithmetischen Mittelwert einer Häufigkeitsverteilung (auch von klassierten Daten)? (S. 208 ff.)
- Was versteht man unter dem Median einer Verteilung? Bei welchen Typen von Merkmalen kann man den Median bestimmen? Wie bestimmt man diesen Wert? (S. 212, 215 f.)
- Was sind die Quartile einer Häufigkeitsverteilung? Wie stellt man eine Häufigkeitsverteilung in einem Boxplot-Diagramm dar? (S. 221 f., 225)
- Welche Kennzahlen eignen sich zur Beschreibung des Streuverhaltens einer Verteilung? (S. 228 ff.)
- Wie berechnet man die empirische Varianz am einfachsten? (S. 231)
- Was versteht man unter einer Regressionsgerade? Wie bestimmt man die Gleichung dieser Geraden? Wozu dient eine Regressionsgerade? (S. 237 ff.)
- Was beschreibt der Korrelationskoeffizient einer Datenmenge? Wie wird er bestimmt? Welche Aussagen lassen sich aus dem Korrelationskoeffizienten ableiten? (S. 246 f., 250)

Aufgaben zum Basiswissen

1.

Berechne das Durchschnittsalter der Wähler der einzelnen Parteien bei der letzten Bundestagswahl. Wähle 70 Jahre als Klassenmitte für die Klasse „60 Jahre und mehr“.

	18 bis unter 25 J.	25 bis unter 35 J.	35 bis unter 45 J.	45 bis unter 60 J.	60 J. und mehr
SPD	8,0%	13,3%	21,2%	24,7%	32,9%
CDU	6,4%	11,6%	17,7%	24,0%	40,2%
CSU	7,6%	13,6%	19,2%	23,2%	36,3%
Grüne	10,5%	19,1%	30,5%	25,3%	14,5%
FDP	11,2%	18,2%	20,2%	24,5%	25,9%

2.

Berechne, welche Beträge durchschnittlich in Deutschland im Jahr
(1) durch Erbschaften
(2) durch Schenkungen
weitergegeben werden.
Bestimme auch Median und untere bzw. obere Quartile der Verteilungen.
Zeichne Boxplots.

Komplexe Aufgaben

1.
Zeichne ein Boxplot für die Verteilung der Nettoeinkommen von Familien mit Kindern in Deutschland. Erläutere, welche Kenngrößen hierfür zu berechnen sind. Schreibe einen passenden Text, der auch in einer Zeitung veröffentlicht werden könnte.

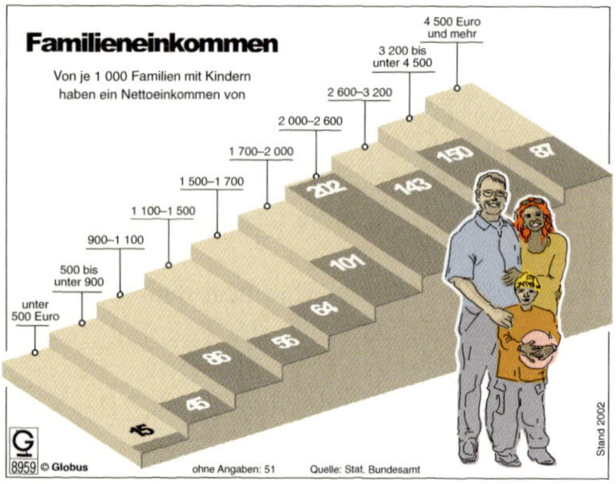

2.
Angenommen, die Entwicklung hinsichtlich der Beschäftigten in der Industrie und des Umsatzes verändert sich nicht: Welche Prognosen lassen sich aus den gegebenen Daten für das Jahr 2006 gewinnen?

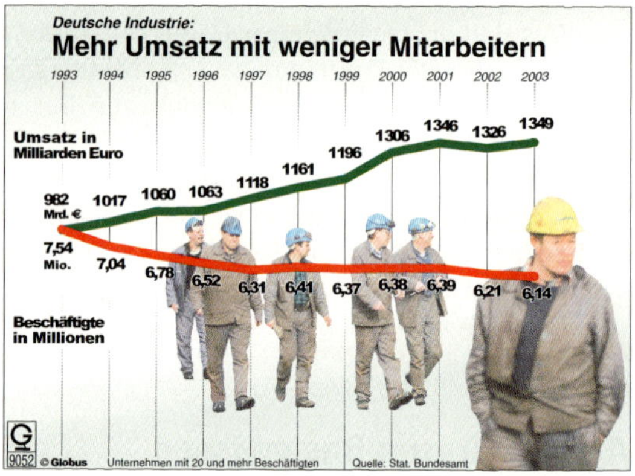

3.
Welcher Zusammenhang besteht zwischen der Anzahl der Arbeitslosen und der Staatsverschuldung in Deutschland? Zeichne die gegebenen Daten in ein Koordinatensystem und bestimme ein lineares Modell zur Beschreibung. Berechne auch den Korrelationskoeffizienten.

Jahr	Staatsschulden (in Mrd. €)	Arbeitslose (in Mio.)
1960	29	0,27
1970	64	0,15
1975	130	1,07
1980	237	0,89
1985	386	2,3
1990	536	1,88
1991	600	2,6
1992	680	2,98
1993	766	3,42
1994	840	3,7
1995	1009	3,61
1996	1069	3,97
1997	1119	4,38
1998	1153	4,28
1999	1183	4,1
2000	1198	3,89
2001	1220	3,85
2002	1240	4,06

4.
Bestimme eine Regressionsgerade zur Entwicklung der Weltrekorde im Marathonlauf der Frauen. Welche Weltrekordleistung lässt sich aus diesen Daten für das Jahr 2005 „vorhersagen"? Beurteile die Brauchbarkeit dieser Prognose.

Jahr	Name	Nat.	Zeit
1964	Dale Grieg	GB	03:27:45
1967	Anni Pede-Erdkamp	GER	03:07:25
1970	Caroline Walker	USA	03:02:53
1971	Adrienne Beames	AUS	02:46:30
1974	Jackie Hansen	USA	02:43:55
1975	Jackie Hansen	USA	02:38:19
1977	Christa Vahlensieck	GER	02:34:48
1978	Grete Waitz	NOR	02:32:30
1979	Grete Waitz	NOR	02:27:33
1980	Grete Waitz	NOR	02:25:42
1983	Joan Benoit	USA	02:22:43
1985	Ingrid Kristiansen	NOR	02:21:06
1998	Tegla Loroupe	KEN	02:20:47
1999	Tegla Loroupe	KEN	02:20:43
2001	Catherine Ndereba	KEN	02:18:47
2003	Paula Radcliffe	GB	02:15:25

Lösungen zu den Seiten 82 und 83

Aufgaben zum Basiswissen

1.

a) BC: $m_1 = 3$ AB: $m_2 = -\frac{1}{3}$ $m_1 \cdot m_2 = -1$ $D(-1\,|\,3)$ $A = 20$ Flächeneinheiten
Der Mittelpunkt von $\overline{AC}$ ist der Schnittpunkt der Diagonalen: $M(1{,}5\,|\,0{,}5)$

b) d_1: $y = -x + 2$ d_2: $y = \frac{1}{7}x + \frac{2}{7}$ $D(-1\,|\,3)$ Schnittwinkel: 53,1° (126,9°)

2.

a) $y = -\frac{2}{3}x + 4$

b) $A(x) = x \cdot \left(-\frac{4}{3}x + 8\right) = -\frac{4}{3}x^2 + 8x$; Nullstellen: 0; 6. Achse: $x = 3$; $A(3) = 12$
Setzt man 3 für x, nimmt A(x) ein Maximum an: $P(3\,|\,2)$. Der größte Flächeninhalt ist 12 Flächeneinheiten groß.

3.

a) Verschiebung um +3 in Richtung der 1. Achse; anschließend Verschiebung um +5 in Richtung der 2. Achse (Eine Vertauschung der Reihenfolge der Verschiebungen ist möglich.)

b) Streckung mit dem Faktor −2 von der 1. Achse aus in Richtung der 2. Achse; anschließend Verschiebung um −1 in Richtung der 1. Achse; dann Verschiebung um −4 in Richtung der 2. Achse (Eine Vertauschung der Reihenfolge der *Verschiebungen* ist möglich.)

c) $g(x) = (x-2)^2 - 2$; Verschiebung um +2 in Richtung der 1. Achse; anschließend Verschiebung um −2 in Richtung der 2. Achse (Eine Vertauschung der Reihenfolge der Verschiebungen ist möglich.)

d) $g(x) = 3 \cdot (x+2)^2 - 12$; Streckung mit dem Faktor 3 von der 1. Achse aus in Richtung der 2. Achse; anschließend Verschiebung um −2 in Richtung der 1. Achse; dann Verschiebung um −12 in Richtung der 2. Achse (Eine Vertauschung der Reihenfolge der *Verschiebungen* ist möglich.)

4.

a) $f(x) = \frac{2}{3}x^5 - x^3$ Für $x \to -\infty$ gilt $f(x) \to -\infty$. Für $x \to +\infty$ gilt $f(x) \to +\infty$.
Symmetrie zum Koordinatenursprung $O(0\,|\,0)$

b) $f(x) = -x^4 + 2x^2 - 8$ Für $x \to -\infty$ gilt $f(x) \to -\infty$. Für $x \to +\infty$ gilt $f(x) \to -\infty$.
Symmetrie zur 2. Achse

c) $f(x) = -\frac{x^5}{3} + 2x^3 + 1$ Für $x \to -\infty$ gilt $f(x) \to +\infty$. Für $x \to +\infty$ gilt $f(x) \to -\infty$.
Symmetrie zum Punkt $P(0\,|\,1)$

5.

a) −3; 1 **b)** 0; 3 **c)** −2; 2 **d)** −2; 1 **e)** −2; 1; 3 **f)** −1; 2

6.

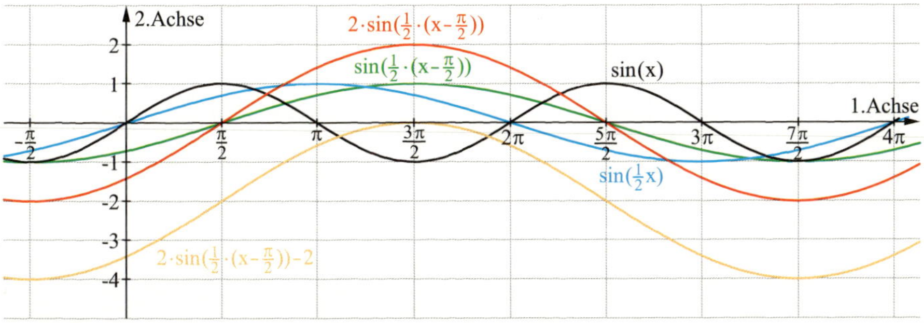

Es werden nacheinander folgende Abbildungen durchgeführt:
Streckung von der 2. Achse aus in Richtung der 1. Achse mit dem Faktor 2; Verschiebung um $\frac{\pi}{2}$ nach rechts;
Streckung von der 1. Achse aus in Richtung der 2. Achse mit dem Faktor 2; Verschiebung um 2 nach unten.
Die Periodenlänge ist 4π. Nullstellen: $\frac{3}{2}\pi + k\,4\pi$ (mit beliebiger ganzer Zahl k).

Komplexe Aufgaben

1.

a) $B_1(3|4)$ $B_2(-4|3)$

b) $y_1 = -\frac{3}{4}x + 6\frac{1}{4}$; $y_2 = \frac{4}{3}x + 8\frac{1}{3}$. Die Tangenten sind orthogonal zueinander, da $m_1 \cdot m_2 = -1$.

c) A = 12,5 Flächeneinheiten

2.

Es ist $g(x) = 0{,}5x^2 - 3x + 2{,}5 = 0{,}5 \cdot ((x-3)^2 - 4)$.
1. Verschiebung in Richtung der 1. Achse um 3.
2. Verschiebung in Richtung der 2. Achse um −4.
3. Streckung von der 1. Achse aus in Richtung der 2. Achse mit dem Faktor 0,5.

3.

a) Wegen $f(1) = 1^3 + (a-1) \cdot 1^2 - (a-2) \cdot 1 - 2 = 0$ ist 1 eine Nullstelle. Mithilfe der Polynomdivision erhält man: $f(x) = (x-1) \cdot (x^2 + ax + 2)$.
Es ist $x^2 + ax + 2 = \left(x + \frac{a}{2}\right)^2 + \left(2 - \frac{a^2}{4}\right)$.
Daher hat die Gleichung $x^2 + ax + 2 = 0$ genau dann eine Lösung, wenn $a = -\sqrt{8}$ oder $a = +\sqrt{8}$ ist.
Ist $-\sqrt{8} < a < +\sqrt{8}$, so hat die Gleichung $x^2 + ax + 2 = 0$ keine Lösung.
Ist $a < -\sqrt{8}$ oder $a > +\sqrt{8}$, so hat die Gleichung $x^2 + ax + 2 = 0$ zwei Lösungen.

b) Der Graph ist genau dann punktsymmetrisch, wenn a = 1 ist. Symmetriezentrum ist dann der Punkt $P(0|-2)$.
Es gibt keine Zahl a, sodass der Graph achsensymmetrisch ist, da die höchste Potenz x^3 ist.

4.

a)

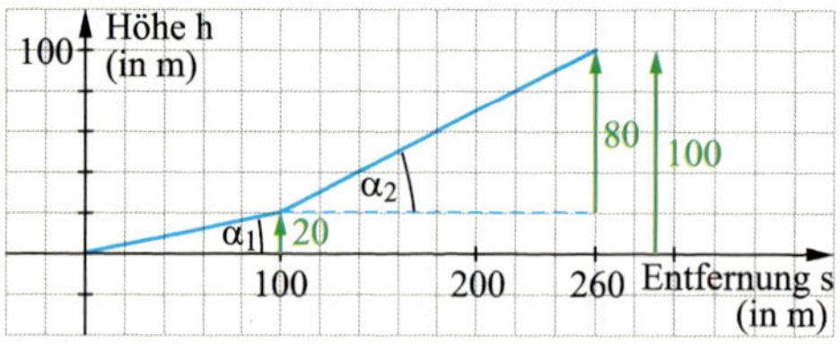

b) Es handelt sich um eine abschnittsweise definierte Funktion.

$$h(s) = \begin{cases} \frac{1}{2} \cdot s & \text{für } 0 \le s \le 100 \\ \frac{1}{2} \cdot s - 30 & \text{für } 100 \le s \le 260 \end{cases}$$

c)

Entfernung s (in m)	20	80	200	50	130	180
Höhe h (in m)	4	16	70	10	35	60

d) Die durchschnittliche Steigung beträgt $\frac{100}{260} = \frac{5}{13} \approx 38{,}5\,\%$.

e) $\alpha_1 = 11{,}3°$; $\alpha_2 = 26{,}6°$; Im oberen Abschnitt $100 \le s \le 260$ nimmt der Wagenkasten eine waagerechte Lage ein.

5.

a) $S\left(\frac{1}{5}\middle|\frac{1}{5}\right)$

b) (1) $k \neq 1$ und $k \neq -1$
Gemeinsamer Punkt $S\left(\frac{1}{1+k}\middle|\frac{1}{1+k}\right)$

(2) k = 1
Alle Punkte der Geraden mit $y = -x + 1$ sind gemeinsame Punkte.

(3) k = −1
Es gibt keine gemeinsamen Punkte.

c) $y = -kx + 1$; $y = -\frac{1}{k}x + \frac{1}{k}$

Lösungen zu den Seiten 137–139

Aufgaben zum Basiswissen

1.
a) $f'(x) = -6x^2 + 5$ **b)** $f'(x) = \frac{3}{2\sqrt{x}} - 4x^3$ **c)** $f'(x) = n\,x^{n-1}$ **d)** $f'(x) = a(n-1)\,x^{n-2} - b(m+1)\,x^m$

2.
a) $f(x) = x^2 - 2x^3$ **b)** $f(x) = \frac{1}{9}x^3 + \frac{3}{2}x^2$ **c)** $f(x) = \sin(x)$ **d)** $f(x) = \frac{1}{2x^2}$

3.
a)

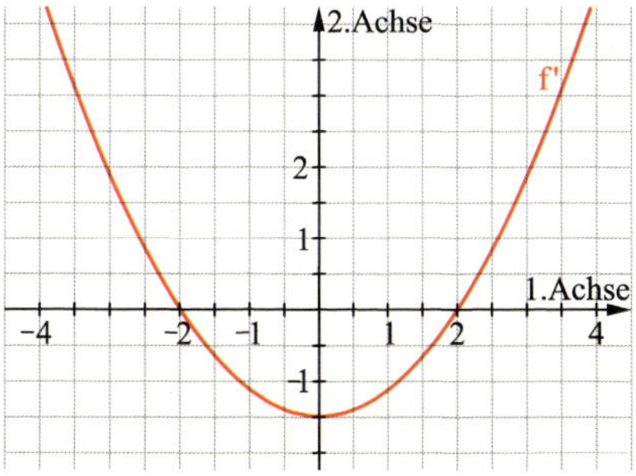

b)

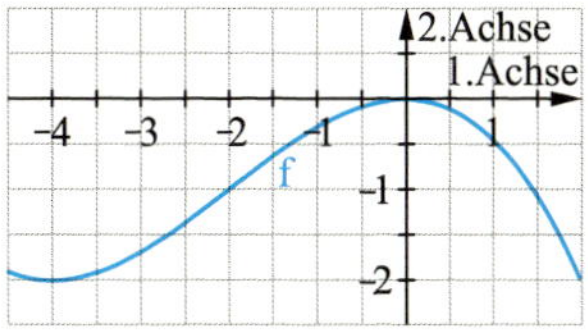

4.
$y = 10x - 16$ ist Gleichung der Tangenten.

5.
(1) – (C); (2) – (A); (3) – (B)

6.
a) (1)

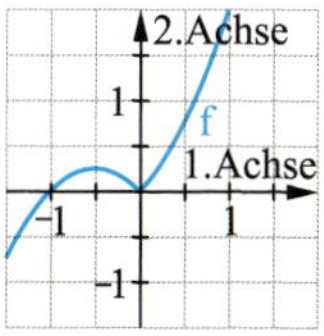

f ist nicht an der Stelle 0 differenzierbar.

(2)

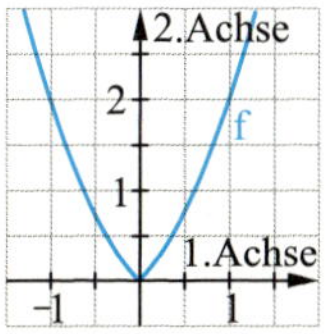

f ist nicht an der Stelle 0 differenzierbar.

b) (1) $f'(0) = 1$
(2) $f'(0) = 1$

7.
$S_1(-1\,|\,15)$; $S_2(2\,|\,-15)$;
$y_1 = -x + 14$;
$y_2 = -x - 13$

Komplexe Aufgaben

1.
Sekantensteigung: $\frac{\frac{1}{x^3} - \frac{1}{a^3}}{x - a} = \frac{a^3 - x^3}{x^3 a^3 (x - a)} = -\frac{a^2 + ax + x^2}{x^3 a^3}$, Ableitung: $f'(a) = -\frac{3}{a^4}$

2.
$B_1(-6\,|\,15)$; $B_2(6\,|\,3)$

3.
a) $Q(0\,|\,-2a^3)$. Die Tangente an den Graphen von f durch P hat die Gleichung $y = 3a^2x - 2a^3$.
Die 2. Koordinate von Q und der y-Achsenabschnitt der Tangente sind gleich. Daher ist das Verfahren korrekt.

b) $Q(0\,|\,-(n-1)a^n)$. Die Tangente an den Graphen von f durch P hat die Gleichung $y = n \cdot a^{n-1} \cdot x - (n-1) \cdot a^n$.
Die 2. Koordinate von Q und der y-Achsenabschnitt der Tangente sind gleich. Daher ist das Verfahren korrekt.

4.

a) $S_1(0|0)$; $S_2\left(\frac{5}{4}\middle|-\frac{15}{16}\right)$; $f'(0)\cdot g'(0)=-1$; $f'\left(\frac{5}{4}\right)\cdot g'\left(\frac{5}{4}\right)=-1$

b) $S_1(0|0)$; $f'(0)\cdot g_k'(0)=-1$; $k=1$ oder $k=\frac{1}{4}$

5.

Höhe in m	0	500	1000	1500	2000
Luftdruck in hPa	1012	950	892	838	787

a) $p_0=1012$, $p(h)=1012\cdot 0{,}999874^h$ ($p(h)$ in hPa und h in m)

b) • $p(h)-p(h_0)$ ist die Luftdruckdifferenz zwischen dem Luftdruck in der Höhe h und dem Luftdruck in der Höhe h_0.

• $\frac{p(h)-p(h_0)}{h-h_0}$ ist die Änderungsrate des Luftdrucks bezüglich der Höhe.

• $p'(h_0)$ ist die punktuelle Änderungsrate des Luftdrucks in der Höhe h_0, also das Luftdruckgefälle der Höhe h_0.

c) *Zwischen 500 m und 1000 m:* $\frac{892-950}{1000-500}=0{,}116\ \left(\text{in } \frac{\text{hPa}}{\text{m}}\right)$

Zwischen 1500 m und 2000 m: $\frac{787-838}{2000-1500}=0{,}102\ \left(\text{in } \frac{\text{hPa}}{\text{m}}\right)$

d) $p'(500)\approx -0{,}1197$
$p'(1000)\approx -0{,}1124$
$p'(1500)\approx -0{,}1056$

6.

Das Koordinatensystem wird z.B. so gelegt, dass die Parabel in der höchsten Lage die Nullstellen $N_1(0|0)$ und $N_1(73{,}72|0)$ sowie den Hochpunkt $H(36{,}86|9)$ hat. Die Parabel ist dann Graph einer Funktion f mit $f(x)\approx -0{,}006624x^2+0{,}4883x$; $f'(x)\approx -0{,}01325x+0{,}4883$; $f'(0)\approx 0{,}4883$. $\tan(\alpha)\approx 0{,}4883$, also ist $\alpha\approx 26°$. Die Aussage aus dem Zeitungstext ist also falsch.

Lösungen zu den Seiten 190 und 191

Aufgaben zum Basiswissen

1.

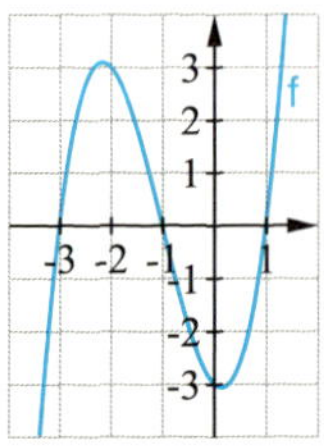

Nullstellen: -3; -1; 1.
Zwischen zwei Nullstellen liegt mindestens ein Extrempunkt. Da f eine ganzrationale Funktion 3. Grades ist, kann es nicht mehr als zwei Extrempunkte geben. Daher hat f genau zwei Extrempunkte.
Zwischen zwei Extrempunkten liegt mindestens ein Wendepunkt. Da f eine ganzrationale Funktion 3. Grades ist, kann es nicht mehr als einen Wendepunkt geben. Daher hat f genau einen Wendepunkt.

2.

a) $H(-2|16)$; Tangentengleichung: $y=16$; Schnittpunkte: $H(-2|16)$, $S(4|16)$

b) Der Graph von f besitzt nur für $a>0$ Extrempunkte.

$H\left(-\frac{\sqrt{3}\sqrt{a}}{3}\middle|\frac{2\sqrt{3}a\sqrt{a}}{9}\right)$; Tangentengleichung: $y=\frac{2\sqrt{3}a\sqrt{a}}{9}$;

Schnittpunkte: $H\left(-\frac{\sqrt{3}\sqrt{a}}{3}\middle|\frac{2\sqrt{3}a\sqrt{a}}{9}\right)$; $Q\left(\frac{2\sqrt{3}\sqrt{a}}{3}\middle|\frac{2\sqrt{3}a\sqrt{a}}{9}\right)$

Der x-Wert des rechten Schnittpunktes ist das (-2)-fache der Extremstelle.

3.

Es ist $f'(x)=3x^2-12x+3a$. Die Funktion f hat genau dann Extremwerte, wenn $a<4$ ist.
Für $a=4$ hat f einen Sattelpunkt.

4.

a) Extrempunkte: $T(-2\,|-14)$ $H(1\,|\,13)$; Graph passt nicht zum Funktionsterm von f.

b) Extrempunkte: $T_1\left(-5\,\middle|\,-\frac{125}{16}\right)$, $H(-2\,|\,4)$, $T_2(0\,|\,0)$; Graph passt zum Funktionsterm von f.

5.

Symmetrie zu $(0\,|\,0)$
Achsenschnittpunkte: $(-\sqrt{5}\,|\,0)$, $(0\,|\,0)$, $(\sqrt{5}\,|\,0)$
Hochpunkte: $(-\sqrt{5}\,|\,0)$, $(1\,|\,16)$; Tiefpunkte: $(-1\,|-16)$, $(\sqrt{5}\,|\,0)$
Wendepunkte: $(-\sqrt{3}\,|-4\sqrt{3})$, $(0\,|\,0)$, $(\sqrt{3}\,|\,4\sqrt{3})$

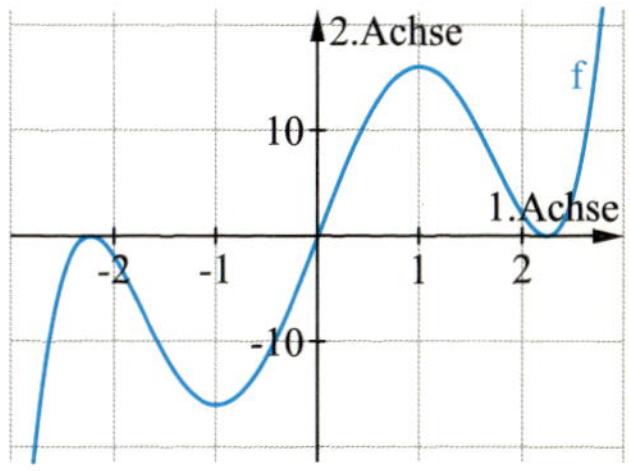

Komplexe Aufgaben

1.

a) kein Extrempunkt; Sattelpunkt an der Stelle 2

b) $T_1(-4\,|-120)$, $H(0\,|\,8)$, $T_2(1\,|\,5)$

c) Tiefpunkt an der Stelle $\frac{1}{2}$

2.

$f'(4) = 0$ hat die Lösungen $a_1 = 4$ und $a_2 = 8$.
Für $a = 4$ hat f an der Stelle 4 einen Tiefpunkt.
Für $a = 8$ hat f an der Stelle 4 einen Hochpunkt.

3.

a) Aufgrund des Globalverlaufs der Funktion muss f eine doppelte Nullstelle haben. Weitere mögliche Funktionsgraphen erhält man durch Spiegelung an der 1. Achse.

b) Die drei Nullstellen schließen (mindestens) zwei Extremstellen ein. Außerdem ist die doppelte Nullstelle eine Extremstelle. Daher hat f mindestens drei Extremstellen. Da f eine ganzrationale Funktion 4. Grades ist, hat f genau drei Extremstellen.
Je zwei Extremstellen schließen eine Wendestelle ein. Daher hat f mindestens zwei Wendestellen. Da f eine ganzrationale Funktion 4. Grades ist, hat f genau zwei Wendestellen

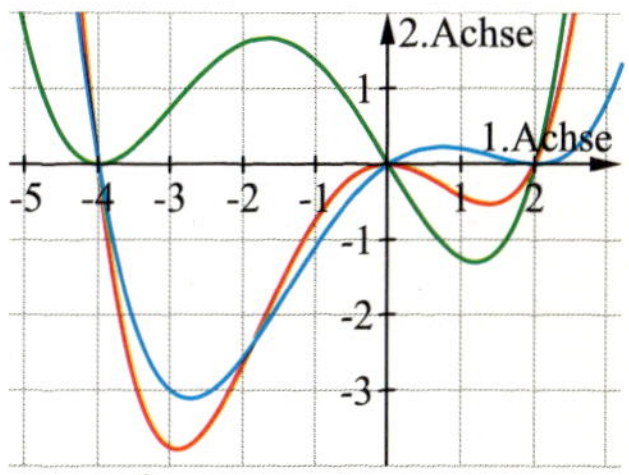

c) $f(x) = c(x+4)^2 x(x-2)$ oder $g(x) = c(x+4)x^2(x-2)$ oder $h(x) = c(x+4)x(x-2)^2$, mit $c \in \mathbb{R}$.

4.

a) Der Graph von f hat an der Stelle -2 einen Tiefpunkt, an der Stelle 0 einen Hochpunkt und an der Stelle 2 einen weiteren Tiefpunkt.
Begründung: Vorzeichenwechselkriterium.
Der Graph hat näherungsweise an der Stelle $-1{,}2$ einen Wendepunkt mit Übergang von Linkskrümmung in Rechtskrümmung und näherungsweise an der Stelle 1,2 einen Wendepunkt mit Übergang von Rechtskrümmung in Linkskrümmung.

b)

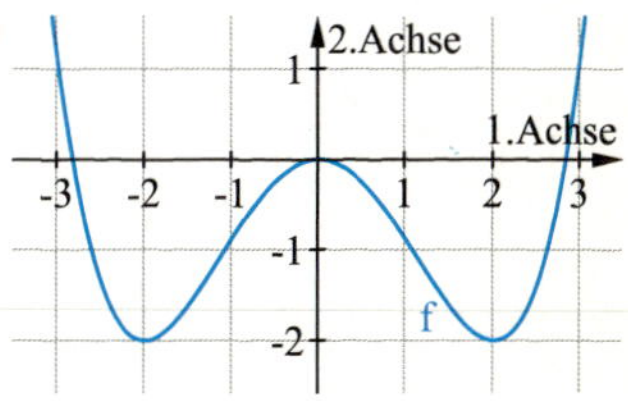

5.

Nullstellen: $x_1 \approx -2{,}86$; $x_2 = 0$
Extrempunkte: $T_1(-2{,}218\,|-78{,}141)$; $H(1{,}576\,|\,45{,}218)$; $T_2(2{,}904\,|\,0{,}983)$ (Näherungswerte)
Wendepunkte: $W_1(-1{,}618\,|-56{,}477)$; $W_2(-0{,}414\,|-11{,}453)$, $W_3(0{,}618\,|\,21{,}227)$; $W_4(2{,}414\,|\,18{,}953)$ (Näherungswerte)

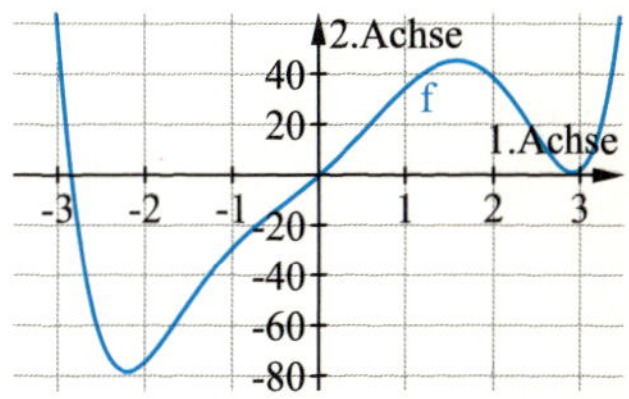

Lösungen zu den Seiten 253 und 254

Aufgaben zum Basiswissen

1.
SPD 50,2 Jahre; CDU 52,7 Jahre; CSU 51,0 Jahre; Grüne 43,6 Jahre; FDP 46,9 Jahre.

2.
Mittelwerte: bei Erbschaften ca. 69 000 €; bei Schenkungen ca. 39 000 €.
Für Quartile und Median ergibt sich (auf 100 € gerundet):
Erbschaften – $Q_1 = 10\,000$ €; Median $Q_2 = 29\,000$ €; $Q_3 = 86\,700$ €
Schenkungen – $Q_1 = 6\,100$ €; Median $Q_2 = 10\,000$ €; $Q_3 = 32\,500$ €
Die Quartildifferenzen betragen 76 700 € (für Erbschaften) bzw. 26 400 € (für Schenkungen). Die Whisker gehen daher nach links jeweils bis 0 €. Nach rechts gehen sie bis 201 750 € (für Erbschaften) bzw. 72 100 € (für Schenkungen; jeweils bis zu Q_3 plus der 1,5-fachen Quartildifferenz).

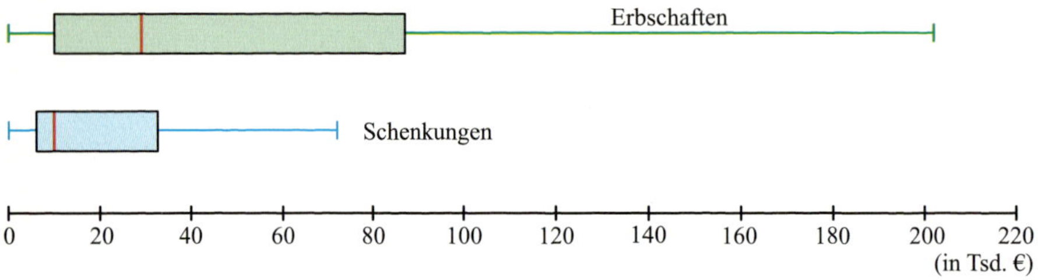

Komplexe Aufgaben

1.
Da für 51 von 1 000 Familien keine Angaben vorliegen, müssen erst die relativen Häufigkeiten bestimmt werden. In der rechten Tabelle sind diese zu kumulierten relativen Häufigkeiten zusammengefasst.
Für die Boxplots sind die Quartile, der Median sowie die Quartildifferenz $Q_3 - Q_1$ zu berechnen.
$Q_1 = 1\,610$ €; Median $Q_2 = 2\,320$ €; $Q_3 = 3\,200$ €

Familien mit Kindern haben in Deutschland im Mittel ein monatliches Nettoeinkommen von ca. 2 320 €. Bei einem Viertel der Familien verfügt die Haushaltskasse über nicht mehr als 1 610 € im Monat. Die am meisten verdienenden „oberen" 25 % können monatlich mehr als 3 200 € ausgeben.

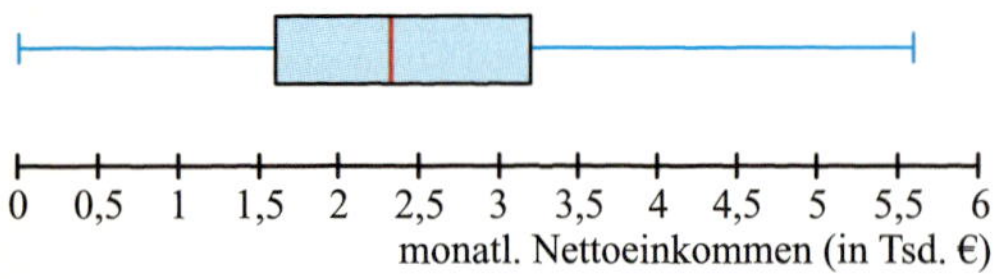

Familien-einkommen in €	kumulierte relative Häufigkeit
unter 500	1,6%
bis unter 900	6,3%
bis unter 1 100	15,4%
bis unter 1 500	21,3%
bis unter 1 700	28,0%
bis unter 2 000	38,7%
bis unter 2 600	60,0%
bis unter 3 200	75,0%
bis unter 4 500	90,8%
4 500 und mehr	100,0%

3.
Die Regressionsgerade zu den Umsatz-Daten hat die Gleichung: $y = 40{,}845\,x - 80\,434$
Für das Jahr 2006 ergibt sich hieraus eine Prognose von 1 500 Mrd. €.
Die Regressionsgerade zur Anzahl der Beschäftigten hat die Gleichung
$y = -0{,}10645\,x + 219{,}25$. Für das Jahr 2006 ergibt sich eine Prognose von 5,7 Mio. Beschäftigten.

4.
Mithilfe einer geeigneten Tabelle bestimmen wir $s_{xx} = 3\,168\,566$; $s_{xy} = 10\,109$ und $s_{yy} = 34{,}65$. Gleichungen der beiden Regressionsgeraden: $y = 0{,}00319\,x + 0{,}4701$ sowie $x = 291{,}72\,y - 85{,}29$, also $y = 0{,}00343\,x + 0{,}2924$
Der Korrelationskoeffizient ist $r = +0{,}96$

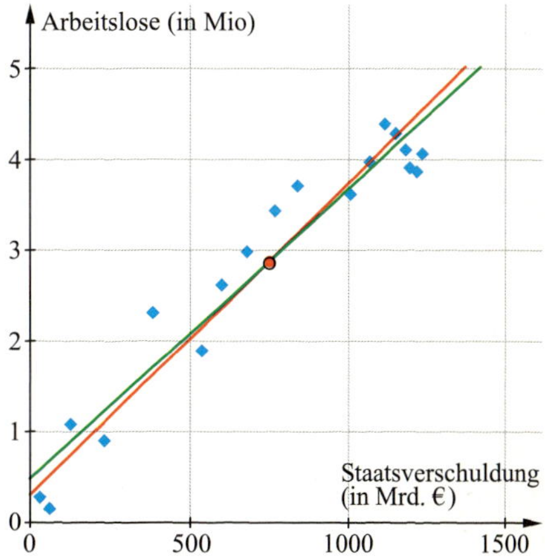

5.
Aus der Regressionsgeraden mit der Gleichung $y = -1{,}35812\,x + 2\,847{,}8$ ergibt sich für 2005 die Weltrekord-Prognose von 02:04:46 Stunden.
Wie man am Aussehen der Punktwolke erkennen kann, erscheint ein lineares Modell nicht gut geeignet, die Entwicklung des Weltrekords angemessen zu beschreiben. Sinnvoller erscheint die Beschreibung mit Hilfe einer Exponentialfunktion.
Mögliche Kritik an den Daten, die zur Auswertung benutzt werden: Es wurden nur die Jahre genannt, in denen der Weltrekord verändert wurde. Eigentlich müsste man die jeweils geltenden Weltrekord-Werte für jedes Jahr eintragen.

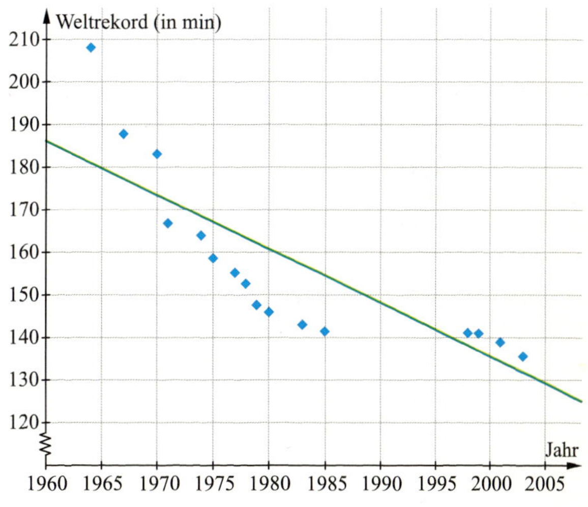

Stichwortverzeichnis

Bildquellenverzeichnis

Umschlag: Outland – Mauritius, Mittenwald; *Seite 7:* Volkswagen, Wolfsburg; *Seite 13:* Geobasisdaten: Landesvermessungsamt NRW, Bonn, 1011/2004; *Seite 20:* Hubacher - Mauritius, Mittenwald; *Seite 21* (Bahn): DB, Berlin; *Seite 21* (Infusion): Phototake – Mauritius, Mittenwald; *Seite 6, 24, 62, 84f., 100, 140, 141* (Weierstraß): AKG, Berlin; *Seite 36:* Bramaz – Imagine, Hamburg; *Seite 39* (Antenne): Haag + Kropp – Mauritius, Mittenwald; *Seite 39* (Radioteleskop): Wöstmann – dpa, Frankfurt/M.; *Seite 44* (Oldtimer): Ley – Mauritius, Mittenwald; *Seite 44* (Wein): Hackenberg – Mauritius, Mittenwald; *Seite 77:* Kalt – Mauritius, Mittenwald; *Seite 96:* Cornelia Fischer, Gelsenkirchen; *Seite 104, 142, 165:* dpa, Frankfurt/M.; *Seite 107:* Rosing – Mauritius, Mittenwald; *Seite 110* (Thermograph), *194:* Michael Fabian, Hannover; *Seite 110* (Bakterienkultur): Koch – Zefa, Düsseldorf; *Seite 111:* H. Schmied – Mauritius, Mittenwald; *Seite 112:* Rossenbach – Mauritius, Mittenwald; *Seite 113:* Mauritius, Mittenwald; *Seite 130:* Chr. Gundlach, Edemissen; *Seite 131* (Heuschrecken): Agro Concept, Bonn; *Seite 131* (Fallschirm): Bordis – Mauritius, Mittenwald; *Seite 141* (Robinson): R. Robinson, USA; *Seite 143:* Goebel – dpa, Frankfurt/M.; *Seite 166:* fact – Mauritius, Mittenwald; *Seite 184, 189:* PowerStock – Mauritius, Mittenwald; *Seite 185:* Photostudio Druwe & Polastri, Weddel; *Seite 186:* Tschanz – IFA Bilderteam, München; *Seite 193:* J. Beck – Mauritius, Mittenwald; *Seite 195:* Sven Simon, Essen; *Seite 202:* Rutz – Mauritius, Mittenwald; *Seite 206:* Stock Image – Mauritius, Mittenwald; *Seite 224, 252:* Pokorski – Mauritius, Mittenwald; *Seite 228:* Christy-Brown-Schule, Herten; *Seite 230:* Mehlig – Mauritius, Mittenwald; *Seite 243:* Widmann – Mauritius, Mittenwald

Nicht in allen Fällen war es uns möglich, den Rechteinhaber ausfindig zu machen. Berechtigte Ansprüche werden selbstverständlich im Rahmen der üblichen Vereinbarungen abgegolten.

Verzeichnis mathematischer Symbole

Mengen, Zahlen

$\mathbb{N}$	Menge der natürlichen Zahlen
$\mathbb{N}^*$	Menge der natürlichen Zahlen ohne null
$\mathbb{Z}$	Menge der ganzen Zahlen
$\mathbb{Q}$	Menge der rationalen Zahlen
$\mathbb{R}$	Menge der reellen Zahlen
$\mathbb{R}^*$	Menge der reellen Zahlen ohne null
$\mathbb{R}^+$	Menge der positiven reellen Zahlen
$\mathbb{R}^-$	Menge der negativen reellen Zahlen
$\mathbb{R}_0^+$	Menge der positiven reellen Zahlen zuzüglich null
$x \in M$	x ist Element von M
$x \notin M$	x ist nicht Element von M
$\{x \in M \mid \ldots\}$	Menge aller x aus M, für die gilt …
$\{a, b, c, d\}$	Menge mit den Elementen a, b, c, d
$\{\ \}$	leere Menge
$[a; b]$	$\{x \in \mathbb{R} \mid a \leq x \leq b\}$, abgeschlossenes Intervall
$]a; b[$	$\{x \in \mathbb{R} \mid a < x < b\}$, offenes Intervall
$[a; b[$	$\{x \in \mathbb{R} \mid a \leq x < b\}$
$[a; +\infty[$	$\{x \in \mathbb{R} \mid a \leq x\}$
$]-\infty; a[$	$\{x \in \mathbb{R} \mid x < a\}$
$(a \mid b)$	geordnetes Paar a, b
$a < b$	a kleiner b
$a \leq b$	a kleiner oder gleich b
$\lvert a \rvert$	Betrag von a
a^n	a hoch n
$\sqrt{a}$	Wurzel aus a, (Quadrat-)Wurzel aus a
$\sqrt[n]{a}$	n-te Wurzel aus a
b^x	Potenz zur Basis b mit Exponent x (b hoch x)
$\sin(x)$	Sinus von x
$\cos(x)$	Kosinus von x
$\tan(x)$	Tangens von x

Beschreibende Statistik

$H(x_i)$	absolute Häufigkeit der Merkmalsausprägung x_i
$h(x_i)$	relative Häufigkeit der Merkmalsausprägung x_i
$\overline{x}$	arithmetisches Mittel
$\tilde{x}$	Median
$\hat{x}$	geometrisches Mittel
$\overline{x}_h$	harmonisches Mittel
$\overline{s}^2$	mittlere quadratische Abweichung vom arithmetischen Mittelwert $\overline{x}$
$\tilde{d}$	mittlere lineare Abweichung vom Median $\tilde{x}$
r	Korrelationskoeffizient

Funktionen

$x \mapsto \operatorname{sgn} x$	Signumfunktion
$x \mapsto H(x)$	Heavisidefunktion
$x \mapsto \mathrm{INT}(x)$	Ganzteilfunktion
f	Funktion
$f(x)$	Funktionsterm der Funktion f, Funktionswert von f an der Stelle x
$x \mapsto f(x)$	Zuordnungsvorschrift der Funktion f
D_f	Definitionsbereich der Funktion f
W_f	Wertebereich der Funktion f
f'	Ableitungsfunktion von f
$f''\ [f''', f^{(4)}, \ldots]$	zweite [dritte, vierte, …] Ableitung der Funktion f
$f'(a)$	Ableitung der Funktion f an der Stelle a
$\dot{s}$	1. Ableitung der Weg-Zeit-Funktion
$\ddot{s}$	2. Ableitung der Weg-Zeit-Funktion
$\lim\limits_{x \to a} \frac{f(x)-f(a)}{x-a}$	Grenzwert des Differenzenquotienten von f an der Stelle a

Geometrie

$P(x \mid y)$	Punkt mit den Koordinaten x und y
$\underline{AB}$	Gerade durch A und B
$\overline{AB}$	Strecke mit den Endpunkten A und B
$\overrightarrow{AB}$	Halbgerade AB
$\lvert AB \rvert$	Länge der Strecke $\overline{AB}$
ABC	Dreieck mit den Eckpunkten A, B und C
$g \parallel h$	g parallel zu h
$g \perp h$	g orthogonal zu h